## 光盘界面

## 案例欣赏

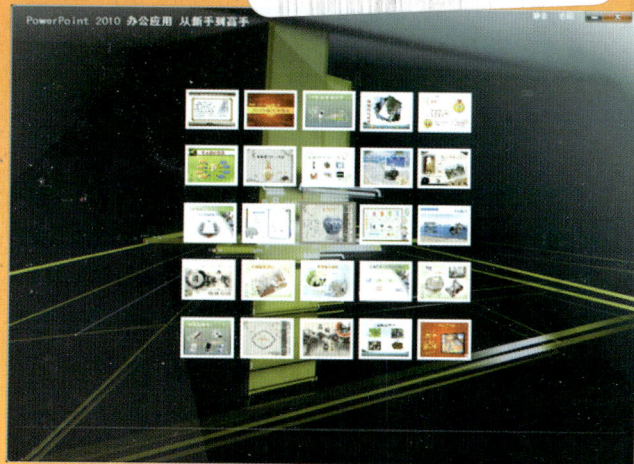

## 案例欣赏

## 素材下载

## 视频文件

## 家居装饰展示

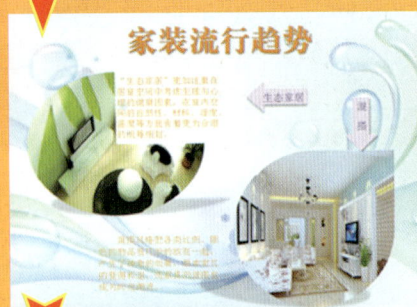

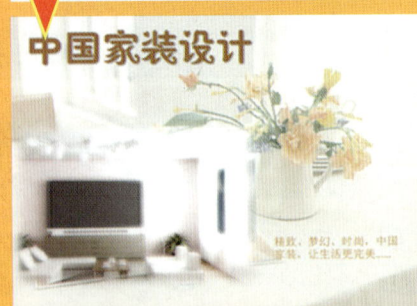

## 促销活动方案

## 桂林风光介绍

## 个人简历

从新手到高手

双色印刷
全程图解
书盘结合
超值实用

# PowerPoint
# 2010 办公应用
# 从新手到高手

■ 杨继萍 吴军希 孙岩 等编著

DVD 超值多媒体光盘

**16段全程配音语音教学视频**
**60个PPT精彩案例源文件**
**50个PowerPoint模板**
**50段Office语音视频文件**
**120个Excel模板，280个Word模板**

清华大学出版社
北 京

## 内 容 简 介

本书由浅入深地介绍了使用 PowerPoint 2010 制作演示文稿的方法和技巧。全书共 21 章，内容涉及 PowerPoint 的基本操作、文本的处理方式、幻灯片的主题、布局技术、插入图片、绘制形状、添加表格、插入图表、创建 SmartArt 图形、添加多媒体元素、显示对象动画、放映和制作交互式幻灯片、演示文稿的打印和输出、应用宏和文档面板，以及幻灯片的设计流程、布局设计、配色等知识。最后介绍了 3 个完整的综合实例。本书图文并茂、实例丰富，配书光盘提供了书中实例完整素材文件和配音教学视频文件。本书适合作为 PowerPoint 办公应用的自学读物和培训教材，也可以作为高职高专院校的教材。

**图书在版编目（CIP）数据**

PowerPoint 2010 办公应用从新手到高手/杨继萍等编著. —北京：清华大学出版社，2011.4
（2019.8重印）

（从新手到高手）

ISBN 978-7-302-24181-2

Ⅰ. ①P…　Ⅱ. ①杨…　Ⅲ. ①图形软件，PowerPoint 2010　Ⅳ. ①TP391.41

中国版本图书馆 CIP 数据核字（2010）第 240594 号

**责任编辑**：冯志强
**责任校对**：徐俊伟
**责任印制**：刘祎淼

**出版发行**：清华大学出版社
　　　　网　　址：http://www.tup.com.cn，http://www.wqbook.com
　　　　地　　址：北京清华大学学研大厦 A 座　　　邮　　编：100084
　　　　社 总 机：010-62770175　　　　　　　　邮　　购：010-62786544
　　　　投稿与读者服务：010-62776969，c-service@tup.tsinghua.edu.cn
　　　　质 量 反 馈：010-62772015，zhiliang@tup.tsinghua.edu.cn

**印 装 者**：三河市龙大印装有限公司

**经　　销**：全国新华书店
**开　　本**：190mm×260mm　**印　张**：22.75　**插 页**：1　**字　数**：656 千字
　　　　　　附光盘 1 张
**版　　次**：2011 年 4 月第 1 版　　　　　　**印　　次**：2019 年 8 月第 9 次印刷
**定　　价**：43.80 元

产品编号：039223-01

# 前　言

随着计算机技术的普及，大量数码设备迅速走进了各企事业单位和千家万户，越来越多的企事业单位购置了数字投影仪等多媒体设备，使用 PowerPoint 等软件来开发多媒体演示程序，用于培训教学、产品推介等用途。本书以 Microsoft PowerPoint 2010 为基本工具，详细介绍如何以其可视化操作来创建多媒体演示文稿，并应用各种多媒体元素。除此之外，本书还介绍平面构图、配色以及幻灯片的布局设计等基本理论。

## 本书内容

本书共分为 21 章，通过大量的实例全面介绍多媒体演示程序设计与制作过程中使用的各种专业技术，以及用户可能遇到的各种问题。

第 1 章介绍 PowerPoint 的发展史、新增功能、应用领域、界面等基础知识和启动、退出 PowerPoint 的方法。

第 2～4 章详细介绍 PowerPoint 的基本操作、文本的处理方式。

第 5～11 章介绍幻灯片的主题、布局技术，以及插入图片、绘制形状、添加表格、插入图表、创建 SmartArt 图形、添加多媒体元素等知识。

第 12～14 章介绍幻灯片的切换动画、显示对象动画以及放映幻灯片和制作交互式幻灯片的方法。

第 15 章和第 16 章介绍演示文稿的高级操作，包括演示文稿的打印和输出，宏、文档面板等的应用。

第 17 章和第 18 章介绍平面构图、配色以及幻灯片的设计流程、风格构图、布局设计等知识。

第 19～21 章综合应用以上这些知识，设计并制作 3 个完整的实例。

## 本书特色

本书是一本专门介绍 PowerPoint 多媒体演示程序设计与制作基础知识的教程，在编写过程中精心设计了丰富的体例，以帮助读者顺利学习本书的内容。

- ❑ **系统全面，超值实用**　本书针对各个章节不同的知识内容，提供多个不同内容的实例，除了详细介绍实例应用知识之外，还在侧栏中同步介绍相关知识要点。每章穿插大量的提示、注意和技巧，构筑面向实际的知识体系。另外，本书采用紧凑的体例和版式，相同内容下，篇幅缩减了 30%以上，实例数量增加了 50%。

- ❑ **串珠逻辑，收放自如**　统一采用二级标题灵活安排全书内容，摆脱了普通培训教程按部就班讲解的窠臼。同时，每章最后都对本章重点、难点知识进行分析总结，从而达到内容安排收放自如、方便读者学习本书内容的目的。

- ❑ **全程图解，快速上手**　各章内容分为基础知识、实例演示和高手答疑 3 个部分，全部采用图解方式，图像均做了大量的裁切、拼合、加工，信息丰富、效果精美，使读者翻开图书的第一感觉就获得强烈的视觉冲击。

- ❑ **书盘结合，相得益彰**　多媒体光盘中提供了本书实例完整的素材文件和全程配音教学视频文件，便于读者自学和跟踪练习本书内容。

## 读者对象

本书内容详尽、讲解清晰，全书包含众多知识点，采用与实际范例相结合的方式进行讲解，并配以清晰、简洁的图文排版方式，使学习过程变得更加轻松和易于上手。因此，能够有效吸引读者进行学习。

　　本书不仅适用于多媒体设计与制作初学者、企事业单位办公人员，也适用于多媒体制作培训班学员等，还可以作为大中专院校相关专业师生的专业教材。

　　参与本书编写的除了封面署名人员之外，还有王敏、祁凯、马海军、徐恺、王泽波、牛仲强、温玲娟、王磊、朱俊成、张仕禹、夏小军、赵振江、李振山、李文采、吴越胜、李海庆、王树兴、何永国、李海峰、倪宝童、安征、张巍屹、辛爱军、王蕾、王曙光、牛小平、贾栓稳、王立新、苏静、赵元庆、郭磊、何方、徐铭、李大庆等。由于时间仓促，水平有限，疏漏之处在所难免，敬请读者朋友批评指正。

编　者

2010 年 4 月

# 目　录

# 第1篇

## 第1篇　PowerPoint 基础

# 01

# 认识 PowerPoint 2010

　　随着计算机技术的逐渐发展，越来越多的企事业单位开始使用计算机作为各种多媒体发布、演示的平台。随之而来，出现了各种多媒体发布演示软件。微软公司开发的 PowerPoint 提供了丰富的多媒体元素，允许用户使用简单的可视化操作，创建复杂的多媒体演示程序。

　　本章将系统地介绍 PowerPoint 软件的简史，以及其最新版本 PowerPoint 2010 的新增功能、应用领域、主要界面，以及启动和退出 PowerPoint、PowerPoint 多窗口操作与视图等功能，为用户使用 PowerPoint 2010 打下基础。

## 1.1 PowerPoint 的历史

　　PowerPoint 是微软公司开发的一款著名的多媒体演示设计与播放软件，其允许用户以可视化的操作，将文本、图像、动画、音频和视频集成到一个可重复编辑和播放的文档中，通过各种数码播放产品展示出来。

### 1. Macintosh 上的演示程序

　　在 20 世纪 80 年代初，计算机业界兴起了一股图形化浪潮，各种具有图形界面的操作系统，包括 Apple Macintosh、Microsoft Windows、Cloanto Amiga 等纷纷发布，越来越多的行业开始进行办公自动化和商务电子化，人们迫切需要一款软件，可以将各种多媒体数据展示给用户，进行商业推广和宣传。

　　基于以上需求，在 1984 年，美国加州伯克利大学的博士生鲍勃·加斯金（Bob Gaskins）加入了 Forethought 软件公司，和硅谷的软件工程师丹尼斯·奥斯汀（Dennis Austin）一起决定开发出一种可以展示文本和图像，并对文本和图像进行简单排版的软件。

　　在 1987 年，这款软件开发完成，鲍勃将之命名为 PowerPoint 1.0。PowerPoint 1.0 只能运行于苹果公司的 Macintosh 计算机上，支持黑白双色和透明投影，允许用户将文本和图形打包为演示程序，通过 Macintosh 计算机连接的投影仪进行播放。

### 2. 崭露头角的 PowerPoint

　　PowerPoint 软件在商业上的优异表现引起了软件巨头微软公司的注意。1987 年，微软公司斥资 1400 万美元收购了鲍勃·加斯金和丹尼斯·奥斯汀所在的 Forethought 公司和公司主要产品 PowerPoint。

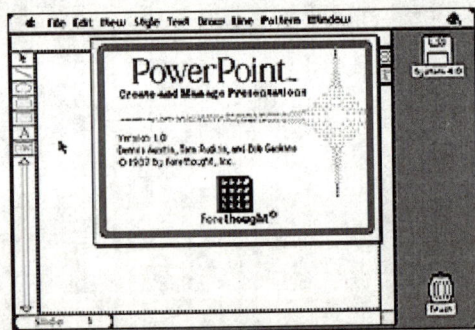

　　一年后，同时可运行于 Macintosh 和 Microsoft Windows 的 PowerPoint 2.0 问世。相比之前版本的 PowerPoint，PowerPoint 2.0 支持 8 位彩色，为用户提供了更丰富的多媒体体验，受到了各种商业企业的欢迎。

> **提示**
>
> PowerPoint 2.0 是微软公司接手开发的第一个 PowerPoint 版本，也是第一个可运行于 Microsoft Windows 操作系统的 PowerPoint 软件。该软件同样支持 Macintosh。

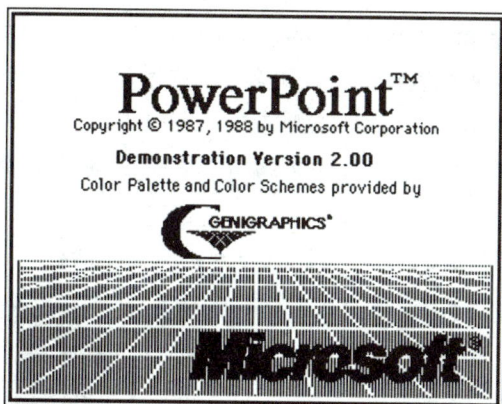

### 3. Office 家族成员

在 1992 年，微软公司将 PowerPoint 集成到了其开发的 Office 办公套件中，成为 Office 系列暨 Word、Excel 以外的又一重要成员，增强了 PowerPoint 与其他 Office 组件的集成性，允许用户将 Word 或 Excel 中的数据直接粘贴到 PowerPoint 中，这一版本被称作 PowerPoint 3.0。

在 PowerPoint 3.0 中，微软公司还将其界面进行了修改，使之更符合 Word 和 Excel 等 Office 其他组件的界面风格。值得注意的是，在这一版本的 PowerPoint 软件版权对话框中，第一次使用了彩色的 PowerPoint 标志。

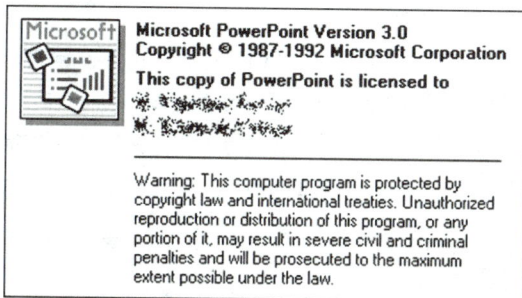

### 4. 跨平台的演示程序

作为诞生于 Macintosh 计算机上的演示程序，虽然 PowerPoint 被微软公司收购，但从未放弃在 Macintosh 计算机上的应用。早期的 PowerPoint 往往同时发布基于 Windows 操作系统和 Macintosh 操作系统的版本。

目前，PowerPoint 除了拥有运行于微软公司 Windows 操作系统的 PowerPoint 之外，同样拥有运行于 MAC 操作系统的 PowerPoint for MAC。

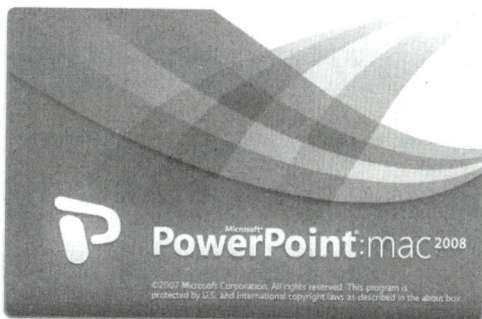

上图为微软公司于 2008 年发布的基于 MAC 操作系统的 PowerPoint for MAC 2008，是基于 MAC 操作系统的最新版 PowerPoint。

> **提示**
>
> 苹果公司开发的 Macintosh 操作系统在 1999 年已停止开发，后苹果公司于 2000 年开发出了 MAC OS 操作系统。

上图即微软公司于 2010 年发布的基于 Microsoft Windows 操作系统的 Microsoft PowerPoint 2010，是运行于 Windows 操作系统上的最新版 PowerPoint。

## 1.2 PowerPoint 2010 新增功能

作为 Office 2010 最重要的组件之一，PowerPoint 2010 增加了大量实用的功能，为用户提供了全新的多媒体体验。

## 1. 全新 Office 2010 界面

在 PowerPoint 2010 中，微软为 PowerPoint 应用了统一的 Office 2010 风格的界面，通过直观的【文件】按钮和一系列的子菜单，提高用户操作的效率。

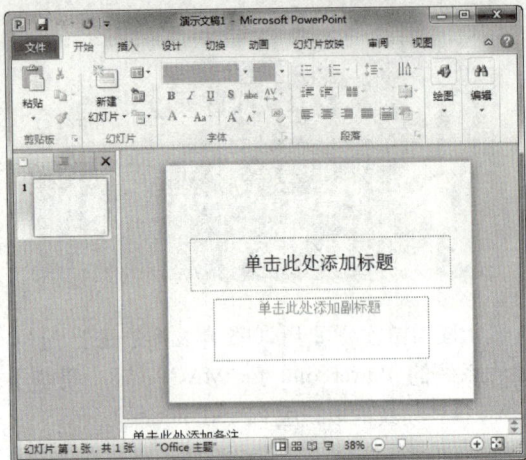

## 2. 强大的视频处理功能

在 PowerPoint 2010 中，提供了强大的视频处理功能，用户不仅可以将视频嵌入到 PowerPoint 文档中，还可以控制视频的播放，对视频进行裁剪和编辑。

除此之外，PowerPoint 2010 还提供了视频样式功能，帮助用户创建更加多样化的多媒体演示程序。

## 3. 改进的图像编辑工具

PowerPoint 2010 提供了全新的图像编辑工具，允许用户为图像添加各种艺术效果，并进行高级更正、颜色调整和裁剪，可微调多媒体演示程序中的各种图像，以增强多媒体演示程序的感染力。

## 4. 动态三维切换效果

PowerPoint 2010 添加了全新的动态幻灯片切换效果以及更多逼真的动画效果，可制作出更加吸引用户注意力的多媒体演示程序。

## 5. 压缩和保护演示文稿

PowerPoint 2010 允许用户对已创建的基于 PowerPoint 2010 的多媒体演示文稿进行压缩，降低演示文稿所占用的磁盘空间，增强演示文稿在互联网中传输时的效率。

同时，PowerPoint 2010 还允许用户设置演示文稿的权限级别，允许用户对演示文稿进行加密、设置读写权限等，甚至还支持对演示文稿添加数字签名，提高演示文稿的安全性。

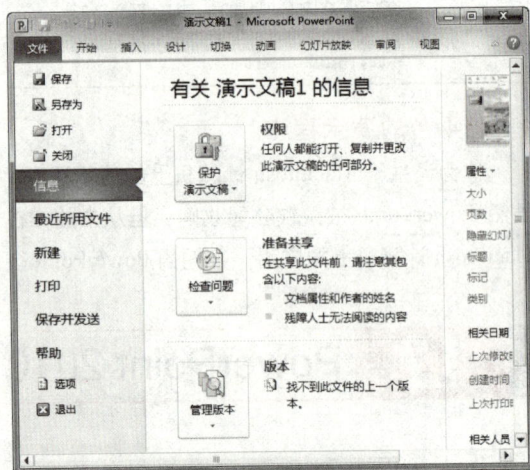

### 6．自定义工作区

与其他 Office 2010 组件相同，PowerPoint 2010 也允许用户自定义工作区，通过修改【自定义功能区】选项卡中项目的位置、项目内容等，将用户常用的一些功能集中起来，提高用户工作的效率。

### 7．共享多媒体演示

在 PowerPoint 2010 中，提供了广播幻灯片的功能，允许用户将已创建的多媒体演示文稿通过局域网、广域网等网络广播给其他地方的用户，而这些用户无需安装 PowerPoint 软件或播放器。

另外，还允许用户将多媒体演示创建为包含切换效果、动画、旁白和计时程序的视频，以便在实况广播后与他人分享。

除此之外，用户也可以注册一个免费的 Windows Live 账户，将多媒体演示上传到免费的 Windows Live SkyDrive 网盘中，以实现演示设计的网络化，在任意一个地点，只需登录 Windows Live 账户，用户即可继续之前进行的工作。

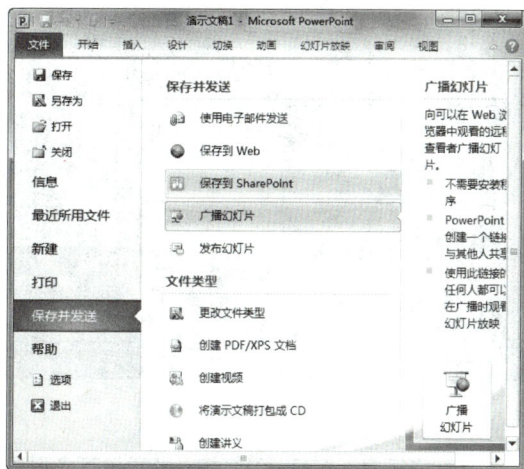

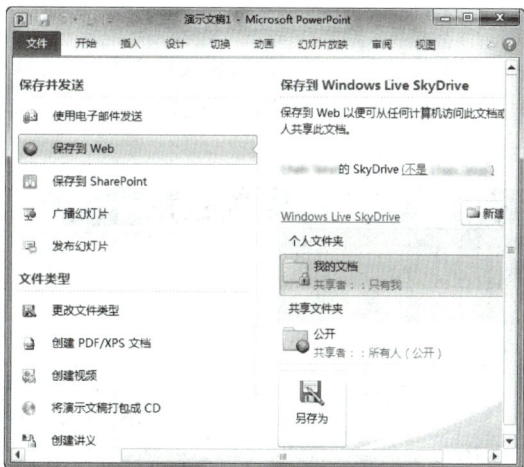

### 8．团队协作

PowerPoint 2010 增强了与 Office SharePoint 2010 的集成，允许用户通过版本控制，与其他用户共同编辑一个多媒体演示文稿，提高团队创作的效率。

## 1.3　PowerPoint 应用领域

PowerPoint 可以将各种媒体元素嵌入到同一文档中。同时，还具有超文本的特性，可以实现链接等诸多复杂的文档演示方式。目前 PowerPoint 主要有以下几种用途。

### 1．商业多媒体演示

最初开发 PowerPoint 软件的目的就是为各种

商业活动提供一个内容丰富的多媒体产品或服务演示的平台,帮助销售人员向终端用户演示产品或服务的优越性。

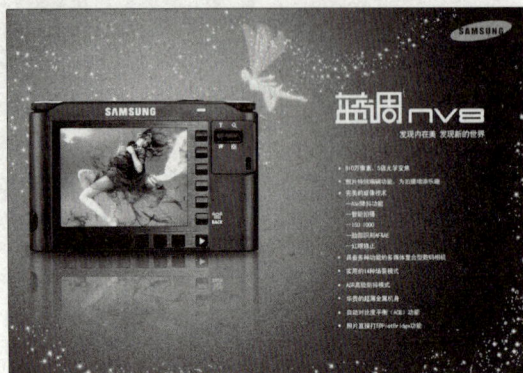

## 2．教学多媒体演示

随着笔记本计算机、幻灯机、投影仪等多媒体教学设备的普及,越来越多的教师开始使用这些数字化的设备向学生提供板书、讲义等内容,通过声、光、电等多种表现形式增强教学的趣味性,提高学生的学习兴趣。

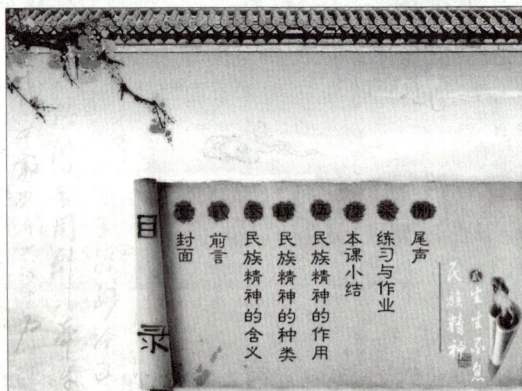

## 3．个人简介演示

PowerPoint 是一种操作简单且功能十分强大的多媒体演示设计软件,因此,很多具有一定计算机基础知识的用户都可以方便地使用它。

目前很多求职者也通过 PowerPoint 来设计个人简历程序,以丰富的多媒体内容展示自我,向用人单位介绍自身情况。

## 4．娱乐多媒体演示

由于 PowerPoint 支持文本、图像、动画、音频和视频等多种媒体内容的集成,因此,很多用户都使用 PowerPoint 来制作各种娱乐性质的演示文稿,例如各种漫画集、相册等,通过 PowerPoint 的丰富表现功能来展示多媒体娱乐内容。

## 1.4 PowerPoint 2010 界面简介

PowerPoint 2010 采用了全新的操作界面,以与 Office 2010 系列软件的界面风格保持一致。相比之前版本,PowerPoint 2010 的界面更加整齐而简洁,也更便于操作。PowerPoint 2010 软件的基本界面如下。

快速访问工具

标题栏

窗口管理按钮

PowerPoint 标志

工具选项卡

功能区

功能区最小化与帮助

幻灯片选项卡窗格

幻灯片窗格

备注窗格

幻灯片编号　主题名称　语言

视图　显示比例　使幻灯片适应当前窗口

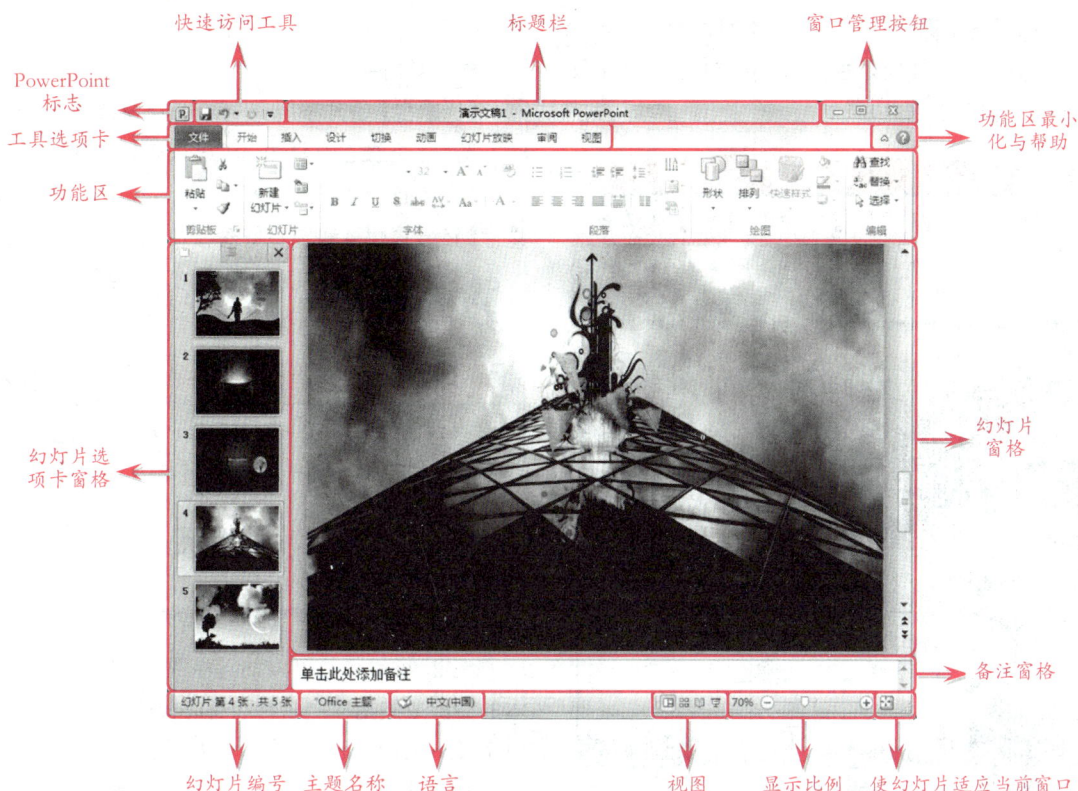

## 1. PowerPoint 视图

视图是 PowerPoint 窗体布局的方式。在 PowerPoint 2010 中，软件提供了 4 种视图供用户选择，以根据界面的功能提高用户工作的效率。

● 普通视图

【普通】视图是 PowerPoint 2010 默认的视图，在该视图中，提供了【工具选项卡】、【功能区】等工具栏，以及【幻灯片选项卡】、【幻灯片】和【备注】等窗格，允许用户编辑幻灯片的内容，并对幻灯片的内容进行简单的浏览。

● 幻灯片浏览

【幻灯片浏览】视图相比【普通】视图，隐藏了【幻灯片】和【备注】等窗格，其他则与【普通】视图保持一致。该视图着重通过【幻灯片选项卡】窗格显示幻灯片的内容，供用户浏览，并选择相应的幻灯片。

● 阅读视图

【阅读】视图是一种简洁的 PowerPoint 视图。

在【阅读】视图中，隐藏了用于幻灯片编辑的各种视图，仅保留了【标题栏】和【状态栏】两个工具栏和【幻灯片】窗格。

> **提示**
>
> 在【幻灯片选项卡】窗格中，用户可以双击任意一幅幻灯片，切换到【普通】视图，以对该幅幻灯片进行各种编辑操作。

【阅读】视图将 PowerPoint 的各种工具和功能进行了大幅精简，其通常用于在幻灯片制作完成后对幻灯片进行简单的预览。

> **提示**
>
> 在进入【阅读】视图后，用户可单击【幻灯片】窗格，对当前播放的幻灯片进行切换，直至播放完成后，PowerPoint 会自动转入【普通】视图。

● 幻灯片放映

【幻灯片放映】视图是一种仅可应用于全屏的视图。在该视图中，用户可以通过全屏的方式浏览整个幻灯片的演示效果。

## 2. 普通视图窗体组成

【普通】视图是 PowerPoint 中功能最完善的视图。在该视图中，用户不仅可以浏览幻灯片，还可以对幻灯片进行各种编辑操作。因此，该视图也是 PowerPoint 中最重要的视图。

在【普通】视图中，PowerPoint 2010 的主窗体主要包括 7 个主要的组成部分。

● 标题栏

【标题栏】是几乎所有 Windows 窗口共有的一种工具栏。在该工具栏中，可显示窗口或应用程序的名称。除此之外，绝大多数 Windows 窗口的【标题栏】还会提供 4 种窗口管理按钮，包括【最小化】按钮、【最大化】按钮、【向下还原】按钮以及【关闭】按钮。

> **提示**
>
> 【最大化】按钮和【向下还原】按钮的作用完全相反，因此在窗口以最大化状态显示时，只会显示【向下还原】按钮，而窗口以浮动方式显示时，则只会显示【最大化】按钮。

在 PowerPoint 2010 的【标题栏】中，除了基本的窗口或应用程序名称和窗口管理按钮外，还提供了【PowerPoint 标志】以及【快速访问工具】。

单击【PowerPoint 标志】，将显示【还原】、【移动】、【大小】、【最小化】、【最大化】和【关闭】等窗口操作命令。

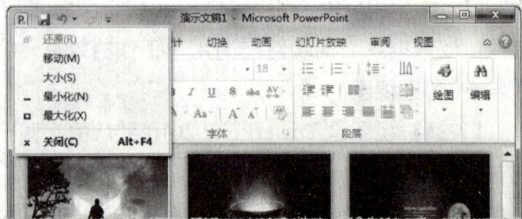

【快速访问工具】是 PowerPoint 提供的一组快捷按钮，在默认情况下，其包含【保存】、【撤销】、【恢复】和【自定义快速访问工具栏】等工具。在单击【自定义快速访问工具栏】按钮后，用户可自定义【快速访问工具】中的按钮。

● 工具选项卡栏

【工具选项卡栏】是继承自 Office 2007 系列软件的重要工具栏。在【工具选项卡栏】中，提供了多种按钮，用于切换【功能区】中的内容。

● 功能区

【功能区】是 PowerPoint 2010 中最重要的工具

栏之一。在【功能区】中，提供了用户编辑多媒体演示所需要的各种工具按钮、菜单和命令。

● 幻灯片选项卡窗格

【幻灯片选项卡】窗格的作用是显示当前幻灯片演示程序中所有幻灯片的预览或标题，供用户选择以进行浏览或播放。

在【幻灯片选项卡】窗格中，用户可以选择两种方式显示幻灯片的列表，即幻灯片方式或大纲方式。

其中，幻灯片方式为默认的幻灯片预览方式，在该方式中，将显示所有幻灯片的预览图像，供用户进行选择。

大纲方式与幻灯片方式最大的区别在于，在大纲方式中，将显示幻灯片的标题，允许用户对标题进行更改。用户也可以单击标题，以显示相应的幻灯片。

● 幻灯片窗格

幻灯片窗格是 PowerPoint 的【普通】视图中最主要的窗格。在该窗格中，用户既可以浏览幻灯片的内容，也可以选择【功能区】中的各种工具，对幻灯片的内容进行修改。

● 备注窗格

在设计幻灯片时，在某些情况下可能需要在幻灯片中标注一些提示信息。如不希望这些信息在幻灯片中显示，则可将其添加到【备注】窗格。

● 状态栏

【状态栏】是多数 Windows 程序或窗口共有的工具栏，其通常位于窗口的底部，显示各种说明信息，并提供一些辅助工具。

在 PowerPoint 2010 的状态栏中，可显示【幻灯片编号】、【主题名称】以及幻灯片所使用的【语言】。

除此之外，用户还可以通过【状态栏】中提供的【视图】工具栏切换 PowerPoint 的视图，以实现各种功能，各视图切换按钮如下。

| 按钮 | 作　用 | 按钮 | 作　用 |
|---|---|---|---|
| | 普通视图 | | 幻灯片浏览视图 |
| | 阅读视图 | | 幻灯片放映视图 |

在【状态栏】中，用户可以单击当前幻灯片的【显示比例】数值，在弹出的【显示比例】对话框中选择预设的显示比例，或输入自定义的显示比例值。

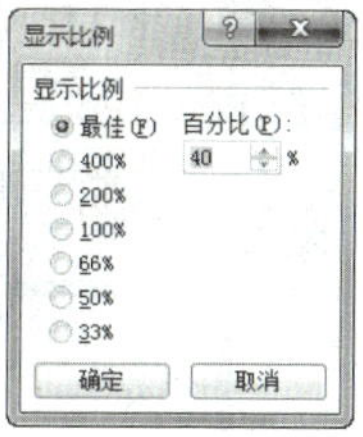


在【状态栏】最右侧，提供了【使幻灯片适应当前窗口】按钮。单击该按钮后，PowerPoint 2010 将自动根据窗口的尺寸大小，对【幻灯片】窗格内的内容进行缩放。

## 1.5 启动和退出 PowerPoint

在使用 PowerPoint 2010 设计多媒体演示程序之前，首先应了解如何启动和退出 PowerPoint。

### 1．启动 PowerPoint

与普通 Windows 应用程序类似，用户可以通过多种方式启动 PowerPoint，包括从【开始】菜单、从【运行】对话框，以及从快捷方式或 Windows 7 任务栏等。

● 【开始】菜单启动

与启动其他一些安装于 Windows 操作系统的应用程序类似，用户可从 Windows【开始】菜单启动 PowerPoint。

在 Windows 操作系统中单击【开始】按钮，执行【所有程序】| Microsoft Office | Microsoft PowerPoint 2010 命令，然后即可启动 PowerPoint 2010。

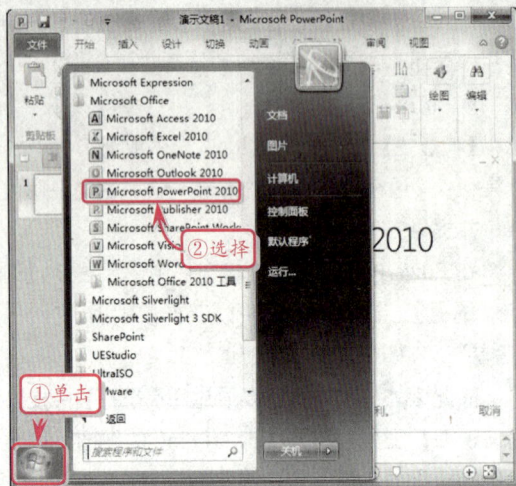

用户也可以右击 Microsoft PowerPoint 2010 图标，执行【附到「开始」菜单】命令，将 PowerPoint 2010 程序添加到开始菜单的快捷栏中。然后，即可直接单击【开始】按钮，在弹出的【开始】菜单左侧单击 Microsoft PowerPoint 2010 按钮，快速启动 PowerPoint 2010。

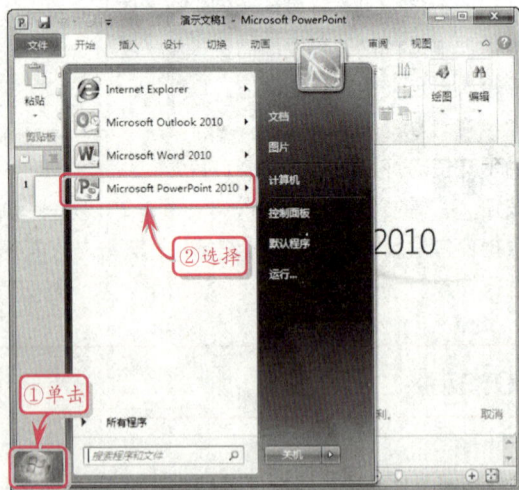

● 【运行】命令

在 Windows 操作系统中，用户可以通过【运行】命令，执行 PowerPoint 2010 的程序文件名，启动 PowerPoint。

单击【开始】按钮，执行【运行】命令，然后即可在弹出的【运行】对话框中输入 "PowerPnt"，单击【确定】按钮，启动 PowerPoint 2010。

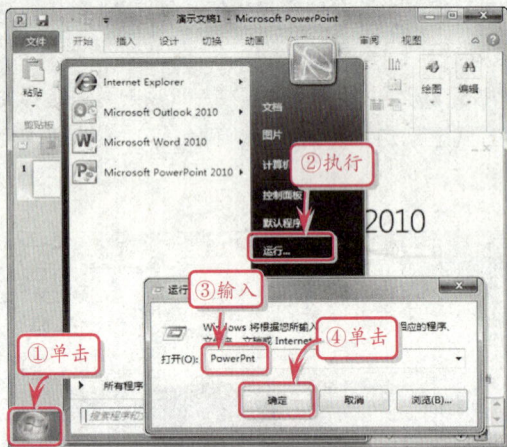

### 提示

在 Windows 7 操作系统中，默认情况下【开始】菜单中会隐藏【运行】命令。此时，用户可在任务栏处右击，执行【属性】命令，在弹出的【任务栏和「开始」菜单属性】对话框中单击【「开始」菜单】选项卡中的【自定义】按钮，在项目列表中选中【运行命令】复选框，确定所有对话框，即可在【开始】菜单中显示【运行】命令。

● 快捷方式启动

快捷方式是一种特殊的文件，其本身并没有什么内容，但可以指向本地磁盘或互联网中的某个文件，这样，当用户单击该快捷方式时，即可打开其指向的文件。

例如，通过桌面的快捷方式启动 PowerPoint 2010，用户可直接在桌面双击 Microsoft PowerPoint 2010 图标，从而打开 PowerPoint 2010 软件。

### 提示

为 PowerPoint 2010 创建位于 Windows 7 操作系统桌面的快捷方式，用户可直接在【开始】菜单中右击 Microsoft PowerPoint 2010 菜单项目，执行【发送到】|【桌面快捷方式】命令。

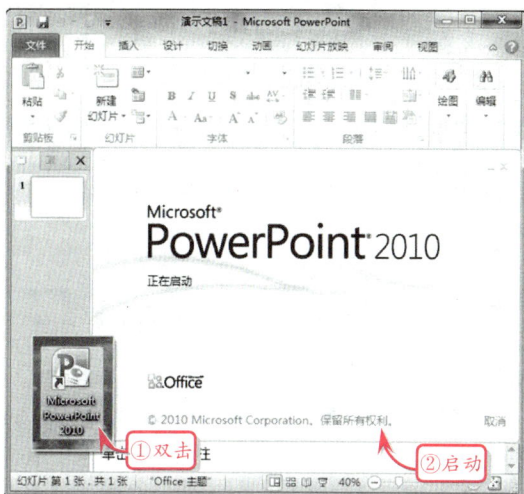

● **Windows 7 任务栏**

在 Windows 7 操作系统中,取消了之前操作系统任务栏中的【快速启动】工具栏,转而提供了一种全新的快速启动方式,即任务栏停靠模式。

在该模式下,允许用户将文档或可执行程序作为按钮,锁定在 Windows 任务栏中,单击任务栏中的这些按钮,即可打开相应的文档或启动相应的应用程序。

将 PowerPoint 2010 锁定到任务栏内,用户可先通过其他途径打开 PowerPoint 2010,然后,在任务栏中找到 PowerPoint 2010 程序,右击执行【将此程序锁定到任务栏】命令。此时,Windows 就会将 PowerPoint 2010 锁定到任务栏中。

在将 PowerPoint 2010 锁定到任务栏之后,用户即可单击任务栏中的 Microsoft PowerPoint 2010

按钮 📄,启动 PowerPoint 2010。

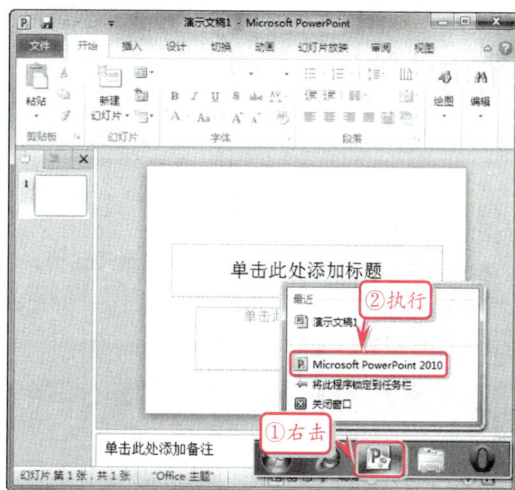

### 2.退出 PowerPoint

在完成多媒体演示文稿的编辑后,用户可单击【工具选项卡】中的【文件】按钮,执行【退出】命令,退出 PowerPoint。

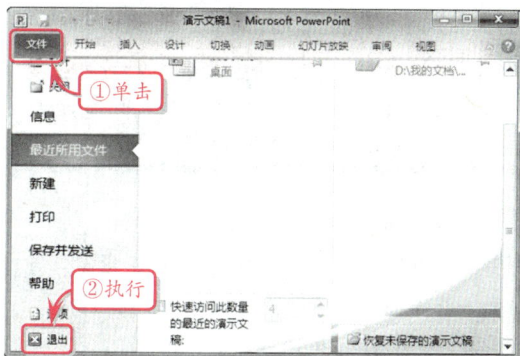

## 1.6 PowerPoint 窗口操作

PowerPoint 2010 提供了多窗口模式,允许用户使用两个甚至更多的 PowerPoint 窗口,打开同一个演示文稿,以方便用户快速复制和粘贴同一文档中的内容,提高用户编辑文档的效率。

### 1.创建窗口

创建窗口的作用是为 PowerPoint 创建一个与源窗口完全相同的窗口。在 PowerPoint 中选择【视图】选项卡,然后单击【窗口】组中的【新建窗口】

按钮,创建一个包含当前文档视图的新窗口。

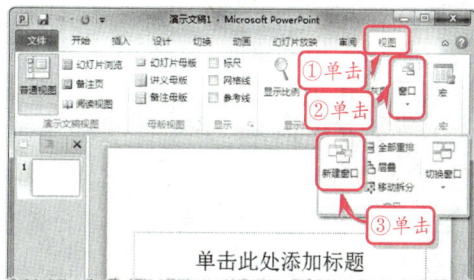

---

### 提示

新建的窗口内容与源窗口完全相同。在新建窗口后，源窗口的标题名称将为"文件名:1"，而新建的窗口标题名称则将依次为"文件名:2"、"文件名:3"等。

### 2．切换窗口

如创建了多窗口，则用户可以单击【视图】选项卡【窗口】组中的【切换窗口】按钮，在弹出的列表中选择相应的窗口，以对其进行编辑。

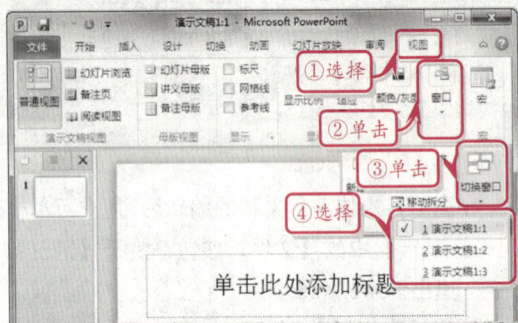

### 提示

【切换窗口】的窗口列表中，列表项目将随着创建窗口的数量增加而逐渐扩展。

### 3．其他窗口操作

在多窗口模式下，用户还可以对这些窗口进行其他一些操作，如下。

● 全部重排

【全部重排】的作用是将这些多窗口按照从左到右的顺序横排平铺显示。选择【视图】选项卡，

单击【窗口】组中的【全部重排】按钮，然后即可将窗口重新排列。

● 层叠

【层叠】的作用是将多窗口按照左上到右下的顺序，依次排列起来。选择【视图】选项卡，单击【窗口】组中的【层叠】按钮，然后即可实现窗口的层叠。

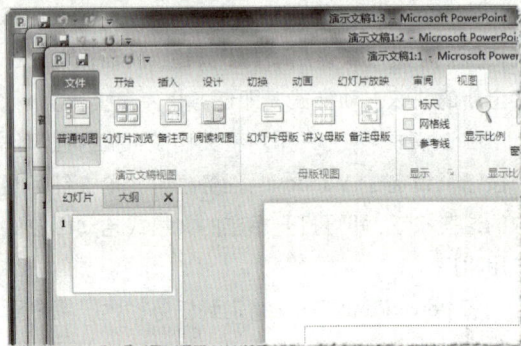

### 提示

除了【全部重排】和【层叠】等两种窗口操作方式外，PowerPoint 还支持用户采用【移动拆分】的方法，将多个窗口的内容合并到同一个窗口中，以提高窗口操作的效率。

---

## 1.7 获取和使用帮助

PowerPoint 2010 提供了大量而丰富的帮助内容，可以帮助新用户学习 PowerPoint 的功能，介绍 PowerPoint 的使用方法。

### 1．开启帮助

在 PowerPoint 2010 中，用户可以通过多种方法开启帮助。

用户可以在 PowerPoint 界面的任意位置按 F1 快捷键 F1，打开帮助程序。除此之外，用户也可以在 PowerPoint 界面中选择【文件】选项卡，执行【帮助】命令，在更新的窗口中单击【Microsoft Office 帮助】按钮，启动帮助程序。

如，需要了解 PowerPoint 主题的使用方法，用户可直接在帮助程序的【搜索】框中输入"主题"关键字，并单击【搜索】按钮，快速进入检索结果。

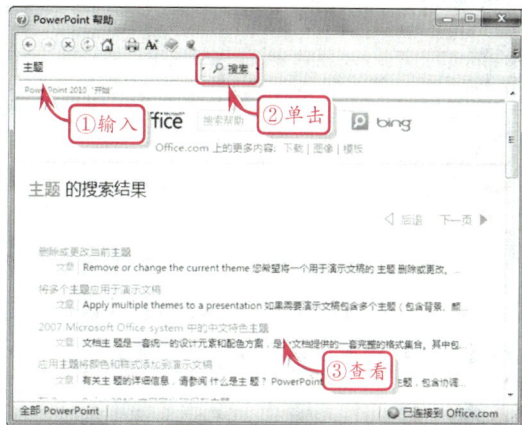

除此之外，用户还可以单击【工具选项卡】栏右侧的【Microsoft PowerPoint 帮助】按钮，开启帮助程序。

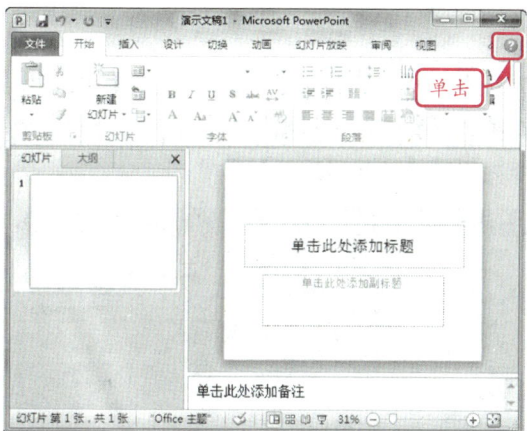

### 2．使用帮助

PowerPoint 2010 通过互联网提供了大量帮助内容供用户索引和阅读。用户可以通过以下两种方式找寻特定的帮助内容。

● 检索关键字

在 PowerPoint 2010 的帮助程序中，用户可以通过检索关键字的方式，查找相关的帮助内容。例

● 目录索引

目录索引也是一种重要的帮助查找方式。相比检索关键字的方法，目录索引更有助于用户系统地学习 PowerPoint 的使用方法。在命令栏中单击【显示目录】按钮，然后即可查看 PowerPoint 帮助的分类列表。

## 1.8 高手答疑

# Q&A

**问题 1：如何修改 Office 配色方案？**

**解答：** Office 2010 系列软件提供了 3 种色彩主题供用户选择，包括"蓝色"、"银色"和"黑　　色"等。

在 PowerPoint 2010 中，用户可直接选择

【文件】选项卡，执行【选项】命令，打开【PowerPoint 选项】对话框。

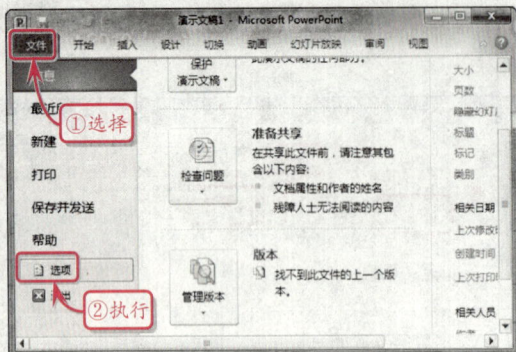

在弹出的【PowerPoint 选项】对话框中选择【常规】选项卡，在【配色方案】下拉列表中，用户可以选择相应的配色方案。单击【确定】按钮后，即可将方案应用到 PowerPoint 和其他 Office 组件中。

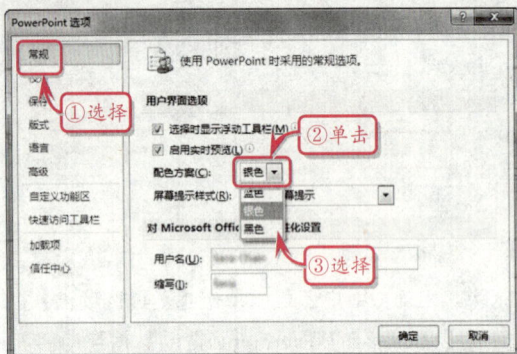

# Q&A

## 问题 2：如何为快速访问工具栏添加命令？

**解答：**在之前的小节中，已介绍了 PowerPoint 2010 的【快速访问工具】栏。用户可以方便地将各种按钮添加到【快速访问工具】栏中。

单击【快速访问工具】栏右侧的【自定义快速访问工具栏】按钮，执行【其他命令】命令，然后打开【PowerPoint 选项】对话框，并自动选择【快速访问工具栏】选项卡。

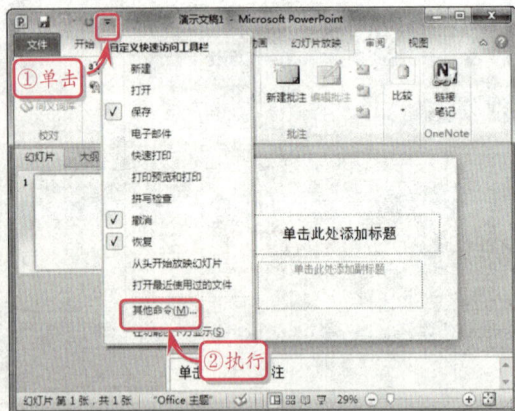

在【PowerPoint 选项】对话框的【快速访问工具栏】选项卡中，用户可以方便地在【从下列位置选择命令】的下拉列表菜单中选择添加的命令类型，或命令所处的位置。

在选择了命令的类型之后，即可在下方的列表中选择命令，单击【添加】按钮，将其添加到右侧的【自定义快速访问工具栏】列表中。在单击【确定】按钮之后，即可将选择的命令添加到【快速访问工具】栏中。

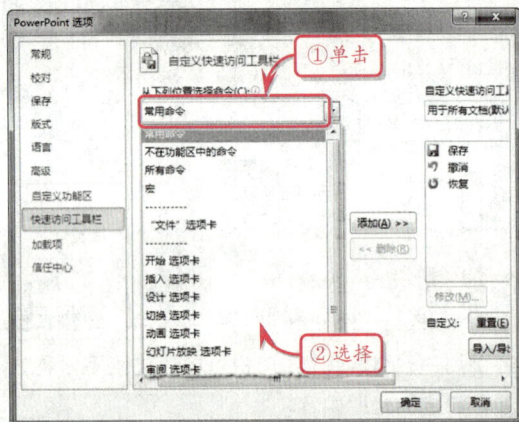

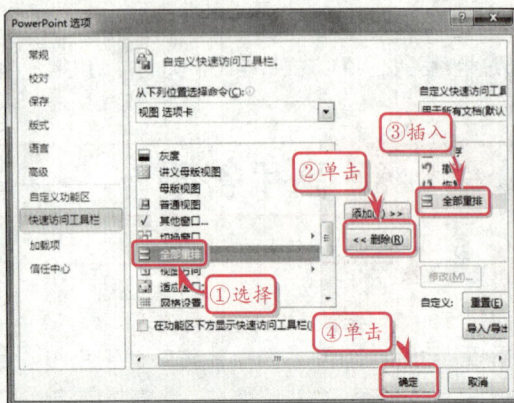

# Q&A

**解答：** 在之前 PowerPoint 2010 新增功能介绍中，已介绍过 PowerPoint 2010 的新增功能包括可自定义的工作区。

在 PowerPoint 2010 中，用户可以创建自定义的工具选项卡，并为工具选项卡添加指定的命令作为内容。首先选择【文件】选项卡，执行【选项】命令，打开【PowerPoint 选项】对话框。

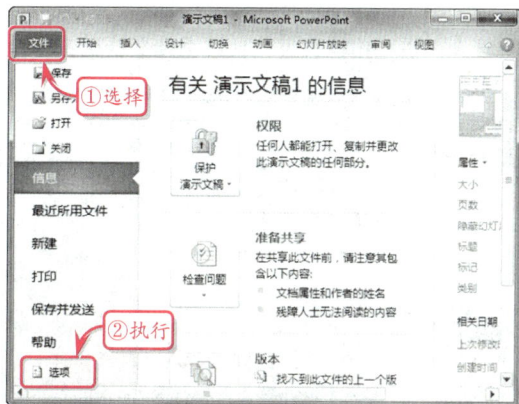

在弹出的【PowerPoint 选项】对话框中选择【自定义功能区】选项卡，然后，即可在右侧的【自定义功能区】中选择创建的工具选项卡所处的位置，包括以下几种项目。

| 项目名 | 作 用 |
|---|---|
| 所有选项卡 | 设置所有 PowerPoint 选项卡的内容 |
| 主选项卡 | 仅设置主要 PowerPoint 选项卡的内容 |
| 工具选项卡 | 设置特定条件下显示的选项卡的内容 |

如果用户需要添加新的选项卡，可选择"所有选项卡"或"主选项卡"项目，然后单击下方的【新建选项卡】按钮，为上方的列表添加【新建选项卡】和【新建组】项目。

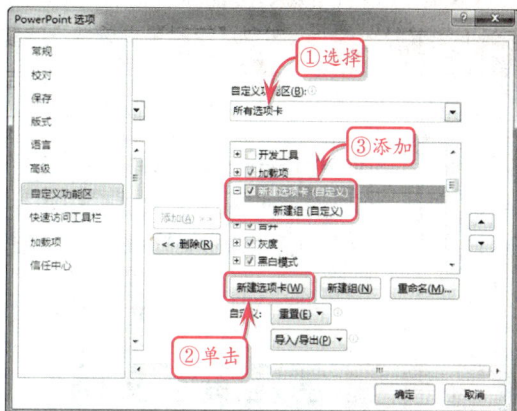

选中【新建选项卡】或【新建组】之后，即可单击【重命名】按钮，为新增的选项卡或组更改名称。在选中【新建选项卡】之后，用户还可以单击下方的【新建组】按钮，为自定义选项卡添加多个组，并更改这些组的名称。

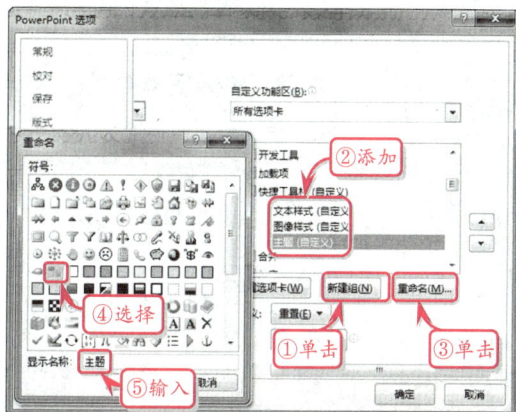

### 提示

在为组重命名时，用户可以为组选择一个 Office 内置的符号作为组的图标。

### 提示

为组添加内容的方法与添加快速访问工具类似，在此就不再赘述。

# 02

# PowerPoint 文档操作

使用 PowerPoint，用户可以创建各种多媒体演示文稿，并通过可视化的操作，对文档进行编辑和修改。创建、修改、保存和播放演示文稿是 PowerPoint 最基本的操作。本章将详细介绍使用 PowerPoint 创建、修改、保存和播放演示文稿的方法，除此之外，还将介绍演示文稿的页面设置，以及保存演示文稿后的一些进阶操作。

## 2.1 创建演示文稿

在 PowerPoint 2010 中，用户可以通过以下几种方式创建演示文稿。

### 1. 自动创建演示文稿

在启动 PowerPoint 2010 时，PowerPoint 2010 会自动创建一个空白的演示文稿。此时，用户可以直接对该演示文稿进行编辑操作。

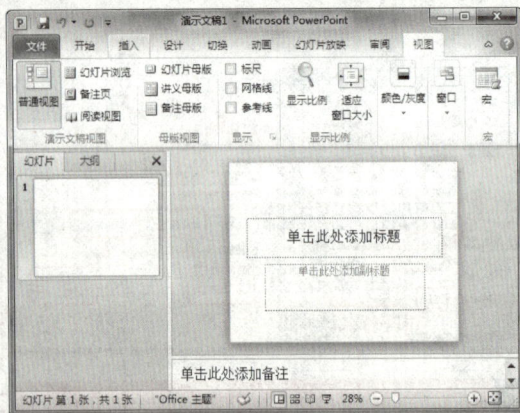

### 2. 创建空白演示文稿

如果用户对自动创建的空白演示文稿进行了编辑，且对编辑的结果并不满意，则用户可以直接选择【文件】选项卡，执行【新建】命令。

在更新的窗口中选择【空白演示文稿】项目，并单击窗口右侧的【创建】按钮。PowerPoint 将重新创建一个空白的演示文稿，供用户编辑。

### 3. 从样本模板创建演示文稿

样本模板是 PowerPoint 2010 自带的模板。通

过样本模板，用户可以创建诸多精美的演示文稿。

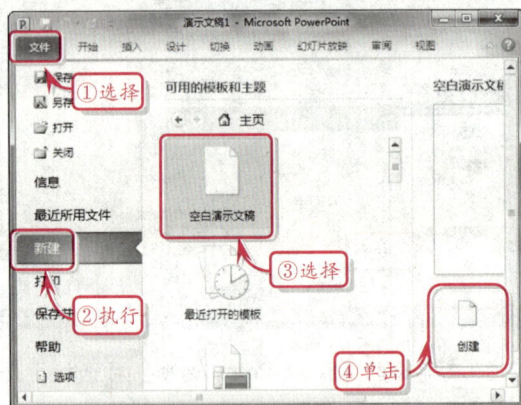

在 PowerPoint 2010 中选择【文件】选项卡，然后即可在更新的窗口中选择【样本模板】。

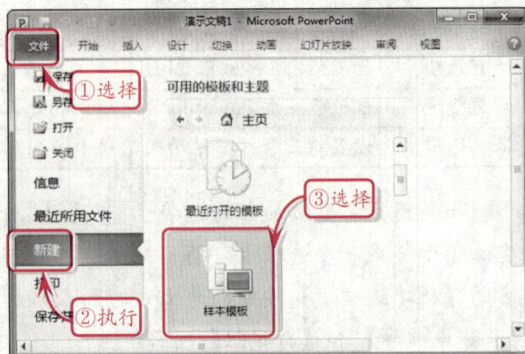

此时，PowerPoint 将自动进入样本模板的菜单，显示 PowerPoint 2010 内置的所有样本模板。用户可以单击选择任意一个样本模板，在窗口右侧

浏览模板的样式。

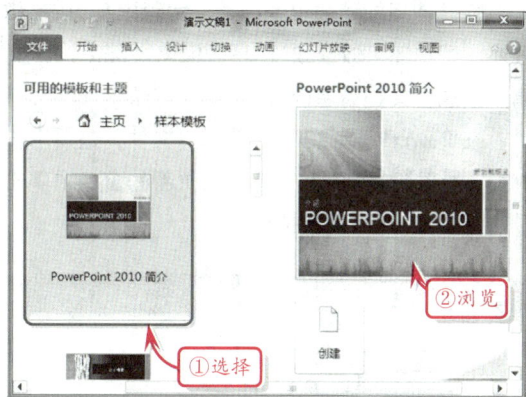

【主题】按钮。

在确定需要使用该样本模板后，用户可单击【创建】按钮，PowerPoint 将自动把该模板应用到新建的演示文稿中。

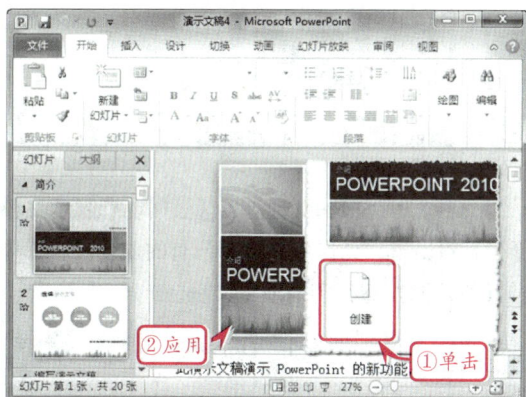

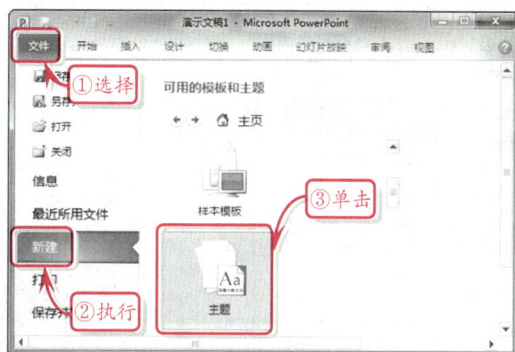

在选择【主题】按钮后，PowerPoint 将自动显示 PowerPoint 内置的各种主题。在选中主题后，用户即可在窗口右侧浏览主题中的样式。

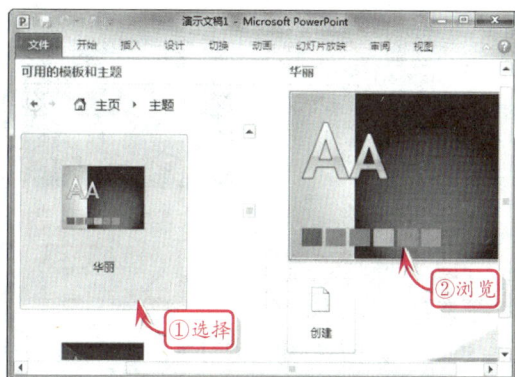

在确认选择的主题后，即可单击【创建】按钮，创建基于该主题的演示文稿。

### 提示

PowerPoint 2010 内置了大量精美的模板供用户选用。除使用内置的模板外，用户也可以创建自定义模板，通过【文件】选项卡中的【新建】|【我的模板】命令，将自定义模板应用到演示文稿中。

### 4．创建主题文档

主题是 PowerPoint 2010 中内置存储的文本样式和填充样式的集合。创建主题文档，就是将内置的主题应用到文档的过程。

在 PowerPoint 2010 中选择【文件】选项卡，然后即可在更新的窗口中执行【新建】命令，单击

### 5．从 Web 模板创建演示文稿

相比之前版本的 PowerPoint，PowerPoint 2010 着重增强了网络功能，允许用户从微软的 Office 官方网站下载相关的 PowerPoint 模板，以制作精美的演示文稿。

PowerPoint 将从官方网站下载 PowerPoint 模板的功能集成到了软件中。用户只需保持本地计算机的互联网畅通，并安装 PowerPoint，然后即可在创建演示文稿时，直接调用互联网中的资源。

在 PowerPoint 2010 中，选择【文件】选项卡，然后即可在更新的窗口中执行【新建】命令，在【Office.com 模板】中单击选择相关的分类。

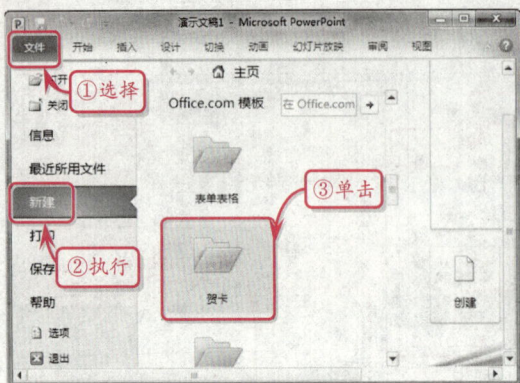

在更新的窗口中会显示分类中的子分类。选择子分类后，即可查看这些位于 Web 的模板资源。

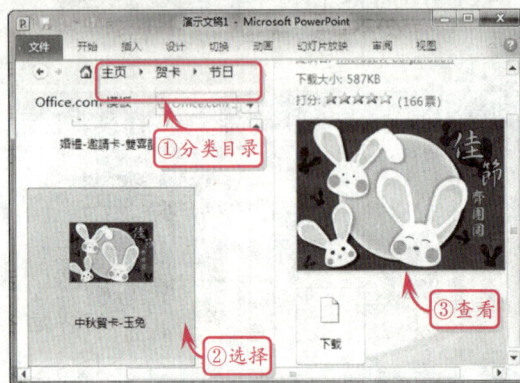

在选中模板后，用户即可单击预览图下方的【下载】按钮，将其从 Office.com 下载到本地计算机中。在完成下载后，PowerPoint 将自动把模板应用到演示文稿中。

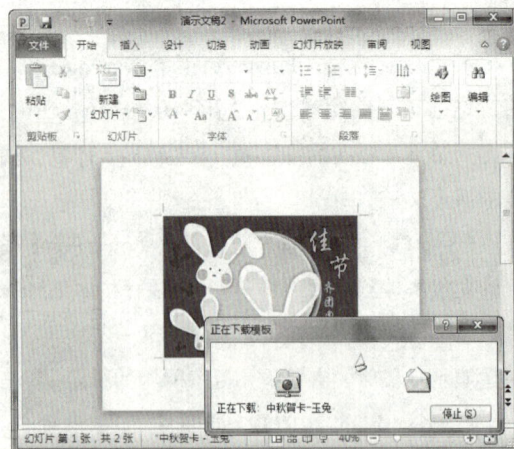

### 6. 根据现有内容创建演示文稿

除了使用软件内置的模板、主题以及 Web 模板外，用户还可以获取现有的 PowerPoint 演示文稿，以这些文档为基础模板，制作新的幻灯片。

在 PowerPoint 2010 中选择【文件】选项卡，执行【新建】命令，然后即可在更新的窗口中单击【根据现有内容新建】按钮。

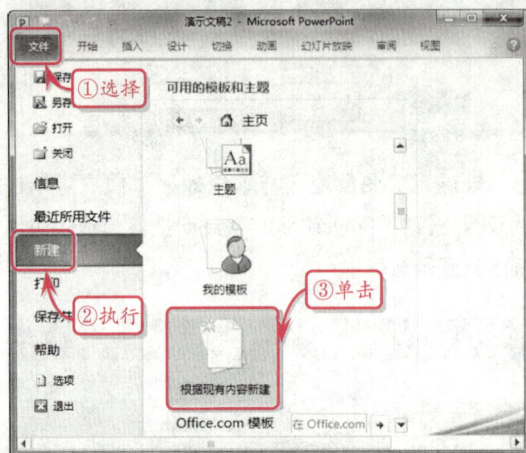

之后，PowerPoint 会弹出【根据现有演示文稿新建】对话框，允许用户选择已有的演示文稿，单击【新建】按钮，创建演示文稿。

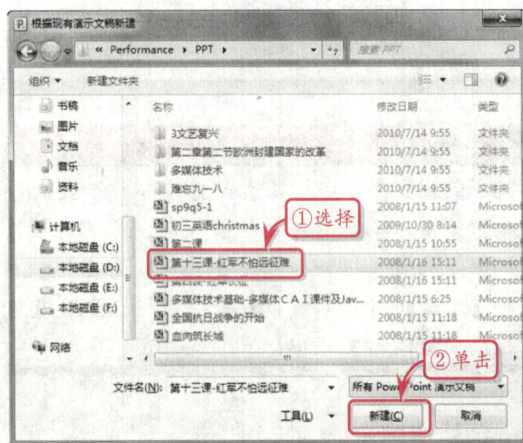

然后，PowerPoint 将根据现有的演示文稿，创建一个完全相同的新的演示文稿。此时，用户可对演示文稿进行修改和编辑，完成演示文稿的创建。

## 2.2 页面设置

PowerPoint 可以制作多种类型的演示文稿，包括用于数字幻灯机、数字投影仪播放的数字文档，以及老式照片幻灯机的打印文稿。通过 PowerPoint 的页面设置，用户可以对制作的演示文稿进行编辑，制作出符合播放设备尺寸的演示文稿。

### 1. 基本页面设置

基本页面设置是通过 PowerPoint 中的专门对话框进行所有的页面设置。在 PowerPoint 2010 中，选择【设计】选项卡，然后即可单击【页面设置】按钮，打开【页面设置】对话框。

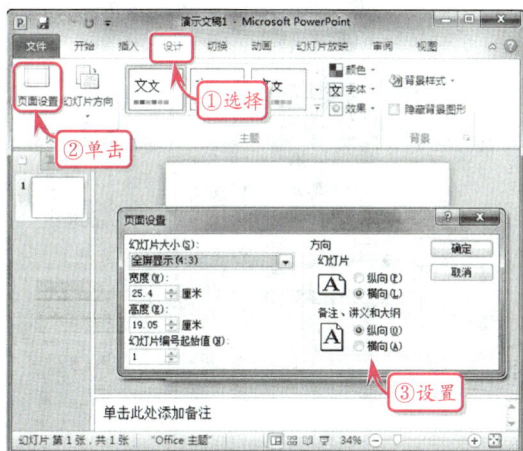

在【页面设置】对话框中，用户可以直接在【幻灯片大小】中选择 PowerPoint 预设的演示文稿尺寸，也可以通过输入宽度和高度的数值，定义演示文稿尺寸。

在【幻灯片大小】下拉列表菜单中，提供了以下几种预设值。

| 预　　设 | 作　　用 |
| --- | --- |
| 全屏显示（4:3） | 用于普通 CRT 显示器和标准 VGA 屏幕、幻灯机以及普通投影仪 |
| 全屏显示（16:9） | 用于标准宽屏电视和宽屏投影仪 |
| 全屏显示（16:10） | 用于非标准计算机宽屏显示器 |
| 信纸 | 用于标准 11 英寸信纸 |
| 分类账纸张 | 用于标准 17 英寸账簿纸 |

续表

| 预　　设 | 作　　用 |
| --- | --- |
| A3 纸张 | 用于 29.7cm×42.0cm 标准 A3 纸张 |
| A4 纸张 | 用于 21.0cm×29.7cm 标准 A4 纸张 |
| B4 纸张 | 用于 25.0cm×35.3cm 标准 B4 纸张 |
| B5 纸张 | 用于 17.6cm×25.0cm 标准 B5 纸张 |
| 35 毫米幻灯片 | 用于制作老式机械幻灯机的胶片 |
| 顶置 | 用于绝大多数 4:3 比例设备 |
| 横幅 | 用于横幅式幻灯片 |
| 自定义 | 输入宽度和高度，自定义尺寸 |

在【宽度】和【高度】两个输入文本域下方，用户还可以设置演示文稿起始的幻灯片编号，在默认状态下，幻灯片编号从 1 开始。

【页面设置】对话框还可以设置演示文稿的显示方向。在【页面设置】右侧的【方向】栏中，可以设置【幻灯片】和【备注、讲义和大纲】等的方向为纵向或横向，以适应演示文稿的播放设备或打印设备。

### 2. 快速更改方向

除了通过【页面设置】对话框设置方向外，用户还可以在 PowerPoint 中选择【设计】选项卡，单击【幻灯片方向】按钮，在弹出的菜单中选择幻灯片的方向。

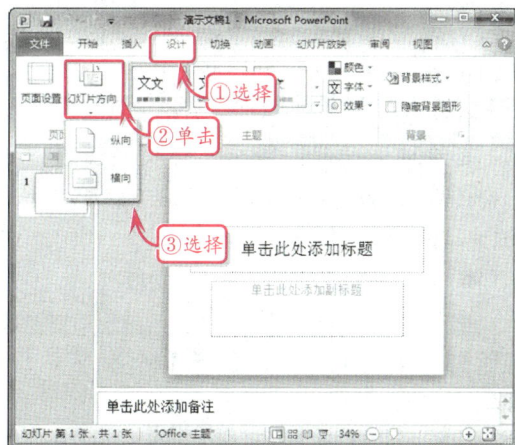

通过【幻灯片方向】按钮的弹出菜单修改幻灯片的方向，效果与通过【页面设置】对话框修改幻灯片的方向完全相同。

## 2.3 操作演示文稿

演示文稿是 PowerPoint 设计和编辑的文档的总称。本节将介绍使用 PowerPoint 2010 打开和关闭演示文稿的方法。

### 1. 打开演示文稿

使用 PowerPoint 2010，用户不仅可以创建演示文稿，还可以打开已有的演示文稿，对其进行编辑。PowerPoint 允许用户通过 3 种方式打开演示文稿。

● 直接双击打开演示文稿

在安装了 Microsoft PowerPoint 2010 软件之后，Windows 操作系统会自动为所有 ppt、pptx 等格式的演示文稿、演示模板文档建立文件关联。

PowerPoint 2010 关联的文档主要包括 6 种，即扩展名为 ppt（PowerPoint 97～2003 格式演示文稿）、pptx（PowerPoint 2007～2010 格式演示文稿）、pot（PowerPoint 97～2003 格式模板）、potx（PowerPoint 2007～2010 格式模板）、pps（PowerPoint 97～2003 格式只读播放文档）、ppsx（PowerPoint 2007～2010 格式只读播放文档）的文档。

在这种情况下，用户只需双击任意一个 PowerPoint 2010 支持的文档，即可启动 PowerPoint 2010，打开演示文稿。

● 通过文件选项卡打开演示文稿

在打开 PowerPoint 2010 之后，用户可以直接选择【文件】选项卡，执行【打开】命令，打开【打开】对话框。

在弹出的【打开】对话框中，用户可以方便地选择 PowerPoint 演示文稿，单击【打开】按钮，

将其打开。

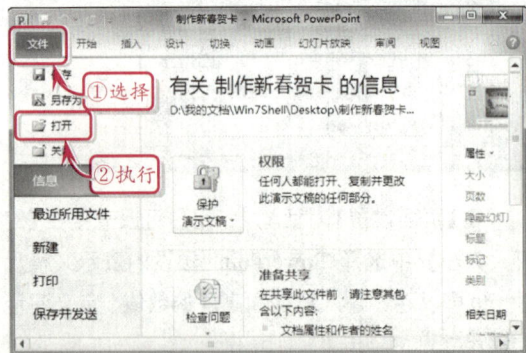

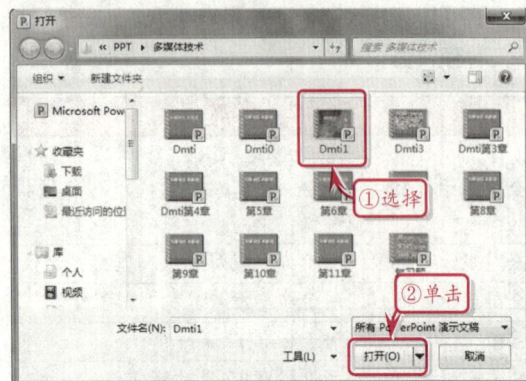

● 通过快速访问工具栏打开演示文稿

在 PowerPoint 2010 的【快速访问工具】栏中，用户可以直接单击【自定义快速访问工具栏】按钮，在弹出的菜单中执行【打开】命令，然后即可将【打开】按钮添加到【快速访问工具】栏中。

然后，用户即可单击【打开】按钮，在弹出的【打开】对话框中选择相应的演示文稿。

● 使用快捷键打开演示文稿

在 PowerPoint 2010 中，用户可以通过快捷键打开演示文稿。

在 PowerPoint 窗口中按 Ctrl+O 组合键，然后即可在弹出的【打开】对话框中选择演示文稿，将其打开。

● 拖动打开演示文稿

除了之前几种打开演示文稿的方法外，用户还可以直接选中外部的演示文稿，用鼠标将演示文稿拖动到 PowerPoint 2010 中，也可以打开该演示文稿。

## 2．关闭演示文稿

在 PowerPoint 2010 中，用户可以通过以下几种方法，将已打开的演示文稿关闭。

● 单击关闭按钮

用户可以直接单击 PowerPoint 2010 程序窗口右上角的【关闭】按钮，关闭打开的演示文稿，同时关闭 PowerPoint 2010 的程序窗口。

● 执行退出命令

用户也可以在 PowerPoint 2010 程序窗口中选择【文件】选项卡，执行【退出】命令，同样可以

关闭打开的演示文稿。同时，也会关闭 PowerPoint 2010 的程序窗口。

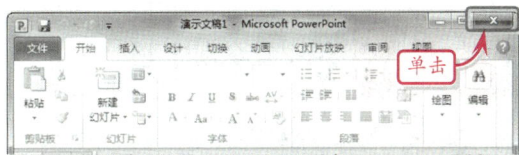

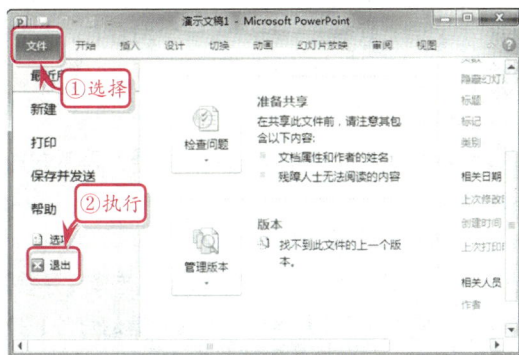

● 通过任务栏关闭演示文稿

在 Windows 操作系统中，绝大多数打开的应用程序窗口都会在系统任务栏中显示一个映像。因此，用户可以通过任务栏关闭演示文稿。

在 Windows 任务栏中右击 PowerPoint 2010 的按钮，然后即可执行【关闭窗口】命令，关闭演示文稿，同时关闭 PowerPoint 2010 程序窗口。

用户也可以将鼠标移动到任务栏上的 PowerPoint 2010 按钮上，待出现 PowerPoint 预览图时，将鼠标滑动到预览图上，单击【关闭】按钮，关闭 PowerPoint 2010 程序窗口。

● 使用快捷键关闭程序或演示文稿

PowerPoint 2010 提供了两组快捷键，用户可以关闭程序或演示文稿。

在 PowerPoint 2010 中，按 Ctrl+F4 组合键，

可直接关闭已打开的演示文稿。而按 Alt+F4 组合键，则除了关闭演示文稿外，还会关闭整个 PowerPoint 2010 程序窗口。

## 2.4 操作幻灯片

幻灯片是 PowerPoint 演示文稿中最重要的组成部分。一个演示文稿可包含多个幻灯片，以供播放。

### 1. 插入幻灯片

PowerPoint 2010 允许用户通过多种方式为演示文稿插入幻灯片。

● 通过幻灯片组插入幻灯片

在 PowerPoint 中，用户可以直接选择【开始】选项卡，在【幻灯片】组中单击【新建幻灯片】按钮的下半部分，选择幻灯片的布局，插入幻灯片。

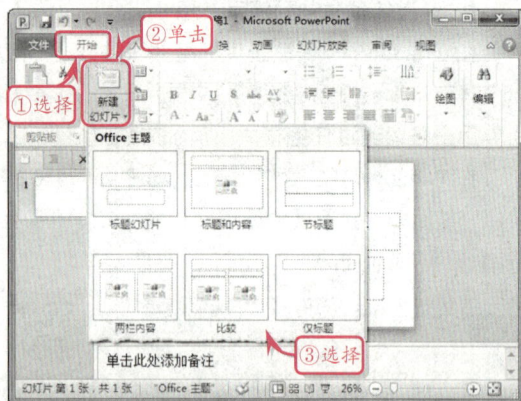

用户也可以直接单击【新建幻灯片】按钮的上半部分，直接插入包含"标题行和内容"的幻灯片。

> **提示**
>
> 包含"标题行和内容"的幻灯片，是 PowerPoint 中最基本和最常用的幻灯片。绝大多数 PowerPoint 演示文稿都由此类幻灯片构成。

● 右击执行命令插入幻灯片

在将鼠标移动到【幻灯片选项卡】窗格后，用户可以通过右击，执行【新建幻灯片】命令，创建新的幻灯片。

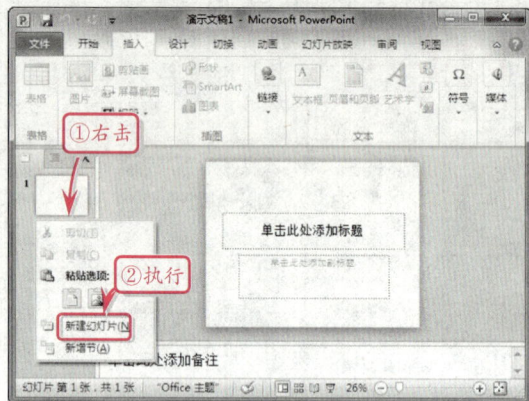

● 通过键盘方式插入幻灯片

除了通过各种界面操作插入幻灯片以外，用户也可以通过键盘操作插入新的幻灯片。将鼠标光标置于【幻灯片选项卡】窗格之后，用户即可按 Enter 键，直接插入包含"标题行和内容"的幻灯片。

### 2. 复制和粘贴幻灯片

在 PowerPoint 2010 中，用户可以方便地对幻灯片进行复制和粘贴操作。

● 通过剪贴板组复制和粘贴

在 PowerPoint 中，用户可以从【幻灯片选项卡】中选择相应的幻灯片，然后选择【开始】选项卡，单击【剪贴板】组中的【复制】按钮，复制幻灯片。

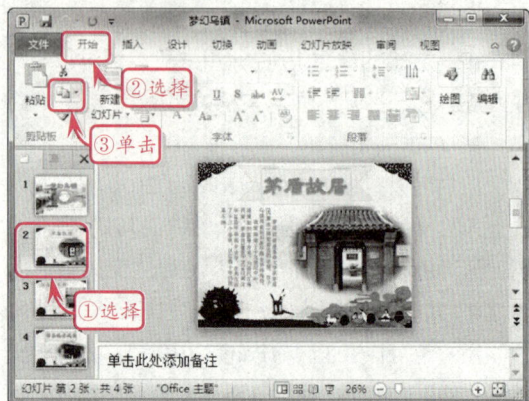

然后，即可在任意打开的演示文稿中在同样的【剪贴板】组中单击【粘贴】按钮，将复制的幻灯片粘贴到目标演示文稿中。

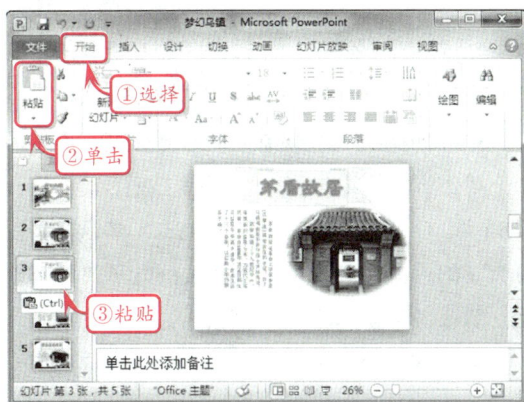

● **通过右击执行命令复制和粘贴**

除了单击【复制】和【粘贴】等按钮外，用户还可以在【幻灯片选项卡】栏中右击鼠标，通过执行【复制幻灯片】命令，直接将该幻灯片复制。

### 3．移动幻灯片

移动幻灯片可以调整一张或多张幻灯片的顺序，以使演示文稿更符合逻辑性。

在 PowerPoint 中，用户可以直接在【幻灯片选项卡】栏中选中一张幻灯片，然后拖动鼠标，修改其在演示文稿中的顺序。

例如，将演示文稿中的第一幅幻灯片移动到最后，可在【幻灯片选项卡】栏中选中第一幅幻灯片，然后将其拖动到最后一幅幻灯片的下方。

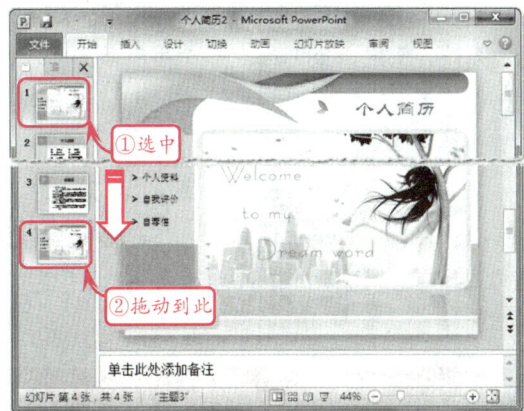

如果需要同时拖动多张幻灯片，用户可按住 Ctrl 键，然后分别选择若干幻灯片，进行拖动操作。

> **提示**
>
> 如果需要选择几张连续的幻灯片，用户也可按住 Shift 键，然后单击第一张需要选择的幻灯片，再单击最后一张需要选择的幻灯片，即可将其全部选中。

### 4．删除幻灯片

如创建的幻灯片过多，可将其删除。PowerPoint 允许用户通过两种方法删除幻灯片。

● **右击执行命令删除**

在 PowerPoint 中，用户可通过【幻灯片选项卡】栏选中相应的幻灯片，然后右击幻灯片，执行【删除幻灯片】命令，将选中的幻灯片删除。

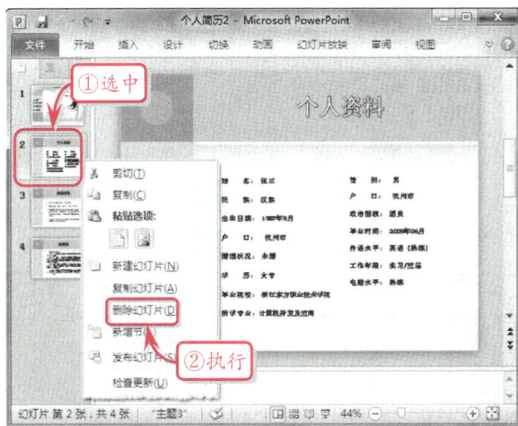

> **提示**
>
> 用户也可同时选中多幅幻灯片，然后在任意一幅幻灯片上右击鼠标，执行【删除幻灯片】命令，将选中的所有幻灯片全都删除。

● **按快捷键删除**

除了通过执行命令删除幻灯片外，用户也可以通过键盘快捷键删除幻灯片。

在【幻灯片选项卡】栏中选中需要删除的幻灯片，然后即可在键盘上按 Delete 键，直接将幻灯片删除。

> **提示**
>
> 在选中多幅幻灯片时，也可以通过按 Delete 键删除幻灯片。

## 2.5 保存演示文稿与权限

在对演示文稿进行编辑后，用户还需要将其保存为可播放的演示文稿格式，才能发布并供其他用户播放。

### 1. 直接保存演示文稿

在 PowerPoint 中，如用户完成了对演示文稿的编辑，可直接选择【文件】选项卡，然后执行【保存】命令，直接保存演示文稿到本地磁盘。

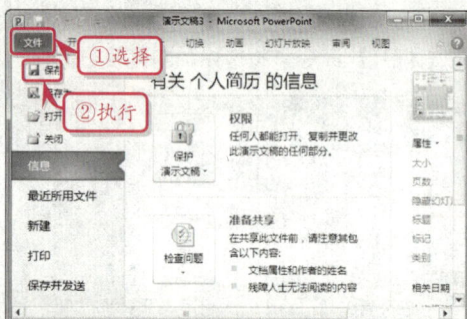

对于已保存过的演示文稿，用户也可以在【文件】选项卡中执行【另存为】命令，为演示文稿保存一个副本。

### 2. 保存并发送演示文稿

PowerPoint 2010 注重与互联网的结合。使用 PowerPoint 2010，用户不仅可以将演示文稿保存到本地计算机中，还可以将其保存到网盘、SharePoint 服务器、个人博客以及微软官方网站中，或通过电子邮件发送给其他用户。

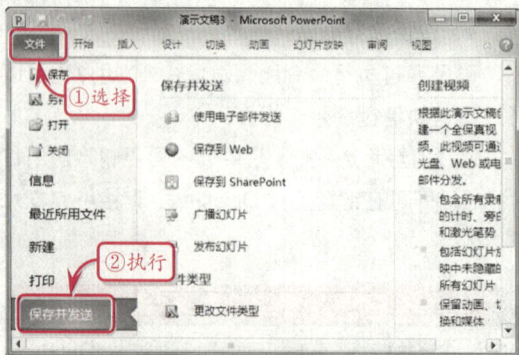

在 PowerPoint 2010 中选择【文件】选项卡，

然后即可执行【保存并发送】命令。在更新的窗口中，用户可以选择以下几种保存并发送命令。

● 使用电子邮件发送

单击右侧的【作为附件发送】按钮，即可打开 Microsoft Outlook 2010 软件，并将当前演示文档设置为新邮件的附件。输入收件人的电子邮件地址后，即可将演示文稿发送给收件人。

● 保存到 Web

PowerPoint 2010 可以与微软的 Windows Live SkyDrive 网盘相结合。在注册了 Windows Live 账户后，用户可在 PowerPoint 中输入该账户，然后将制作的演示文稿存储到网盘中。

● 保存到 SharePoint

SharePoint 是微软公司开发的一种共享文档服务器系统。使用 SharePoint，多个用户可以同时编写一个文档，协作完成文档的内容。SharePoint 可以有效地管理文档的版本。

如在局域网建有 SharePoint 服务器，则用户可选择【保存到 SharePoint】项目，在右侧单击【浏览位置】按钮，选择 SharePoint 服务器的路径进行保存。

> **提示**
>
> 使用【保存到 SharePoint】项目，必须确保局域网内安装有 SharePoint 服务器。

### ● 广播幻灯片

PowerPoint 与 Windows Live 账户结合，还可体现在【广播幻灯片】技术上。通过【广播幻灯片】技术，用户可将制作的演示文稿发布到 Windows Live 空间（即博客）中。这样，用户无需安装 PowerPoint 软件，即可通过网页浏览演示文稿的内容。

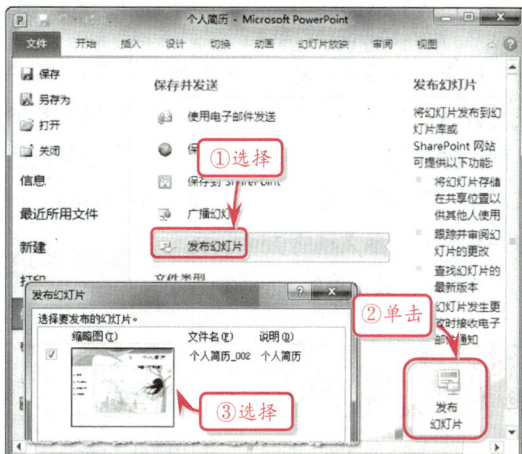

### ● 发布幻灯片

使用 PowerPoint 2010，用户可以通过自定义幻灯片库中的内容创建演示文稿。同理，用户也可以将当前编辑的演示文稿保存到自定义幻灯片库中。

此时，就需要使用到 PowerPoint 的【发布幻灯片】功能。在选择【发布幻灯片】功能后，用户可在窗口右侧单击【发布幻灯片】按钮，通过弹出的向导将幻灯片保存到自定义幻灯片库中以供使用。

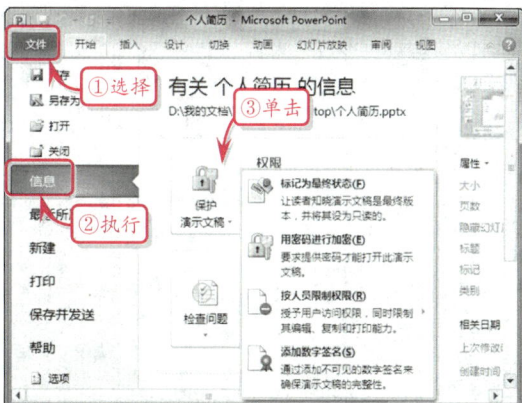

**提示**

在发布幻灯片时，PowerPoint 会提示用户保存当前的演示文稿。

### 3. 设置演示文稿权限

Office 2010 提供了文档的权限设置功能，允许用户限制文档的编辑和查看。

在编辑完成演示文稿后，用户可选择【文件】选项卡，在更新的窗口中执行【信息】命令。

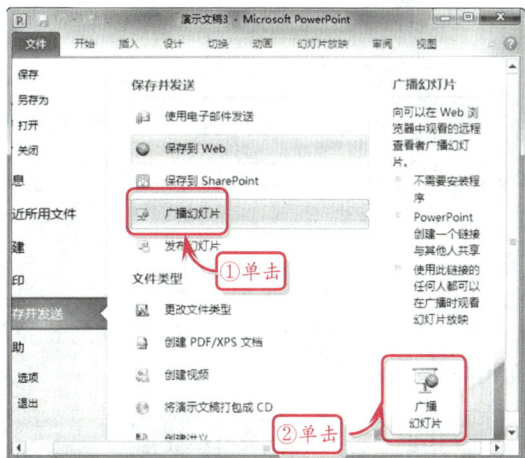

此时，单击右侧的【保护演示文稿】按钮，即可在弹出的菜单中选择权限设置，包括如下项目。

● 标记为最终状态

选中该选项后，可将演示文稿设置为只读，禁止用户编辑。

● 用密码进行加密

选中该选项后，可为演示文稿设置密码，此时，只有输入正确密码的用户，才能打开该演示文稿。

● 按人员限制权限

除了通过密码限制对演示文稿的访问外，用户还可以通过 Windows Live 账户限制对演示文稿的访问。选中【按人员限制权限】后，即可在弹出的菜单中执行【管理凭据】命令，通过 Windows Live 账户定义对演示文稿的访问权限。

● 添加数字签名

数字签名是一种特殊的加密数据，通过这种数据，可以为文档建立一种特殊的密钥属性，以验证文档的完整性。

在选择【添加数字签名】选项后，用户可通过微软的官方网站为演示文稿申请或自行建立一个数字签名。然后，所有查看该演示文稿的用户都可以通过数字签名验证文稿是否被第三方修改。

## 2.6 播放演示文稿

PowerPoint 2010 不仅可以设计和制作演示文稿，还可以对演示文稿进行预览和播放。

### 1．预览演示文稿

预览演示文稿是指在演示文稿编辑大体完成后对演示文稿进行简单的播放，以检查文稿中的错误等。

在完成演示文稿的编辑后，用户可选择【幻灯片放映】选项卡，然后单击【开始放映幻灯片】组中的【从头开始】按钮，从第一幅幻灯片开始播放。

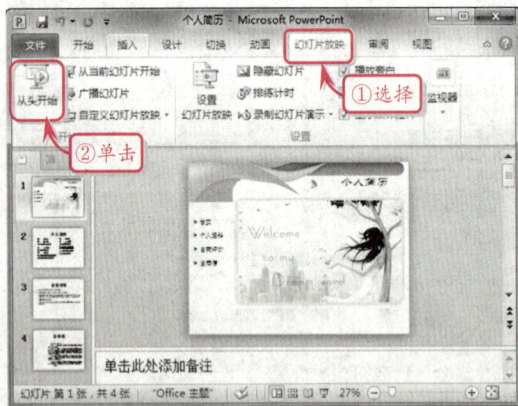

除了从头开始外，用户也可以从当前显示的幻灯片开始播放。单击【开始放映幻灯片】组中的【从当前幻灯片开始】按钮即可。

在播放幻灯片的过程中，用户可以单击鼠标或按键盘中的回车键、空格键等快捷键，播放下一幅幻灯片，或按 Esc 键退出幻灯片的播放。

在单击【幻灯片放映】选项卡中【设置】组中

的【设置幻灯片放映】按钮后，可在弹出的【设置放映方式】对话框中，设置幻灯片的进阶放映属性。

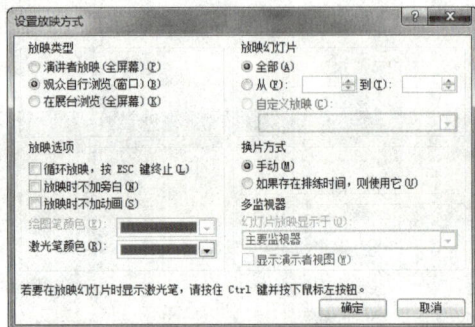

### 2．播放演示文稿

用户也可以切换到【幻灯片放映】视图中，对演示文稿进行简单的播放。

**2.7** 练习：制作语文课件之一

　　使用 PowerPoint，用户可以通过简单的可视化操作创建演示文稿，并制作幻灯片。在制作幻灯片时，PowerPoint 允许用户插入图像、文本等各种内容。本练习就将使用 PowerPoint 的各种基本功能，制作《出师表》的语文课件的开头部分。

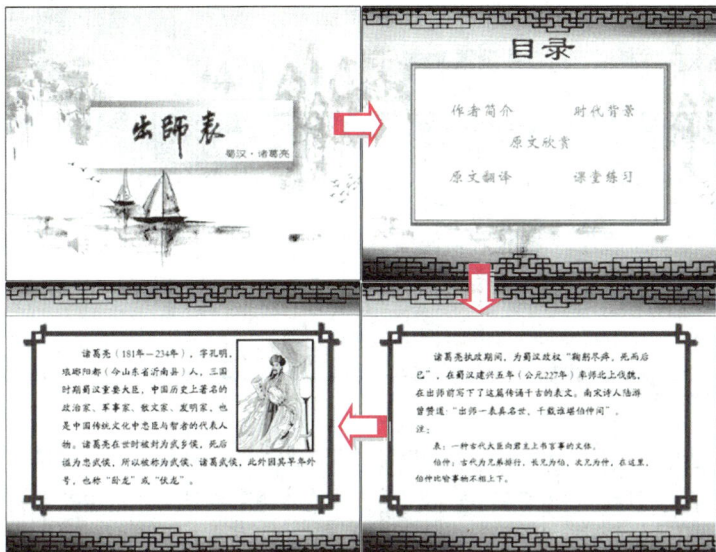

### 练习要点

- 新建幻灯片
- 设置幻灯片版式
- 设置幻灯片背景
- 插入图片
- 设置字体格式

### 技巧

按 `Ctrl+N` 键，可新建一个空白演示文稿。

### 操作步骤 ▶▶▶▶

**STEP|01** 新建空白演示文稿，单击【背景】组中的【背景样式】下拉按钮，执行【设置背景格式】命令。在弹出的【设置背景格式】对话框中，启用【图片或纹理填充】单选按钮，单击【插入自】项中的【文件】按钮，在弹出的【插入图片】对话框中选择图片。

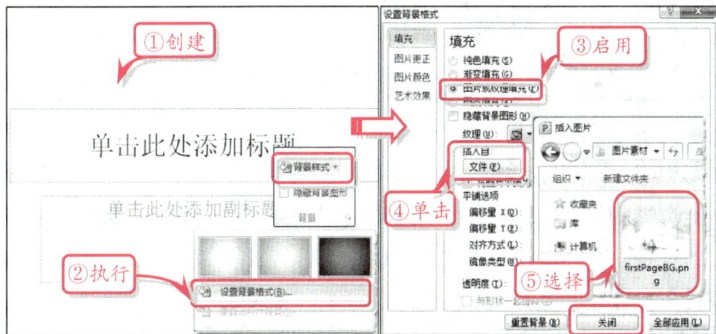

### 注意

一般情况下，PowerPoint 的默认版式为标题幻灯片。

### 技巧

插入幻灯片图片背景后，按 `Ctrl+Z` 键，可以使图片适合幻灯片的大小。

**STEP|02** 在【幻灯片】组中，单击【版式】下拉按钮，选择【空白】项。然后，在【图像】组中单击【图片】按钮，插入图片，并在【图片样式】组中，应用【矩形投影】样式。

## 技巧

选择一张幻灯片，按 Enter 键，即可在该幻灯片后新建一张幻灯片。

## 提示

执行插入【背景图片】的方法：一是右击执行【设置背景格式】命令，在弹出的【设置背景格式】对话框中选择填充；二是单击【背景】组中的【背景样式】下拉按钮，执行【设置背景格式】命令。

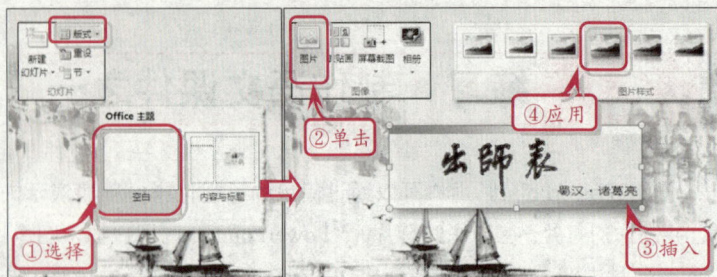

**STEP|03** 新建"仅标题"幻灯片，设置背景格式，在【插入图片】对话框中，选择图片为"thirdPageBG.png"。然后，在标题占位符中输入文本"目录"，并设置文本格式。

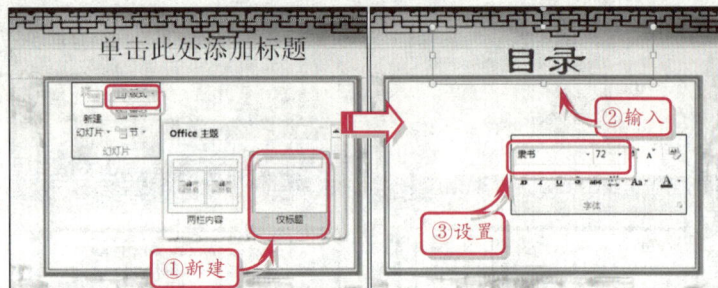

**STEP|04** 在【文本】组中，单击【文本框】下拉按钮，在下拉菜单中单击【横排文本框】，绘制一个横排文本框，在该文本框中输入文本，设置文本为"汉仪魏碑简"；大小为32；文本颜色为"茶色，背景2，深色50%"。按照相同的方法，插入文本框输入文本。

## 提示

设置"目录"文字，字体为"隶书"；大小为72；文本颜色为"橙色，强调文字颜色6，深色50%"。

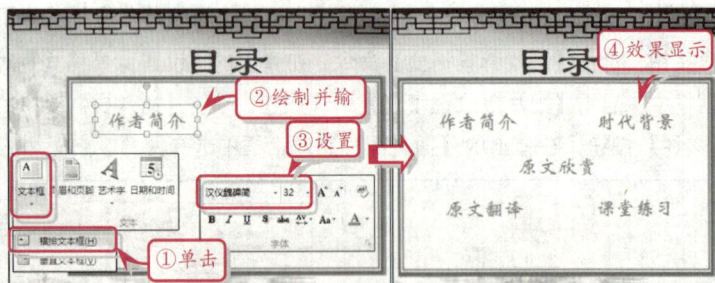

**STEP|05** 新建空白幻灯片，设置背景格式，在【插入图片】对话框中，选择图片"secondPageBG.png"。然后，插入横排文本框，输入文本，并设置文本格式。选择所有文本，在【段落】组中，单击【行距】下拉按钮，选择"1.5 行距"。

## 提示

选择"作者简介"文本框，复制4个，然后更改文本即可。

**STEP|06** 将光标置于文本"明，"后，按 Shift+Enter 组合键进行强制换行，依次类推。然后，插入图片，设置图片大小并在【图片样式】组中应用"简单框架，黑色"样式。

①创建
②插入并输入
③设置
字体
④选择
⑤选择

①换行
②插入
③应用

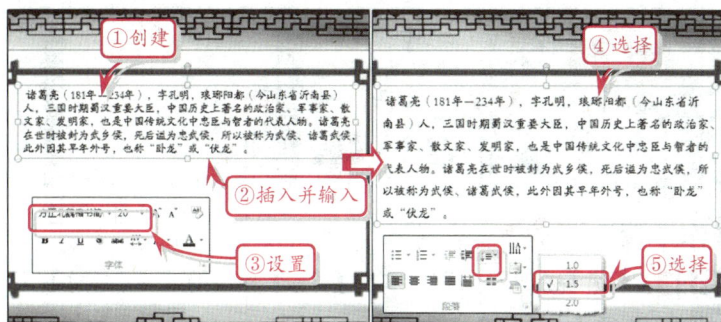

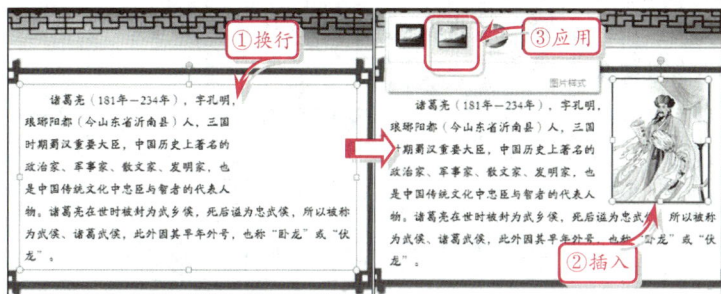

**STEP|07** 新建空白幻灯片，设置背景格式与上一幻灯片背景图片相同。然后，插入横排文本框，输入文本，并设置文本格式。选择所有文本，在【段落】组中，单击【段落】按钮，在弹出的【段落】对话框中设置【特殊格式】为"首行缩进"；单击【行距】下拉按钮，选择"1.5 行距"，即可完成此部分制作。

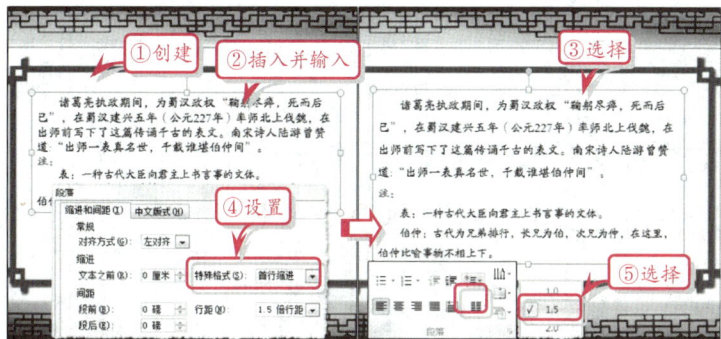

①创建
②插入并输入
③选择
④设置
⑤选择

---

PowerPoint

# 2.8　练习：中国古代艺术欣赏之一

使用 PowerPoint 软件，用户可以方便地制作各种演示文稿，并为演示文稿添加大量详实的内容。本例就将使用 PowerPoint 2010 软件，设计中国古代艺术欣赏的内容。

# PowerPoint 2010 办公应用从新手到高手

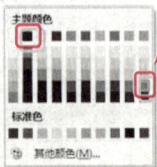

## 操作步骤 ▶▶▶▶

**STEP|01** 新建空白演示文稿，单击【背景】组中的【背景样式】下拉按钮，执行【设置背景格式】命令。在弹出的【设置背景格式】对话框中，启用【图片或纹理填充】单选按钮，并单击【文件】按钮，插入背景图像。

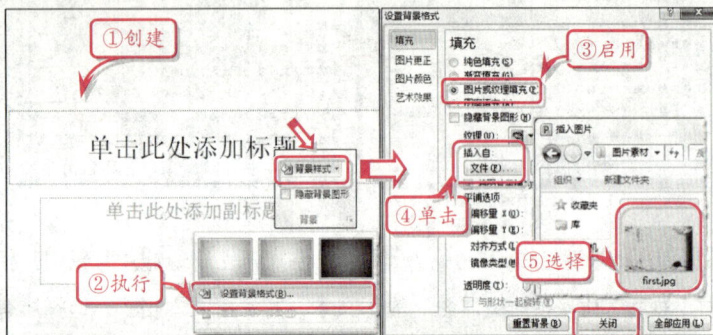

**STEP|02** 单击"单击此处添加标题"占位符，输入文本"中国古代艺术欣赏"，并设置文本格式及样式。然后，单击"单击此处添加副标题"占位符，输入文本"陶器艺术"，并设置文本格式。

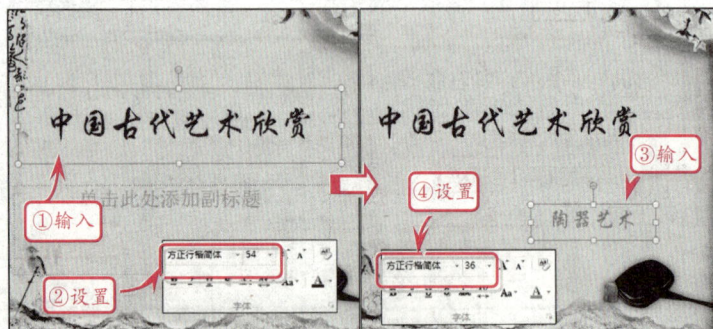

**STEP|03** 在【图像】组中，单击【图片】按钮，在弹出的【插入图片】对话框中，选择图片"陶瓷.png"，并在【图片样式】组中，应用【居中矩形阴影】样式。然后，调整图片大小和位置。

**STEP|04** 新建"仅标题"幻灯片，设置背景格式，背景图片为"second.jpg"。然后，在标题占位符中输入文本"陶瓷的分类"，并设置字体为"华文新魏"；大小为 60；文本颜色为"橙色，强调文字颜色6，深色 25%"。

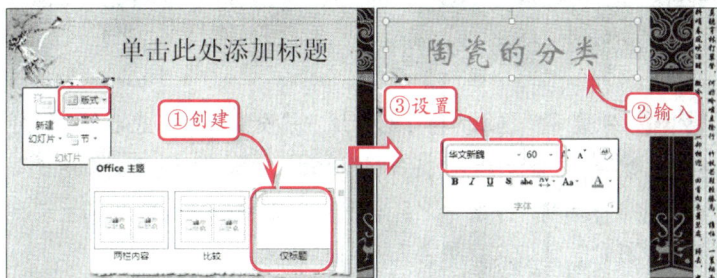

**STEP|05** 在【文本】组中，单击【文本框】下拉按钮，在下拉菜单中，单击【横排文本框】。绘制一个文本框，在该文本框中输入文本，并设置文本格式。然后复制两个文本框，修改其中的文字及文字大小。

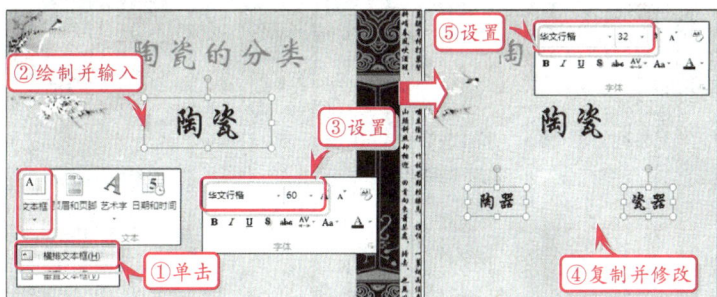

**STEP|06** 单击【形状】下拉按钮，选择并绘制"下箭头"。选中该形状，在【形状样式】组中设置形状填充颜色和形状轮廓颜色。然后，复制该形状并旋转，指向文本框。

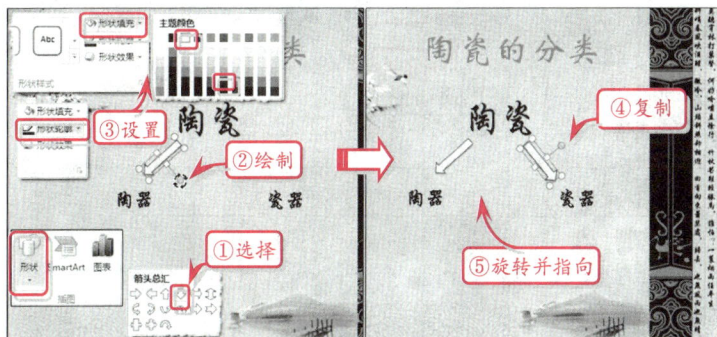

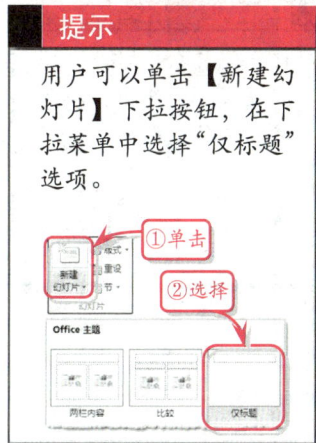

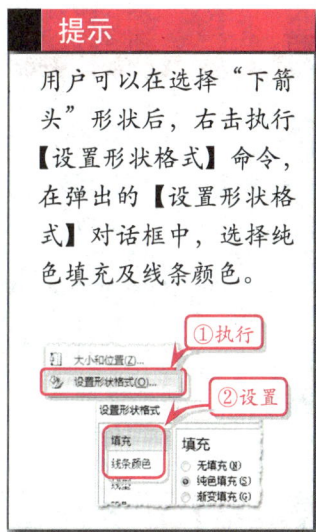

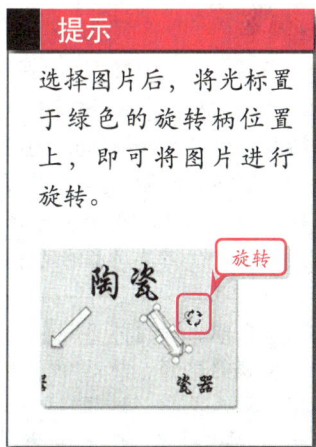

设置图片大小时，可以在【大小】组中，输入高和宽的值即可。

**STEP|07** 单击【图片】按钮，插入两张图片，调整图片大小。然后在【图片样式】组中，应用"松散透视，白色"样式。

**STEP|08** 新建"标题和内容"幻灯片，并设置背景格式与上一幻灯片相同。然后，在标题和内容占位符中输入文本，并设置文本格式及样式。其中，标题"线索"的字体为"华文新魏"；大小为 60；文字颜色为"红色，强调文字颜色 2，深色 50%"。

在内容占位符中输入的文本，设置的字体为"汉鼎简隶变"；大小为 30；文本颜色为"蓝色"，RGB 值为（0,32,96）。

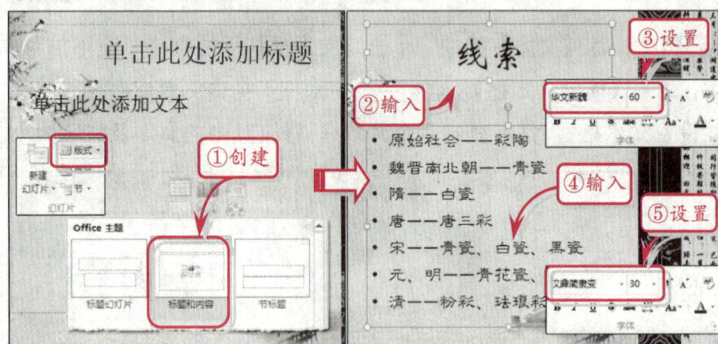

## 2.9 高手答疑

### Q&A

**问题 1：如何创建 PowerPoint 2007 及更早版本的演示文稿？**

**解答：**使用 PowerPoint 2010，用户可创建基于 PowerPoint 2003 及更早版本的演示文稿。在编辑完成演示文稿之后，选择【文件】选项卡，然后执行【另存为】命令，打开【另存为】对话框。

在弹出的【另存为】对话框中选择保存演示文稿的路径，然后即可单击【保存类型】的下拉列表菜单，选择"PowerPoint 97-2003 演示文稿"，即可保存为 PowerPoint 97 到 PowerPoint 2003 格式的演示文稿。

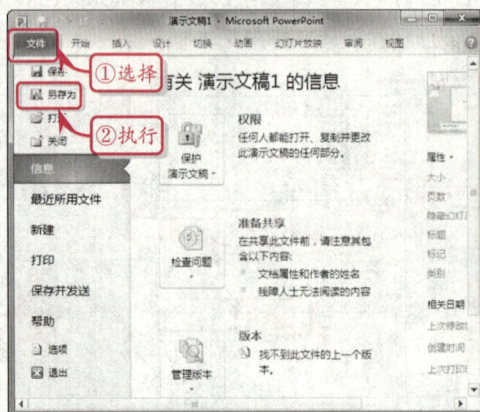

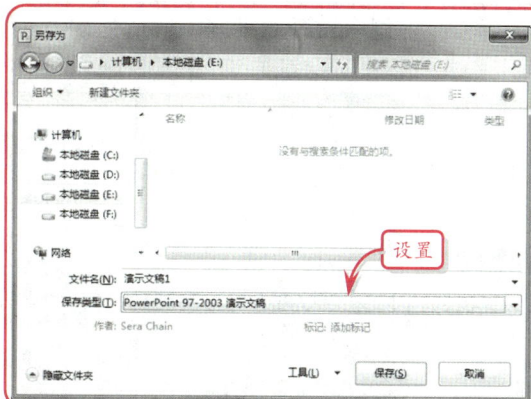

设置

# Q&A

**问题 2：在保存为 PowerPoint 2010 格式的演示文稿后，如何检查其与之前版本演示文稿的兼容性？**

**解答：** PowerPoint 2010 提供了兼容性检查的功能，可检查当前 PowerPoint 演示文稿中与之前版本不兼容的内容。

在 PowerPoint 2010 中选择【文件】选项卡，在默认的【信息】命令窗口中单击【检查问题】按钮，执行【检查兼容性】命令。

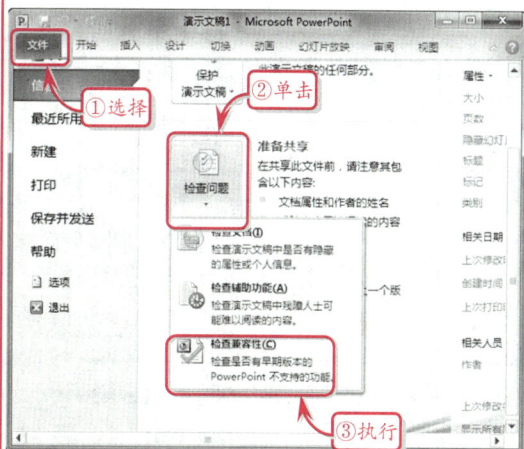

①选择　②单击　③执行

在执行该命令之后，PowerPoint 2010 会自动对演示文稿中的内容进行检查，并弹出【Microsoft PowerPoint 兼容性检查器】对话框，报告检查的结果。

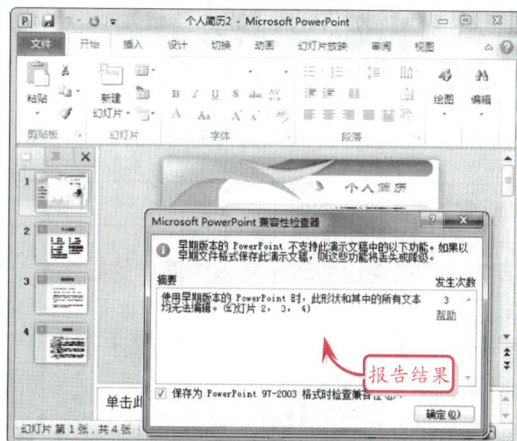

报告结果

# Q&A

**问题 3：如何将 PowerPoint 2003 格式的演示文稿设置为 PowerPoint 2010 的默认文稿格式？**

**解答：** 在 PowerPoint 2010 中，用户可选择【文件】选项卡，执行【选项】命令。

在弹出的【PowerPoint 选项】对话框中选择【保存】选项卡，在更新的对话框中设置【将文件保存为此格式】为"PowerPoint 97-2003 演示文稿"，即可使 PowerPoint 2010 默认保存为 PowerPoint 2003 格式。

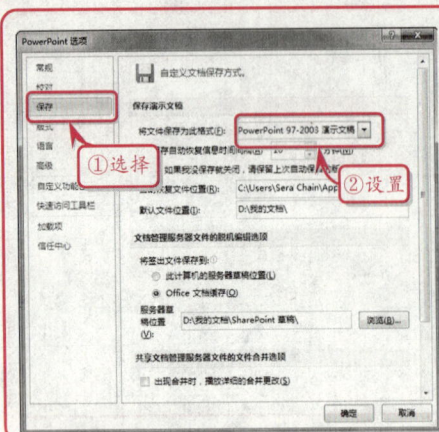

## Q&A

**问题4：如何将演示文稿保存为仅能够播放且无法编辑的格式？**

**解答：**在保存演示文稿时，用户可执行【另存为】命令，在弹出的【另存为】对话框中设置【保存类型】为"PowerPoint 放映"，然后即可将演示文稿保存为仅供放映的 PPSX 格式。

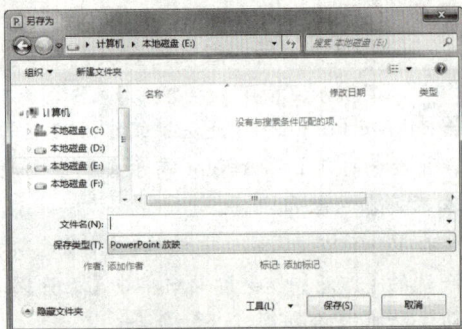

## Q&A

**问题5：如何设置演示文稿中图像的显示分辨率？**

**解答：**用户可以通过两种方式设置演示文稿的图像显示分辨率。

在保存演示文稿时，用户可在【保存】或【另存为】对话框中单击【工具】按钮，执行【压缩图片】命令。在弹出的【压缩图片】对话框中，可在【目标输出】栏中选择相应的图像分辨率。

除此之外，用户也可以从 PowerPoint 2010 的选项中设置所有演示文稿中的图像显示分辨率。

在 PowerPoint 中选择【文件】选项卡，执行【选项】命令，然后即可在弹出的【PowerPoint 选项】对话框中选择【高级】选项卡，在【图像大小和质量】栏中，设置【将默认目标输出设置为】的属性。

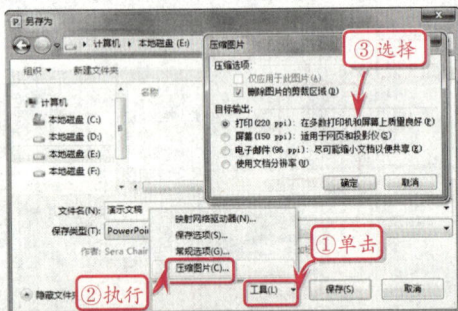

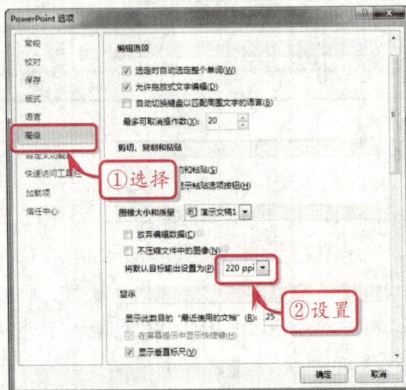

# 03

# 占位符与文本

在创建幻灯片时，往往会自动创建幻灯片的占位符，作为各种内容的容器。编辑和使用占位符，可以控制各种内容的位置。本章将着重介绍使用 PowerPoint 2010 编辑、操作占位符的方法，同时介绍输入文本以及对文本进行各种编辑操作的技巧。

## 3.1 编辑占位符

占位符是 PowerPoint 2010 中一种重要的显示对象。使用占位符，用户可为演示文稿插入各种文本、图标、表格以及图像等。

### 1. 选择与调整占位符

在为演示文稿创建幻灯片时，用户所选择的幻灯片版式，事实上就是占位符的位置。在这些幻灯片中，预置了占位符的位置，用户可通过选择、移动与调整占位符，修改幻灯片的版式。

● **选择占位符**

在幻灯片上移动鼠标光标，将鼠标光标移动到占位符的边框位置后，当鼠标光标转换为带有"十字箭头"的光标后，即可单击鼠标，选择相应的占位符。

#### 提示

在选中占位符后，PowerPoint 将会把占位符的边框突出显示，并显示 9 个相关的调节柄，以供用户调整占位符。

● **移动占位符**

用户可以通过鼠标或键盘移动占位符，设置占位符所在的位置。

在选中占位符之后，将鼠标光标置于占位符的边框后，即可拖动鼠标，移动占位符的位置。

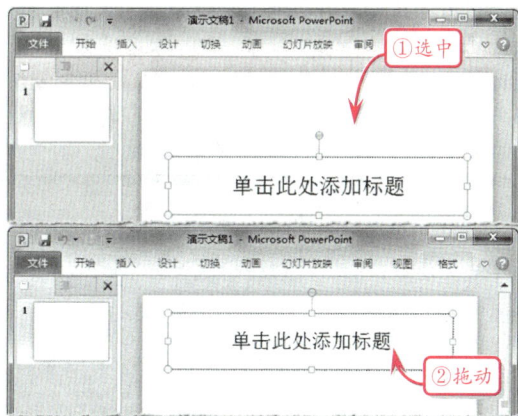

除了通过鼠标移动占位符以外，用户也可以通过键盘来移动占位符。在选中占位符之后，按键盘上的方向键 ← 、 ↑ 、 ↓ 、 → ，即可控制占位符向指定的方向移动。

● **调整占位符**

默认创建的占位符尺寸往往不能满足实际演示文稿设计的需要，因此 PowerPoint 2010 允许用户方便地修改占位符的尺寸，甚至旋转占位符的角度，以适应内容的需要。

选中占位符，然后将鼠标光标置于占位符的 4 个正方形蓝色调节柄上，并拖动鼠标，可直接修改占位符的宽度或高度。例如，拖动占位符底部的调节柄，可将占位符拉长。

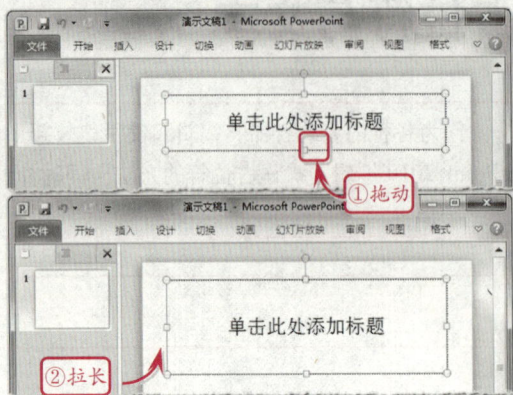

同理，拖动左侧或右侧的正方形蓝色调节柄，可以将占位符拉宽。

在占位符的4角，有4个圆形蓝色调节柄，其作用是向占位符的4角方向进行扩展或缩进，同时增加或减少占位符的宽度和高度。

**提示**

在按住 Shift 键后拖动占位符4角的调节柄，可对占位符进行等比例的扩展或缩进。

在占位符的上方，提供了一个圆形绿色调节柄，其作用是控制占位符的旋转方向。选中该调节柄后，用户可拖动鼠标，控制占位符的旋转角度。

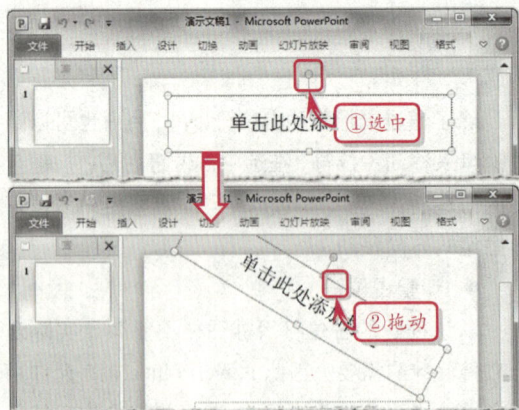

### 2. 修改占位符

PowerPoint 不仅允许用户选择和调整占位符，还允许用户对占位符进行复制、粘贴、剪切和删除等操作。

● **复制和粘贴占位符**

在 PowerPoint 2010 中选择占位符，然后即可按 Ctrl+C 组合键或选择【开始】选项卡，在【剪贴板】组中单击【复制】按钮，复制占位符。

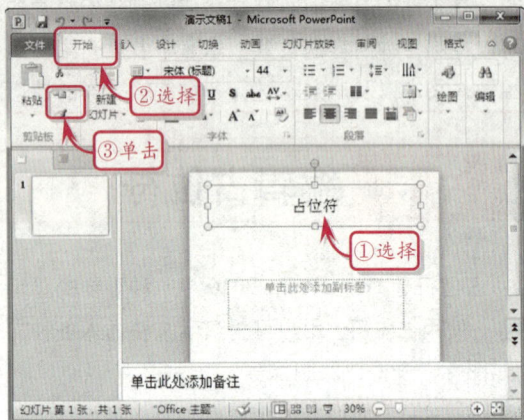

然后，即可将鼠标光标置于幻灯片的任意位置，再按 Ctrl+V 组合键或单击【剪贴板】组中的【粘贴】按钮，将复制的占位符粘贴到幻灯片中。

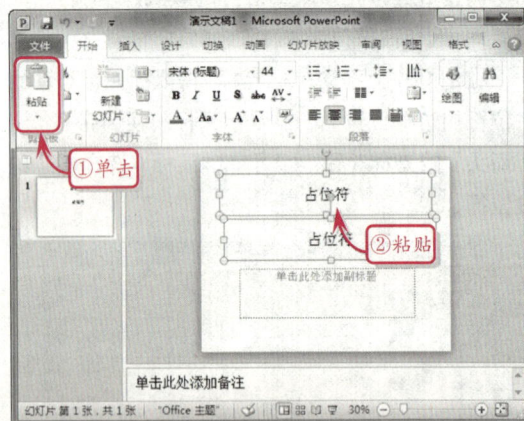

**注意**

用户无法对空占位符进行复制和粘贴操作。

● **剪切占位符**

剪切占位符的作用是删除当前占位符，并将其复制到剪贴板中以待粘贴。其操作与复制占位符类似。选择占位符，然后即可按 Ctrl+X 组合键或选择【开始】选项卡，在【剪贴板】组中单击【剪切】按钮，剪切占位符。

在剪切占位符之后,用户可直接单击【剪贴板】组中的【粘贴】按钮,将其粘贴到幻灯片中。

### 注意

与复制占位符类似,用户也无法对空占位符进行剪切操作。

● 删除占位符

如在幻灯片中有多余的占位符,则用户还可以将占位符删除。

选中占位符,然后即可按 Delete 键,将占位符从幻灯片中删除。

## 3.2　操作占位符

在编辑演示文稿的幻灯片时,用户除了可以选择、调整和修改占位符之外,还可以对占位符进行一些基本操作,以改变占位符的样式。

### 1. 对齐占位符

在选择两个或更多的占位符之后,用户可以方便地操作这些占位符,将占位符根据指定的方向对齐。

选择【格式】选项卡,在【排列】组中单击【左对齐】按钮,在弹出的下拉列表菜单中即可选择对齐的方式,执行相应的命令,即可对占位符进行对齐操作。

### 技巧

在选择多个占位符时,用户既可以通过鼠标对多个占位符进行圈选,也可以按住 Shift 键,依次用鼠标单击这些占位符,将其选中。

### 2. 设置占位符的主题填充

在占位符的【格式】选项卡中,提供了【形状样式】组,允许用户设置占位符的各种外观。

主题填充是 PowerPoint 2010 内置的一些占位符形状样式。在【形状样式】组中,用户可预览几种基本的主题填充,同时也可以单击【更多主题填充】按钮▼,在弹出的菜单中查看所有的主题填充,选择相应的主题填充,将其应用到占位符上。

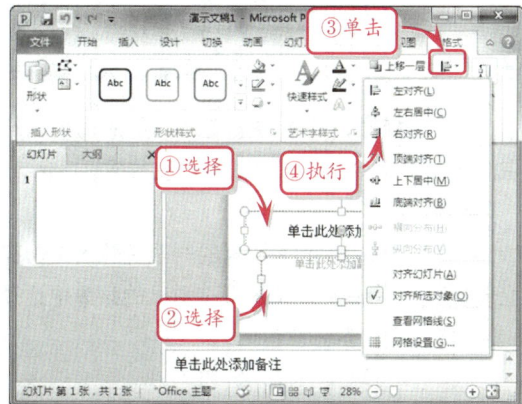

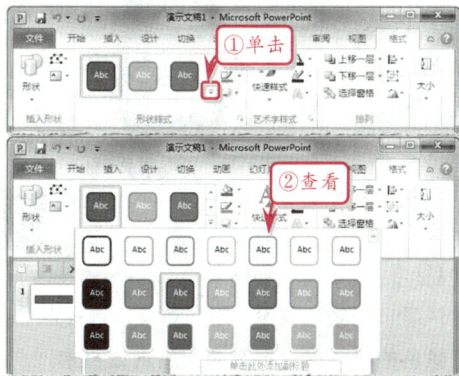

### 3. 设置形状填充

形状填充是占位符内部的填充内容。在 PowerPoint 2010 中，用户可在【格式】选项卡中的【形状样式】组中单击【形状填充】按钮，在弹出的菜单中有 7 种填充类型可供选择。

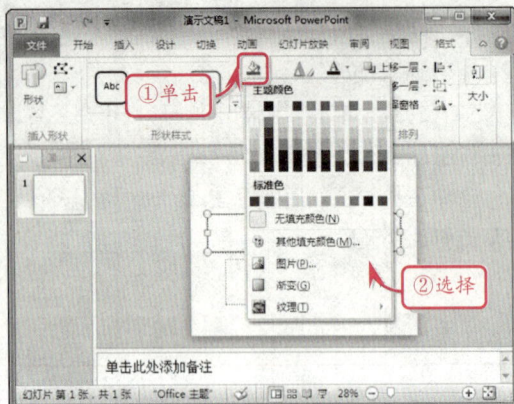

● 主题颜色

【主题颜色】是 PowerPoint 预置的 10 组颜色，每组颜色中包含 6 种根据明度逐渐增强的颜色。单击其中任意一种颜色，即可将其应用到占位符的填充中。

● 标准色

【标准色】是 10 种最常见的颜色，其使用方式与主题颜色类似，单击即可应用。

● 无填充颜色

选中【无填充颜色】，则可删除已应用到占位符中的填充颜色，将其设置为无色。

● 其他填充颜色

执行【其他填充颜色】命令后，可打开 PowerPoint 2010 的【颜色】对话框。在该对话框中包含了【标准】和【自定义】两个选项卡。

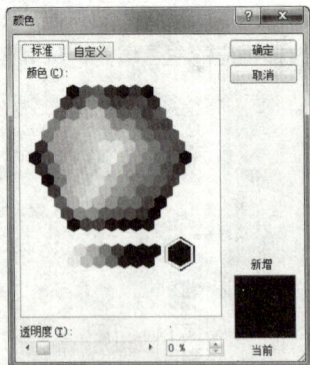

【标准】选项卡中提供了一些颜色预设，用户可直接选择颜色，并设置颜色的透明度，将其应用到占位符中。

【自定义】选项卡提供了 Windows 标准的颜色拾取器。在该选项卡中，用户可通过鼠标选择颜色拾取器中任意的颜色，或通过输入【红色】、【绿色】和【蓝色】等颜色取值，设置颜色的色度。在设置了颜色的透明度后，同样可以单击【确定】按钮，将颜色应用到占位符中。

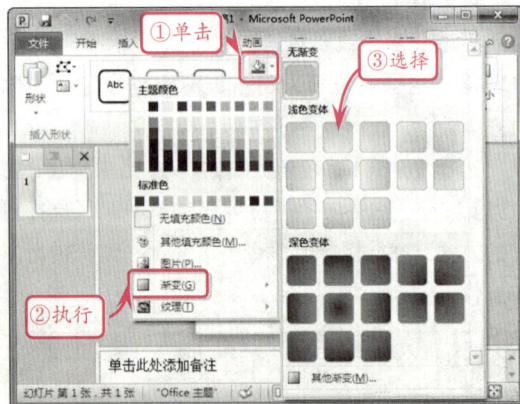

● 图片

在执行【图片】命令后，将弹出【插入图片】对话框。在该对话框中，用户可选择本地计算机或网络中的图像，将其作为背景插入到占位符中。

● 渐变

在默认情况下，PowerPoint 将使用纯色填充占位符。执行【渐变】命令后，可在弹出的菜单中选择渐变的类型，将渐变填充应用到占位符中。

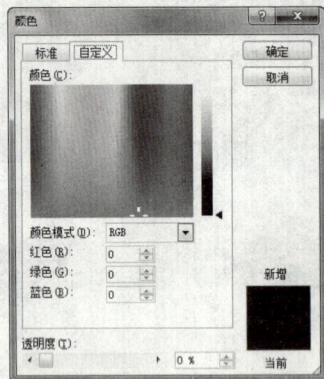

除了选择预设的多种渐变外，用户也可执行【其他渐变】命令，设置进阶的渐变样式。

● 纹理

纹理是 PowerPoint 预置的一些特殊图案。在执行【纹理】命令后，用户可在弹出的菜单中选择图案，将其应用到占位符中。

### 4. 设置形状轮廓

形状轮廓的作用是设置各种形状包括占位符、

绘制形状等的边框样式。设置形状轮廓的方法与设置形状填充类似，用户可在【格式】选项卡中的【形状样式】组中单击【形状轮廓】按钮，在弹出的菜单中执行相应的命令。

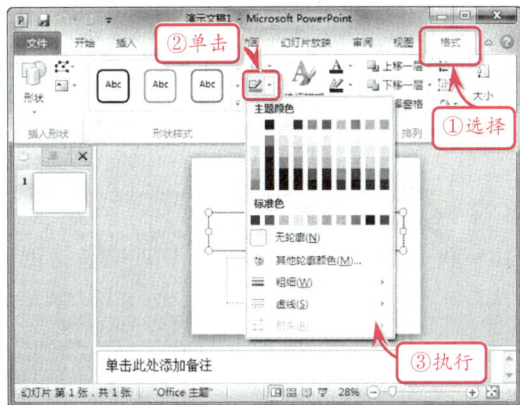

形状轮廓的样式大体与形状填充类似，除了【主题颜色】、【标准色】等之外，还提供了【无轮廓】、【其他轮廓颜色】、【粗细】、【虚线】和【箭头】等设置。其中，占位符可使用的样式主要包括以下几种。

● 无轮廓

【无轮廓】命令的作用与【无填充颜色】类似，可将占位符的边框隐藏。

● 其他轮廓颜色

【其他轮廓颜色】命令的作用与【其他填充颜色】类似，执行该命令后，用户可通过颜色拾取器来选择占位符的边框颜色。

● 粗细

【粗细】命令的作用是设置占位符的边框线宽度。执行该命令后，用户可通过菜单选择占位符边框线的宽度，单位为磅。

● 虚线

【虚线】命令的作用是设置占位符的边框线类型，将默认的实线修改为各种点线、点画线和虚线等。

## 5．设置形状效果

形状效果的作用是为占位符或其他各种绘制图形设置一些特殊的效果。在 PowerPoint 2010 中，允许用户为占位符设置【阴影】、【映像】、【发光】、【棱台】、【三维旋转】和【转换】等多种特效，并提供了 9 种预设供用户选择。

在【格式】选项卡中的【形状样式】组中单击【形状效果】按钮，然后即可执行相关的命令。

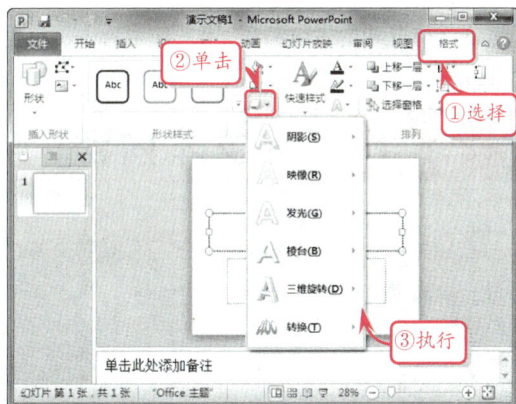

根据命令中提供的预览图像，用户可方便地选择相关的命令，将形状效果应用到占位符上。

# 3.3　输入文本

PowerPoint 可以展示各种类型的文本内容，其中包括标题文本、占位符文本和备注文本等几类。

## 1．输入标题文本

在创建的各种幻灯片中，绝大多数幻灯片都会有一个名为"标题"的占位符，其显示于大纲的选项卡中，用于标识幻灯片的主题。

在幻灯片中单击标题的占位符，然后即可输入标题文本的内容。此时，在【幻灯片选项卡】中的【大纲】选项卡，将在幻灯片的图标右侧显示标题文本的内容。

> **提示**
>
> 在创建幻灯片时，除了空白幻灯片之外，其他的幻灯片都有标题的占位符。

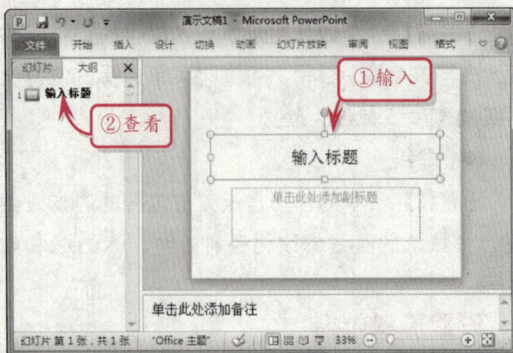

### 3. 备注文本

备注文本是一种特殊的文本内容，其作用是为幻灯片提供各种说明内容，在演示文稿播放时，这部分内容并不会显示。

在 PowerPoint 中，用户可选中幻灯片，然后直接在【备注窗格】内单击，为备注窗格输入文本内容。

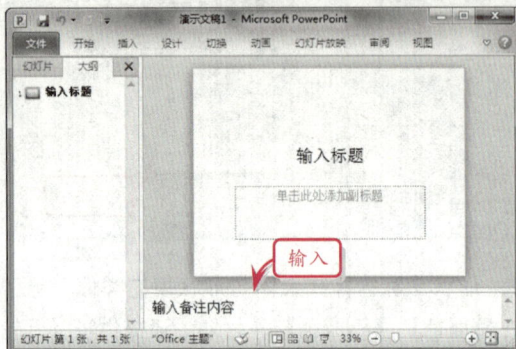

**标题**

除了通过标题的占位符输入标题文本外，用户也可以直接在【幻灯片选项卡】中的【大纲】选项卡中选中幻灯片的图标，输入标题文本内容。

### 2. 占位符文本

在选中任意的占位符后，用户即可为占位符输入文本内容，其方法与输入标题文本类似。

## PowerPoint

# 3.4 编辑文本内容

在创建占位符文本之后，用户还可以对文本内容进行编辑操作。

### 1. 选择文本

在占位符或【备注窗格】中，用户可将鼠标光标置于文本的起始位置或结束位置，然后按照文本流动的方向拖动鼠标，将这些文本选中，以备进行各种进阶的编辑操作。

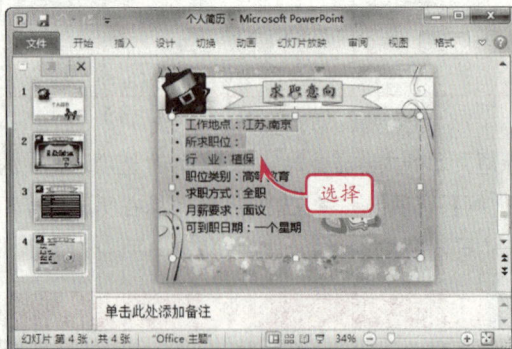

### 2. 修改文本

在占位符或【备注窗格】中，用户还可以使用键盘中的回退键、Delete 键删除已输入的文本内容。

其中回退键可删除鼠标光标之前的内容，而 Delete 键则可删除当前选择的或鼠标光标之后的文本。

在选择文本内容后，如用户直接输入内容，则可替换当前选择的文本内容。

### 3. 剪贴板操作

PowerPoint 2010 允许用户对文本进行各种剪贴板操作。包括使用【开始】选项卡中的【剪贴板】组中的按钮，或使用键盘组合键。

● 使用剪贴板组

使用剪贴板组的按钮对文本进行剪贴板操作，其方法与操作幻灯片和占位符类似，在选中文本后，即可单击【剪贴板】组中的各种按钮，进行剪贴板操作，其按钮作用如下所示。

| 按钮 | 名称 | 作　　用 |
|---|---|---|
| ✂ | 剪切 | 删除当前选择的文本,将文本内容添加到剪贴板中 |
| 📋 | 复制 | 将当前选择的文本添加到剪贴板中 |
| 🖌 | 格式刷 | 复制选中文本的格式,将其应用到其他文本中 |
| 📋 | 粘贴 | 将剪贴板中的文本内容粘贴到其他位置 |

在使用格式刷工具时,用户可先选中带有格式的文本,然后单击【格式刷】按钮,复制文本的格式。之后,即可在目标文本上拖动鼠标,应用格式。

在粘贴文本时,用户可单击【粘贴】按钮下方的箭头,在弹出的菜单中选择粘贴的内容。例如,复制了包含文本和图像的内容,则既可以单击【粘贴图像】按钮🖼,粘贴带图像的文本,也可以单击【仅文本】按钮📋,仅粘贴文本内容。

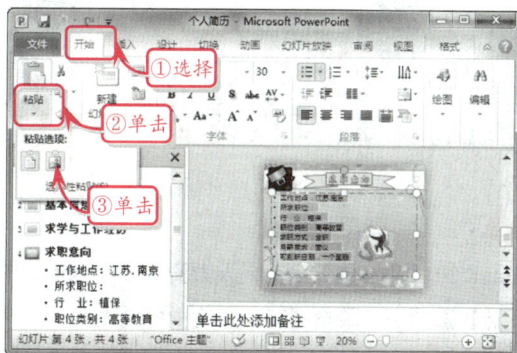

**提示**

复制不同类型的内容,在选择性粘贴的菜单中也将会显示不同的按钮,供用户选择。

● **使用键盘组合键**

使用键盘组合键,也可以对文本内容进行剪贴板操作。PowerPoint 支持所有 Windows 系统的键盘组合键,如下。

| 按　　钮 | 方　　法 |
|---|---|
| Ctrl+C | 复制文本内容 |
| Ctrl+X | 剪切文本内容 |
| Ctrl+V | 粘贴文本内容 |

**4．查找和替换文本**

使用 PowerPoint,用户还可以对幻灯片中的文本进行查找和替换工作。

● **查找文本**

在 PowerPoint 中选择【开始】选项卡,然后即可在【编辑】组中单击下拉按钮,执行【查找】命令,打开【查找】对话框。

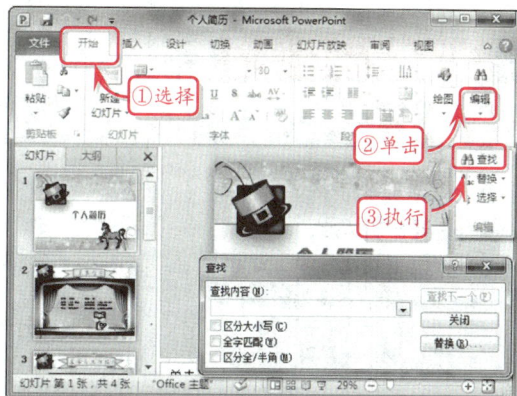

输入查找内容,然后即可在下方的 3 个复选框中设置查找条件,单击【查找下一个】按钮,查找所需的信息。

● **替换文本**

替换是查找的一种进阶操作。在进行替换时,PowerPoint 会先查找相关内容,再将这些内容修改为指定的替换内容。

在 PowerPoint 中选择【开始】选项卡,然后即可在【编辑】组中单击下拉按钮,执行【替换】命令,打开【替换】对话框。

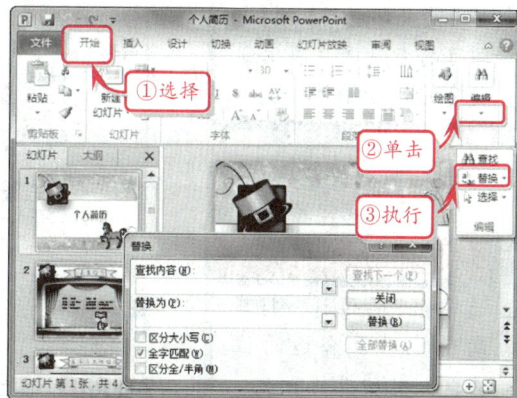

输入查找内容和替换文字并设置替换条件后,即可单击【替换】或【全部替换】按钮进行替换。

## 3.5 练习：人力资源战略报告之一

人力资源是组织最有能动性的资源，规范地管理人力资源，可以吸引优秀人才、组织现有人力资源发挥更大的效用，并支持企业的可持续性发展。本例将通过应用 PowerPoint 占位符和艺术字等技术，制作"圣林科技人力资源战略"演示文稿的第一部分。

### 练习要点

- 新建幻灯片
- 插入文本框
- 设置艺术字格式
- 设置图片格式
- 编辑占位符

### 技巧

在幻灯片上右击执行【设置背景格式】命令，也可以在弹出的【设置背景格式】对话框中设置背景格式。

### 提示

单击【全部应用】按钮，即可将背景图片应用到所有的幻灯片中。

### 提示

选择标题占位符，将其向上拖动至合适的位置，并拖动控制节点，调整占位符的大小。

### 操作步骤 ▶▶▶▶

**STEP|01** 在 PowerPoint 2010 中，创建名为"人力资源战略.pptx"的演示文稿。选择【设计】选项卡，单击【背景】组中的【设置背景格式】按钮，在弹出的【设置背景格式】对话框中，启用【图案或纹理填充】单选按钮，单击【文件】按钮，选择图片插入到幻灯片中。

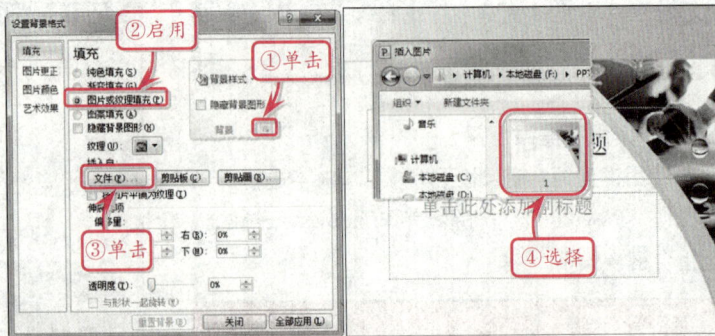

**STEP|02** 在标题占位符中输入标题文本"人力资源战略报告"，设置字体格式。选择【格式】选项卡，单击【艺术字样式】组中的【其他】按钮，应用"填充-蓝色，强调文本颜色1，金属棱台，映像"

样式。

**提示**

设置副标题占位符中字体为"楷体"，字号为"32"，单击【加粗】按钮，为字体加粗。

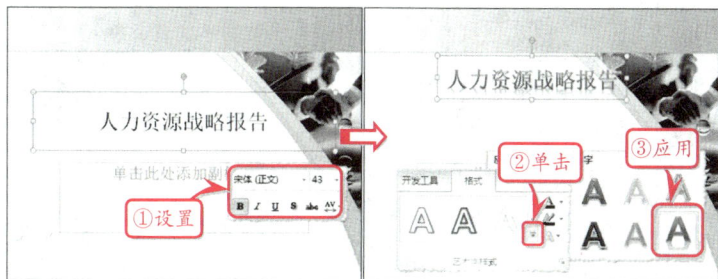

**STEP|03** 在副标题占位符中输入文本，设置字体格式。拖动鼠标将其移动到幻灯片的左上角。在【格式】选项卡中，单击【艺术字样式】组中的【其他】按钮，应用"渐变填充-橙色，强调文本颜色 6，内部阴影"样式。

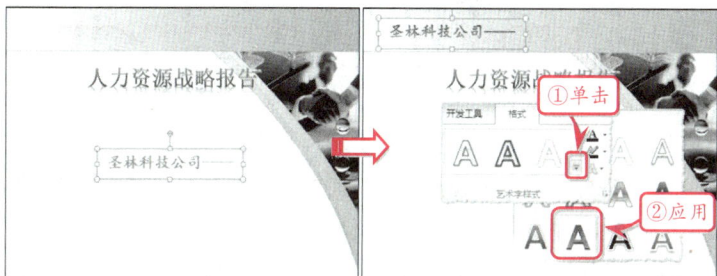

**技巧**

在【剪贴画】对话框中的【搜索文字】框中输入要搜索的相关文本，单击【搜索】按钮，即可快速搜索到图片。

**STEP|04** 选择【插入】选项卡，单击【剪贴画】按钮，在【剪贴画】对话框中的【搜索】栏中选择剪切画，插入到幻灯片中。选择剪切画，在【格式】选项卡中，单击【图片样式】组中的【其他】按钮，应用"柔化边缘椭圆"样式。

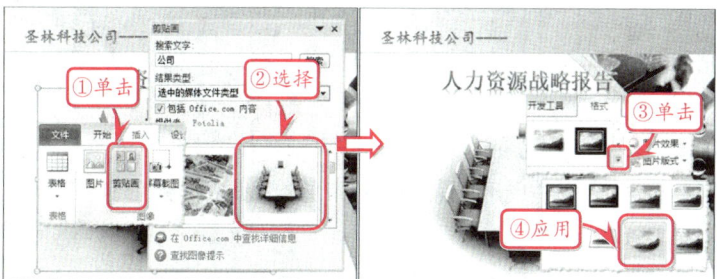

**提示**

"圣林科技人力资源战略"文本的字体为"行楷体"，字号为"48"。

**STEP|05** 选择【开始】选项卡，单击【新建幻灯片】按钮，选择"标题幻灯片"。在主标题占位符中输入文本，设置字体格式。在【艺术字样式】组中应用"填充-蓝色，强调文本颜色 1，金属棱台，映像"样式，并将其移动到幻灯片的上方。

**STEP|06** 在副标题占位符中输入"目录"文本。选择该占位符，在【格式】选项卡中，单击【形状样式】组中的【其他】按钮，应用"细微效果-橄榄色，强调颜色 3"样式。单击【编辑形状】按钮，执行

【更改形状】命令，选择"圆角矩形"形状，更改占位符的形状。

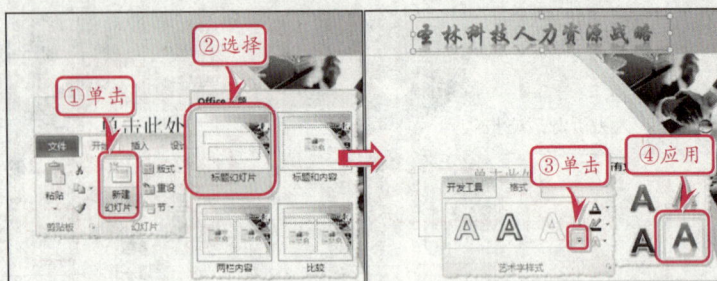

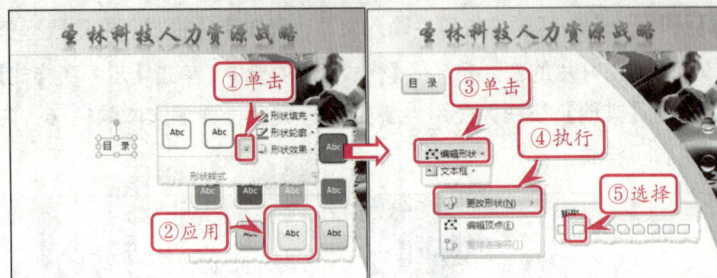

**STEP|07** 选择【插入】选项卡，单击【文本框】按钮，选择"横排文本框"，在幻灯片上拖动鼠标绘制文本框，并输入文本，设置字体格式。单击【图片】按钮，在弹出的【插入图片】对话框中选择图片插入到幻灯片中。

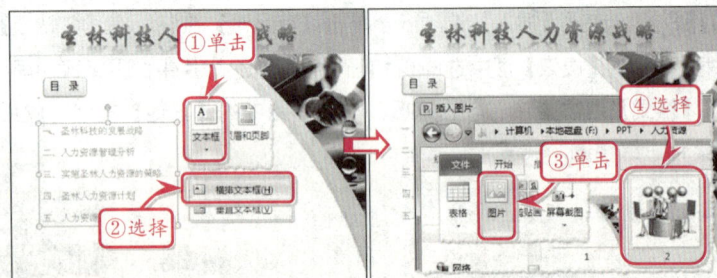

**STEP|08** 新建一个"仅标题"幻灯片，在主标题占位符中输入文本，设置字体格式，并应用"渐变填充-紫色，强调文本颜色 4，映像"样式。

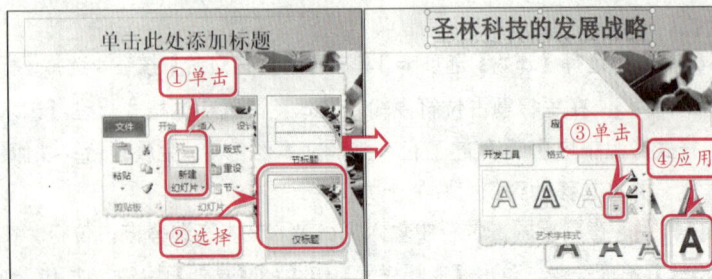

**STEP|09** 插入文本框，并输入战略目标的文本，设置文本字体

格式。分别选择标题文本框和内容文本框，在【格式】选项卡中，单击【对齐】按钮，选择"左对齐"，对齐文本框。

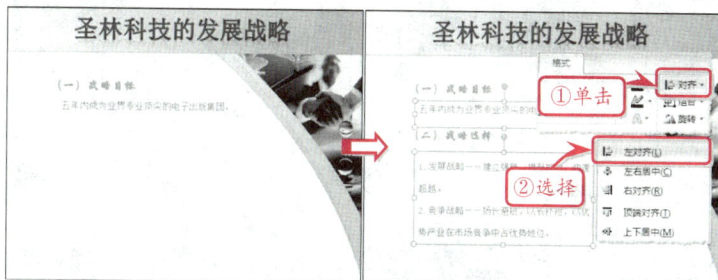

**提示**

标题文本字体为"创艺简行楷"，字号为"24"，字体颜色为"橙色，强调文本颜色 6"，再为字体加粗。

**STEP|10** 新建一个"标题"幻灯片，在主标题占位符中输入文本，设置字体格式。选择【插入】选项卡，单击【表格】按钮，选择"5行，2列"表格插入到幻灯片中。在【设计】选项卡的【表格样式】组中，应用"浅色样式 3-强调 3"样式。在表格中输入文本，完成幻灯片演示文稿的制作。

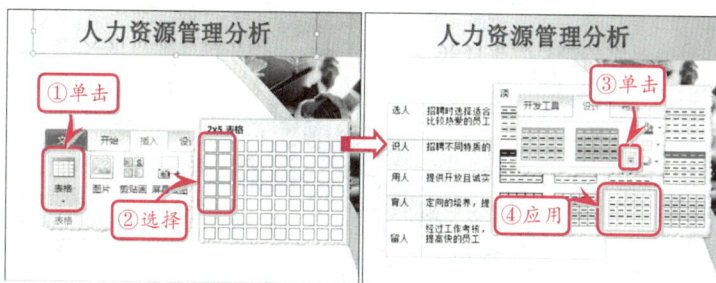

**提示**

选择表格，拖动鼠标将其移动到合适的位置，并适当调整表格的大小。

## 3.6　练习：制作旅游宣传之一

　　乌镇是江南四大名镇之一，是一个拥有 6000 余年悠久历史的古镇，是一个久负盛名的旅游景点，具有江南小镇的优美风光和别致的文化。本例将使用 PowerPoint 的占位符、文本格式等技术，为乌镇设计一个旅游宣传演示文稿。

**操作步骤**

**STEP|01** 在 PowerPoint 中创建演示文稿，将其保存为"乌镇.pptx"，选择【视图】选项卡，单击【幻灯片母版】按钮，进入"幻灯片母版"视图。单击【背景】组中的【设置背景格式】按钮，在弹出的【设置背景格式】对话框中启用【图片或纹理填充】单选按钮，单击【文件】按钮，在【插入图片】对话框中选择图片插入到幻灯片中。

**练习要点**

- 启动 PowerPoint
- 新建幻灯片
- 删除占位符
- 插入文本框
- 插入图片
- 应用母版

PowerPoint 2010

## 技巧

右击幻灯片，执行【设置背景格式】命令，也可以弹出【设置背景格式】对话框。

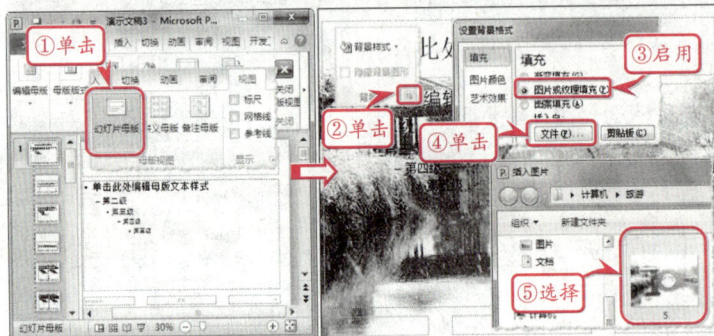

## 提示

单击【形状轮廓】按钮，设置其轮廓颜色为"白色，背景1，深色35%"。

## 提示

副标题占位符中字体为"宋体"，字号为"18"，字体颜色为"橙色，强调文本颜色6，深色25%"。

**STEP|02** 删除主标题占位符，拖动副标题占位符将其向上移动。选择【开始】选项卡，单击【形状】按钮，选择"矩形"形状，在幻灯片上绘制形状。选择【格式】选项卡，单击【形状填充】按钮，设置填充颜色为"橙色，强调文本颜色6，淡色80%"。

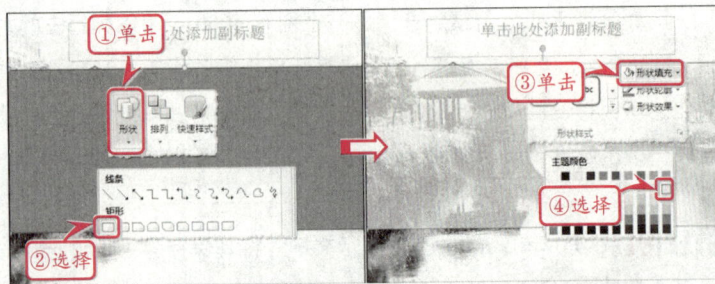

## 提示

插入图片后，拖动控制柄将图片进行顺时针旋转，"游"字体为"行楷体"，字号为"140"。

**STEP|03** 在副标题占位符中输入文本，设置字体格式。选择【插入】选项卡，单击【图片】按钮，在弹出的【插入图片】对话框中选择图片，插入到幻灯片中。单击【文本框】按钮，选择"横排文本框"，在幻灯片上拖动绘制文本框，并输入文本。

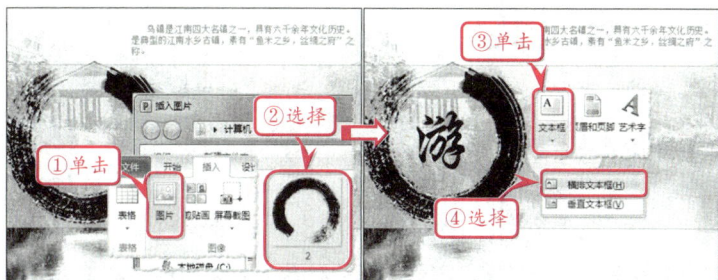

**STEP|04** 在右侧插入一张图片，单击【图片效果】按钮，执行【柔化边缘】命令，选择"50 磅"。单击【调整】组中的【颜色】按钮，选择"褐色"，调整图片颜色。

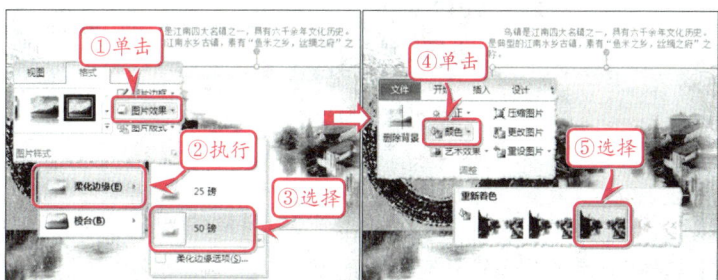

**STEP|05** 在图片上插入文本框，分别输入文本，设置字体格式。绘制 4 个"圆角矩形"形状，右击执行【设置形状格式】命令，在【设置形状格式】对话框中，单击【预设颜色】按钮，选择"红木"。设置【类型】为"矩形"，方向为"中心辐射"。设置 4 个渐变滑块的透明度都为"50%"。

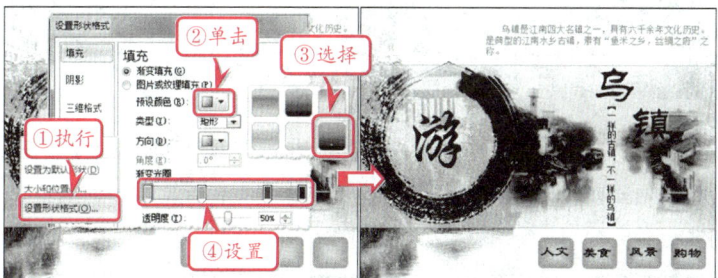

**STEP|06** 选择【视图】选项卡，单击【幻灯片母版】按钮，单击【插入幻灯片母版】按钮，插入幻灯片母版。按照设置背景格式的方法设置其背景，然后退出母版视图。单击【新建幻灯片】按钮，选择空白幻灯片。

**STEP|07** 插入图片，并调整图片大小。再插入文本框，输入文本，设置字体格式。再插入两张图片，选择【格式】选项卡，在【图片样式】组中，选择"简单框架，白色"样式。

**技巧**

右击图片执行【设置图片格式】命令，在弹出的【设置图片格式】对话框中选择【图片颜色】选项，重新设置图片颜色。

**提示**

"乌镇"字体为"华文隶书"，字号为"88"。"圆角矩形"形状上的字体为"隶书"，字号为"28"。

**提示**

也可以选择标题幻灯片，然后删除占位符即可。

**提示**

"人文"字体为"华文隶书"，字号为"72"，字体颜色为"橙色，强调文本颜色 6，深色 50%"。

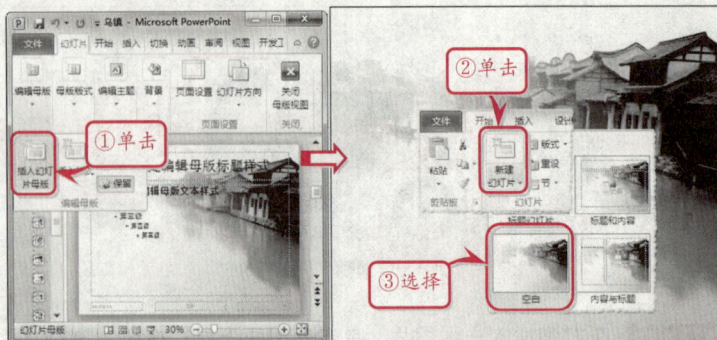

文本框中字体颜色为"橙色，强调文本颜色6，深色50%"。

右击文本框，执行【设置形状格式】命令，即可打开【设置形状格式】对话框，启用【渐变填充】单选按钮。

左侧渐变滑块的颜色为"橙色，强调文本颜色6，淡色60%"，右侧的颜色为"白色"。两个渐变滑块的透明度均为"50%"，形状轮廓颜色为"橙色，强调文本颜色6，淡色80%"。

"美食"字体为"汉仪秀英体简"，字号为"48"，字体颜色为"橙色，强调文本颜色6，深色25%"。"乌镇小吃"字体为"迷你简丫丫"，字号为"54"，字体颜色为"橙色，强调文本颜色6，深色50%"。

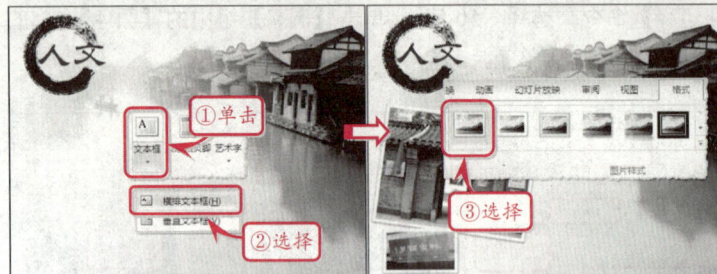

**STEP|08** 插入横排文本框，输入介绍文本，设置字体格式。选择【格式】选项卡，单击【编辑形状】按钮，执行【更改形状】命令，在弹出的菜单中选择"竖卷形"，在【设置形状格式】对话框中设置其渐变颜色。

**STEP|09** 按照相同的方法新建一个母版，单击【新建幻灯片】按钮，选择空白幻灯片。插入图片，再插入文本框，输入文本，设置字体格式。

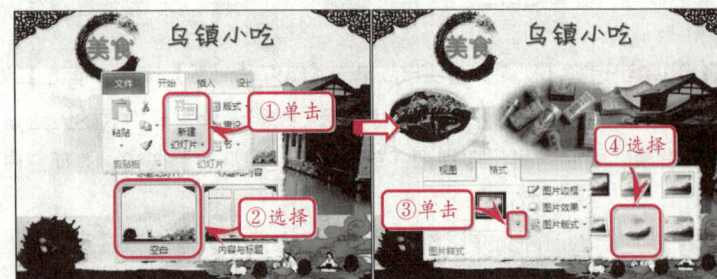

**STEP|10** 再插入3张图片，调整其大小放到合适的位置。插入文本

框，输入文本，设置字体格式。按相同编辑文本框形状的方法，更改其形状为"折角形"，并在【设置形状格式】对话框中设置其填充颜色。

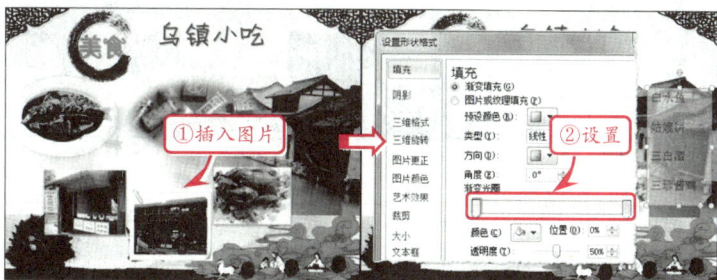

**STEP|11** 单击【新建幻灯片】按钮，选择"仅标题幻灯片"，新建标题幻灯片，在主标题占位符中输入文本，设置字体格式。再插入一张图片，调整图片大小。

**STEP|12** 绘制一个和图大小相同的矩形，应用"细微效果-橙色，强调颜色 6"样式，在【设置形状格式】对话框中设置其填充样式。插入文本框，输入文本，设置字体格式。

**STEP|13** 选择上一张幻灯片，选择"姑嫂饼"文本，在【插入】选项卡中，单击【动作】按钮，在【动作设置】对话框中启用【超链接到】单选按钮，设置超链接到"下一张幻灯片"。

**STEP|14** 然后，即可保存演示文稿，完成"乌镇旅游宣传"演示文稿第一部分的制作。

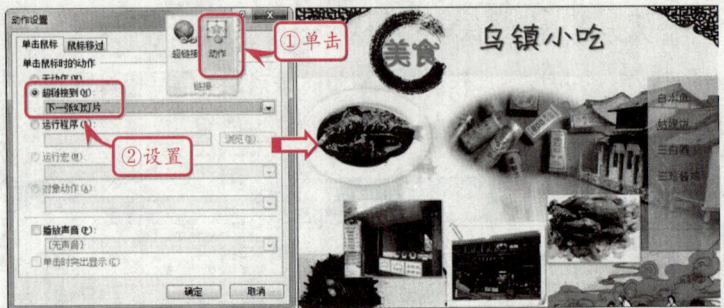

## 3.7 高手答疑

### Q&A

**问题 1：如何为占位符应用其他主题填充？**

**解答：**在 PowerPoint 的【格式】选项卡中的【形状样式】组中，提供了 42 种预置的主题填充。其他主题填充是预置主题填充的一种补充。

在【形状样式】组中单击【其他】按钮，然后即可在弹出的菜单中执行【其他主题填充】命令，最后，即可选择相应的主题填充内容。

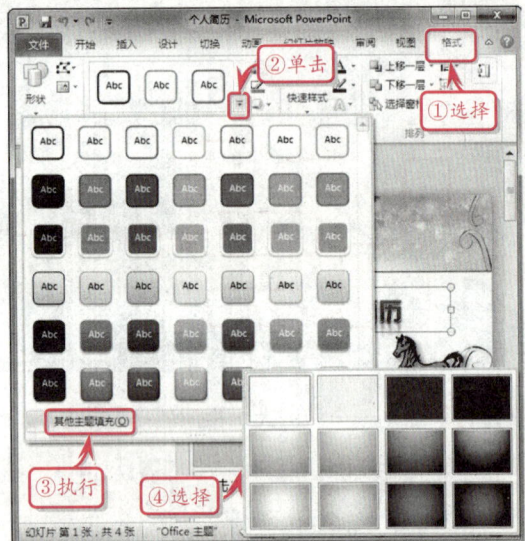

### Q&A

**问题 2：如何为占位符设置更复杂的填充属性？**

**解答：**在之前的小节中已介绍了在【工具选项卡】中设置占位符的填充属性的方法。事实上，通过右击属性，可以设置占位符更复杂的填充属性。

选中占位符，然后右击，执行【设置形状格式】命令，打开【设置形状格式】对话框。

在该对话框中，选择左侧的【填充】选项卡，即可为占位符设置 6 种类型的填充内容，包含"无填充"、"纯色填充"、"渐变填充"、"图片或纹理填充"、"图案填充"、"幻灯片背景填充"等。

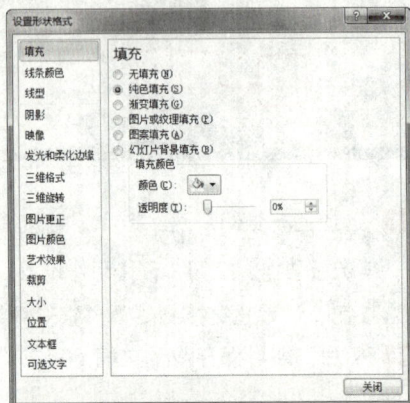

● **无填充**

选中该选项，可清空占位符内填充的内容，保持填充为空。

● **纯色填充**

选中该选项，可通过颜色拾取器选择各种主题颜色、标准色或其他颜色，将颜色填充到占位符中，并设置颜色的透明度。

● **渐变填充**

选中该选项，用户既可以通过预设的渐变颜色填充占位符，也可以选择渐变的类型、角度、渐变的起始色、终止色，并设置每种颜色的位置、亮度以及透明度等属性。

● **图片或纹理填充**

选中该选项，用户既可使用 PowerPoint 预置的纹理，也可从本地计算机中选择图像素材，或从剪贴板和微软的网站中获取填充的图像。

在选择填充的内容后，还可设置图像的填充偏移、对齐方式、透明度和旋转角度等属性。

● **图案填充**

PowerPoint 提供了多种类型的花纹。选中【图案填充】，可选择其提供的花纹类型，并选择花纹的前景色和背景色。

● **幻灯片背景填充**

选中该选项，可使用幻灯片的背景填充占位符。

## Q&A

### 问题 3：如何精确旋转占位符？

**解答**：除了通过调节柄控制占位符的旋转角度外，PowerPoint 还允许用户通过输入旋转角度，精确地控制其旋转。

选中占位符，然后即可选择【格式】选项卡，在【排列】组中单击【旋转】按钮 ，即可执行 5 种关于旋转的命令，包括【向左旋转 90】、【向右旋转 90】、【垂直翻转】、【水平翻转】以及【其他旋转选项】。

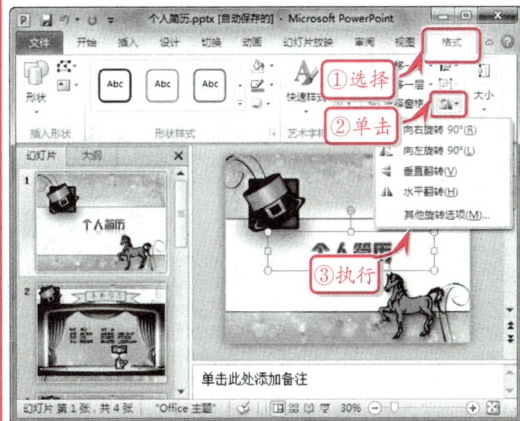

如果需要精确地控制占位符旋转为任意角度，可执行【其他旋转选项】命令，打开【设置形状格式】对话框。

在该对话框中，用户可在【尺寸和旋转】栏中设置【旋转】的值，以控制占位符进行精确的旋转。

## Q&A

### 问题 4：如何设置多个占位符的层级？

**解答**：在一幅幻灯片中，往往存在多个占位符。这些占位符如发生重叠，则用户往往需要控制占位符的显示顺序，这种顺序就是占位符的层级。

在 PowerPoint 中，提供了【上移一层】和【下移一层】两个按钮，允许用户简单地调整占位符的层级。

选中占位符，然后即可选择【格式】选项卡，在【排列】组中单击【上移一层】按钮【上移一层】，控制当前的占位符向上层移动，或单击【下移一层】按钮【下移一层】，控制当前占位符向下移动。

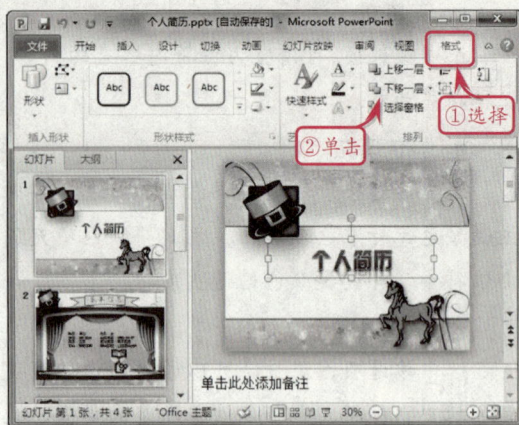

## Q&A

### 问题 5：如何组合多个占位符？

**解答：**按住 Shift 键依次选择需要组合的占位符，然后即可单击【格式】选项卡中【排列】组中的【组合】按钮，将其组合。

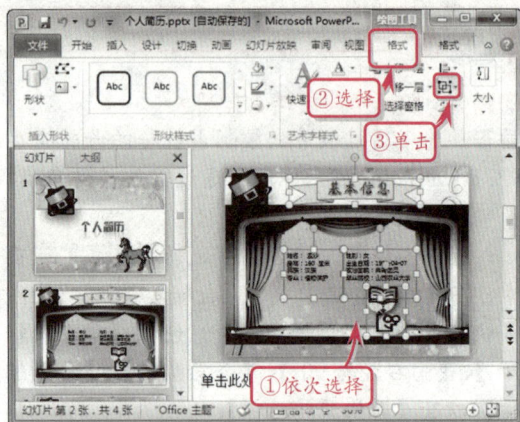

# 04 幻灯片文本的格式

在将文本添加到演示文稿中时，用户不仅可以对文本的内容进行编辑，还可对文本的格式进行修改。PowerPoint 提供了多种功能强大的文本格式工具，可帮助用户快速美化文本。本章将介绍文本的字体、段落、艺术字等属性的设置，以及定义文本格式的技巧。

## 4.1 设置字体格式

字体格式是文本的基本格式。在选择【开始】选项卡后，用户即可在【字体】组中设置这些格式属性。

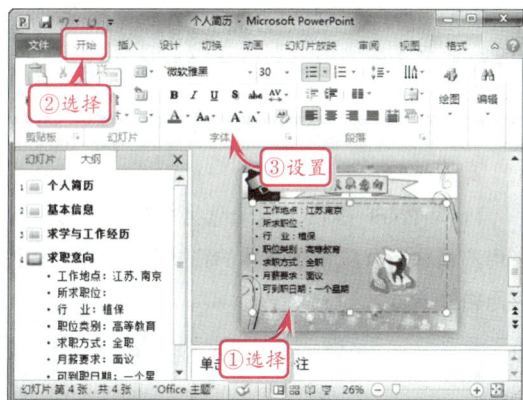

### 1．设置字体和字号

字体和字号是字体的基本格式。在【字体】组中，用户可直接单击字体的名称和字号的下拉列表，在弹出的菜单中选择相应的字体名称。

例如，在上图中选择的文本，就是用了"微软雅黑"的字体，其字号为 30，单位为磅。

### 2．设置字体样式

PowerPoint 允许用户为字体设置 5 种样式，包括粗体、斜体、下划线、阴影以及删除线等。其提供了如下 5 个按钮。

| 按钮 | 作　用 | 按钮 | 作　用 |
| --- | --- | --- | --- |
| B | 加粗 | S | 文字阴影 |
| I | 倾斜 | abc | 删除线 |
| U | 下划线 | | |

分别单击这 5 个按钮，即可为字体添加相应的格式。而再次单击这些按钮，则会把已添加的格式删除。

### 3．设置字体颜色

单击【字体颜色】按钮 右侧的箭头，即可在弹出的菜单中为字体应用【主题颜色】、【标准色】和【其他颜色】，其使用方法与为占位符填充颜色类似。

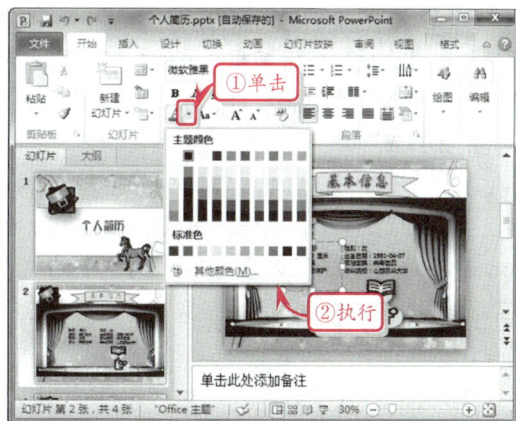

### 4．更改大小写、上标和下标

PowerPoint 2010 可以更改英文字母的大小写，也可以修改字体的上标和下标。

在单击【字体】组中的【更改大小写】按钮 之后，用户可在弹出的菜单中执行相关的命令，包括【句首字母大写】、【全部大写】、【全部小写】、【每个单词首字母大写】和【切换大小写】等。

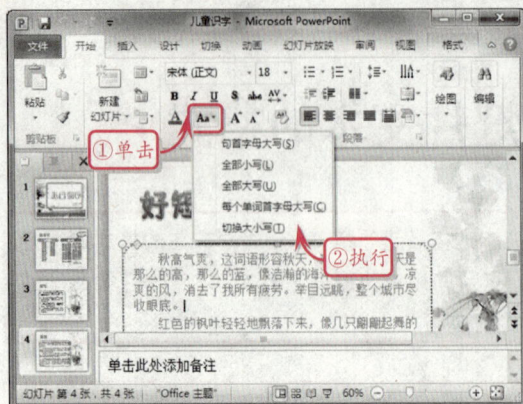

其 5 个命令的作用如下。

| 命 令 | 作 用 |
| --- | --- |
| 句首字母大写 | 将每个语句第一个字母转换为大写 |
| 全部大写 | 将所有字母转换为大写 |
| 全部小写 | 将所有字母转换为小写 |
| 每个单词首字母大写 | 将每个单词第一个字母转换为大写 |
| 切换大小写 | 将所有大写字母转换为小写,同时将所有小写字母转换为大写 |

在【更改大小写】按钮 Aa· 右侧,PowerPoint 还提供了【上标】按钮 A 和【下标】按钮 A,允许用户将字体缩小为原尺寸的 25%,并设置于其他字体的上方或下方。

## 5. 设置字符间距

字符间距是每个字符之间相隔的距离。在 PowerPoint 中,用户可以通过单击【字体】组中的【字符间距】按钮 AV·,在弹出的菜单中执行相应的命令,以设置字符的间距。

在弹出的菜单中,提供了 6 种字符间距的格式,包括【很紧】、【紧密】、【常规】、【稀疏】、【很

松】和【其他间距】等。其中,【常规】为 PowerPoint 字符间距的默认值。

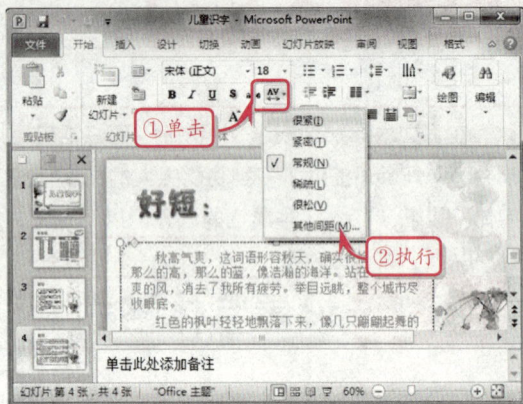

### 提示

如果需要设置具体的字符间距值,用户可执行【其他间距】命令,通过对话框来设置其值。关于【其他间距】对话框的设置,可参考之后的章节。

## 6. 清除格式

PowerPoint 提供了【清除格式】按钮,允许用户清除所有应用于字体的格式信息,将其转换为无格式文本。

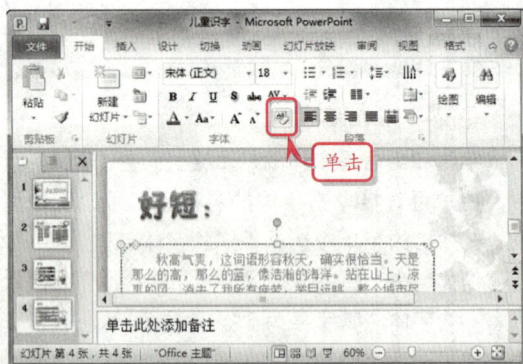

## 4.2 字体对话框设置

除了通过【工具选项卡】栏设置字体格式外,PowerPoint 还允许用户通过对话框进行类似的设置。

在 PowerPoint 中选择【开始】选项卡,在【字体】组中单击【字体】按钮,即可打开【字体】对话框,通过该对话框设置进阶的字体格式。

## 提示

【字体】对话框中的各种选项设置绝大多数与【工具选项卡】栏中的【字体】组内的设置类似。但相比该栏，【字体】对话框中的属性更加详细和量化。

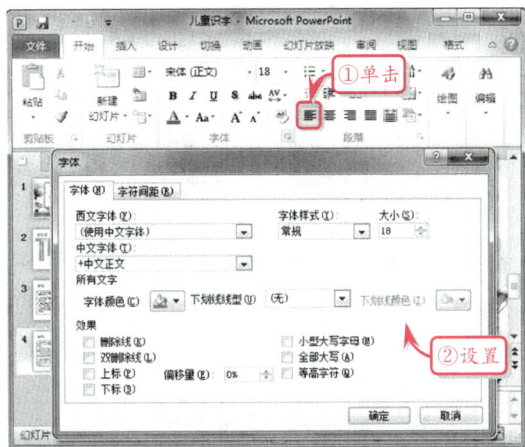

【字体】对话框中提供了两个主要的选项卡，其作用如下。

### 1．字体选项卡

在【字体】选项卡中，用户可进行绝大多数字体的格式设置，如下。

| 格　式 | | 作　用 |
| --- | --- | --- |
| 西文字体 | | 设置文本内非中文字符的字体 |
| 中文字体 | | 设置文本内中文字符的字体 |
| 字体样式 | 常规 | 默认值，定义字体不发生样式改变 |
| | 倾斜 | 设置字体倾斜 |
| | 加粗 | 设置字体加粗 |
| | 加粗倾斜 | 设置字体同时加粗和倾斜 |
| 大小 | | 设置字体的字号 |
| 字体颜色 | | 设置字体的前景颜色 |

续表

| 格　式 | | 作　用 |
| --- | --- | --- |
| 下划线类型 | | 单击右侧按钮可选择下划线的类型 |
| 下划线颜色 | | 在选择下划线类型后，可在此设置下划线的颜色 |
| 效果 | 删除线 | 为字体添加删除线 |
| | 双删除线 | 为字体添加两条删除线 |
| | 上标 | 将字体缩小为原尺寸的25%，并设置其在原字体上方 |
| | 下标 | 将字体缩小为原尺寸的25%，并设置其在原字体下方 |
| | 偏移量 | 设置字体上标或下标的位置 |
| | 小型大写字母 | 将所有字母转换为大写，并缩小尺寸为原尺寸的25% |
| | 全部大写 | 将所有字母转换为大写 |
| | 等高字符 | 设置所有字母的高度相同 |

### 2．字符间距选项卡

在【字体】对话框中，用户也可选择【字符间距】选项卡，设置字符之间的距离。

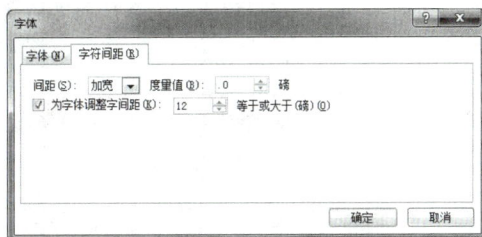

在【字符间距】选项卡中，用户既可以设置5种基本的【间距】值，也可以在其右侧指定字符间距的磅数。除此之外，还可以定义不同磅数的字体，其字符间距的距离。

## 4.3 设置段落格式

文本通常由字、词、句和段落组成，段落是文本的一种较大的单位，可以由一个或多个语句构成。

使用 PowerPoint 2010，用户不仅可以设置字体的格式，还可以设置字体的段落格式，从而使文本内容更加美观。

在 PowerPoint 2010 中选择【开始】选项卡，然后即可在【段落】组中设置这些格式属性，其主要包括对齐方式、分栏、文字方向和行距等 4 大类属性。

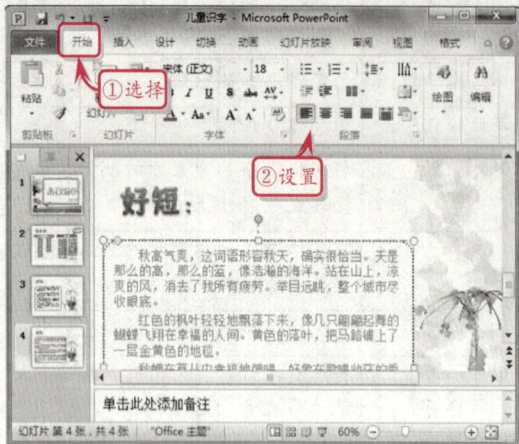

### 1. 设置对齐方式

对齐方式是指段落内容偏移的方向。在 PowerPoint 中，允许用户设置水平和垂直两种对齐方式。

在【开始】选项卡的【段落】组中，提供了一组专门的按钮，用户可设置水平方向的对齐方式，如下。

| 按钮 | 作　　用 | 按钮 | 作　　用 |
| --- | --- | --- | --- |
| ≣ | 左对齐 | ≣ | 居中对齐 |
| ≣ | 右对齐 | ≣ | 两端对齐 |
| ≣ | 分散对齐 | | |

其中，【分散对齐】按钮≣的作用是将当前行的所有字符打散，平均分配到行的长度中。

除了设置水平方向的对齐方式外，PowerPoint 还允许用户设置垂直方向的对齐方式。在【段落】组中单击【对齐文本】按钮 右侧的箭头，即可在弹出的菜单中选择垂直对齐方式。

在单击【对齐文本】按钮 后弹出的菜单中，包含 3 个命令，即【顶端对齐】、【中部对齐】和【底端对齐】，其分别控制段落朝占位符顶部、中部和底部对齐。

### 2. 分栏

分栏的作用是将文本段落按照两列或更多列

的方式排列。在 PowerPoint 中，用户可在【段落】组中单击【分栏】按钮，在弹出的菜单中选择分栏的列数。

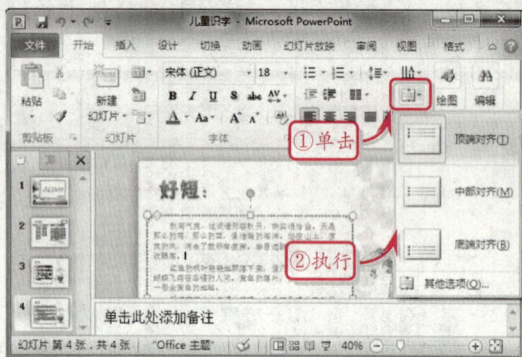

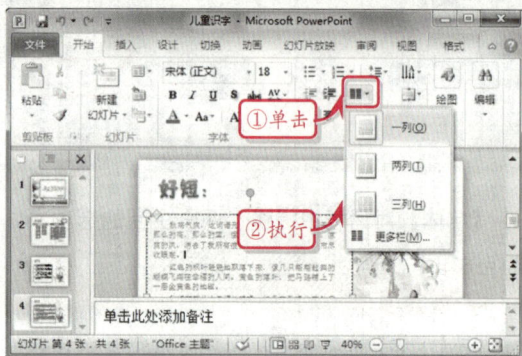

在该按钮的命令中，提供了【一列】、【两列】和【三列】的命令。如用户需要分更多的栏，则可执行【更多栏】命令，打开【分栏】对话框。在弹出的【分栏】对话框中，可方便地设置所分的栏数，以及分栏之间的间距。

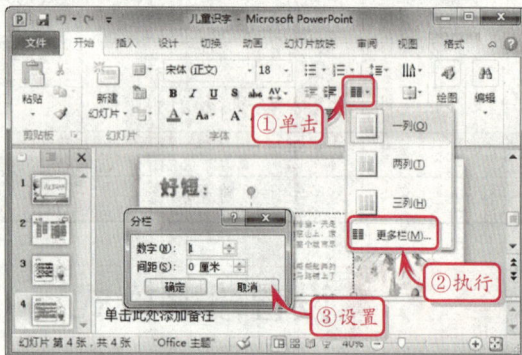

### 3. 文字方向

用户可以设置 PowerPoint 中占位符内文本的流动方式，甚至可以将文本内容旋转一定的角度显示。

在【段落】组中单击【文字方向】按钮，然后即可在弹出的菜单中执行相关的命令，设置文字的方向。

在该菜单中，包含了 6 种命令，如下所示。

| 命　令 | 作　用 |
| --- | --- |
| 横排 | 该命令为默认值，定义文本内容以默认的流动方向显示 |
| 竖 | 定义文本以从上到下的方向流动，且字体按照原角度显示 |
| 所有文字旋转 90 | 定义文本以从上到下的方向流动，同时所有字符旋转 90 |
| 所有文字旋转 270 | 定义文本以从下到上的方向流动，同时所有字符旋转 270 |
| 堆积 | 定义文本以从上到下和自右至左的方向流动，且字体按照原角度显示（仿中国古代的汉字书写方式） |

续表

| 命　令 | 作　用 |
| --- | --- |
| 其他选项 | 通过弹出的【设置文本效果格式】对话框，设置文本旋转的进阶属性 |

### 4．行距

行距是段落中行与行之间的距离。在 PowerPoint 中，用户可直接单击【开始】选项卡中【段落】组中的【行距】按钮，在弹出的菜单中选择行距的倍率，其默认包括【1.0】、【1.5】、【2.0】、【2.5】、【3.0】和【行距选项】等命令。

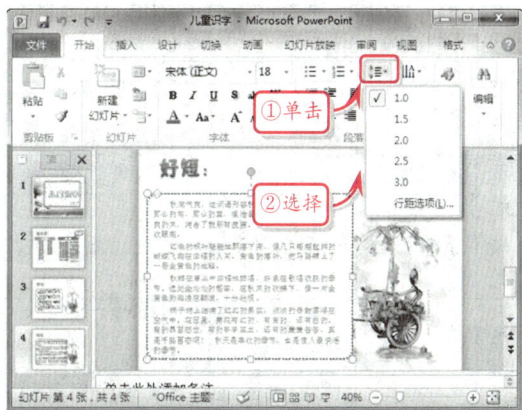

其中，5 种数字命令表示标准行距的倍数，如需要设置进阶的行距，则可执行【行距选项】命令，在弹出的【段落】对话框中对其进行设置。

> **提示**
>
> 关于【段落】对话框的设置，可参考之后的章节。

## 4.4　段落对话框设置

与【字体】组类似，【段落】组也提供了一个专门的对话框，用户可以定义各种关于段落的进阶属性设置。

在 PowerPoint 2010 中，选择【开始】选项卡，然后即可在【段落】组右下角单击【段落】按钮，打开【段落】对话框，对段落的属性进行设置。

【段落】对话框包含了两个选项卡，即【缩进和间距】和【中文版式】，其作用如下。

### 1．缩进和间距

在【缩进和间距】选项卡中，用户可设置文本的水平方向对齐方式、缩进以及间距的具体值，如下。

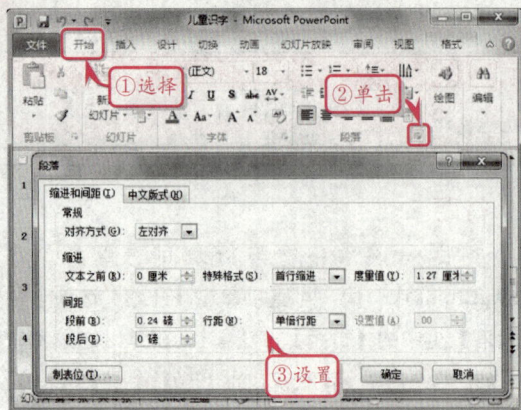

| 属 性 | | 作 用 |
|---|---|---|
| 对齐方式 | | 设置段落文本的水平对齐方式 |
| 文本之前 | | 设置段落文本与左侧边框的距离 |
| 特殊格式 | 首行缩进 | 设置段落第一行的缩进距离 |
| | 悬挂缩进 | 设置项目列表的缩进距离 |
| 度量值 | | 在设置特殊格式后，即可设置其缩进的距离值 |
| 段前 | | 设置段落与上一段落之间的距离 |
| 段后 | | 设置段落与下一段落之间的距离 |
| 行距 | | 设置段落中行间的距离倍数 |
| 设置值 | | 设置段落行间的距离数值 |

## 2．中文版式

【中文版式】选项卡的作用是允许用户根据中文的语法习惯定义文本的显示方式。在选择【中文版式】选项卡后，用户可直接对其内容进行设置。

在【中文版式】选项卡中，提供了以下几种属性。

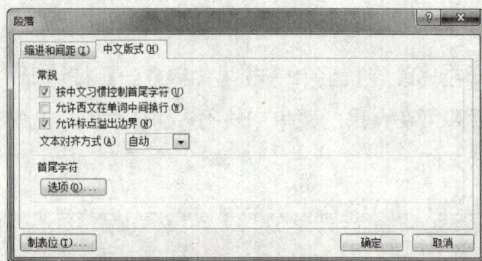

| 属 性 | | 作 用 |
|---|---|---|
| 按中文习惯控制首尾字符 | | 禁止在行首出现标点字符，将这些标点字符移到上一行行末 |
| 允许西文在单词中间换行 | | 将行内无法显示完全的英文单词拆开为两行显示 |
| 允许标点溢出边界 | | 将行末无法显示的标点显示在行边界外 |
| 文本对齐方式 | 自动 | 默认值，定义段落以普通方式垂直对齐 |
| | 顶部 | 定义段落向边框顶部对齐 |
| | 居中 | 定义段落在容器中部对齐 |
| | 基线对齐 | 定义段落以容器的基线为准对齐 |
| | 底部 | 定义段落在容器的底部对齐 |
| 首尾字符 | | 单击【选项】按钮，定义首尾可显示的字符类型 |

在单击首尾字符的【选项】按钮后，可打开【PowerPoint 选项】对话框，在该对话框中选择哪些符号字符可在行首显示，哪些字符不能在行尾显示。

> **提示**
>
> 根据汉语语法的习惯，只有引号""、书名号《》、各种小括号（）、中括号[]和大括号{}等符号的前半部分可以在行首和段首显示，而其他的各种标点符号必须书写到上一行的末尾。

## 4.5 使用列表

列表是一种特殊格式的文本，其可以将多条并列的内容以竖排的形式展示。PowerPoint 内提供了两种列表的支持，包括项目列表和编号列表。

## 1．创建列表

在 PowerPoint 中选择占位符，然后选择【开始】选项卡，在【段落】组中单击【项目符号】按

钮 ≣▾ 或【编号】按钮 ≣▾，然后即可创建项目列表或编号列表。

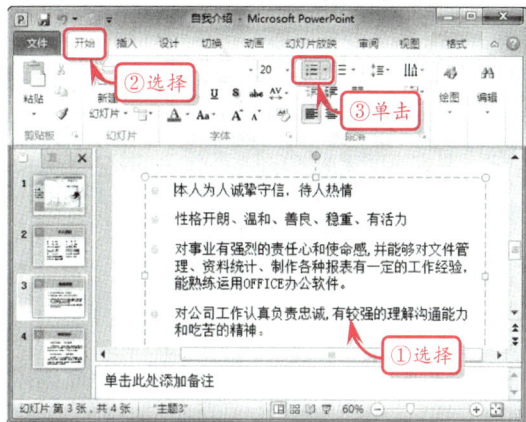

在单击【项目符号】下拉按钮后，用户可根据弹出菜单中的预览图，选择项目符号的样式，如下。

同理，单击【编号】下拉按钮后，也可以根据弹出的菜单中的预览图，选择编号符号的样式，如下。

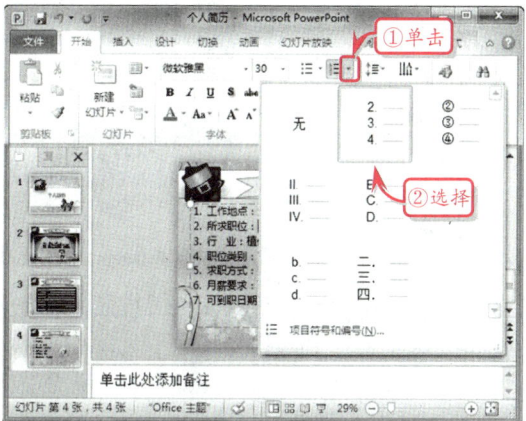

## 2. 设置列表进阶属性

在为项目列表和编号列表设置项目符号或编号时，用户可通过独立的【项目符号和编号】对话框，设置更加个性化的项目符号或编号，将其应用到列表中。

在【开始】选项卡中单击【段落】组中的【项目符号】或【编号】下拉按钮后，即可执行【项目符号和编号】命令，打开【项目符号和编号】对话框。

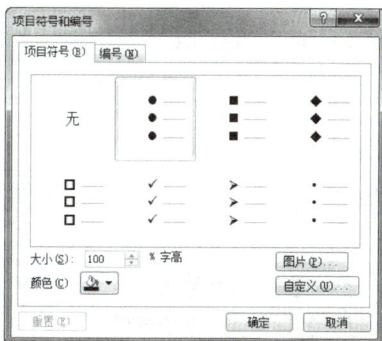

### 提示

【项目符号和编号】对话框中包含了【项目符号】和【编号】两个主要的选项卡。

● 项目符号

在【项目符号和编号】对话框中选择【项目符号】选项卡，然后用户即可选择预置的 7 种项目符号，并通过【大小】的选项设置项目符号与字号的比例大小。

除此之外，用户还可以单击【颜色】右侧的按钮，通过颜色拾取器设置项目符号的颜色。

单击【图片】按钮后，用户可通过【图片项目符号】对话框，选择 Office 预置的图片或 Office.com 网站的图片，作为列表内容的项目符号。用户也可再单击【导入】按钮，导入本地图片作为

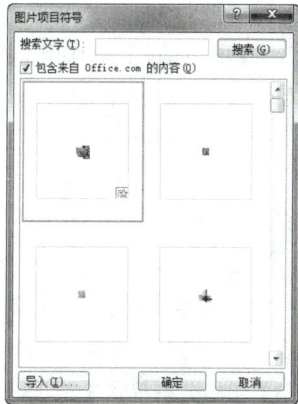

项目符号。

单击【自定义】按钮之后，用户可以打开【符号】对话框，从当前文档所使用的字符集中选择任意的字符，作为列表内容的项目符号。

### ● 编号

在选择【编号】选项卡后，用户可设置编号列表的项目符号属性。

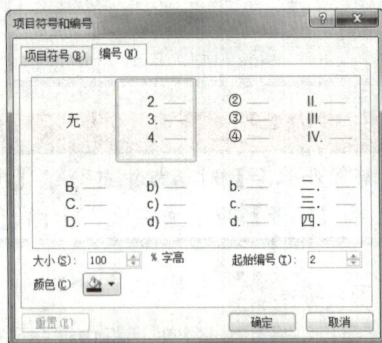

与【项目符号】的属性类似，【编号】选项卡中也提供了7种编号列表的项目符号样式，供用户选择。

同时，用户也可以分别通过【大小】和【颜色】等属性，设置编号符号与列表字号的比例，以及编号的颜色。

【起始编号】的作用是设置编号列表第一个项目起编号符号的顺序值。

## 3. 调整列表级别

PowerPoint 允许用户在列表中嵌套列表，以实现更复杂的数据显示关系。

### ● 通过按钮调整列表级别

如需要调整列表的级别，用户可直接选中需要调整的列表项目，然后选择【开始】选项卡，在【段落】组中分别单击【降低列表级别】按钮或【提高列表级别】按钮，对列表的级别进行调整。

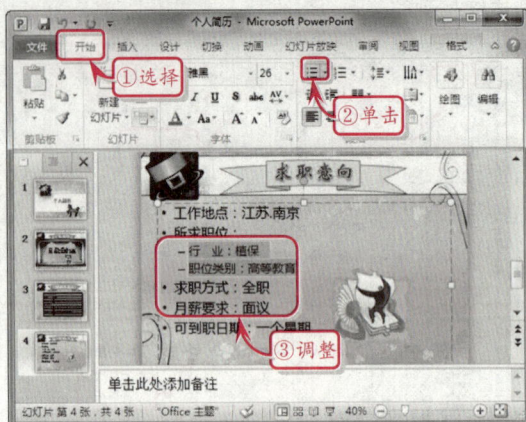

提示

在默认情况下，新创建的列表无法应用【提高列表级别】按钮。在降低了列表的级别之后，列表的项目符号或编号也会发生一些改变。例如，在上图中，PowerPoint 自动将2级列表的项目符号修改为了横线"-"。

### ● 执行命令调整列表级别

除了通过【工具选项卡】栏设置列表的级别外，用户也可以通过执行相应的命令调整列表的级别。

在【幻灯片选项卡】栏中选择【大纲】选项卡，然后即可在更新的窗格中选择需要调整级别的列表项目，右击鼠标，执行【升级】或【降级】命令。

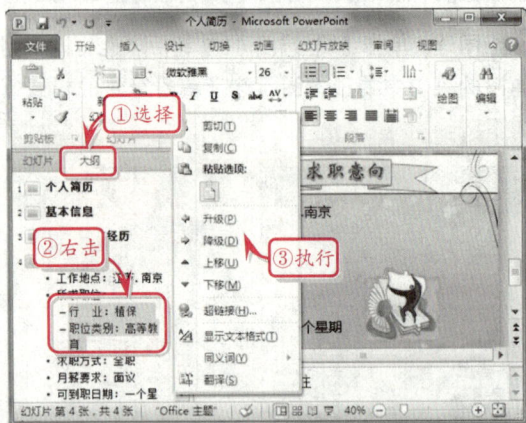

其中，如执行了【升级】命令，则会提升列表的级别，而执行了【降级】命令，则会降低列表的级别。

提示

如列表已为幻灯片中的顶级，则提升该列表
项目的级别，会将该列表项目创建为独立的
幻灯片。

提示

在选中列表项目后，用户还可执行【上移】
或【下移】命令，移动列表项目在列表中的
次序。

## PowerPoint 4.6 练习：制作语文课件之二

打开"制作语文课件之一"演示文稿，在该演示文稿创建的基础上，通过应用 PowerPoint 2010 中的插入新幻灯片、设置字符格式、设置行距、设置段落缩进等功能，继续完成 "出师表"演示文稿的制作。

### 练习要点

- 创建空白演示文稿
- 设置背景格式
- 插入图片
- 设置行距
- 设置段落缩进
- 设置对齐方式
- 插入文本框

### 提示

制作"出师表"语文课件，是根据目录的顺序依次创建内容的。

### 操作步骤 >>>>

**STEP|01** 打开"出师表"演示文稿，新建幻灯片，应用"空白"版式。然后，右击执行【设置背景格式】命令，在弹出的【设置背景格式】对话框中，启用【图片或纹理填充】单选按钮，单击【插入自】项中的【文件】按钮，在弹出的【插入图片】对话框中选择图片。

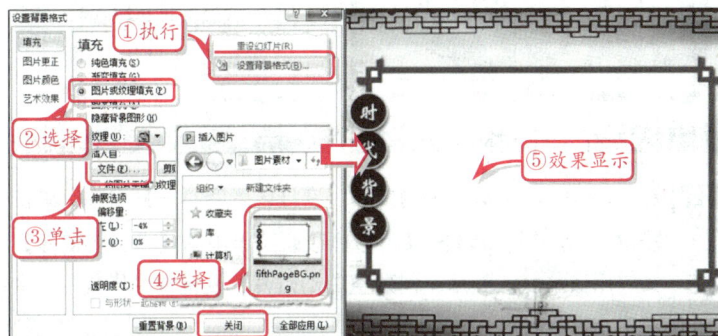

### 注意

要设置文本框中文本的格式，先选择文本，然后使用"开始"选项卡上"字体"组中的格式设置选项。
若要确定文本框的位置，请单击该文本框，然后在指针变为✛时，将文本框拖到新位置。

PowerPoint 2010

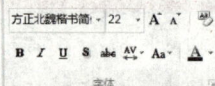

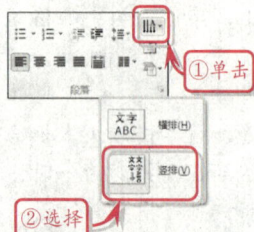

**STEP|02** 在【文本】组中，单击【文本框】下拉按钮，在下拉菜单中单击【横排文本框】，绘制一个横排文本框，在该文本框中输入文本并设置文本格式。然后选择所有文本，在【段落】组中单击【段落】按钮，在弹出的【段落】对话框中，设置【特殊格式】为"首行缩进"。

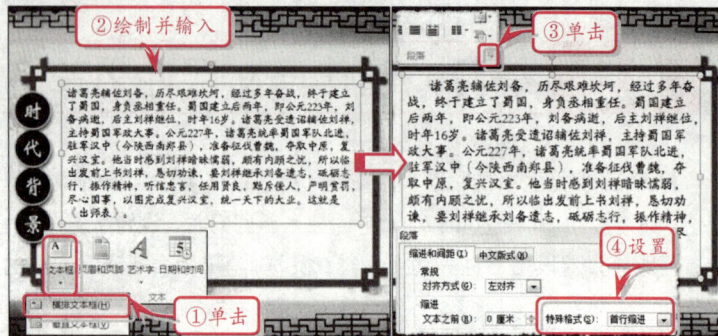

**STEP|03** 新建空白幻灯片，设置背景格式与上一幻灯片相同。然后，插入横排文本框输入文本，并设置文本格式。

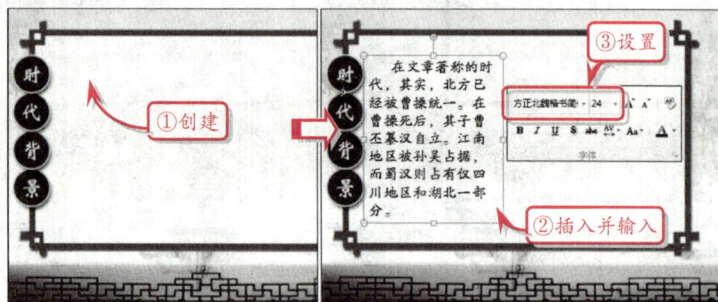

**STEP|04** 插入一张图片，调整图片大小和位置，并在【图片样式】组中应用"简单框架，黑色"样式。然后，插入一个垂直文本框，在文本框中输入文本"三国形势简介"，并设置文本格式及样式。

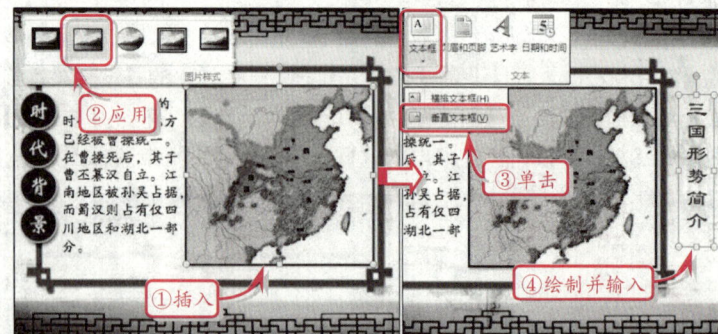

**STEP|05** 选择垂直文本框中的文本，在【艺术字样式】组中，单击【文字效果】下拉按钮，单击【阴影】级联菜单中的【右上斜偏移】按钮，并应用该样式。然后，创建空白幻灯片，设置背景格式，背景图片为"fourthPageBG.PNG"。

提示

用户可以选择文本，右击执行【设置文字效果格式】命令，在弹出的【设置文字效果格式】对话框中，选择阴影预设。

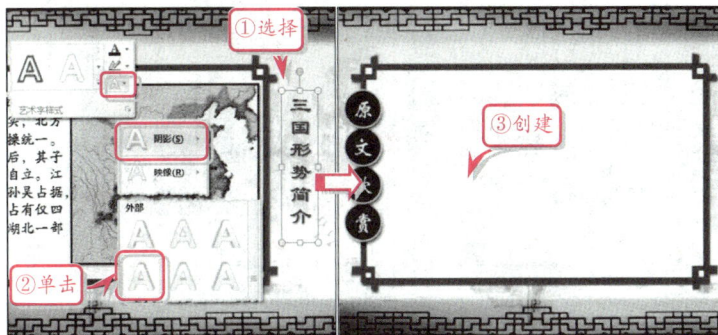

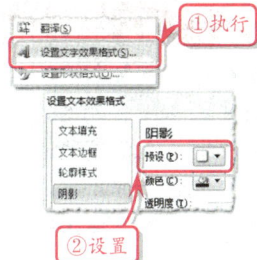

**STEP|06** 插入一个横排文本框，输入文本并设置文本格式。在【段落】组中，单击【行距】下拉按钮，在下拉菜单中，选择"2.0 行距"。然后，插入文本框输入文本，放置在红色文本下方。

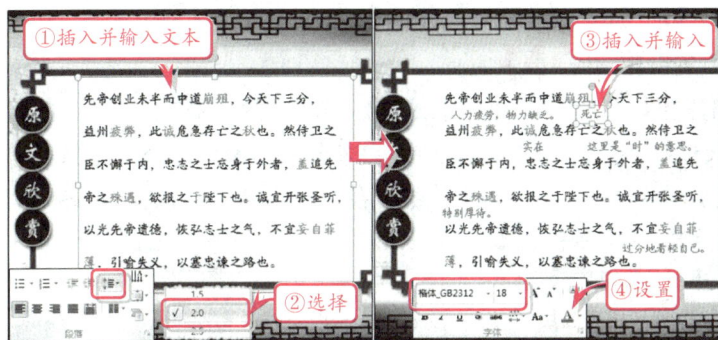

提示

在"原文欣赏"第一板块中设置文本"崩殂"、"疲弊"、"诚"、"秋"、"盖"、"殊遇"、"妄自菲薄"的文本颜色为"红色"。

**STEP|07** 创建空白幻灯片设置背景格式与上一张相同。按照相同的方法，通过插入文本框，输入文本，完成"原文欣赏"。

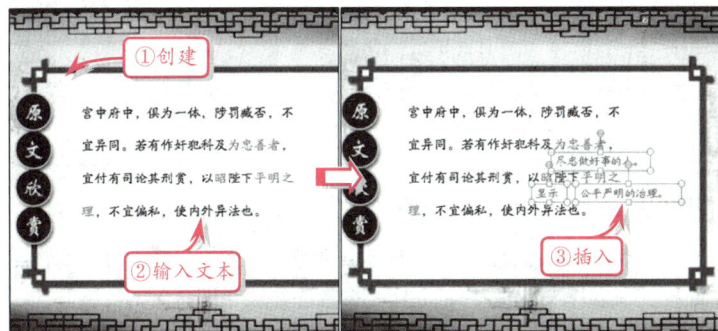

提示

插入的文本框中输入的文本，是对原文内容中"红色"字体的解释。

## 4.7 练习：中国古代艺术欣赏之二

打开"中国古代艺术欣赏之一"演示文稿，在该演示文稿创建的基础上，通过应用 PowerPoint 2010 中的插入新幻灯片、设置字符格式、设置行距、设置段落缩进等功能，继续完成 "中国古代艺术欣赏"演示文稿的制作。

## 练习要点

- 设置行距
- 设置段落缩进
- 设置对齐方式
- 添加项目符号

### 提示

在制作"中国古代艺术欣赏之二"演示文稿的过程中，主要通过这 4 个主要的幻灯片来讲解图片、文本、段落等功能之间的应用。

### 提示

如果创建的幻灯片背景格式与上一张幻灯片的相同，可以直接复制幻灯片，然后将幻灯片中的内容删除即可。

### 提示

在制作彩陶、青花瓷、粉彩、景泰蓝这些幻灯片时，标题的字体设置是相同的，均为"华文新魏"；大小为 60；文本颜色为"橙色，强调文字颜色6，深色25%"。

## 操作步骤 >>>>

**STEP|01** 打开"中国古代艺术欣赏"演示文稿，新建幻灯片，应用"仅标题"版式。然后，右击执行【设置背景格式】命令，在弹出的【设置背景格式】对话框中，启用【图片或纹理填充】单选按钮，单击【插入自】项中的【文件】按钮，在弹出的【插入图片】对话框中选择图片。

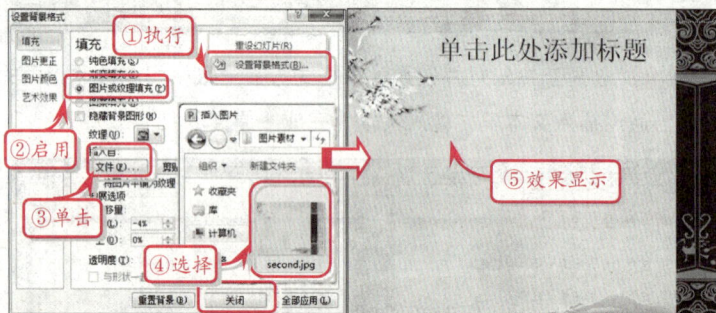

**STEP|02** 单击"单击此处添加标题"占位符，输入文本"彩陶"，并设置文本格式及样式。然后，插入 3 张图片，分别调整大小和位置；再插入 3 个横排文本框，输入图片的名称并放在图片下方。

**STEP|03** 选择"鱼纹盆"图片，右击执行【设置图片格式】命令，在弹出的【设置图片格式】对话框中，选择"阴影"并设置相应的参数。然后，按照相同的方法设置"葫芦纹彩陶双耳壶"图片。

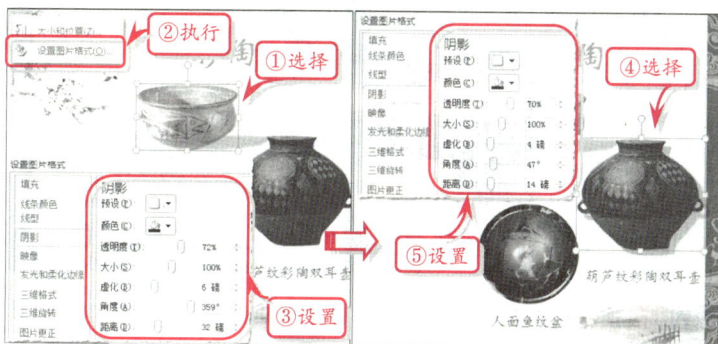

**STEP|04** 选择"人面鱼纹盆"图片，单击【图片效果】下拉按钮，在【映像】级联菜单中，应用"半映像，接触"样式。然后，插入横排文本框，输入文本并设置文本格式、对齐方式及行距。

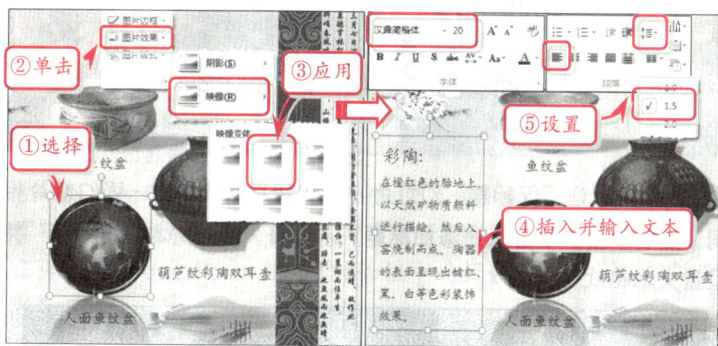

**STEP|05** 新建"仅标题"幻灯片，设置背景格式与上一张幻灯片相同。在标题占位符中输入文本"青花瓷"，并设置文本格式。然后，插入图片，应用"矩形投影"样式和"半映像，接触"样式。

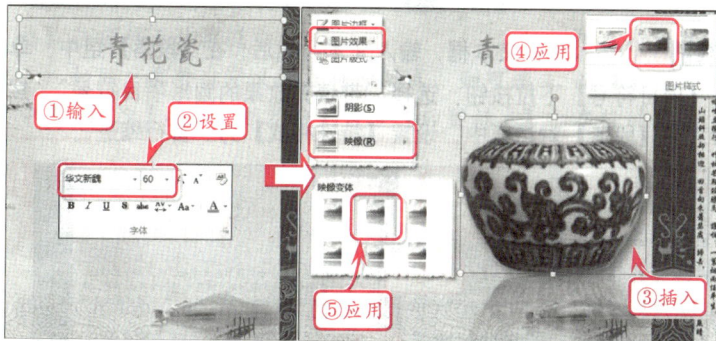

**STEP|06** 插入一个横排文本框，输入文本"青花瓷"，放置在图片下方；插入一个垂直文本框，输入文本，并设置文本格式及行距。然后，创建一个"仅标题"幻灯片，设置背景格式与上一个相同，并在

> **提示**
>
> 设置图片的名称的文本颜色为"深红"，RGB值为（192,0,0）。
>
> 

> **提示**
>
> 文本"彩陶"的字体为"汉鼎简楷体"；大小为28；颜色为"深红"；介绍的内容的颜色为"蓝色"，RBG 值为（0,32,96）。该内容的文本颜色也是在【自定义】选项卡中设置的。

> **提示**
>
> 选择"青花瓷"图片，设置【高】为"10.6 厘米"；【宽】为"10.3厘米"。
>
> 

> **提示**
>
> 设置图片大小，可以将鼠标放在图片周围的控制点上，当指针变为双向箭头后，开始拖动即可改变图片的大小。
>
> 

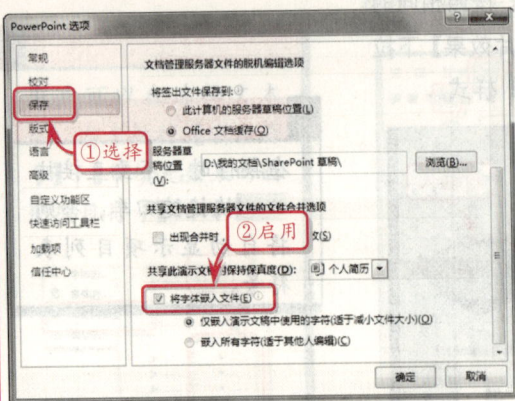

● **仅嵌入演示文稿中使用的字符**

中文字体文件的尺寸往往较大，会占据较多的磁盘空间，造成演示文稿的体积庞大，不利于在互联网中进行传输。

因此，用户可选择【仅嵌入演示文稿中使用的字符】项目，只嵌入已经在演示文稿中使用的字符部分，减小嵌入字体文件的尺寸。

● **嵌入所有字符**

如其他用户计算机中并未安装嵌入的字体，且需要为演示文稿添加内容时，则需要选择【嵌入所有字符】选项，防止新增的内容无法应用字体。

在启用【将字体嵌入文件】复选框后，将激活其下方的两个选项，如下。

## Q&A

**问题 3：自动更正功能是什么？其有何作用？如何设置自定义的更正方式？**

**解答：** Office 系列软件都提供了自动更正功能，以更改用户输入的文本内容中一些拼写错误或符号、单位使用错误。

如果用户需要自定义自动更正功能，可选择【文件】选项卡，执行【选项】命令，然后在弹出的【PowerPoint 选项】对话框中选择【校对】选项卡，如下。

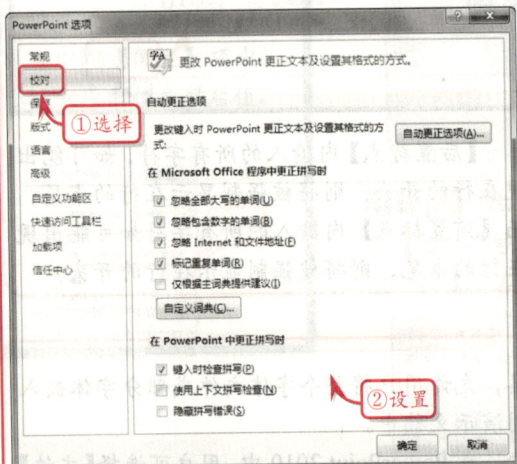

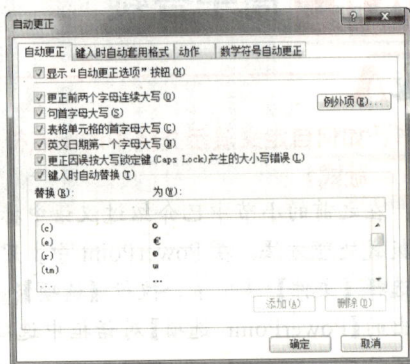

● **自动更正**

该选项卡用于更正各种拉丁字母书写错误，以及一些特殊符号的替换。

● **键入时自动套用格式**

该选项卡用于更正标点和段落格式错误等。

在该对话框中，用户可单击【自动更正选项】按钮，在弹出的【自动更正】对话框中，选择相关的更正项目进行设置。

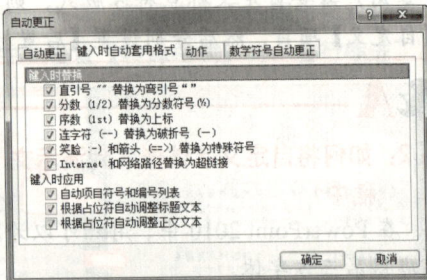

● **动作**

在该选项卡中，提供了一些工具以提高文

本输入的效率，包括【度量单位转换器】、【日期】等。用户可将其添加到右键命令中。

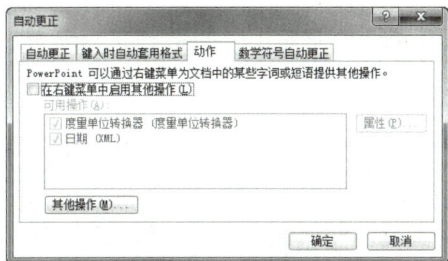

● 数学符号自动更正

数学符号是另一类的专业术语符号。在该选项卡中，用户可定义一些特殊数学符号的转义符，以提高这些数学符号输入的效率。

# Q&A

**问题 4：如何使用 PowerPoint 的查找和替换功能？**

在 PowerPoint 中按 Ctrl+F 组合键，然后即可在弹出的【查找】对话框中输入查找内容，单击【查找下一个】按钮，在整个演示文稿中查找文本。

用户可启用【区分大小写】、【全字匹配】和【区分全/半角】等复选框，作为查找的参数。

单击【替换】按钮后，用户还可输入【替换为】的文本。

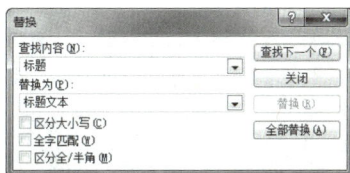

此时，单击【全部替换】按钮后，即可将演示文稿中所有的目标文本替换为输入的替换文本。

# 第 2 篇

## 设计幻灯片

# 幻灯片母版及主题

在设计演示文稿时，应保持演示文稿中所有的幻灯片风格外观一致，以使演示文稿的内容更加协调。此时，就需要使用到 PowerPoint 提供的母版和主题这两种重要工具。

PowerPoint 提供了丰富的主题颜色和幻灯片版式，方便用户对幻灯片进行设计，使其具有更精彩的视觉效果。本章将主要介绍幻灯片母版，以及幻灯片的主题和背景等知识，帮助用户了解设计幻灯片的技巧。

## 5.1 幻灯片母版

PowerPoint 提供了母版工具，以方便地控制幻灯片的整体风格，或将其应用到打印、备课工作中。母版可分为幻灯片母版、备注母版以及讲义母版 3 种。其中，最常使用的母版即幻灯片母版。

### 1. 查看幻灯片母版

幻灯片母版是一种模板，可以存储多种信息，包括字形、占位符大小和位置、背景设计和主题颜色等。

在 PowerPoint 中选择【视图】选项卡，然后即可单击【幻灯片母版】按钮 幻灯片母版，进入【幻灯片母版】视图。

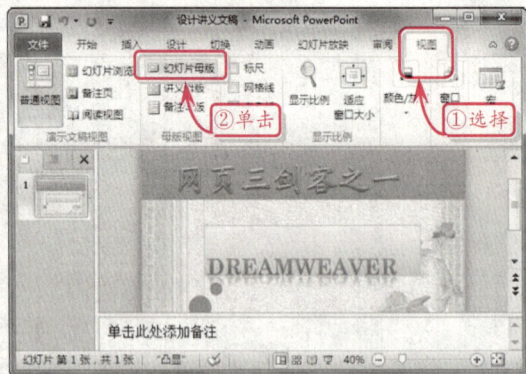

在【幻灯片母版】视图中，将在【幻灯片选项卡】栏中显示当前幻灯片所引用的母版类型。

单击【幻灯片选项卡】栏中任意一个母版或母版所包含的版式，即可在【幻灯片】窗格中查看母版及版式的内容。

**提示**

在一个母版中，可以包含任意数量的版式。在【幻灯片选项卡】栏中，所有的母版都以编号的方式显示，而母版的版式则在母版下方显示。

### 2. 创建幻灯片母版及版式

创建幻灯片母版的方式有两种。在【幻灯片母版】视图中选择【幻灯片母版】选项卡，然后即可在【编辑母版】组中单击【插入幻灯片母版】按钮，插入一个空白母版。

同理，单击【编辑母版】组中的【插入版式】按钮，即可为当前选择的母版创建一个新的版式。

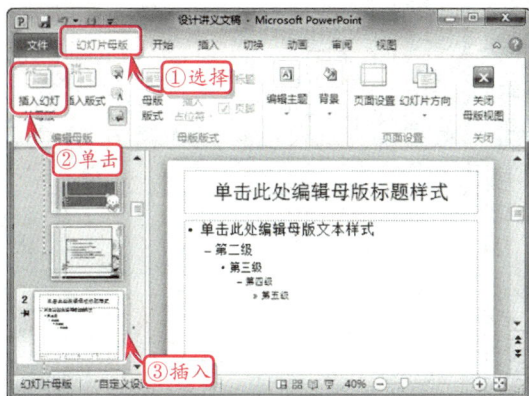

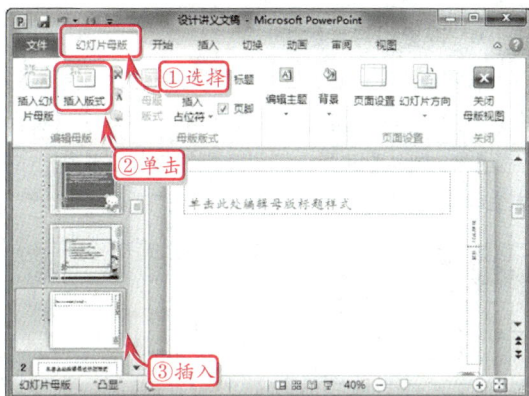

### 3. 修改幻灯片母版

修改幻灯片母版的方式与修改普通幻灯片类似，用户可以方便地选中各种元素，设置元素的样式。

通常，母版中包含 5 种占位符，分别是标题占位符、文本占位符、日期占位符、页脚占位符和幻灯片编号占位符。

● 修改项目符号

选择幻灯片模板中内容占位符内任意级别的项目列表，然后即可单击【开始】选项卡中【段落】组中的【项目符号】下拉按钮，在弹出的菜单中设置项目符号的样式。

● 选择占位符

在默认情况下，幻灯片模板中将显示全部 5

种占位符。用户可选择任意一个占位符，按 Delete 快捷键 Delete 将其从模板中删除。

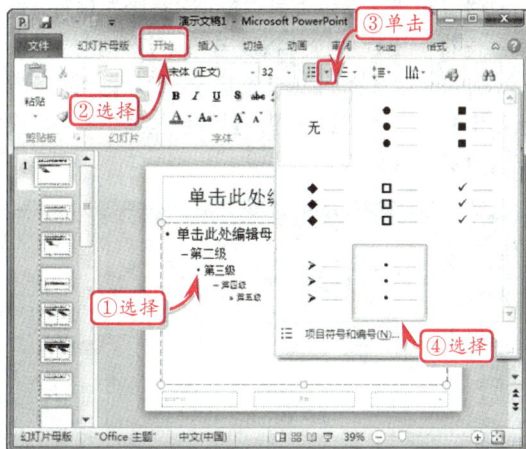

在删除某个占位符后，用户还可以在【幻灯片】窗格中右击鼠标，执行【母版版式】命令，在弹出的【母版版式】对话框中选择相应的复选框，将其重新添加到母版中。

### 4. 修改母版版式

在修改母版后，所有母版的修改属性都将自动应用到各版式中。而修改某个版式的方法与修改母版类似，在此不再赘述。

## 5.2 讲义母版

讲义母板通常用于教学备课工作中，其可以显示多个幻灯片的内容，便于用户对幻灯片进行打印和快速浏览。

## 1．查看讲义母版

讲义母版通常由页眉占位符、页脚占位符、页码占位符、日期占位符以及若干幻灯片组成。在PowerPoint 中选择【视图】选项卡，然后即可在【母版视图】中单击【讲义母版】按钮 讲义母版，切换到【讲义母版】模式。

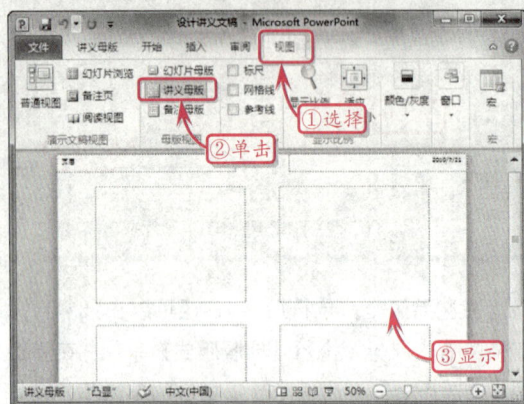

在【讲义母版】模式下，用户可设置浏览讲义母版的方式，母版、幻灯片的方向，以及每页显示幻灯片的数量。

● 设置母版方向

选择【讲义母版】选项卡，然后即可在【页面设置】组中单击【讲义方向】按钮，在弹出的菜单中选择讲义的显示方向，包括横向和纵向。

> **提示**
>
> 上图中的讲义母版，就是以横向的方式显示的。

● 设置幻灯片方向

用户不仅可以设置母版的方向，还可以设置母版中幻灯片的方向。在【讲义母版】选项卡中单击【页面设置】组中的【幻灯片方向】按钮，然后即可在弹出的菜单中选择幻灯片的显示方向，同样也包括纵向和横向两种。

例如，设置幻灯片纵向显示，如下。

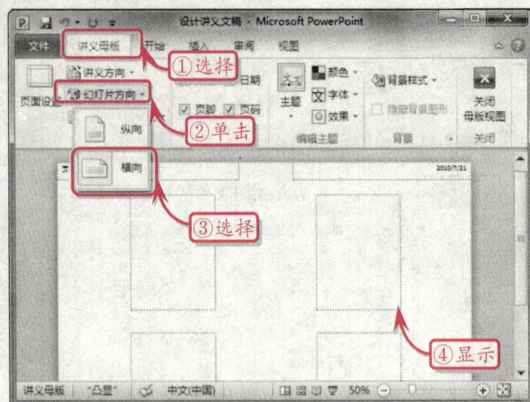

● 设置幻灯片数量

在默认状态下，讲义母版中可以显示 6 张幻灯片。用户可以在【讲义母版】选项卡中单击【页面设置】组中的【每页幻灯片数量】按钮，在弹出的菜单中选择显示幻灯片的数量，如下。

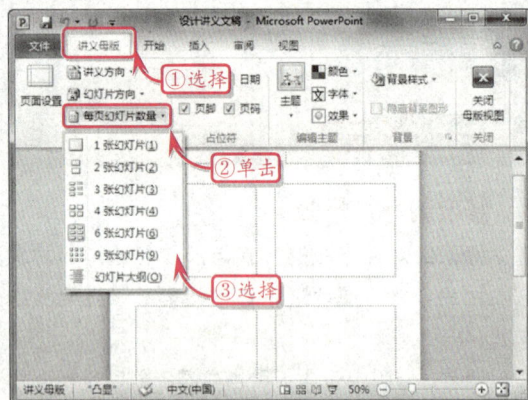

## 2．选择占位符

与幻灯片母版类似，用户也可以自定义讲义母版中 4 种辅助的占位符的显示。在【讲义母版】选项卡中的【占位符】组中，启用或禁用各复选框，即可定义占位符的显示和隐藏。

> **提示**
>
> 讲义母版中，最少显示一个幻灯片，用户无法隐藏所有幻灯片。

## PowerPoint 5.3 备注母版

备注母板也常用于教学备课中，其作用是演示文稿中各幻灯片的备注和参考信息，由幻灯片缩略图和页眉、页脚、日期、正文码等占位符组成。

在【视图】选项卡中单击【母版视图】组中的【备注母版】按钮，即可进入【备注母板】模式。

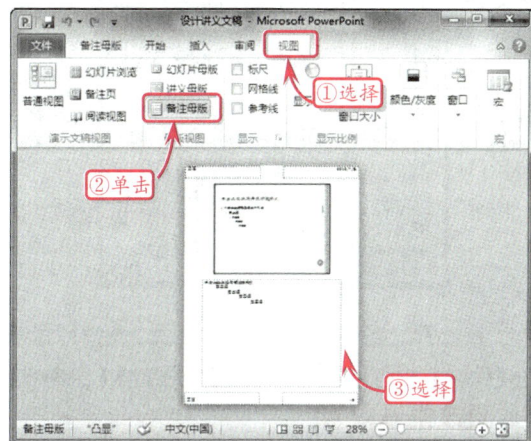

### 1. 设置备注页方向

在选择【备注母版】选项卡之后，用户可单击【页面设置】组中的【备注页方向】按钮，选择备注页的显示方式，包括横向和纵向两种。

### 2. 设置幻灯片方向

与其他两种母版类似，用户也可以设置备注母

板中显示的幻灯片方向，其设置方法与讲义母版类似，单击【备注母版】选项卡中的【页面设置】组中的【幻灯片方向】按钮，即可进行设置。

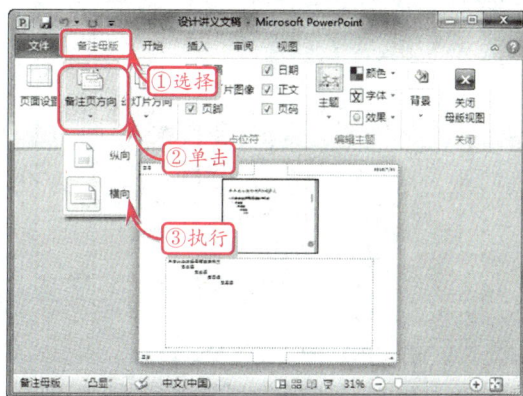

### 3. 选择占位符

在【备注母版】选项卡中，提供了【占位符】组中的 6 个复选框。启用或禁用这些复选框，即可设置页眉、页脚、日期、正文、页码等占位符以及幻灯片图像的显示和隐藏。

## 5.4 应用幻灯片主题

幻灯片主题是应用于整个演示文稿的各种样式的集合，包括颜色、字体和效果三大类。PowerPoint 预置了多种主题供用户选择。

在 PowerPoint 2010 中选择【设计】选项卡，然后即可在【主题】组中单击【其他】按钮，在弹出的菜单中选择预置的 44 种主题。

### 提示

用户也可选择【文件】选项卡，执行【新建】命令，选择【主题】，也可以根据预置的主题创建演示文稿。

### 1. 更改主题颜色

PowerPoint 提供了多种预置的主题颜色供用户选择。在【设计】选项卡中单击【主题】组中的【主题颜色】按钮，然后即可在弹出的菜单

中选择主题颜色。

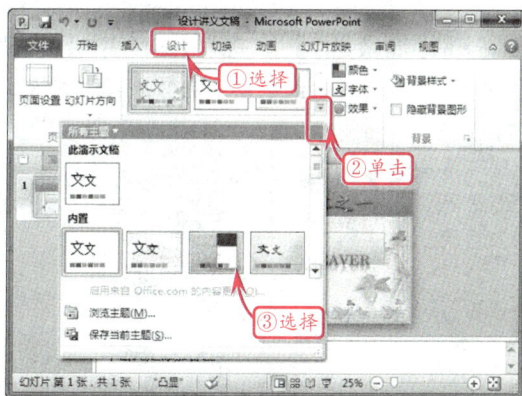

在该菜单中执行【新建主题颜色】命令后，可打开【新建主题颜色】对话框，在弹出的对话框中设置各种类型内容的颜色。在设置主题颜色的名称

后，即可单击【保存】按钮，将其添加到【主题颜色】菜单中。

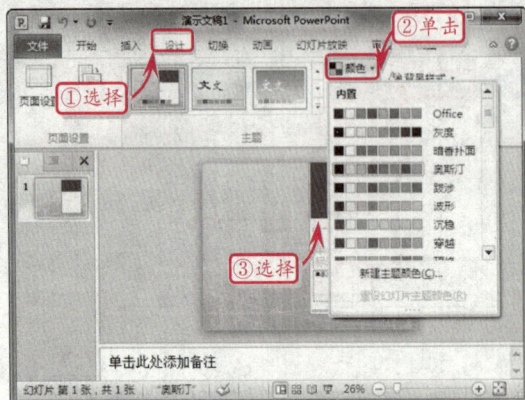

在该菜单中执行【新建主题字体】命令后，用户可在弹出的【新建主题字体】对话框中设置西文和中文的标题字体以及正文字体，并对其进行预览。

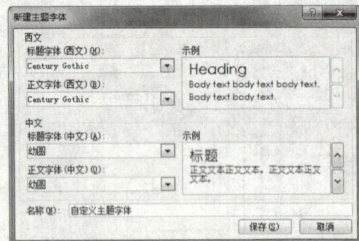

在设置主题字体的【名称】之后，用户即可单击【保存】按钮，将其添加到【主题字体】菜单中。

### 3．更改主题效果

主题效果是 PowerPoint 内预置的一些图形元素以及特效。

在【设计】选项卡中单击【主题】组中的【主题效果】按钮之后，即可在弹出的菜单中选择PowerPoint 预置的各种主题效果样式。

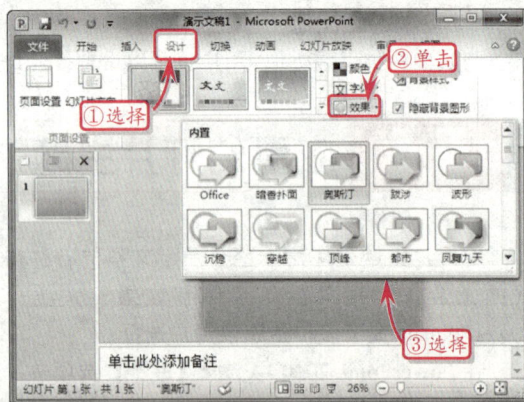

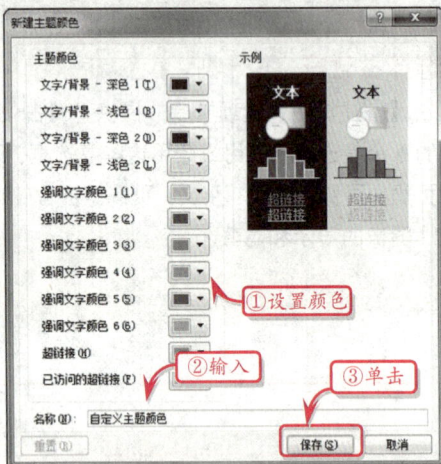

### 2．更改主题字体

字体也是主题中的一种重要元素。在【设计】选项卡中单击【主题】组中的【主题字体】按钮 字体▼，即可在弹出的菜单中选择预置的主题字体。

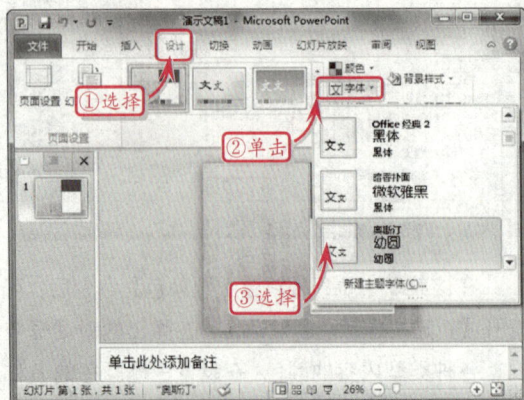

> **提示**
>
> 与之前两种主题的组成内容不同，由于主题效果的设置非常复杂，因此 PowerPoint 2010 不提供用户自定义主题效果的选项。在此，用户只能使用预置的 44 种主题效果。

> **提示**
>
> 在自定义主题颜色、主题字体并选择主题效果后，用户可将这些内容保存为自定义主题。

**5.5　应用幻灯片背景**

在 PowerPoint 2010 中，允许用户使用 5 种类型的内容作为幻灯片或母版的背景。

### 1. 应用背景样式

背景样式是 PowerPoint 2010 内置的 12 种渐变颜色的组合。选择【设计】选项卡，然后单击【背景】组中的【背景样式】按钮，然后即可在弹出的菜单中选择应用的样式。

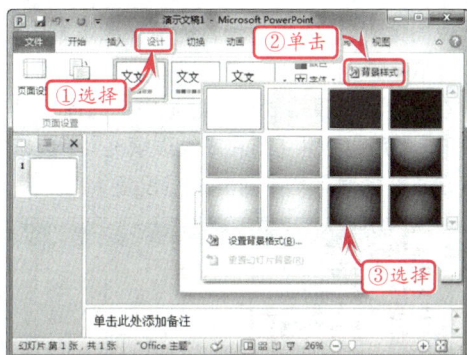

> **注意**
>
> 背景样式中通常会显示 4 种色调，其色调的颜色与演示文稿的主题颜色息息相关。在更改演示文稿的主题颜色后，这 4 种色调也将会随之发生变化。

例如，设置主题颜色为"奥斯汀"，然后，为演示文稿应用背景颜色，即可看到原 Office 默认的灰色、浅褐色、蓝色和黑色 4 种背景样式被修改为灰色、绿色、深褐色和黑色 4 种颜色。

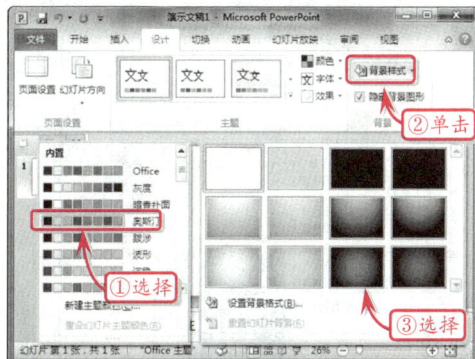

### 2. 纯色背景

纯色背景是一种较常见的背景。在 PowerPoint 中选择【设计】选项卡，然后即可在【背景】组中单击【设置背景格式】按钮，打开【设置背景格式】对话框。

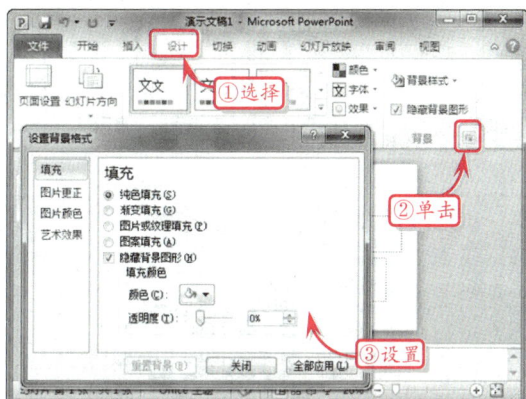

在该对话框中选择【填充】选项卡，然后在右侧启用【纯色填充】单选按钮。之后，即可在【填充颜色】组中设置【颜色】和【透明度】等属性。单击【全部应用】按钮后，即可将纯色背景应用到整个演示文稿的所有幻灯片中。

> **提示**
>
> 用户也可以在 PowerPoint 的【幻灯片】窗格中右击鼠标，执行【设置背景格式】命令，在打开的【设置背景格式】对话框对其进行设置。

### 3. 渐变背景

渐变背景允许用户为幻灯片设置自定义的渐变色背景。在【设置背景格式】对话框中，用户可选择【填充】选项卡，然后再启用【渐变填充】单选按钮，即可设置渐变背景。

在更新的对话框中，用户可单击【预设颜色】按钮，在弹出的菜单中选择各种预设的渐变填充。

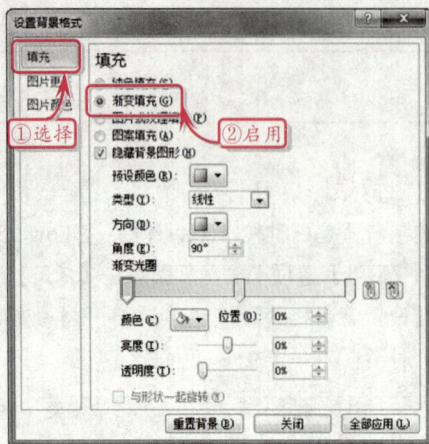

续表

| 属　　性 | 作　　用 |
| --- | --- |
| 亮度 | 选中色条中的渐变光圈，然后即可在此设置光圈的颜色亮度 |
| 透明度 | 选中色条中的渐变光圈，然后即可在此设置光圈的颜色透明度 |

在设置完成渐变背景后，用户同样可单击【全部应用】按钮，将其应用到演示文稿中。

### 4．图片或纹理背景

图片或纹理背景是一种更加复杂的背景样式，其可以将 PowerPoint 内置的纹理图案、外部图像、剪贴板图像以及 Office 预置的剪贴画设置为幻灯片的背景。

在【设置背景格式】对话框中，选择【填充】选项卡，然后再启用【图片或纹理填充】单选按钮，即可在更新的对话框中对其进行设置。

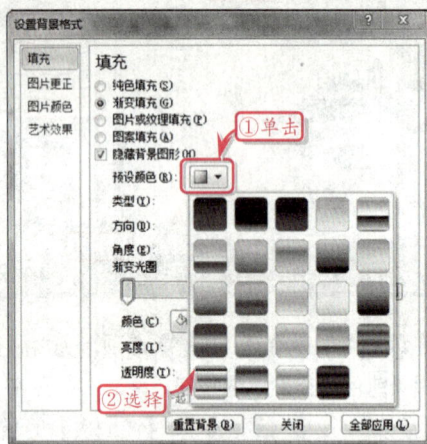

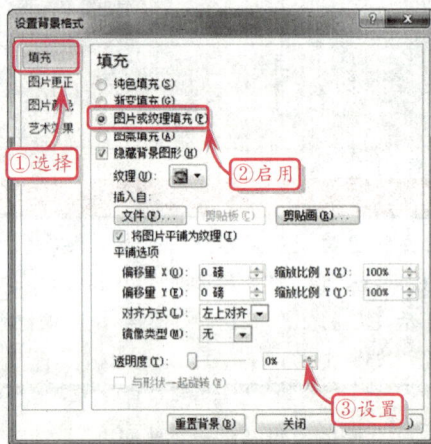

如用户需要自定义渐变填充，则可分别设置渐变颜色的以下几种属性。

| 属　　性 | | 作　　用 |
| --- | --- | --- |
| 类型 | 线性 | 渐变色彩以直线为流动方向 |
| | 射线 | 渐变色彩以一个中心点向四周发散 |
| | 矩形 | 渐变色彩以矩形的形状向四周发散 |
| | 路径 | 渐变色彩向四角发散 |
| | 标题的阴影 | 渐变色彩从标题占位符向四周发散 |
| 方向 | | 定义渐变色彩发散的方向，包括右下角、左下角、中心、右上角和左上角 5 个，该属性仅可应用于线性、射线和矩形 3 种类型的渐变 |
| 角度 | | 渐变色彩的倾斜角度 |
| 颜色 | | 选中色条中的渐变光圈，然后即可在此设置光圈的颜色 |

● 设置纹理背景

如需要选择纹理背景，用户可直接单击【纹理】右侧的按钮，在弹出的菜单中选择相应的纹理。

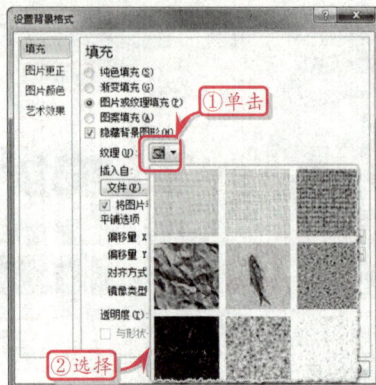

● 设置图像背景

如果用户需要设置本地或网络中的图像，可单击【文件】按钮，在弹出的【插入图片】对话框中选择图像，单击【打开】按钮将其导入。

● 设置剪贴板图像背景

如果用户已将图像复制到了剪贴板中，则可单击【剪贴板】按钮，将其应用到幻灯片中。

● 设置剪贴画图像背景

剪贴画是 PowerPoint 内置的图像素材。如果需要将这些图像素材作为背景添加到幻灯片中，用户可直接单击【剪贴画】按钮，在弹出的【选择图片】对话框中查找和选择剪贴画。

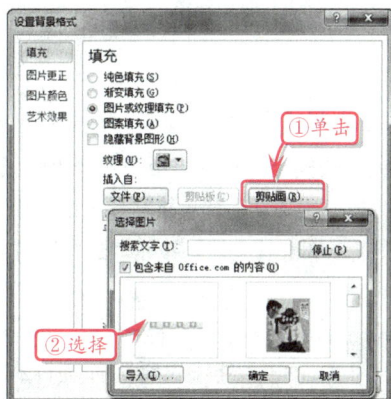

● 设置背景平铺与透明

在使用图片或纹理背景时，用户不仅可以选择背景的内容，还可以设置背景的平铺和透明等属性，其属性值如下所示。

| 属　　性 | 作　　用 |
| --- | --- |
| 偏移量 X | 定义纹理、图像的水平偏移量 |
| 偏移量 Y | 定义纹理、图像的垂直偏移量 |
| 缩放比例 X | 定义纹理、图像在水平方向的缩放比例 |
| 缩放比例 Y | 定义纹理、图像在垂直方向的缩放比例 |
| 对齐方式 | 定义纹理或图像与幻灯片的对齐方式 |

续表

| 属　　性 | | 作　　用 |
| --- | --- | --- |
| 镜像类型 | 无 | 如果纹理或图像小于幻灯片尺寸，则不重复显示 |
| | 水平 | 如果纹理或图像小于幻灯片尺寸，则仅在水平方向重复显示 |
| | 垂直 | 如果纹理或图像小于幻灯片尺寸，则仅在垂直方向重复显示 |
| | 两者 | 如果纹理或图像小于幻灯片尺寸，则重复显示 |
| 透明度 | | 定义纹理、图像的透明度 |

**提示**

背景的平铺设置不能应用于纯色或渐变的填充内容上。

### 5．图案背景

图案背景也是比较常见的一种幻灯片背景。在【设置背景格式】对话框中，用户可启用【图案填充】单选按钮，然后在更新的对话框中选择相应的图案，将其填充到幻灯片中。

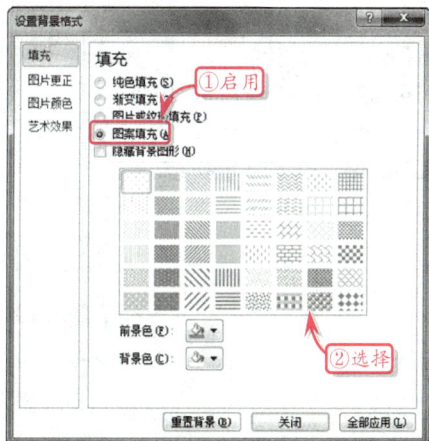

在设置图案背景时，用户可设置图案的前景色和背景色，以使图案更加丰富多彩。

**PowerPoint**

## 5.6　练习：制作旅游宣传之二

在制作演示文稿时，使用母版可以统一各幻灯片内容的位置、

## 练习要点

- 新建母版
- 应用母版
- 设置形状格式
- 插入图片
- 设置艺术字格式

### 提示

幻灯片母版是存储关于模板信息的设计模板的一个元素，这些模板信息包括字形、占位符大小和位置、背景设计和主题颜色。

### 提示

选择"幻灯片母版"，再设置母版的背景格式，这样其背景就可以应用到母版的不同版式中。

### 提示

选择【开始】选项卡，设置字体格式，选择【幻灯片母版】选项卡，单击【关闭母版视图】按钮。

风格等信息，同时，利用母版制作幻灯片还可以提高制作的效率。本例将使用幻灯片母版工具制作乌镇旅游宣传片的母版。

## 操作步骤 ▶▶▶▶

**STEP|01** 在 PowerPoint 中，选择【视图】选项卡，单击【母版视图】组中的【幻灯片母版】按钮，切换至幻灯片母版视图。单击【背景】组中的【设置背景格式】按钮，在【设置背景格式】对话框中，启用【图片或纹理填充】单选按钮，单击【文件】按钮，选择图片插入到幻灯片中。

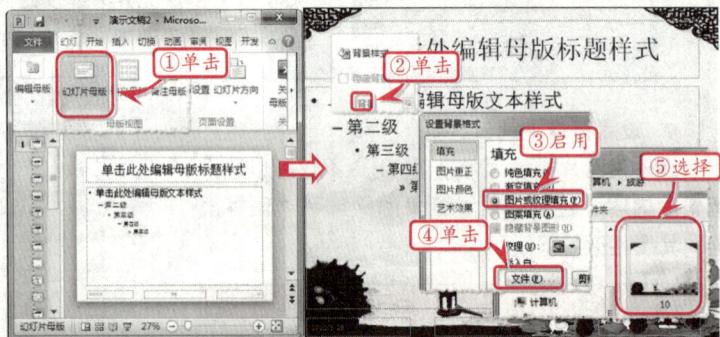

**STEP|02** 选择母版的标题占位符，设置字体格式。选择【格式】选项卡，单击【艺术字样式】组中的【其他】按钮，选择"渐变填充-橙色，强调文字颜色6，内部阴影"样式。单击【关闭母版视图】按钮，退出母版视图。

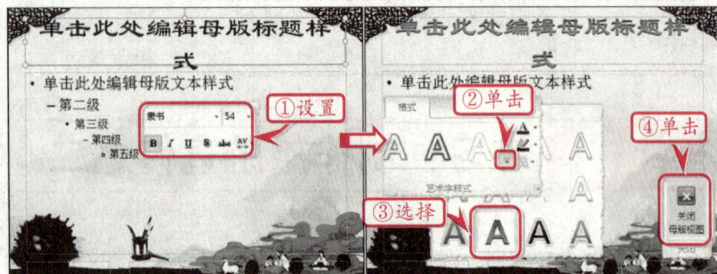

**STEP|03** 单击【版式】按钮，在弹出的菜单中选择"空白"，更改幻灯片版式。选择【插入】选项卡，单击【图片】按钮，在【插入图片】对话框中选择图片插入到幻灯片中，并调整图片大小。

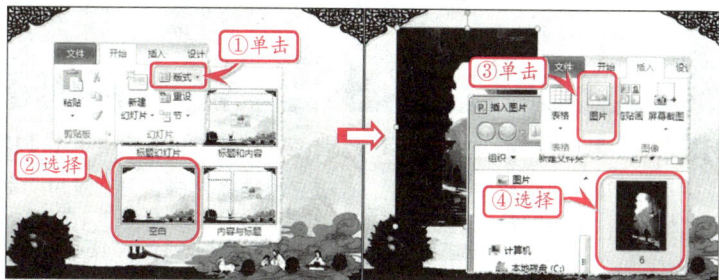

**提示**

在幻灯片中直接删除主标题和副标题占位符，也可以得到空白幻灯片。

**STEP|04** 在【格式】选项卡中，选择【图片样式】组中的"柔化边缘矩形"样式。单击【图片效果】按钮，执行【柔化边缘】命令，选择"50 磅"。

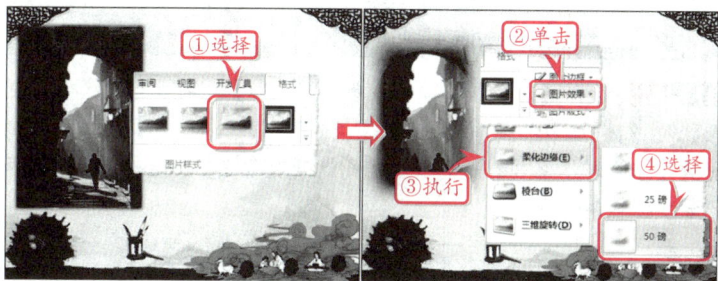

**技巧**

右击图片，执行【设置图片格式】命令，在【设置图片格式】对话框中选择"发光和柔化边缘"选项，也可以设置其柔化边缘大小。

**STEP|05** 再插入一张图片，在【图片样式】组中，应用"棱台亚光，白色"图片样式。选择【插入】选项卡，单击【文本框】按钮，分别选择"横排文本框"和"垂直文本框"，插入到幻灯片中，输入文本，设置字体格式。

**提示**

拖动图片上的控制节点，逆时针旋转图片，调整图片方向。

**提示**

"乌镇"字体为"华文隶书"，字号为"54"，字体颜色为"橙色，强调文字颜色 6，深色 50%"。

**STEP|06** 单击【新建幻灯片】按钮，选择"仅标题"幻灯片，在标题中输入文本。再插入一张图片，单击【裁剪】按钮，执行【裁剪】命令，适当裁剪图片。

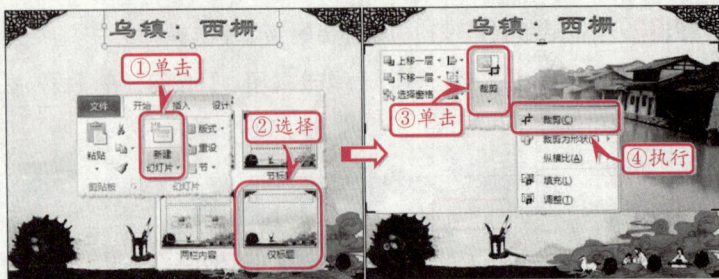

**提示**

拖动图片上的黑色边框，可裁剪图片，在空白处单击，可结束裁剪。

**STEP|07** 插入一张图片，调整其大小，在【图片样式】组中单击【其他】按钮，应用"圆形对角，白色"样式。再插入两张图片，应用"简单框架，白色"样式。

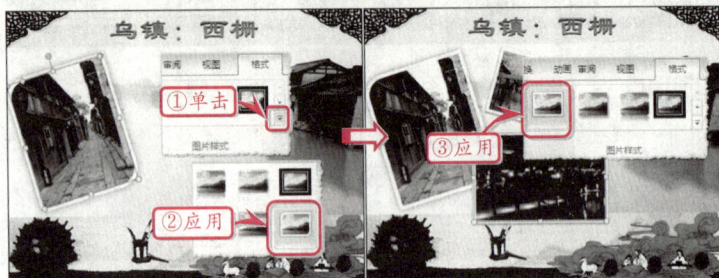

**技巧**

在【插入图片】对话框中，双击要插入的图片，也可将图片插入到幻灯片中。

**STEP|08** 选择【开始】选项卡，单击【形状】按钮，选择"圆角矩形"，在幻灯片中绘制形状。右击执行【设置形状格式】命令，在弹出的【设置形状格式】对话框中启用【渐变填充】单选按钮，设置两侧渐变滑块的颜色。

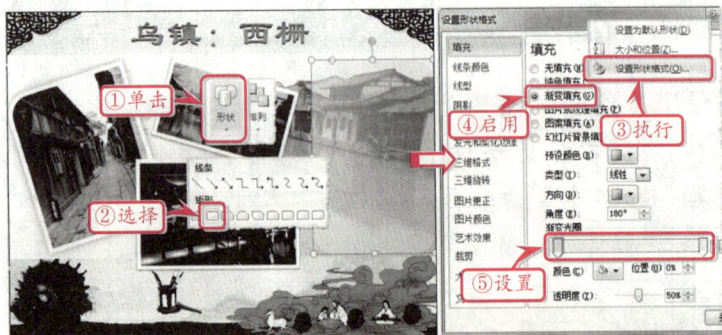

**提示**

单击【形状轮廓】按钮，选择"无"，取消其形状轮廓。

两侧渐变滑块的颜色分别为"橙色，强调文字颜色6，淡色60%"和"橙色，强调文字颜色6，淡色80%"透明度均为"50%"。

**STEP|09** 在形状上插入文本框，输入文本，设置字体格式。新建"图片与标题"幻灯片，单击【插入来自文件的图片】按钮，在【插入图片】对话框中选择图片插入到幻灯片中。

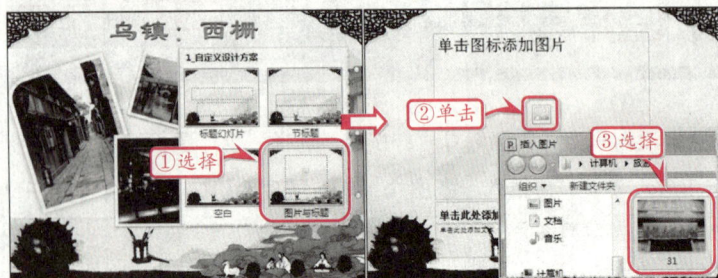

**提示**

"圆角矩形"形状上的文本字体设为"宋体"，字号为"18"，字体颜色为"橙色，强调文字颜色6，深色50%"。

**STEP|10** 选择图片，应用"柔化边缘椭圆"样式，标题占位符移动到幻灯片的上方并输入文本，删除副标题占位符。再插入一张图片，调整其大小后应用"透视阴影，白色"样式。

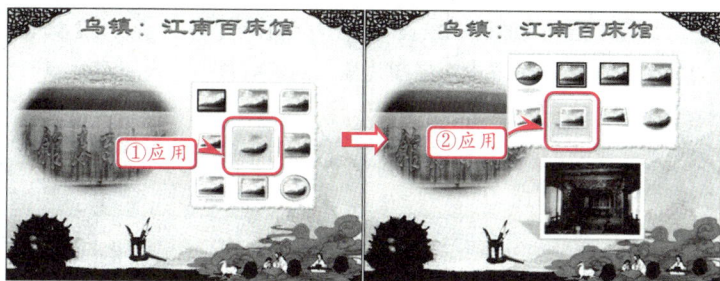

> **提示**
>
> 设置图片的柔化边缘为"25 磅"。

**STEP|11** 绘制"椭圆形标注"形状，其形状样式和上一张幻灯片中的"圆角矩形"形状相同。拖动形状上的黄色控制节点，可调整形状。右击执行【编辑文字】命令，在形状上输入文字，完成幻灯片的制作。

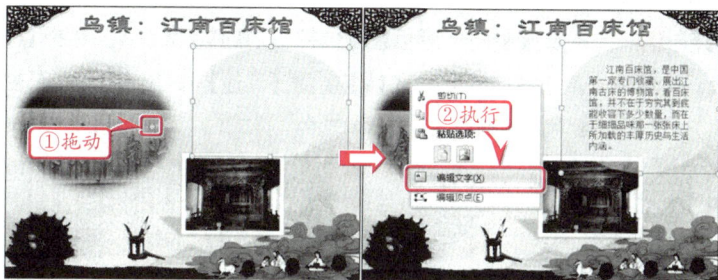

> **提示**
>
> 字体颜色为"橙色。强调文字颜色 6，深色 50%"。

# 5.7　练习：人力资源战略报告之二

PowerPoint

　　人力资源是组织最有能动性的资源，规范地管理人力资源，可以吸引优秀人才、组织现有人力资源发挥更大的效用，并支持企业的可持续性发展。本例将衔接之前章节人力资源战略报告的内容，通过幻灯片母版控制内容的整体风格，制作人力资源策略部分。

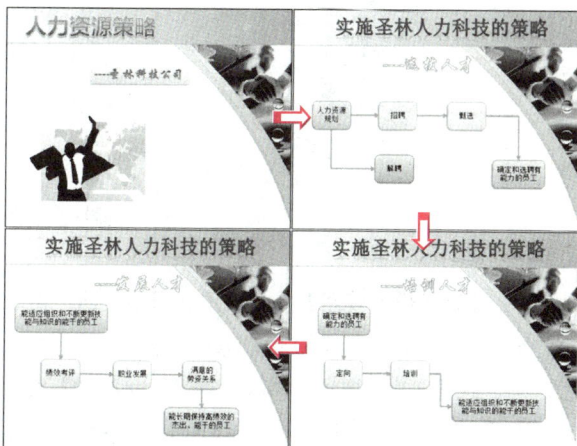

> **练习要点**
>
> ● 添加幻灯片母版
> ● 设置母版背景格式
> ● 编辑母版
> ● 绘制形状
> ● 设置形状格式

> **提示**
>
> 选择幻灯片母版，再打开【设置背景格式】对话框。

**操作步骤** ▶▶▶▶

**STEP|01** 在 PowerPoint 中选择【视图】选项卡，单击【幻灯片母版】按钮，在【背景】组中单击【设置背景格式】按钮，在【设置背景格式】对话框中启用【图片或纹理填充】单选按钮，单击【文件】按钮，在【插入图片】对话框中选择图片插入到幻灯片中，设置其背景。

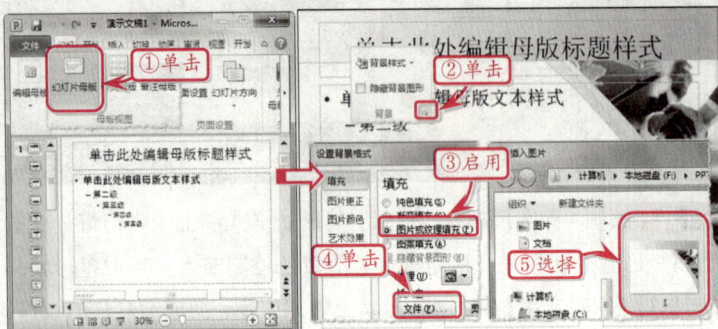

**STEP|02** 选择母版中的母版标题占位符，设置其字体格式。选择【格式】选项卡，单击【艺术字样式】组中的【其他】按钮，应用"渐变填充-蓝色，强调文字颜色1，轮廓-白色"样式。

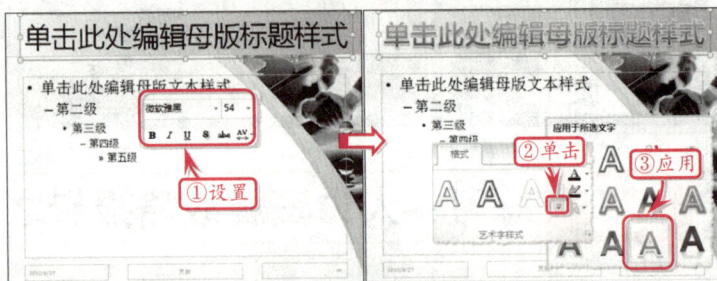

**STEP|03** 选择"标题幻灯片版式"，选择副标题占位符，设置其字体格式。在【艺术字样式】组中应用"渐变填充-橙色，强调文字颜色6，内部阴影"样式。

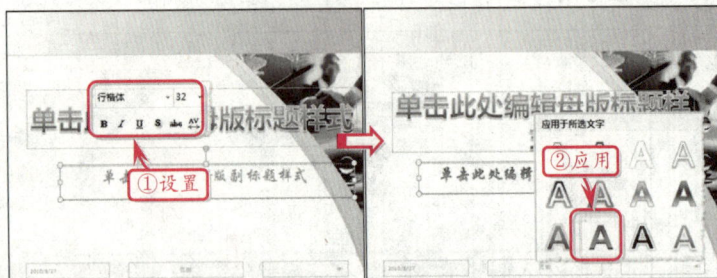

**STEP|04** 单击【关闭母版视图】按钮，退出母版视图，自动生成应用母版幻灯片，分别在标题占位符和副标题占位符中输入文本。选择副标题占位符，在【格式】选项卡中，单击【形状样式】组中的【其他】按钮，应用"细微效果-水绿色，强调颜色5"样式。

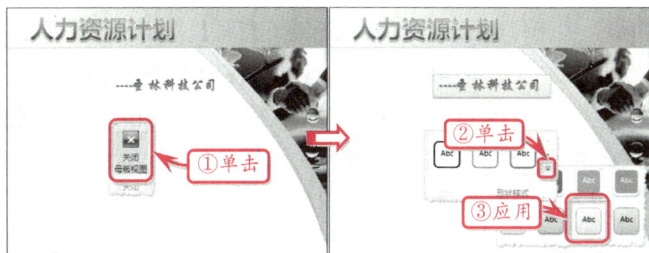

**提示**

输入完成后，用鼠标拖动文本框，分别移动到合适的位置。

**STEP|05** 单击【形状轮廓】按钮，在弹出的菜单中选择"无轮廓"。再单击【编辑形状】按钮，执行【更改形状】命令，在弹出的菜单中选择"对角圆角矩形"形状，更改文本的形状样式。

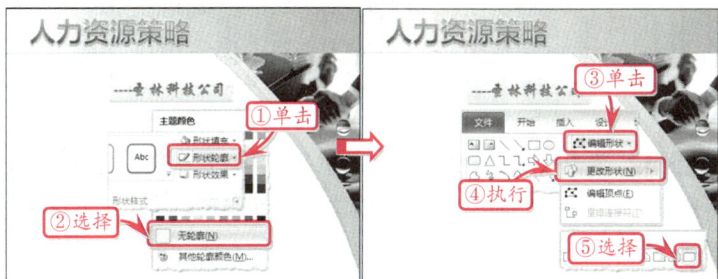

**技巧**

在【剪贴画】面板中的【搜索文字】栏中输入要搜索的相关文字，单击【搜索】按钮，可快速搜索要插入的剪贴画。

**STEP|06** 选择【插入】选项卡，单击【剪贴画】按钮，在弹出的【剪贴画】面板中，选择剪贴画，插入到幻灯片中，并将其移动到合适的位置。

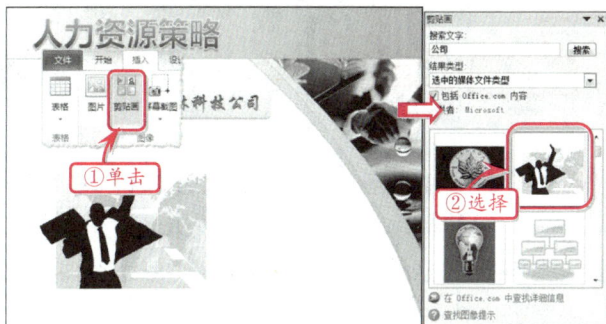

**技巧**

主标题字体为"宋体"，字号为"48"。

副标题字体为"行楷体"，字号为"44"。

**STEP|07** 进入母版视图，单击【编辑母版】中的【插入幻灯片母版】按钮，插入母版幻灯片，设置背景格式。设置主标题占位符的艺术字样式为"渐变填充-紫色，强调文字颜色4，映像"。选择"标题幻灯片版式"，设置副标题占位符的样式为"填充-橙色，强调文字颜色6，轮廓-强调文字颜色6，发光-强调文字颜色6"。

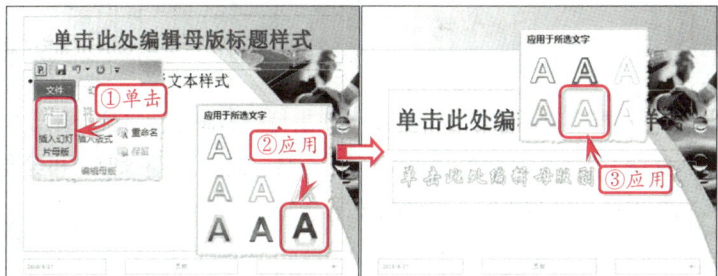

**技巧**

也可以先插入文本框，输入文字，应用形状样式，再执行【更改形状】命令，更改其形状为"圆角矩形"。

**提示**

"解聘"形状样式为"细微效果-红色，强调颜色2"，"确定和选聘有能力的员工"形状样式为"细微效果，紫色，强调颜色4"。

**技巧**

复制"人力资源规划"形状，更改其形状样式及文本，分别放到合适的位置。

**STEP|08** 关闭母版视图，单击【新建幻灯片】按钮，选择"标题幻灯片"，分别在占位符中输入文本。选择【开始】选项卡，单击【形状】按钮，选择"圆角矩形"形状。在幻灯片上绘制形状，在【形状样式】组中，应用"细微效果-蓝色，强调颜色1"样式。右击执行【编辑文字】命令，在形状上输入文字。

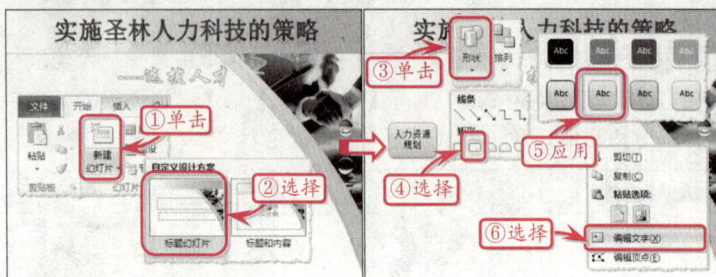

**STEP|09** 单击【形状效果】按钮，执行【阴影】命令，选择"左下斜偏移"。按照相同的方法分别绘制其他圆角矩形形状，应用不同的形状样式，并在形状上输入文字。

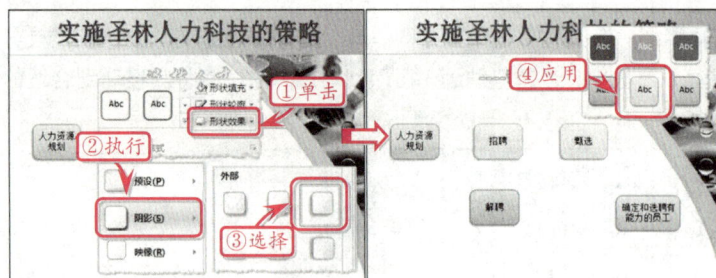

**STEP|10** 选择【开始】选项卡，单击【形状】按钮，在弹出的菜单中选择"箭头"和"肘形连接符"形状，在形状之间绘制连接线。在【格式】选项卡的【形状样式】组中，应用"中等线-强调颜色6"样式。

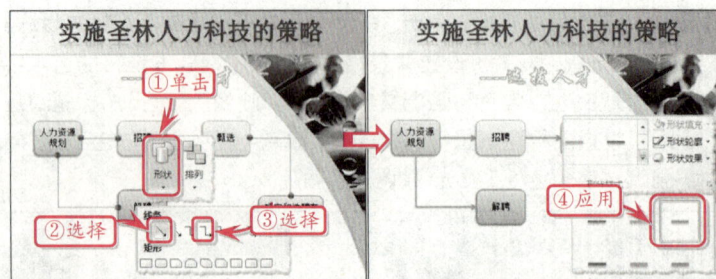

**STEP|11** 再新建"标题"幻灯片，在主标题和副标题占位符中分别输入文字，按照相同的方法绘制形状，并在形状上输入文字，再绘制圆角矩形和连接线，设置其形状格式。

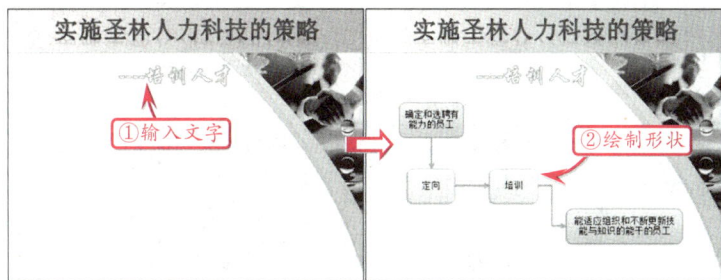

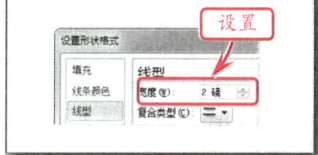

**STEP|12** 在【幻灯片选项卡】栏中，右击上一张幻灯片，执行【复制幻灯片】命令，复制一张幻灯片，更改副标题占位符中的文字及形状上的文字。

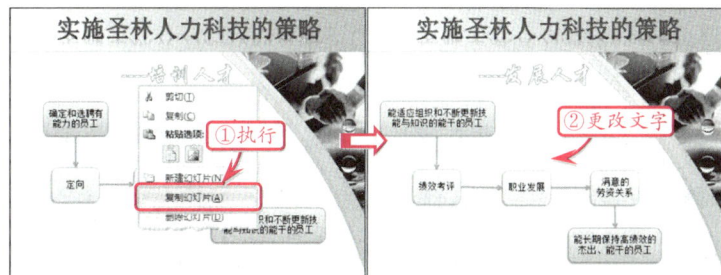

# **5.8** 高手答疑

## **Q&A**

**问题 1：如何显示各种辅助参考工具？**

**解答：** 为辅助用户进行各种设计工作，PowerPoint 提供了多种辅助参考工具，包括标尺、网格线以及参考线 3 种。

● **标尺**

标尺是一种量度工具，可以帮助用户测量幻灯片以及其中各种对象的宽度和高度数据。

● **网格线**

网格线的作用是帮助用户将幻灯片中各种对象与标尺的具体位置对齐。

● **参考线**

参考线是交叉于幻灯片中心的辅助线，可以帮助用户确定幻灯片的水平或垂直中心位置。

在 PowerPoint 中，用户可以选择【视图】选项卡，然后通过【显示】组中的 3 个复选框控制以上 3 种辅助参考工具的显示。

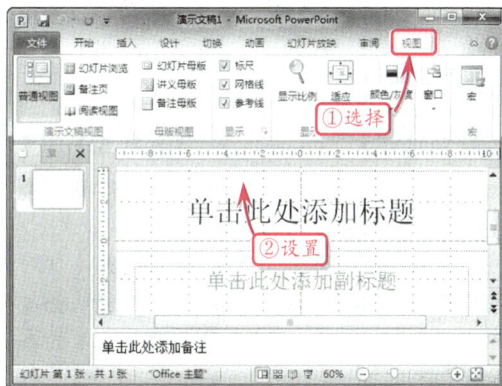

除了设置 3 种辅助参考工具的显示和隐藏外，用户还可以单击【显示】组中的【网格设置】按钮，打开【网格线和参考线】对话框，在该对话框中设置网格和参考线的属性。

在【网格线和参考线】对话框中，用户可设置以下几种属性。

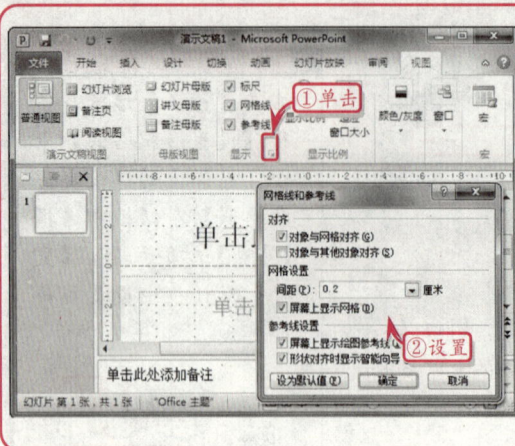

| 属 性 | 作 用 |
|---|---|
| 对象与网格对齐 | 在拖动对象时自动与网格贴紧 |
| 对象与其他对象对齐 | 在拖动对象时自动与其他对象对齐 |
| 间距 | 设置网格线之间的间距 |
| 屏幕上显示网格 | 显示/隐藏网格线 |
| 屏幕上显示绘图参考线 | 显示/隐藏参考线 |
| 形状对齐时显示智能向导 | 在形状对齐或贴紧时显示虚线辅助线 |

# Q&A

### 问题 2：如何更改演示文稿显示模式？

**解答：** 在使用 PowerPoint 设计演示文稿时，如果需要将演示文稿放在一些特殊颜色的播放设备上播放，或进行打印，此时，往往需要针对这类播放设备或打印机进行设计。

例如，一些播放设备只支持灰度投影或黑白投影，此时，则需要通过灰度或黑白的方式显示幻灯片，以利于测试幻灯片显示的清晰度。

在 PowerPoint 2010 中，允许用户选择显示幻灯片内容的色调，包括显示颜色、灰度和黑白 3 种。

● 显示彩色内容

在默认状态下，幻灯片以颜色模式显示。在这种模式下，PowerPoint 将依据当前屏幕所能显示的所有色彩，显示幻灯片的内容。

● 显示灰度内容

灰度是指将所有色彩的色度设置为 0 后，将背景颜色填充为白色，再根据色彩的亮度和对比度显示内容，适用于显示大量文本的演示文稿。

● 显示黑白内容

黑白内容是指在将色彩的色度设置为 0 后，再删除灰填充色，最终显示内容。其利于显示图像较多的灰度演示文稿。

在 PowerPoint 2010 中，用户可选择【视图】选项卡，然后在【颜色/灰度】组中选择相应的显示模式。

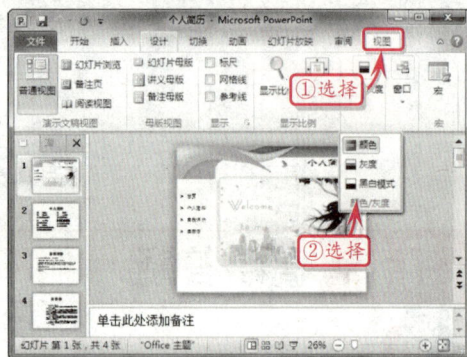

在选择了【灰度】或【黑白模式】显示模式后，用户还可在【黑白模式】选项卡中对其显示的背景颜色进行定义，包括将其设置为灰度、浅灰度、逆转灰度等。

如不需要再通过【灰度】或【黑白模式】显示内容，则可单击【返回颜色视图】按钮，返回到正常的幻灯片显示方式中。

# Q&A

**问题 3：如何为 PowerPoint 添加自定义的版式？**

**解答：** 在创建幻灯片母版后，将自动创建 11 种基于此母版的版式。事实上，用户还可以为母版创建自定义的版式，以使母版的内容更加丰富。

选择【视图】选项卡，单击【演示文稿视图】组中的【幻灯片母版】按钮。在【幻灯片母版】选项卡中，单击【编辑母版】组中的【插入版式】按钮。

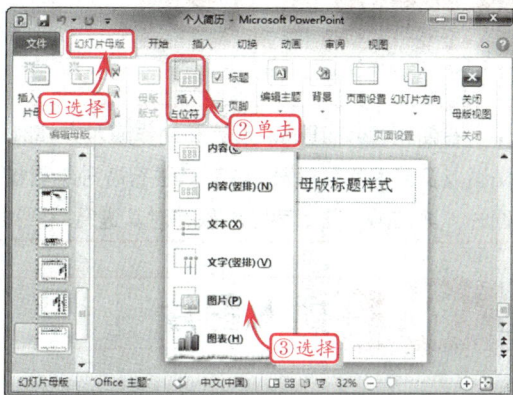

在新建的版式中，用户可插入任意位置、类型和数量的占位符，以对版式进行自定义设置。

在完成版式的编辑之后，用户可选择【文件】选项卡，并执行【另存为】命令。然后，即可在弹出的对话框中选择【保存类型】为"PowerPoint 模板"选项，将其保存为自定义版式。

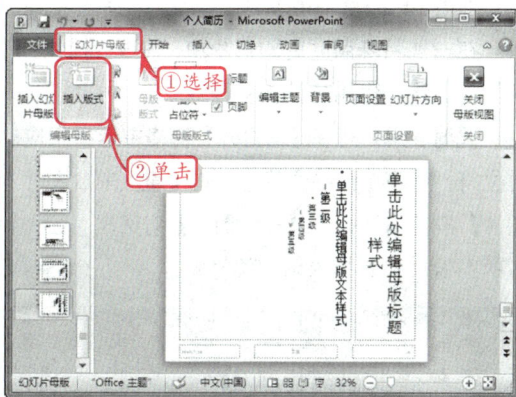

# 美化幻灯片

在使用 PowerPoint 设计和制作演示文稿时，用户不仅可以插入各种文本，还可以插入图片、剪贴画以及艺术字等对象，并对其进行各种编辑操作，以美化幻灯片和演示文稿。本章将详细介绍插入图片、剪贴画、艺术字等对象并对其进行编辑操作的方法。

## 6.1 插入图片

在 PowerPoint 中，用户可以插入两种类型的图片，一种是直接插入的图片；另一种则是存在于占位符中的图片。

### 1．直接插入图片

在 PowerPoint 中选择【插入】选项卡，然后即可单击【图像】组中的【图片】按钮，在弹出的【插入图片】对话框中选择图片，将其插入到幻灯片中。

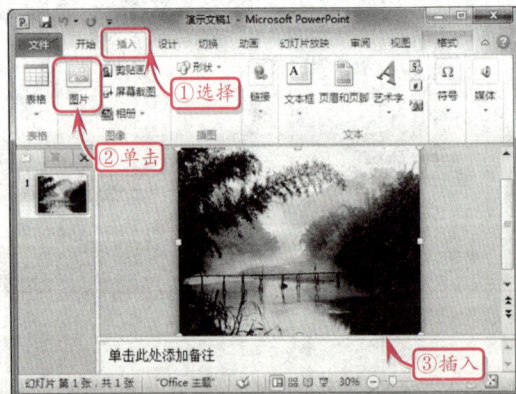

### 2．插入占位符中的图片

在一些特殊版式的幻灯片中，往往会提供"内容"占位符，供用户插入各种对象。

此时，用户可在【幻灯片】窗格中选择相应的占位符，然后在该占位符中单击【插入来自文件的图片】按钮，打开【插入图片】对话框，选择相应的图像，将其插入到占位符中。

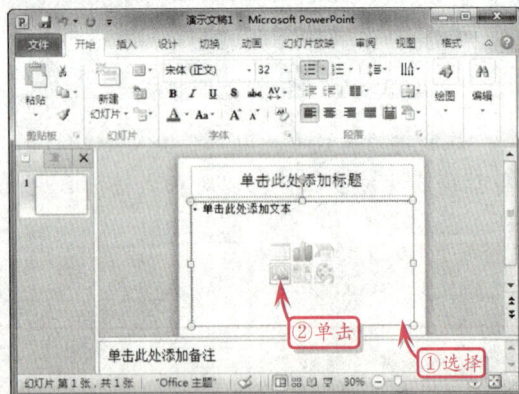

## 6.2 插入剪贴画

剪贴画是Office系列软件内置和Office.com网站提供的各种图像的总称。在剪贴画中，包含了大量的插图、照片、视频和音频素材。在 PowerPoint 中，用户同样可以通过两种方式插入剪贴画。

### 1．直接插入剪贴画素材

与插入图片类似，在 PowerPoint 中选择【插入】选项卡，单击【图像】组中的【剪贴画】按钮，然后即可打开【剪贴画】面板。

在弹出的【剪贴画】面板中，用户可以直接单击【搜索】按钮，显示所有的剪贴画，也可以输入关键字再单击【搜索】按钮，检索指定内容的剪贴画。最后，即可选中剪贴画，将其拖动到幻灯片中。

除了直接拖动以外，用户也可右击剪贴画右侧

的下拉按钮，在弹出的菜单中执行【插入】命令，将该剪贴画插入到幻灯片中。

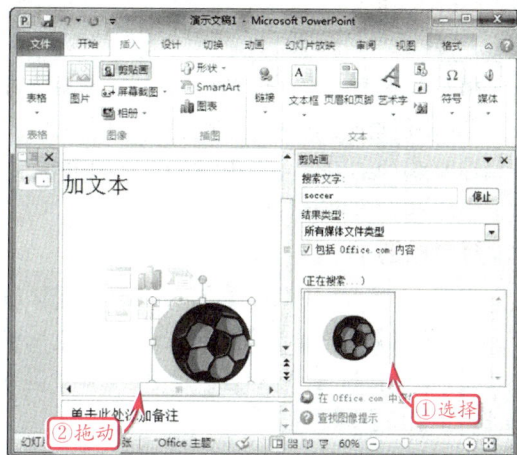

### 2. 插入占位符中的剪贴画

在"内容"占位符中，用户可直接单击【剪贴画】按钮，在弹出的【剪贴画】面板中选中相应的剪贴画，将其插入到占位符中。

## 6.3 插入屏幕截图

屏幕截图是 PowerPoint 新增的一种对象，可以截取当前系统打开的窗口，将其转换为图像，插入到演示文稿中。

在 PowerPoint 中，用户可选择【插入】选项卡，然后在【图像】组中单击【屏幕截图】按钮，在弹出的菜单中选择窗口，将其截取并插入到幻灯片内。

除了插入某个窗口的截图外，用户也可以在

【屏幕截图】按钮的下拉菜单中执行【屏幕剪辑】命令，然后截取屏幕的某一个部分，将其插入到演示文稿中。

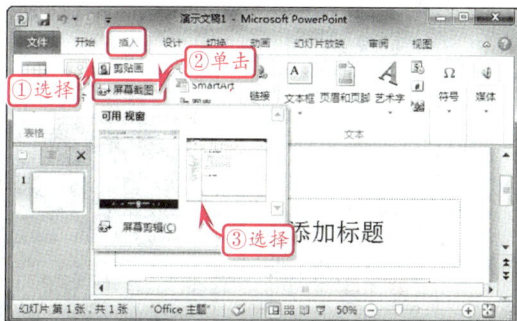

### 提示

屏幕截图中的可用视窗只能截取当前处于最大化窗口方式的窗口，而不能截取最小化的窗口。

## 6.4 插入相册

相册也是 PowerPoint 2010 中的一种图像对象。使用相册功能，用户可将批量的图片导入到多个演示文稿的幻灯片中，制作包含这些图片的相册。

### 1. 新建相册

在 PowerPoint 中选择【插入】选项卡，然后即可在【图像】组中单击【相册】按钮 或单击【相册】下拉按钮，执行【新建相册】命令，打开【新建相册】对话框。

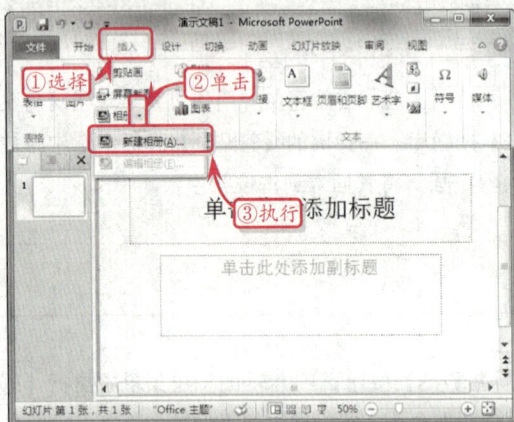

在弹出的【相册】对话框中，用户可直接单击【文件/磁盘】按钮，在弹出的【插入图片】对话框中选择相册中包含的图像，然后单击【新建文本框】按钮，为相册插入文本。

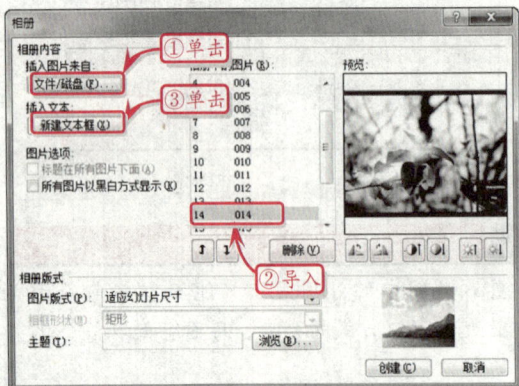

在【相册】对话框中，用户可从【相册中的图

片】列表中选择图片，然后通过列表右侧的【预览】浏览图片，或通过下方的各种按钮对图片进行编辑。

| 按　钮 | 作　用 |
|---|---|
| ↑ | 将当前选择图像的顺序上移 1 位 |
| ↓ | 将当前选择图像的顺序下移 1 位 |
| 删除(V) | 删除当前选择的图像 |
| ↺ | 将当前选择图像逆时针旋转 90∞ |
| ↻ | 将当前选择图像顺时针旋转 90∞ |
| ◑ | 增加当前选择图像的对比度 |
| ◐ | 降低当前选择图像的对比度 |
| ☀ | 增加当前选择图像的亮度 |
| ☀ | 降低当前选择图像的亮度 |

在完成对图片的编辑后，即可在【相册版式】栏中设置【图片版式】、【相框形状】和【主题】等相关的属性。

其中，【图片版式】属性的作用是设置相册中图像的显示格式，包括"适应幻灯片尺寸"、"1 张图片"、"1 张图片（带标题）"等。

如果选中的是"非适应幻灯片尺寸"选项，则用户可设置幻灯片中图像的相框形状，并在右侧预览相框形状的样式。

如果选中带标题的图片版式，则用户可在上方选择【标题在所有图片下面】选项，定义标题与图像的关系，以及相册所用的主题，单击【创建】按钮，完成制作。

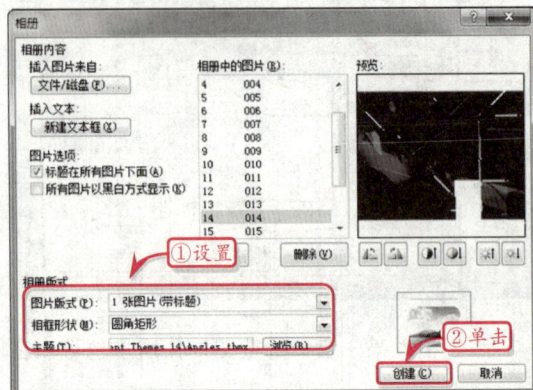

在弹出的 PowerPoint 窗口中，用户即可查看相册演示文稿以及其中所有幻灯片。

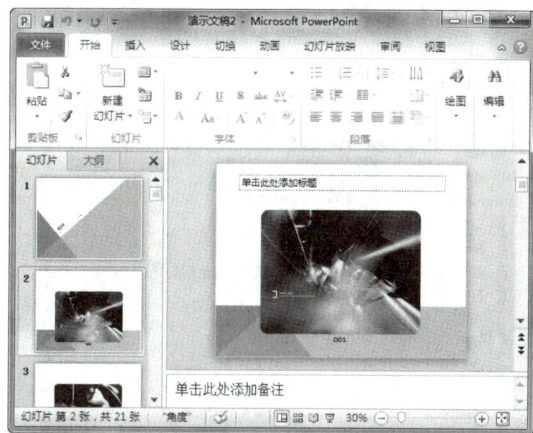

## 2. 编辑相册

使用 PowerPoint，用户不仅可以新建相册，还可以对已有的相册进行编辑。

在相册所在的窗口中选择【插入】选项卡，在弹出的【图像】组中单击【相册】按钮，执行【编辑相册】命令，即可对原相册进行编辑，包括更改相册中的图片、设置相框的形状、主题等属性。

> **提示**
>
> 新建相册时，用户可在任意的演示文稿中进行，而编辑相册命令则只能在已创建完成的相册中进行。

## 6.5　图像基本编辑

在 PowerPoint 中，用户不仅可以插入各种图像，还可以对这些图像进行编辑操作，以使其更加美观。

### 1. 裁剪图像

使用 PowerPoint，用户可以对图像进行裁剪，保留图像的一部分在幻灯片中。

选中图像，然后即可选择【格式】选项卡，在【大小】组中单击【裁剪】按钮，执行【裁剪】命令，然后拖动图像边框的 4 条短粗线或 4 条短粗折线来修正裁剪区域，保留局部图像。

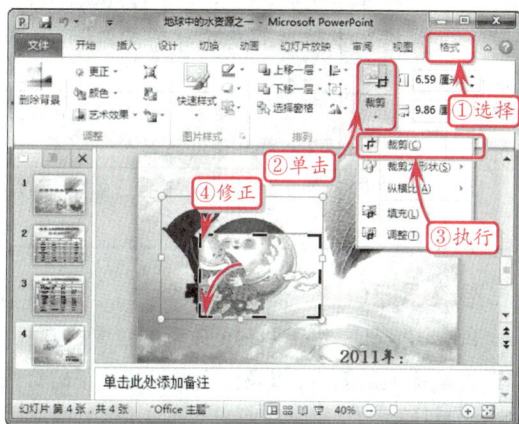

除此之外，用户也可以执行【裁剪为形状】命

令，根据选择的类型，将图像裁剪为指定的形状。

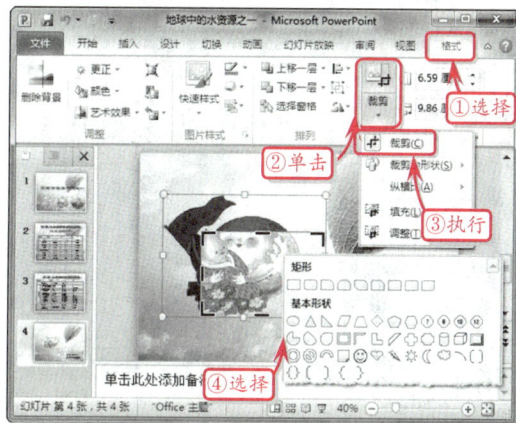

如果用户需要以精确的数值来确定裁剪图像的尺寸，则可选中图像，右击，执行【设置图片格式】命令。

在弹出的【设置图片格式】对话框中，用户可选择【裁剪】选项卡，然后即可在更新的对话框中设置裁剪图像的各种属性。

在上面的对话框中，【图片位置】栏的作用是定义基于裁剪位置的图像属性，而【裁剪位置】栏的作用则是设置剪切图像的范围。

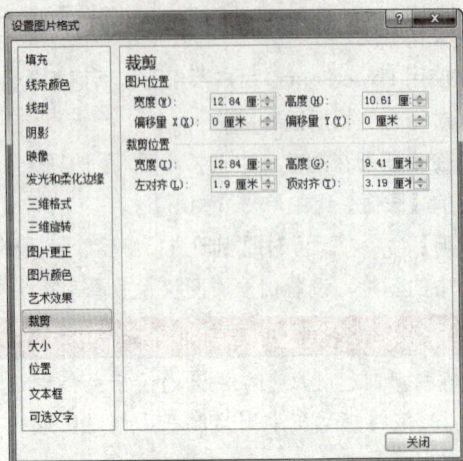

### 2．更改尺寸和角度

除了裁剪图像外，用户还可以使用 PowerPoint 2010 更改图像的尺寸、角度等信息，对图像进行压缩和旋转。

在 PowerPoint 中选中图像，然后即可选择【格式】选项卡，在【大小】组中设置【形状高度】和【形状宽度】等属性，设置图像的等比例压缩尺寸。

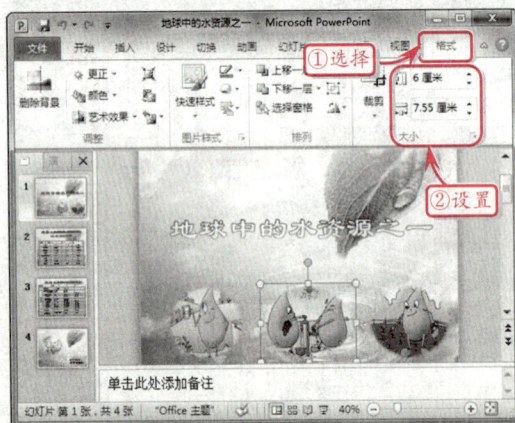

除此之外，用户还可以拖动图像边框四周的 8 个圆形灰色调节柄，对图像的尺寸进行调节。

将鼠标光标置于图像上方的绿色调节柄上，当鼠标光标转换为环形箭头 后，即可对其进行拖动操作，旋转图像。

如果需要精确设置图像的尺寸和旋转角度，用户可在【格式】选项卡中的【大小】组中，单击【大小和位置】按钮，或在图像上右击，执行【设置图片格式】命令，在弹出的【设置图片格式】对话框中选择【大小】选项卡，在更新的对话框中，即可设置图像的尺寸和角度等属性。

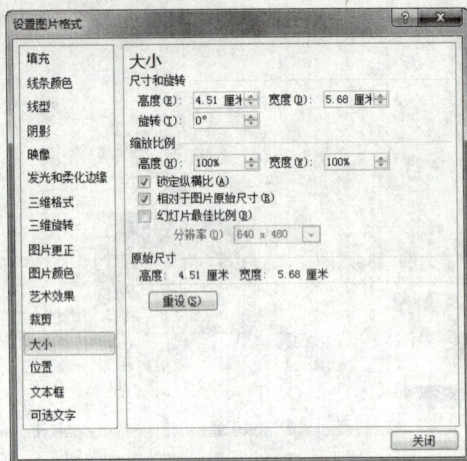

在该对话框中提供了【尺寸和旋转】、【缩放比例】和【原始尺寸】3 类属性，其功能如下。

| 属 性 | | 作 用 |
| --- | --- | --- |
| 尺寸和旋转 | 高度 | 设置图像的绝对高度 |
| | 宽度 | 设置图像的绝对宽度 |
| | 旋转 | 设置图像的旋转角度 |
| 缩放比例 | 高度 | 设置图像的垂直缩放比例 |
| | 宽度 | 设置图像的水平缩放比例 |
| | 锁定纵横比 | 选中该选项，则图像的垂直和水平两方向将同步增加或减少 |
| | 相对于图片原始尺寸 | 选中该选项，则可定义缩放依据为图像原始尺寸 |
| | 幻灯片最佳比例 | 选中该选项，可控制 PowerPoint 根据屏幕分辨率设置图像的尺寸 |
| | 分辨率 | 选择相应的屏幕分辨率，以定义幻灯片最佳比例 |
| 原始尺寸 | 重设 | 单击该按钮，可将图像重置为最初插入时的尺寸 |

### 3．更改图像位置

PowerPoint 提供了两种更改图像位置的方式，即通过鼠标拖动图像，以及为图像设置关于幻灯片标尺的具体值。

选中图像后，当鼠标光标转换为十字箭头形状时，用户即可拖动鼠标，更改图像的位置。除此之外，用户还可以右击，执行【设置图片格式】命令，然后即可在弹出的对话框中选择【位置】选项卡，在更新的对话框中设置位置的具体值。

在【位置】选项卡中，允许用户设置以下几种属性。

| 属　性 | 作　　用 |
| --- | --- |
| 水平 | 设置水平方向与参考坐标的距离 |
| 自 | 设置水平参考坐标点的位置 |
| 垂直 | 设置垂直方向与参考坐标的距离 |
| 自 | 设置垂直参考坐标点的位置 |

**提示**

设置图像的尺寸、旋转角度以及图像位置等属性，其与设置占位符的尺寸、旋转角度和图像位置的方法基本相同，在此不再赘述。

## 6.6　添加图像效果

使用 PowerPoint，用户不仅可以裁剪图像和更改图像的尺寸、角度和位置，还可以对图像进行简单的色彩处理，并为图像添加艺术效果。

### 1. 图片更正

图片更正功能的主要作用是为图像应用锐化、柔化等滤镜特效，或更改图像的亮度和对比度等属性。

在 PowerPoint 中选中图像，然后即可选择【格式】选项卡，单击【调整】组中的【更正】按钮，在弹出的菜单中选择相应的图片更正范例，将其应用到图像中。

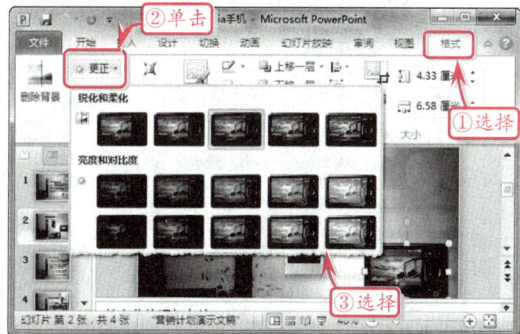

除此之外，用户也可以在该菜单中执行【图片更正选项】命令，在弹出的【设置图片格式】对话框中，PowerPoint 将自动选择【图片更正】选项卡。

在该对话框中，包含了以下几种属性。

| 属 性 | | 作 用 |
|---|---|---|
| 锐化和柔化 | 预设 | 单击该按钮，可选择柔化和锐化的预设项目 |
| | 柔化/锐化 | 直接拖动或输入柔化与锐化的值，其中向左拖动则控制图像柔化，向右拖动则控制图像锐化，设置其值小于0%可控制图像柔化，设置其值大于0%可控制图像锐化 |
| 亮度和对比度 | 预设 | 单击该按钮，可选择亮度和对比度的预设项目 |
| | 亮度 | 拖动或输入亮度值 |
| | 对比度 | 拖动或输入对比度值 |
| 重置 | | 如更改了之前项目，则单击此按钮可清除所有更改 |

## 2. 图片颜色

图片颜色的作用是更改图像在色彩方面的各种属性，包括【颜色饱和度】、【色调】、【重新着色】以及【其他变体】等属性。

● 颜色饱和度

颜色饱和度又称色度，是图像色彩的浓度。选中图像后，用户可选择【格式】选项卡，单击【调整】组中的【颜色】按钮，在弹出的菜单中选择相应的颜色预设。

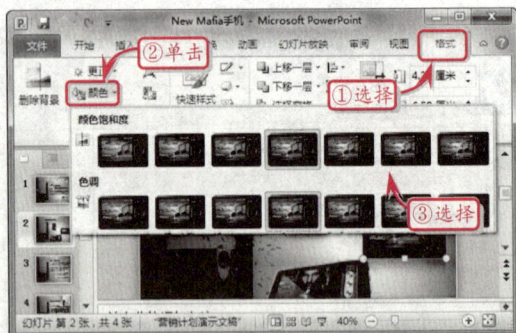

● 色调

色调是指颜色的冷暖度。设置色调的方式与设置颜色饱和度类似，用户可用同样的方式对色调的预设进行选择。

● 重新着色

【重新着色】操作可清除图像原有的颜色，并为图像填入新的颜色色调和饱和度。相比【颜色饱和度】和【色调】，【重新着色】的预设更多，其提

供了21种预设供用户进行选择。

● 其他变体

如在重新着色的预设中没有用户需要选择的项目，则用户可在【颜色】菜单中执行【其他变体】命令，在弹出的菜单中选择相应的颜色，将其应用到图像中。

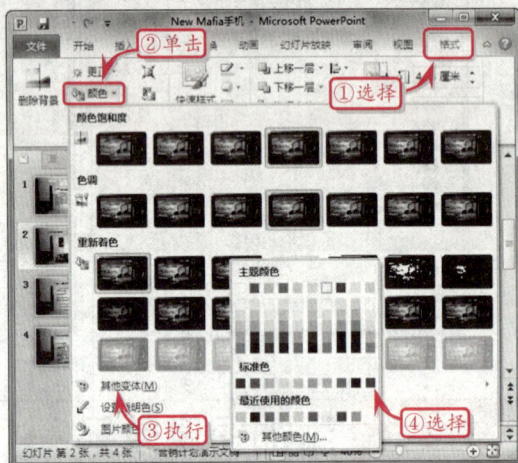

用户还可在弹出的菜单中执行【其他颜色】命令，在颜色拾取器中选择更加丰富的颜色。

● 设置透明色

在为幻灯片使用图像时，如果需要清除图像的单色背景，则可在菜单中执行【设置透明色】命令，然后用鼠标单击图像中的背景颜色。此时，PowerPoint 将自动清除图像中所有与该背景色相同的颜色。

● 图片颜色选项

PowerPoint 还可以调整颜色的各种精确属性以更改图像。在菜单中执行【图片颜色选项】命令，然后即可打开【设置图片格式】对话框。

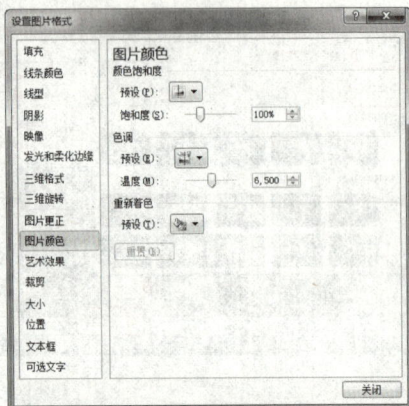

在该对话框中，用户既可以选择预设的项目，也可以设置图像的饱和度、温度，并通过单击【预设】按钮，为图像重新着色。

### 3．艺术效果

【艺术效果】功能类似 Photoshop 软件中的滤镜功能，其可以为图像添加各种另类的效果。

在 PowerPoint 中选中图像，然后即可选择【格式】选项卡，在【调整】组中单击【艺术效果】按钮，在弹出的菜单中选择相应的艺术效果。

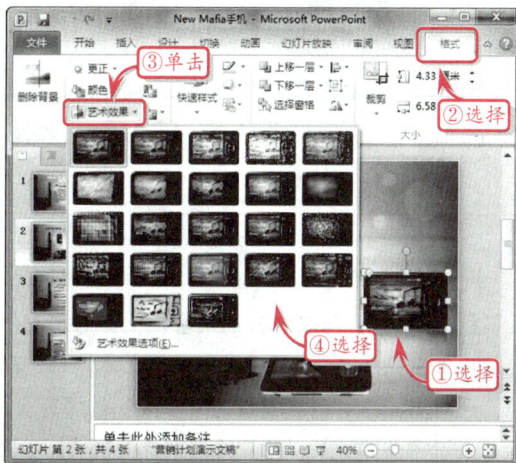

除此之外，用户也可以在该菜单中执行【艺术

效果选项】命令，打开【设置图片格式】对话框。在该对话框中，用户可单击【艺术效果】按钮，选择艺术效果，并设置该效果的各种参数。

> **提示**
>
> 在选择不同的艺术效果后，其下方的设置项目各不相同。用户可单击【重置】按钮，清除图像的所有艺术效果，将其还原为默认状态。

## 6.7　应用图片样式

除了为图像添加各种效果外，PowerPoint 还允许用户为图像添加特殊样式，对图像进行外部的美化。

### 1．应用快速样式

快速样式是 PowerPoint 预置的各种图像样式的集合。使用快速样式，用户可方便地将预设的样式应用到图像上。

PowerPoint 提供了 28 种预设的图像样式，可更改图像的边框以及其他内置的效果。

在 PowerPoint 中，用户可选中图像，然后选择【格式】选项卡，在【图片样式】组中即可单击【快速样式】按钮，在弹出的菜单中选择样式类型，即可将其应用到图像上。

### 2．设置图片边框

与占位符类似，用户也可为图片添加各种边

框，包括设置边框线的类型、宽度以及颜色等属性。

## 3．设置其他图片效果

其他图片效果和艺术效果类似，都可以为图像添加特效。在 PowerPoint 的【图片样式】组中，提供了预设图片效果以及其他 6 种图片效果。

选中图像之后，即可选择【格式】选项卡，在【图片样式】组中单击【图片效果】按钮，在弹出的菜单中选择相应的图片效果类型，并应用其中的效果。

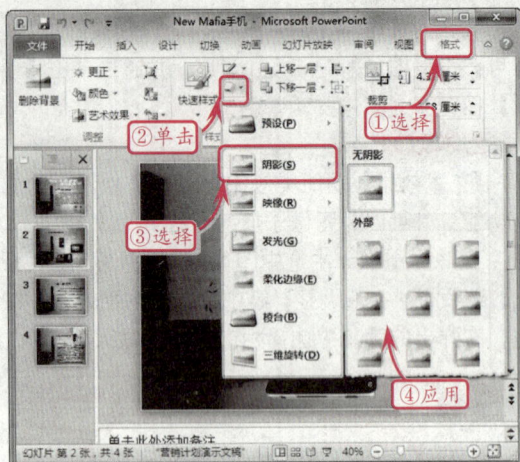

---

## 6.8 插入艺术字

艺术字是 PowerPoint 内置的文字样式设置工具。借助艺术字，用户可为文字添加快速样式、填充、轮廓以及文字效果等多种样式。

### 1．添加快速样式

快速样式是 PowerPoint 预设的文本填充、文本轮廓以及文字效果的集合。选中文本之后，用户即可选择【格式】选项卡，在【艺术字样式】组中单击【快速样式】按钮，然后在弹出的菜单中选择快速样式，将其应用到文字上。

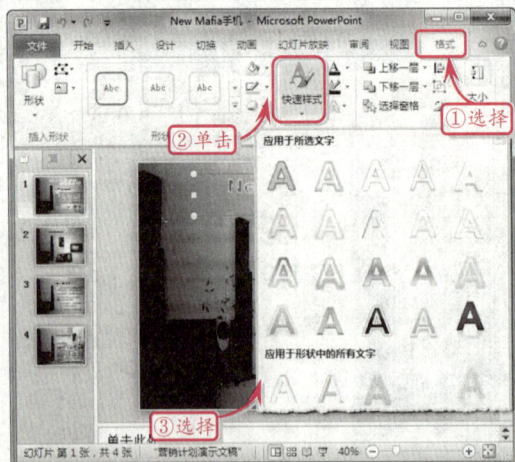

如果用户需要清除已添加的艺术字，则可在【快速样式】菜单中执行【清除艺术字】命令，将已添加的艺术字删除。

### 2．设置文本填充

【文本填充】与文本的前景色相比，可填充的内容更加复杂一些。其不仅可以设置文本内部的颜色，还可将图像等内容设置为文本内部的填充。

在选中文本之后，用户即可选择【格式】选项卡，在【艺术字样式】组中单击【文本填充】按钮，在弹出的菜单中选择填充的类型。

> **提示**
>
> 与占位符类似，文本填充也包含【主题颜色】、【标准色】、【最近使用颜色】等种类。其具体的设置方法与占位符相同，在此不再赘述。

### 3．设置文本轮廓

【文本轮廓】功能的作用是将文本内容视为一个对象，然后在该对象的轮廓周围添加轮廓线条。

选中文本之后，用户即可选择【格式】选项卡，在【艺术字样式】组中单击【文本轮廓】按钮，然后即可在弹出的菜单中选择文本轮廓的样式。

> **提示**
>
> 文本轮廓可设置的各种属性与占位符的轮廓完全相同，包括【主题颜色】、【标准色】、【最近使用颜色】等选项。在此，将不再对其属性设置进行更多赘述。

### 4．添加文字效果

文字效果的作用是将阴影、映像、发光、棱台等多种特殊效果添加到文本中。

在 PowerPoint 中，用户可选择文本，然后选择【格式】选项卡，在【艺术字样式】组中单击【文字效果】按钮，然后即可在弹出的菜单中选择相应的文字效果。

除了选择文字效果的各种预设外，PowerPoint还允许用户为文字效果设置各种参数。在【格式】选项卡的【艺术字样式】组中，用户可单击【设置

文本效果格式】按钮，打开【设置文本效果格式】对话框。

然后即可在弹出的【设置文本效果格式】对话框中选择【阴影】、【映像】等选项卡，设置这些文本效果的参数。

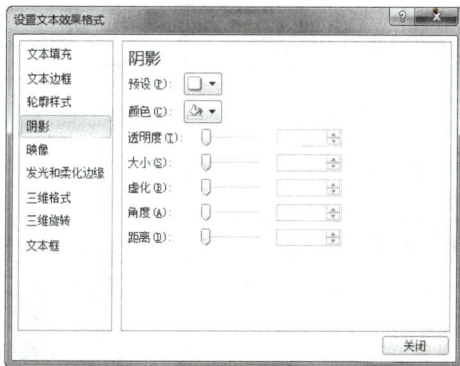

---

PowerPoint **6.9** 练习：个人简历之一

个人简历是求职者生活、学习、工作、经历、成绩等的概括。

个人简历的制作非常重要，一份适合职位要求、详实和打印整齐的简历可以增大获得面试的机会。下面将通过在 PowerPoint 2010 中插入艺术字、图片、设置占位符格式等功能，制作一个个人简历的演示文稿。

## 练习要点

- 插入图片
- 插入剪贴画
- 设置艺术字格式
- 插入文本框
- 设置图片样式
- 设置图片的大小和位置

## 操作步骤 》》》》

**STEP|01** 新建演示文稿，右击执行【设置背景格式】命令，在弹出的【设置背景格式】对话框中，启用【图片或纹理填充】单选按钮，单击【插入自】组中的【文件】按钮，在弹出的【插入图片】对话框中选择图片。

### 提示

单击【背景】组中的【背景样式】下拉按钮，执行【设置背景格式】命令，也可以打开【设置背景格式】对话框。

### 提示

在第 1 张幻灯片中，将【版式】更换为"仅标题"项或将"单击此处添加副标题"删除。

**STEP|02** 单击"单击此处添加标题"占位符，输入文本"个人简历"，并设置文本格式。然后，选择文本，在【艺术字样式】组中单击【文本效果】下拉按钮，在【映像】级联菜单中，应用"全映像，接触"样式。

### 提示

文本"个人简历"，在【艺术字样式】组中，应用的是"填充-红色，强调文字颜色 2，粗糙棱台"样式。

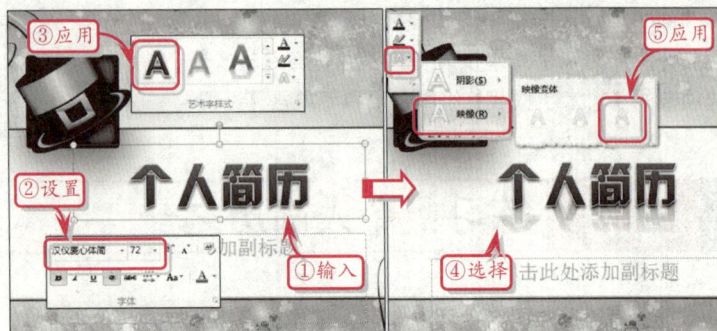

**STEP|03** 在【图像】组中，单击【剪贴画】按钮，在【剪贴画】画板中输入【搜索文字】为"马"，插入图片。然后，单击【图片效果】下拉按钮，在【阴影】级联菜单中，应用"右上对角透视"样式。

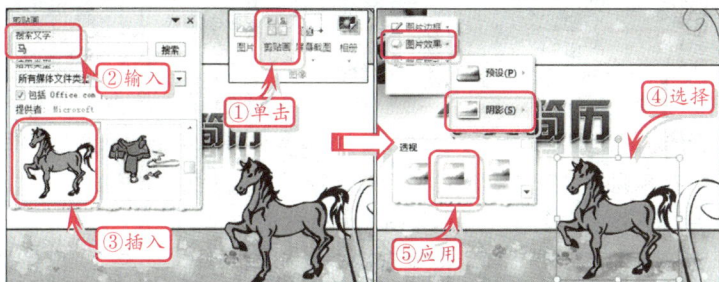

提示

用户可以在插入剪贴画时，直接在【剪贴画】面板中选择图片后，拖入到幻灯片文稿中。

**STEP|04** 新建"仅标题"幻灯片，并设置背景格式。单击"单击此处添加标题"占位符，输入文本"个人简介目录"，并设置文本格式及样式。

提示

文本"个人简历目录"，在【艺术字样式】组中，应用的是"填充-红色，强调文字颜色 2，粗糙棱台"样式。

**STEP|05** 单击【图像】组中的【图片】按钮，在弹出的【插入图片】对话框中选择 5 张图片并插入。然后，再复制圆角矩形图片和箭头图片，并将图片的位置围绕中间图片放置。

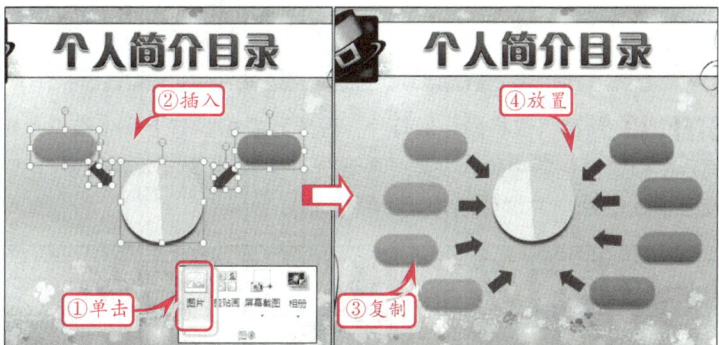

提示

设置"圆"图片左右两侧的图片是相对应的。

**STEP|06** 插入横排文本框，输入文本"个人资料"，设置文本格式，并将文本框放置在图片上。按照相同的方法，依次插入横排文本框和垂直文本框，输入文本，并设置文本格式。

提示

分别插入垂直文本框并输入文本"分析"和"推荐"，并设置文本字体为"黑体"；大小为32；颜色为"黑色，文字1"。

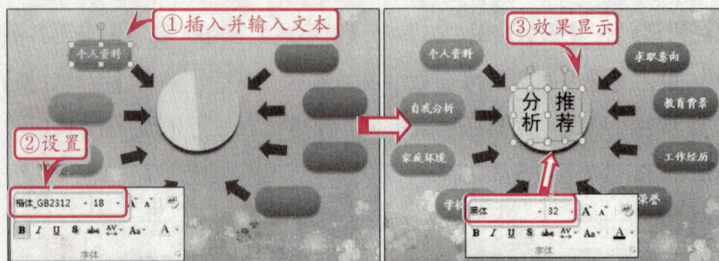

**STEP|07** 新建"仅标题"幻灯片，设置背景格式与上一张幻灯片相同。在标题占位符中输入文本"个人资料"，并设置文本格式及样式。然后插入图片并复制，并调整图片大小和位置。

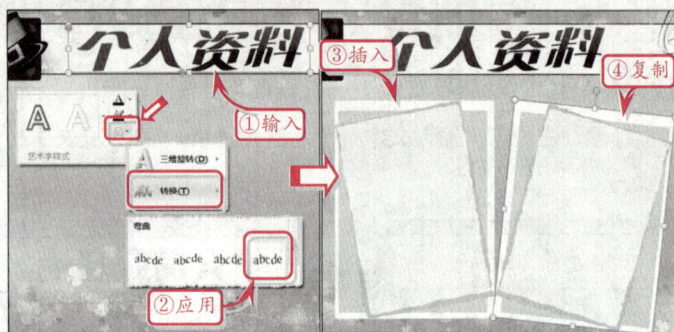

**STEP|08** 插入横排文本框，输入文本放置在第一张图片上，然后，再插入一个横排文本框，输入文本，放置在第二张图片上，并分别设置文本格式及段落格式。

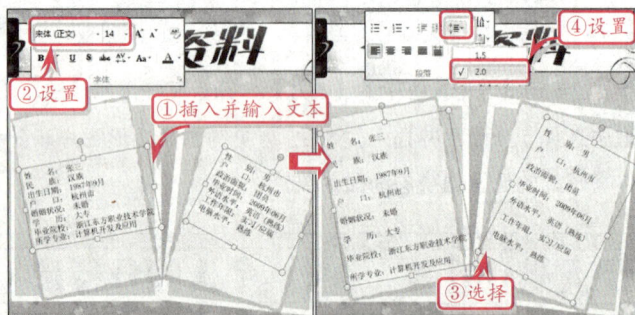

**STEP|09** 新建"仅标题"幻灯片，设置背景格式与上一张幻灯片相同。在标题占位符中输入文本"自我分析"，并设置文本格式及样式。然后插入图片，并调整图片大小和位置。

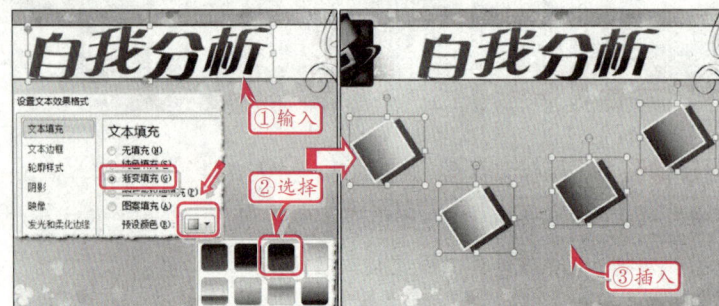

**提示**

选择复制的图片，在【排列】组中，单击【旋转】下拉按钮，在下拉菜单中执行【水平翻转】命令。

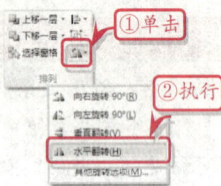

**提示**

选择标题"个人资料"，右击执行【设置文字效果格式】命令，在弹出的【设置文字效果格式】对话框中，选择【渐变填充】中的【预设颜色】为"暮霭沉沉"。

**提示**

选择标题文本"自我分析"，单击【文字效果】下拉按钮，选择【转换】级联菜单中的【双波形2】样式，与上一幻灯片中的标题设置相同。

**STEP|10** 单击【形状】下拉菜单中的"直线"按钮，绘制一条直线，并设置其形状格式。然后，单击【剪贴画】按钮，在弹出的【剪贴画】面板中，输入【搜索文字】为"思考"，选择图片并插入。

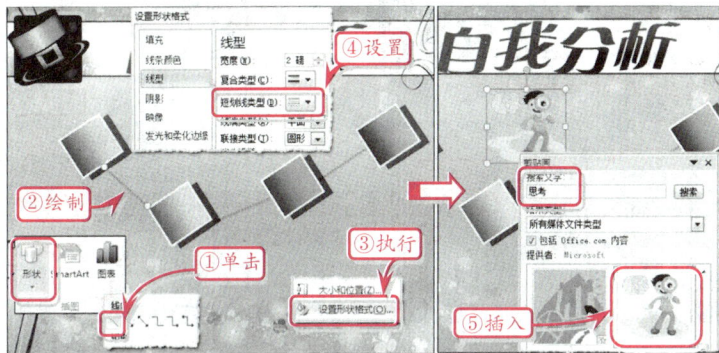

**STEP|11** 插入垂直文本框，在文本框中输入文本"自我评价"，并将文本框放置在图片上，依次类推。然后，插入横排文本框，输入文本并设置文本格式，将文本框放置在对应的图片下方。

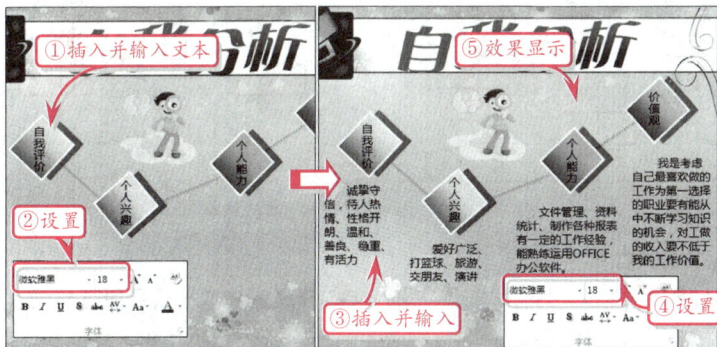

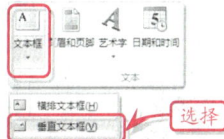

**STEP|12** 新建"仅标题"幻灯片，设置背景格式与上一张幻灯片相同。在标题占位符中输入文本"家庭环境"，并设置文本格式及样式。然后插入剪贴画，并调整图片大小、位置及设置图片效果。

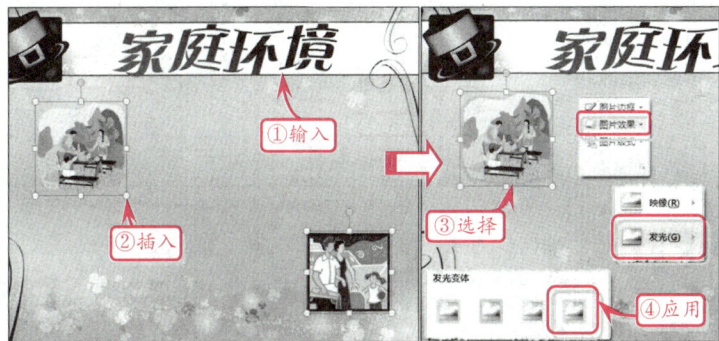

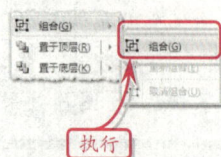

**STEP|13** 插入图片、文本框，在文本框中输入文本放在图片上，创建家庭成员。然后，插入直线并设置直线的形状格式；插入文本框，在文本框中输入文本并设置文本格式及段落格式。

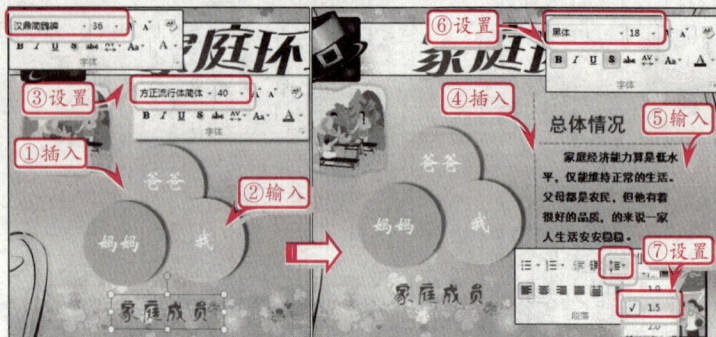

**STEP|14** 新建"仅标题"幻灯片，设置背景格式与上一张幻灯片相同。在标题占位符中输入文本"学校生活"，并设置文本格式及样式。然后，插入文本框并输入文本；插入图片，并调整图片大小和位置。

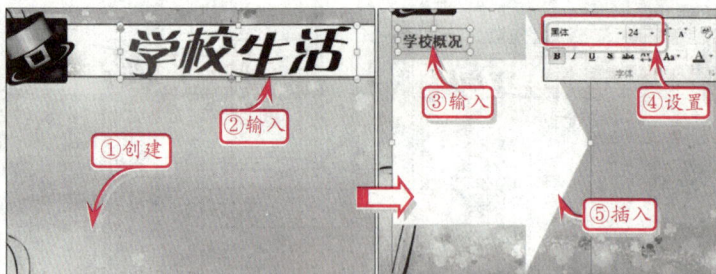

**STEP|15** 插入横排文本框，输入文本并设置文本格式及段落格式，将文本框放置在图片上。然后插入图片，放置在幻灯片右侧。

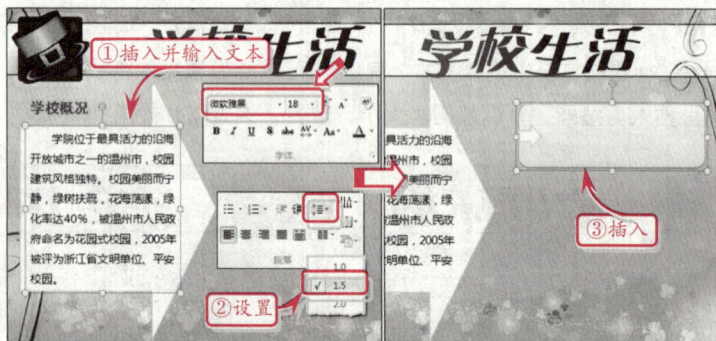

**STEP|16** 按照相同的方法，插入横排文本框，输入文本并设置文本格式，将文本框放置在图片上。然后，再插入图片及文本框，在文本框中输入文本并设置文本格式，将文本框放置在图片上。

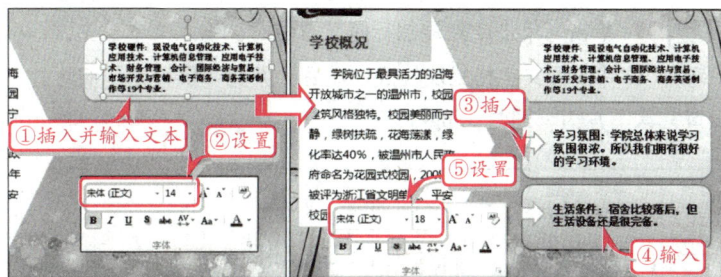

## 6.10 练习：制作数学课件之一

利用 PowerPoint 能够简便地将各种图形、图片插入到幻灯片中，从总体上对教学内容进行分类组织，是教师用来辅助教学的工具。下面将具体制作数学课件"圆柱体的认识"演示文稿。

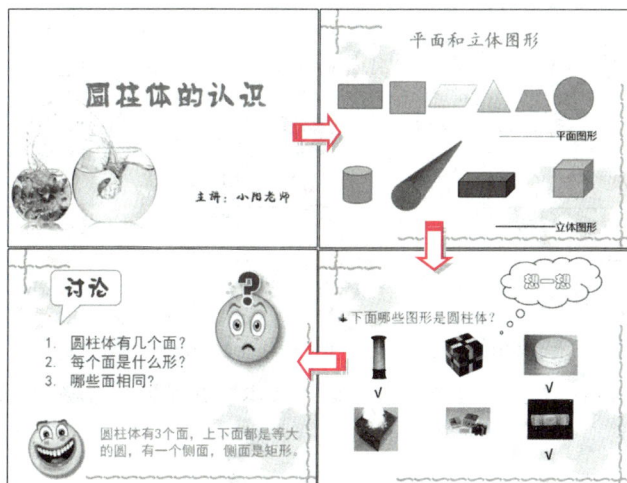

### 操作步骤 ▶▶▶▶

**STEP|01** 启动 PowerPoint 组件，右击执行【设置背景格式】命令，启用【图片或纹理填充】单选按钮，单击【插入自】组中的【文件】按钮，背景图片为"图片 1.jpg"。单击"单击此处添加标题"占位符，输入文本"圆柱体的认识"，并设置文字格式及样式。

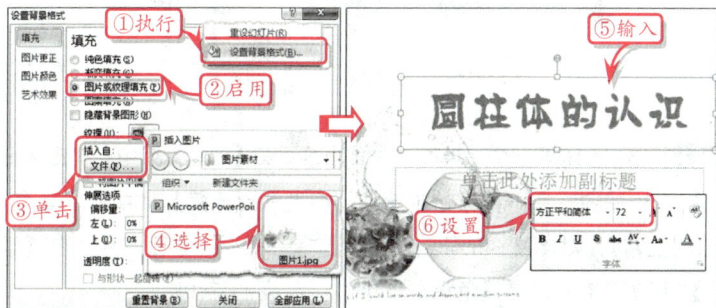

### 练习要点

- 设置背景
- 插入图片
- 设置图片的亮度和对比度
- 重新着色图片
- 插入文本框
- 插入图片项目符号
- 绘制形状
- 设置形状格式

### 提示

设置文本"圆柱体的认识"的文本颜色为"橙色，强调文字 6，深色 25%"。

### 提示

选择文本"圆柱体的认识"，在【艺术字样式】组中，单击【文本轮廓】下拉按钮，在下拉菜单中选择轮廓的颜色为"橄榄色，强调文字颜色 3，深色 50%"。

**STEP|02** 单击"单击此处添加标题"占位符，输入文本"主讲：小阳老师"，并设置文字格式及样式。然后，新建"仅标题"幻灯片，设置背景图片为"图片 3.jpg"。

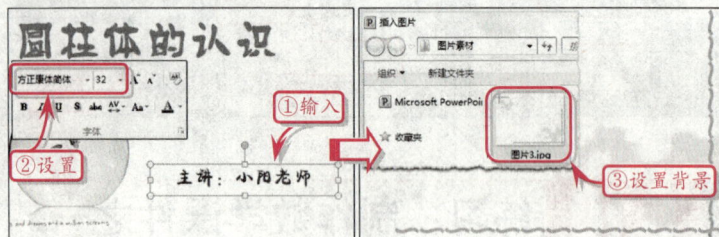

**提示**

文本"主讲：小阳老师"的文本颜色为"橄榄色，强调文字颜色 3，深色 50%"。

**STEP|03** 在"标题"占位符中输入文本"平面和立体图形"，并设置文本格式及样式。然后，单击【图片】按钮，依次插入"平面"图片。

**提示**

设置文本"平面和立体图形"的字体颜色为"橙色，强调文字颜色 6，深色 25%"。
设置文本框中的"平面图形"和"立体图形"的字体颜色为"黑色"；对齐方式为"右对齐"。

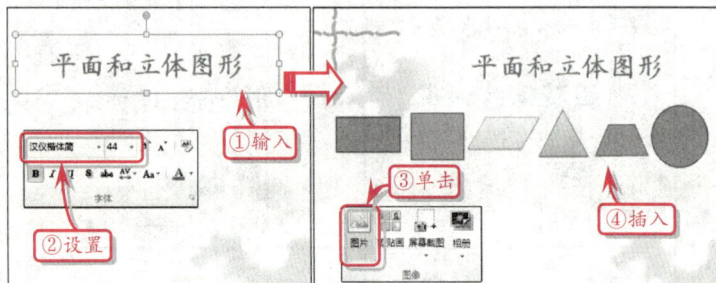

**STEP|04** 按照相同的方法，单击【图片】按钮，依次插入立体图片。然后，插入横排文本框，输入文本，并设置文本格式及对齐方式。

**提示**

用户可以选择图片，右击执行【设置图片格式】命令，在弹出的【设置图片格式】对话框中，选择【图片更正】，即可设置图片的【亮度和对比度】。

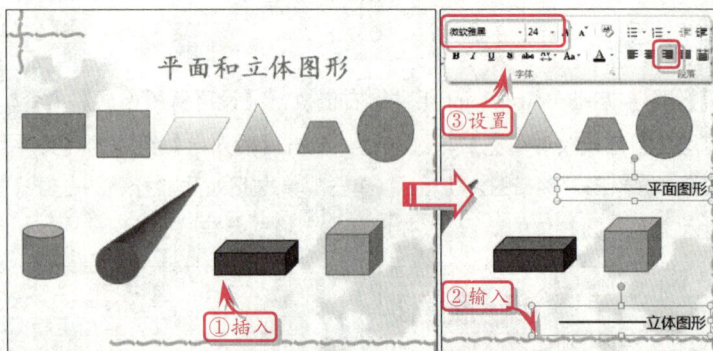

**STEP|05** 选择第一个"矩形"平面图片，在【调整】组中，单击【更正】下拉按钮，在下拉菜单中选择【亮度和对比度】项中的"亮度：0%（正常），对比度+40%"。然后，选择"梯形"平面图片，在【颜色】下拉菜单中选择【色调】项中的"色度：4700K"。

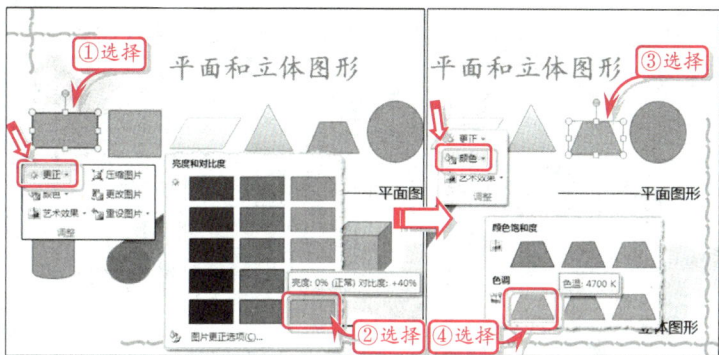

**STEP|06** 新建空白幻灯片，设置背景图片为"图片 3.jpg"。插入一个横排文本框，输入文本，并添加项目符号。然后，再分别插入 6 张图片，在圆柱体的图片下方，添加横排文本框，在文本框中输入对勾"√"。

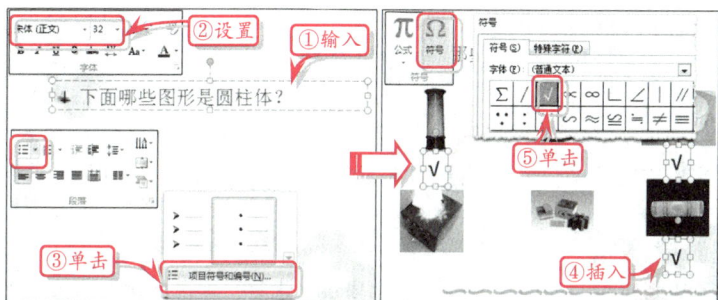

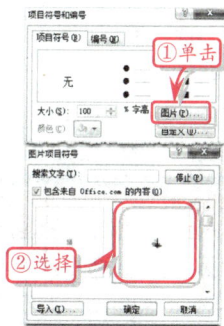

**STEP|07** 选择不是"圆柱体"的 3 张图片，在【图片样式】组中，单击"矩形投影"并应用。然后，单击【形状】下拉按钮，在下拉菜单中选择"云彩标注"形状，绘制该形状并设置形状格式，输入文本"想一想"。

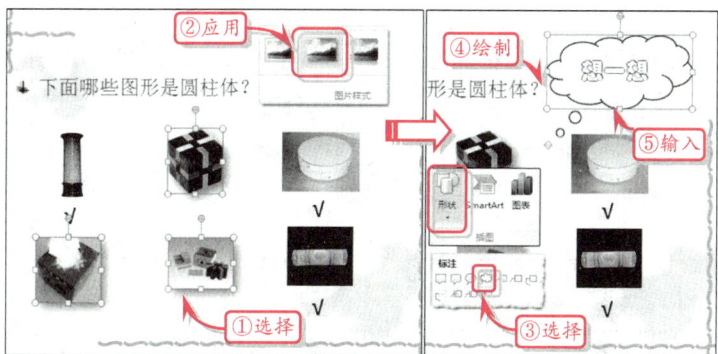

**STEP|08** 新建空白幻灯片，设置背景图片为"图片 3.jpg"。绘制一个"圆角矩形标注"形状并在【形状样式】组中应用"彩色轮廓-橙色，强调颜色 6"样式。然后，在该形状中输入文本"讨论"，并设置文本填充和文本轮廓。

**提示**

设置"云彩标注"形状中的文本"想一想"字体为"华文彩云";大小为 36;颜色为"红色"。设置"圆角矩形标注"形状中的字体为"方正平和简体";大小为 54;文本填充颜色为"红色";文本轮廓颜色为"橄榄色,强调文字颜色 3,深色 25%"。

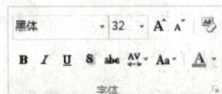

**STEP|09** 插入横排文本框输入文本并单击【编号】下拉按钮,选择"1、2、3"编号。然后,插入剪贴画,并在【图片样式】组中应用"矩形投影"样式。

**提示**

设置文本框中的问题的字体为"黑体";大小为 36;颜色为"红色,强调文字颜色 2"。

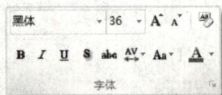

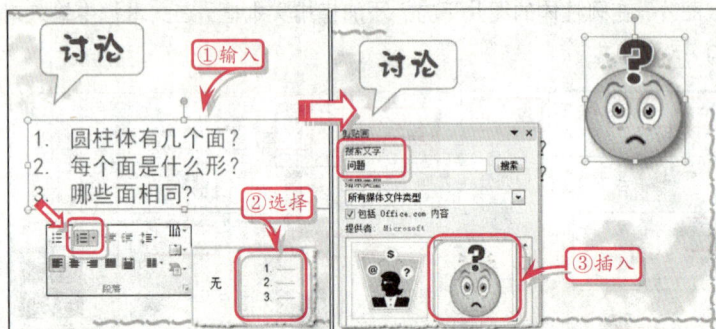

**STEP|10** 按照相同的方法,绘制横排文本框,在该文本框中输入文本并设置文本格式。然后,插入剪贴画,将其放置在幻灯片的左下角。

**提示**

设置文本框中答案的字体为"黑体";大小为 32;颜色为"粉红",RGB 值为(255,102,204)。

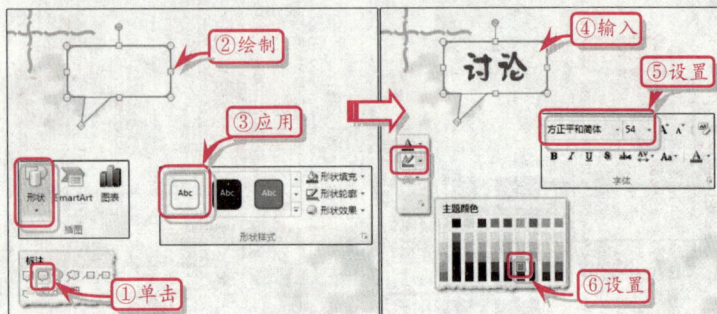

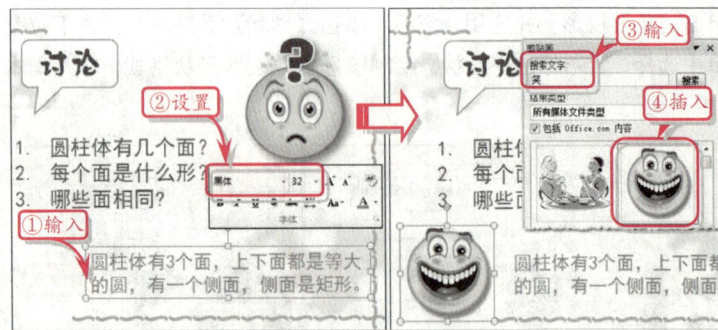

# 6.11 高手答疑

## Q&A

**问题 1:如何更改已插入的图像?**

**解答:** PowerPoint 允许用户修改已插入到演示文稿中的图像,在保持图像尺寸的前提下,将源图像替换为新的图像。

在选择图像后,用户即可右击,执行【更改图片】命令。

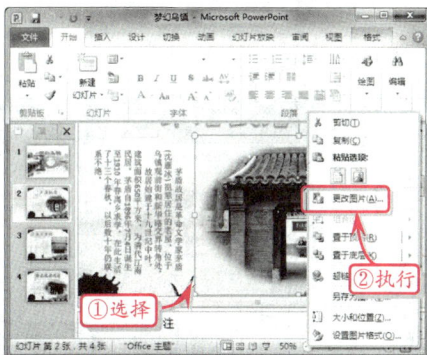

在弹出的【插入图片】对话框中选择图像，然后即可将其插入到演示文稿中，并保留源图像的所有设置项目。

# Q&A

**问题 2：如何压缩图片以减小演示文稿的尺寸？**

**解答：** 在 PowerPoint 中，如果用户为演示文稿插入了一幅体积和尺寸较大的图像，则可以通过压缩图片的功能，降低图像的质量、删除被剪裁的部分，以减少图像在演示文稿中占用的磁盘空间。

> **提示**
>
> 例如，源图像的尺寸为 16cm×9cm，在 PowerPoint 中对图像进行缩放，将其缩小为 8cm×4.5cm，此时，可适当降低图像的质量，以减小图像所占用的磁盘空间。在对图像进行裁剪和裁切操作之后，也可以进行类似的操作，但压缩图片后，所有裁剪和裁切的操作将不可还原。

首先，在 PowerPoint 中选择图像，然后即可选择【格式】选项卡，在【调整】组中单击【压缩图片】按钮，在弹出的【压缩图片】对话框中设置压缩图片的各种属性。

在【压缩图片】对话框中，提供了如下几种选项。

| 属 | 性 | 作 用 |
|---|---|---|
| 压缩选项 | 仅应用于此图片 | 定义压缩图片的属性设置仅应用于当前选择的图像 |
| | 删除图片的剪裁区域 | 如对图像进行了裁剪操作，且不需要再将其还原，可选中该选项进一步压缩图像 |
| 目标输出 | 打印（220 ppi） | 根据图像当前尺寸，更改图像分辨率为 220ppi 以适应打印机 |
| | 屏幕（150 ppi） | 根据图像当前尺寸，更改图像分辨率为 150ppi 以适应投影仪 |
| | 电子邮件（96 ppi） | 根据图像当前尺寸，更改图像分辨率为 96ppi 以适应电脑显示器 |
| | 使用文档分辨率 | 使用文档默认的分辨率来压缩图像 |

在完成以上属性设置之后，即可单击【确定】按钮，完成对图像的压缩操作。

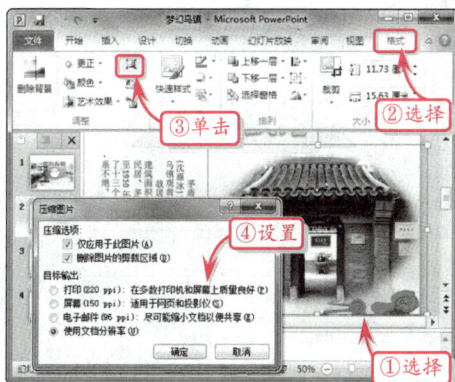

## Q&A

**问题 3：如何对图像进行翻转操作？**

**解答：** 在使用 PowerPoint 编辑各种图像时，用户不仅可以手动操作旋转图像或设置图像的旋转角度，还可以对图像进行翻转操作。

选择图像，然后即可选择【格式】选项卡，在【排列】组中单击【旋转】按钮右侧的箭头，分别执行【垂直翻转】或【水平翻转】命令，对图像进行翻转操作。

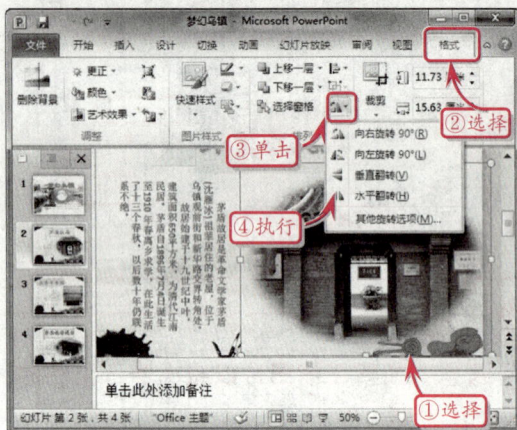

## Q&A

**问题 4：如何按照指定的比例裁剪图像？**

**解答：** 在裁剪图像时，PowerPoint 提供了一系列的比例值，供用户选择，然后即可按照该比例对图像进行裁剪操作。

选择图像，然后即可选择【格式】选项卡，在【大小】组中单击【裁剪】按钮，即可执行【纵横比】命令，选择相应的比例。

在弹出的菜单中，用户可选择 3 种裁剪的比例，包括方形、纵向长方形和横向长方形，以适应各种类型的放映屏幕设备。

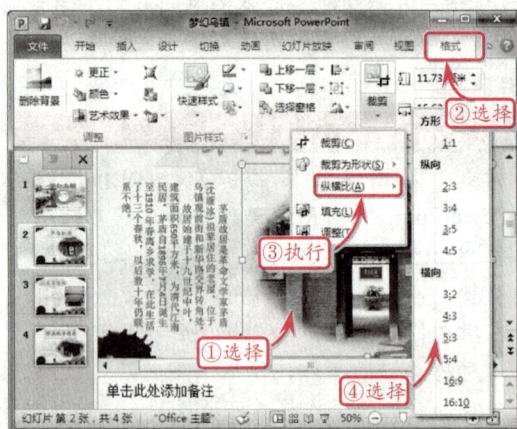

## Q&A

**问题 5：如何快速删除图像的背景？**

**解答：** PowerPoint 除了提供【设置透明色】功能删除单色背景外，还允许用户使用【删除背景】功能，更快地删除具有渐变甚至是由多种颜色构成的图像背景。

在 PowerPoint 中选择图像，然后即可选择【格式】选项卡，在【调整】组中单击【删除背景】按钮，切换到【背景消除】选项卡中。

在更新的【背景消除】选项卡中，会为非背景的内容提供 8 个方向调节柄，供用户使用。拖动这些调节柄，可修改删除背景的取色范围。

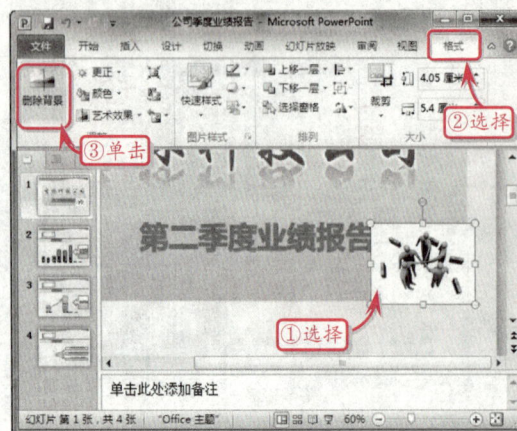

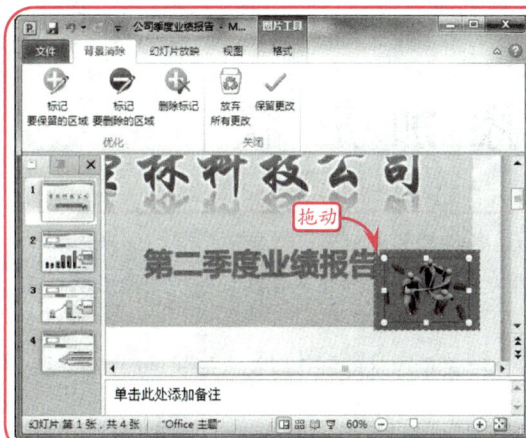

单击【标记要保留的区域】按钮之后，即可单击区域中的色块，将其保存。而单击【标记要删除的区域】按钮之后，即可单击区域中的色块，将其删除。如需要取消这些标记，可单击【删除标记】按钮将标记删除。

用户可单击【保留更改】按钮以应用删除背景，或单击【放弃所有更改】按钮，以取消删除操作。

# 07

# 添加形状

在使用 PowerPoint 设计演示文稿时，经常需要通过各种箭头、方框、圆角矩形等图形来表现一些突出的内容。因此，PowerPoint 提供了形状绘制工具，允许用户为演示文稿添加各种矢量形状，并设置这些形状的样式。

本章将结合 PowerPoint 的形状绘制和编辑功能，介绍矢量形状的制作以及为形状添加文本框、设置文本框格式等技术。

## 7.1 绘制形状

形状是 Office 系列软件的一种特有功能，其可为 Office 文档添加各种线、框、图形等元素，丰富 Office 文档的内容。在 PowerPoint 2010 中，用户也可以方便地为演示文稿插入这些图形。

### 1．绘制线条

线条是最基本的图形元素。在 PowerPoint 中选择【插入】选项卡，然后即可单击【插图】组中的【形状】按钮，在弹出的菜单中选择【线条】组中的项目，然后即可在幻灯片中拖动鼠标，绘制线条。

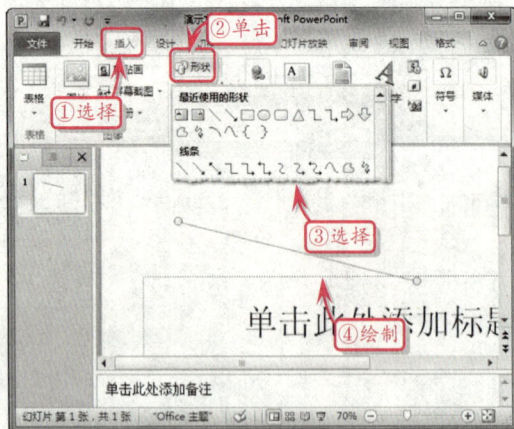

PowerPoint 中的线条图形主要包括直线、折线、曲线和任意多边形 4 种，其绘制技巧各有不同。

● 绘制线段的技巧

在绘制线段时，用户可按住 Shift 键，以绘制

与水平面垂直、平行和呈 45∞交叉的线段。

● 绘制折线的技巧

在绘制折线时，同样按住 Shift 键，可绘制首线段与尾线段相等，且两条线段长度相加等于中间线段的折线。

● 绘制任意多边形的技巧

在绘制任意多边形时，当选中【任意多边形】工具后，即可单击鼠标，开始绘制的过程，然后依次单击鼠标，即可根据鼠标的落点，将其连接构成任意多边形。

如用户按住鼠标拖动绘制，则【任意多边形】工具将采集鼠标运动的轨迹，构成一个曲线。

● 绘制曲线的技巧

【自由曲线】工具的作用与按住鼠标拖动绘制【任意多边形】工具类似，都可以采集鼠标运动的轨迹，构成图形。

> **提示**
>
> 带有箭头的线条，其绘制方式与普通线条完全相同，在此不再赘述。

### 2．绘制其他形状

除了线条之外，PowerPoint 还提供了大量的形状预设，允许用户绘制更复杂的图形，将其添加到演示文稿中。

在 PowerPoint 中选择【插入】选项卡，然后

即可单击【插图】组中的【形状】按钮，在弹出的菜单中选择【矩形】、【基本形状】、【箭头总汇】、【公式形状】、【流程图】、【星与旗帜】、【标注】和【动作按钮】等复杂的图形，在幻灯片中拖动鼠标，进行绘制操作。

例如，选择【基本形状】中的"笑脸"图形，然后可在幻灯片中绘制这一图形。

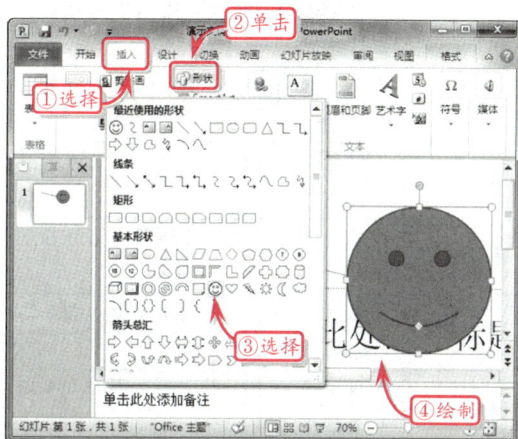

在形状中，用户可拖动黄色的调节柄，更改形状的内容。例如，拖动笑脸中的黄色调节柄，可

将其修改为哭脸。

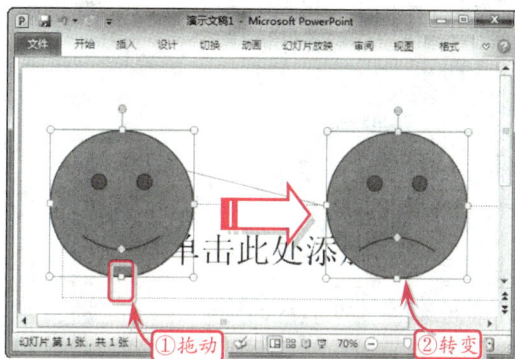

**提示**

在绘制绝大多数基于几何图形的形状时，用户都可以按住 Shift 键之后再进行绘制，绘制圆形、正方形或等比例缩放显示的形状。

**提示**

在【形状】按钮的菜单中，会记录用户最近绘制的一些形状，供用户快速调用。

## 7.2 编辑形状

使用 PowerPoint 2010，用户不仅可以绘制各种形状，还可以对这些形状进行编辑操作，调整形状的显示方式。

### 1. 组合/取消组合形状

在绘制了多个形状后，用户可以将这些形状组合为一个整体，以对形状进行移动、拖动等操作。事实上，绝大多数复合形状都是由多个形状组合而成的。

在 PowerPoint 中按住 Ctrl 键或 Shift 键选择多个图像，然后即可选择【格式】选项卡，在【排列】组中单击【组合】按钮 🔁 ，在弹出的菜单中执行【组合】命令，将这些图形组合为一个整体。

在组合了这些图形之后，用户即可对该图形进行整体的各种操作。

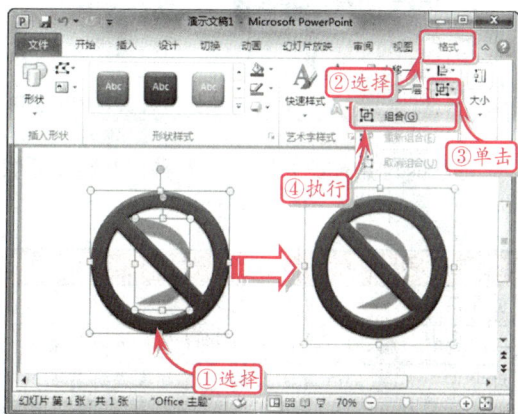

如果用户需要将已组合的图形拆分为多个图形，则可在【格式】选项卡中单击【排列】组中的【组合】按钮 🔁 ，执行【取消组合】命令，拆分图形。

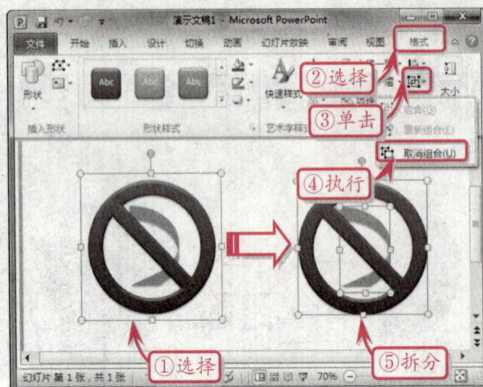

## 2. 对齐形状

除了对形状进行组合和取消组合等操作外，PowerPoint还允许用户对多个形状进行对齐操作，以规范形状的分布。

在 PowerPoint 中按住 Ctrl 键或 Shift 键选择多个图像，然后即可选择【格式】选项卡，在【排列】组中单击【对齐】按钮 ，在弹出的菜单中选择形状的对齐方式。

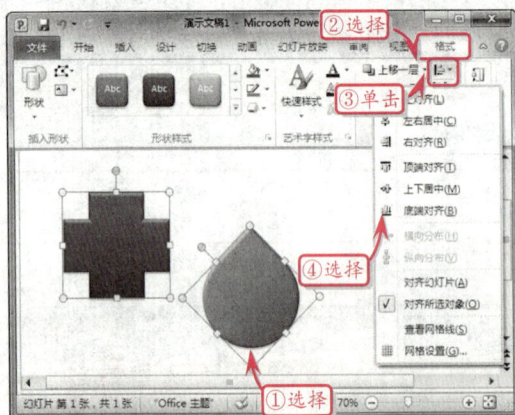

形状的对齐方式主要包括 8 种，在选择【对齐幻灯片】选项时，其作用如下。

| 对齐方式 | 作　用 |
| --- | --- |
| 左对齐 | 以幻灯片的左侧边线为基点对齐 |
| 左右居中 | 以幻灯片的水平中心点为基点对齐 |
| 右对齐 | 以幻灯片的右侧边线为基点对齐 |
| 顶端对齐 | 以幻灯片的顶端边线为基点对齐 |
| 上下居中 | 以幻灯片的垂直中心点为基点对齐 |
| 底端对齐 | 以幻灯片的底端边线为基点对齐 |
| 横向分布 | 在幻灯片的水平线上平均分布形状 |
| 纵向分布 | 在幻灯片的垂直线上平均分布形状 |

如果用户选择了【对齐所选对象】，则以上 8 种对齐方式的作用如下。

| 对齐方式 | 作　用 |
| --- | --- |
| 左对齐 | 以先选择的形状左侧调节柄为基点对齐 |
| 左右居中 | 以先选择的形状水平中心点为基点对齐 |
| 右对齐 | 以先选择的形状右侧调节柄为基点对齐 |
| 顶端对齐 | 以先选择的形状顶端调节柄为基点对齐 |
| 上下居中 | 以先选择的形状垂直中心点为基点对齐 |
| 底端对齐 | 以先选择的形状底端调节柄为基点对齐 |
| 横向分布 | 根据 3 个以上形状水平中心点平均分配距离 |
| 纵向分布 | 根据 3 个以上形状垂直中心点平均分配距离 |

## 3. 调整形状尺寸和位置

在 PowerPoint 中，用户可以通过两种方式调整形状的尺寸和位置。

选中形状后，用户可以用鼠标拖动形状的 8 个调节柄，以快速调整形状的尺寸。

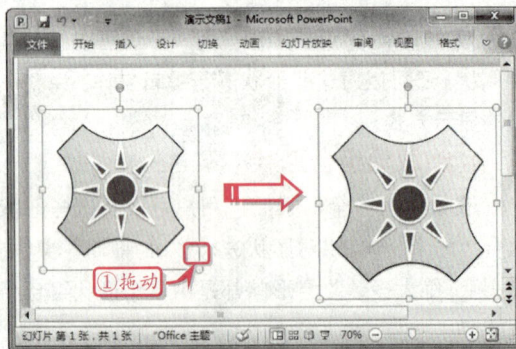

在用户将鼠标光标放置于形状上方，且鼠标光标转换为"十字箭头"后，即可拖动鼠标，移动形状的位置。

除了使用鼠标对形状进行调整外，用户还可以选择形状，右击鼠标，执行【大小和位置】命令，打开【设置形状格式】对话框，在该对话框中设置形状的尺寸、旋转和缩放等属性。

在该对话框中，提供了 3 类选项，其属性及作用如下所示。

| 属　　性 | | 作　　用 |
|---|---|---|
| 尺寸和旋转 | 高度 | 设置形状的绝对高度 |
| | 宽度 | 设置形状的绝对宽度 |
| | 旋转 | 设置形状的旋转角度 |
| 缩放比例 | 高度 | 设置形状的垂直缩放比例 |
| | 宽度 | 设置形状的水平缩放比例 |
| | 锁定纵横比 | 选中该选项，则形状的垂直和水平两方向将同步增加或减少 |
| | 相对于图片原始尺寸 | 选中该选项，则可定义缩放依据为形状原始尺寸 |
| | 幻灯片最佳比例 | 选中该选项，可控制 PowerPoint 根据屏幕分辨率设置形状的尺寸 |
| | 分辨率 | 选择相应的屏幕分辨率，以定义幻灯片最佳比例 |
| 原始尺寸 | 重设 | 单击该按钮，可将形状重置为最初插入时的尺寸 |

## 4．设置形状样式

　　形状格式是指形状的填充、轮廓和效果等属性。在 PowerPoint 中，用户不仅可以为占位符、图像和文本设置样式，还可以为形状设置填充、轮廓和效果等样式。

● 应用主题填充

　　主题填充是 PowerPoint 中预设的填充、轮廓和效果的集合，可以方便地应用到各种形状上。选中形状，然后即可选择【格式】选项卡，在【形状样式】组中单击【其他】按钮，在弹出的菜单中选择主题填充。

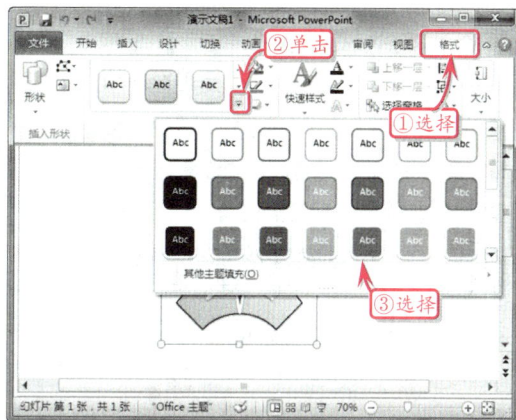

### 提示

用户也可执行【其他主题填充】命令，在弹出的菜单中根据当前幻灯片的主题选择渐变色调，将其填充到形状中。

● 设置形状填充

　　形状填充是指在形状内部填入的各种颜色，其填充方式与占位符、图像和文本的填充完全相同。

● 设置形状轮廓

　　形状轮廓是形状外围的边线，用户可设置该边线的颜色、宽度以及线的样式等属性，其设置方式与占位符、图像和文本的轮廓设置完全相同。

● 设置形状效果

　　形状效果的作用是为形状设置各种外部的特效效果，包括【预设】、【阴影】、【映像】、【发光】、【棱台】和【三维旋转】等多种类型的特效。

### 提示

与占位符和图像不同，PowerPoint 不允许用户为组合的形状设置柔化边缘的特效。

## 7.3 使用文本框

文本框是一种特殊的形状。其与普通形状最大的区别在于，用户可为这种形状输入文本内容。

### 1. 插入文本框

在 PowerPoint 中选择【插入】选项卡，然后即可在【文本】组中单击【文本框】按钮，在弹出的菜单中选择【横排文本框】或【垂直文本框】等项目，单击【演示文稿】中的任意区域，插入相应类型的文本框，并为文本框输入内容。

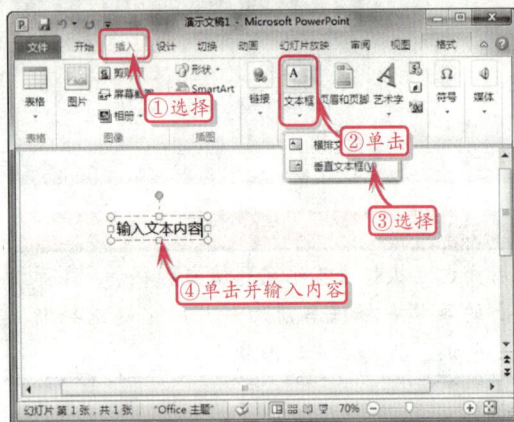

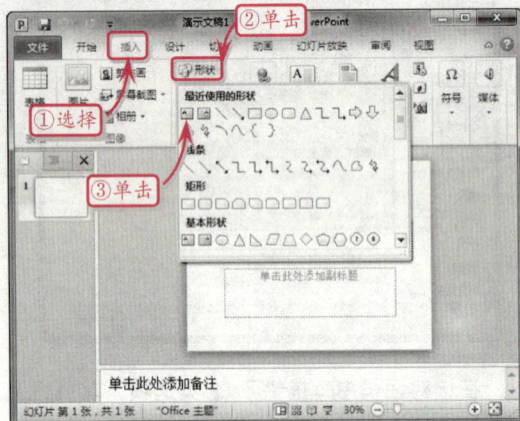

> **提示**
> 选择【横排文本框】选项后，可控制文本以横排的方式显示。而选择【垂直文本框】选项后，则可控制文本以竖排的方式显示。

### 2. 绘制指定尺寸的文本框

除了插入普通的文本框外，用户还可以绘制指定尺寸的文本框。

在【插入】选项卡中单击【形状】按钮，在弹出的菜单中单击【横排文本框】按钮 或【垂直文本框】按钮，然后即可在幻灯片中绘制这两种固定尺寸的文本框。

### 3. 设置文本框属性

在制作完成文本框之后，用户还可以方便地设置文本框的属性。

选中文本框，然后右击，执行【设置形状格式】命令，打开【设置形状格式】对话框。

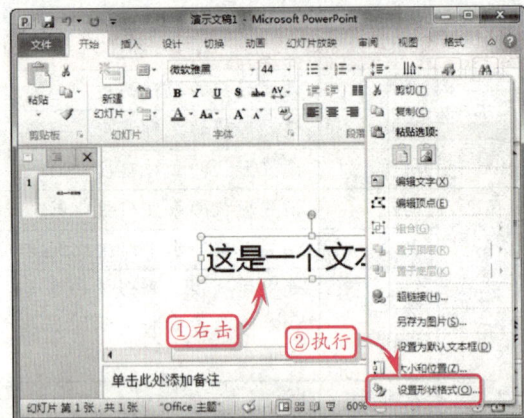

在弹出的【设置形状格式】对话框中，选择左侧的【文本框】选项卡，然后即可在更新的对话框中设置文本框中的【文字版式】、【自动调整】、【内部边距】和【分栏】等属性。

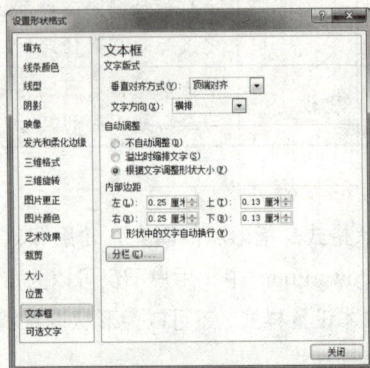

在【文本框】选项卡中，主要包含以下几种属性。

| 属　性 | | 作　用 |
|---|---|---|
| 文字版式 | 对齐方式 | 定义文本的对齐方式，如文本方向为横排，则可设置垂直对齐方式，如文本方向为竖排，则可设置水平对齐方式 |
| | 文字方向 | 定义文本的流动方向，包括横排、竖排以及旋转角度等 |
| 自动调整 | 不自动调整 | 禁止文本根据文本框的尺寸变化 |
| | 溢出时缩排文字 | 在文本框的尺寸减小时自动缩小文字 |
| | 根据文字调整形状大小 | 根据文字内容来定义文本框的尺寸 |

续表

| 属　性 | | 作　用 |
|---|---|---|
| 内部边距 | 左 | 定义文本与文本框左侧的距离 |
| | 上 | 定义文本与文本框顶部的距离 |
| | 右 | 定义文本与文本框右侧的距离 |
| | 下 | 定义文本与文本框下方的距离 |
| | 形状中的文字自动换行 | 选中该项目后，文本框中的文本行如超过文本框的宽度和高度，则将被自动换行处理 |
| | 分栏 | 单击该按钮，可在弹出的【分栏】对话框中设置所分的栏数和间距 |

## 7.4　将图形对象或艺术字保存为图片

在使用 PowerPoint 绘制各种形状或输入艺术字之后，如果需要在其他文档中使用该形状或艺术字，则可将其保存为图片，以方便其他软件打开。

在 PowerPoint 中绘制形状，然后即可选中完成的形状，右击鼠标，执行【另存为图片】命令，在弹出的【另存为图片】对话框中保存。

在设置保存的图片名称后，用户可为图片选择多种保存类型，包括"GIF 可交换的图形格式"、"JPEG 文件交换格式"、"PNG 可移植网络图形格式"等。

**提示**

在将形状保存为图片后，将无法再对形状进行各种编辑操作。

**PowerPoint**

## 7.5  练习：人力资源战略报告之三

形状是一种重要的 PowerPoint 显示对象。在演示文稿中绘制形状后，用户可为形状设置背景颜色、边框色和各种样式。本节就将使用形状工具制作人力资源的计划项目、主要内容和预算内容等幻灯片。

### 练习要点

- 设置背景格式
- 绘制形状
- 设置形状格式
- 编辑形状
- 插入文本框
- 设置文本框格式

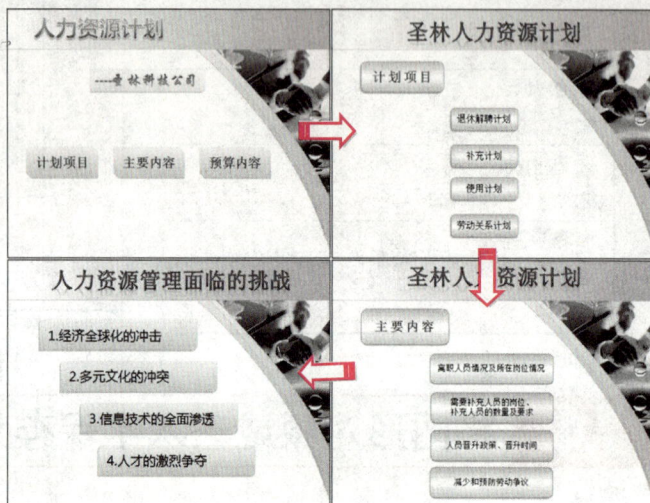

### 提示

单击【设置背景格式】对话框中的【全部应用】按钮，将背景图片应用到所有的幻灯片中。

**操作步骤** ▶▶▶▶

**STEP|01** 在 Microsoft Office PowerPoint 2010 中，右击执行【设置背景格式】命令，在弹出的【设置背景格式】对话框中，启用【图片或纹理填充】单选按钮，单击【文件】按钮，在弹出的【插入图片】对话框中选择图片，插入到幻灯片中。

### 提示

"人力资源计划"字体为"微软雅黑"，字号为"48"。

"圣林科技公司"字体为"行楷体"，字号为"32"。

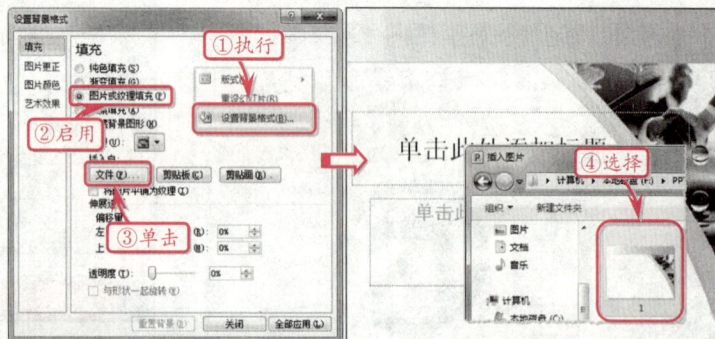

**STEP|02** 在主标题占位符中输入文字，设置字体格式，在【艺术字样式】组中，应用"渐变填充-蓝色，强调文字颜色 1，轮廓-白色"样式。在副标题占位符中输入文字，设置字体格式，应用"渐变填充-橙色，强调文字颜色 6，内部阴影"样式。

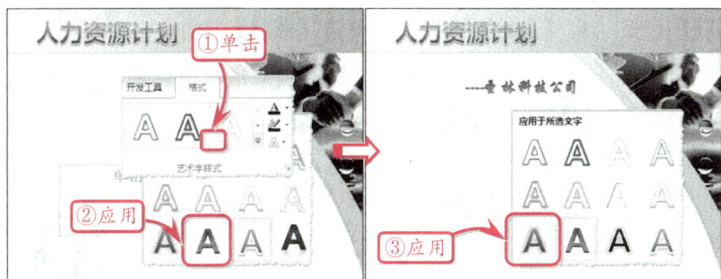

**STEP|03** 选择【插入】选项卡，单击【文本框】按钮，选择"横排文本框"，在幻灯片上拖动绘制文本框，输入文字，设置字体格式。选择【格式】选项卡，在【形状样式】组中单击【其他】按钮，应用"细微效果-蓝色，强调颜色 1"样式。

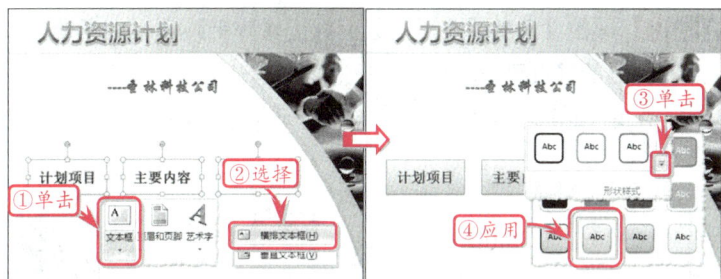

**STEP|04** 单击【形状轮廓】按钮，选择"无轮廓"。再单击【编辑形状】按钮，执行【更改形状】命令，选择"剪去对角的矩形"形状，更改文本框的形状。

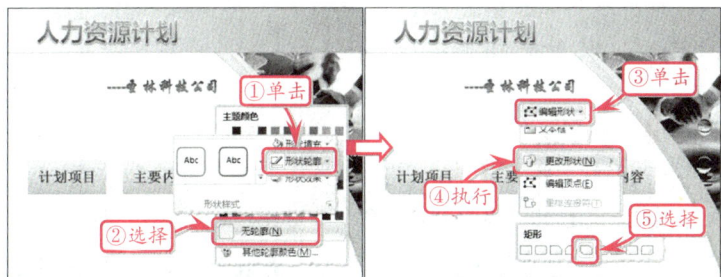

**STEP|05** 新建空白幻灯片，选择【插入】选项卡，单击【艺术字】按钮，选择"填充-紫色，强调文字颜色 4，映像"艺术字文本框，插入到幻灯片中，输入文字，设置字体格式。

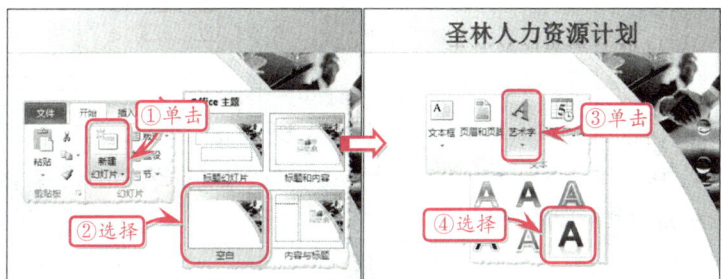

**提示**

文本框中的文字字体为"宋体"，字号为"28"，字体颜色为"橙色，强调文字颜色6，深色50%"。

**提示**

按 Ctrl+C 组合键对文本框进行复制，按 Ctrl+V 组合键粘贴文本框，然后更改文本框中的文字。

**提示**

艺术字字体为"宋体"，字号为"48"。

**技巧**

在【格式】选项卡的【插入形状】组中，选择"圆角矩形"形状插入到幻灯片中，也可添加圆角矩形形状，调整其大小，并更改其形状样式即可。

**STEP|06** 选择【开始】选项卡，单击【形状】按钮，在弹出的菜单中选择"圆角矩形"，在幻灯片上绘制圆角矩形形状。选择【格式】选项卡，应用【形状样式】组中的"细微效果-橙色，强调颜色 6"样式。

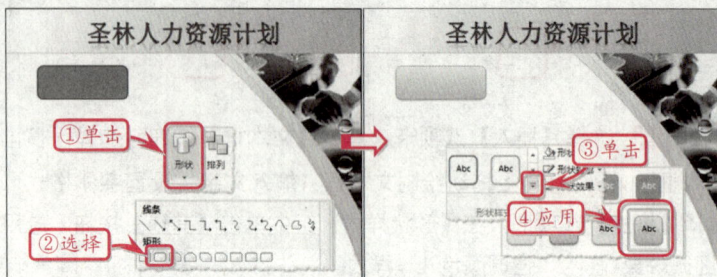

**STEP|07** 单击【形状填充】按钮，执行【渐变】|【其他渐变】命令。在弹出的【设置形状格式】对话框中，设置其渐变样式。完成以后，右击形状执行【编辑文字】命令，在形状上输入文字，设置字体格式。

**提示**

两侧渐变滑块的颜色为"橙色，强调文字颜色 6，淡色 40％"，中间渐变滑块的颜色为"白色"。

**提示**

右击形状执行【编辑文字】命令，即可更改形状上的文字。

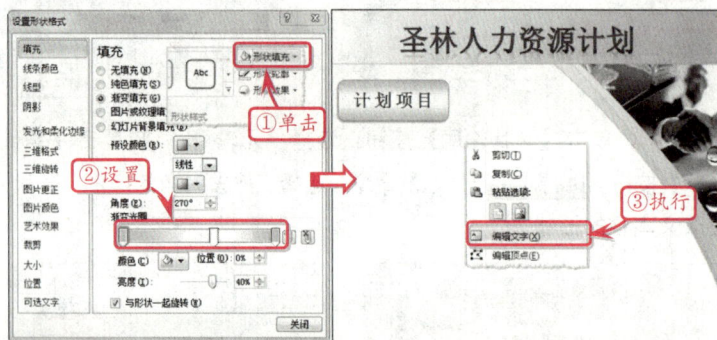

**STEP|08** 复制 4 个"圆角矩形"形状，纵向排列，调整形状大小，分别更改形状上的文字。在【格式】选项卡中，单击【对齐】按钮，执行【左对齐】和【纵向分布】命令，对齐"圆角矩形"形状。

**提示**

两侧渐变滑块的颜色为"深蓝，文字 2，淡色 60％"，中间渐变滑块的颜色为"白色"。

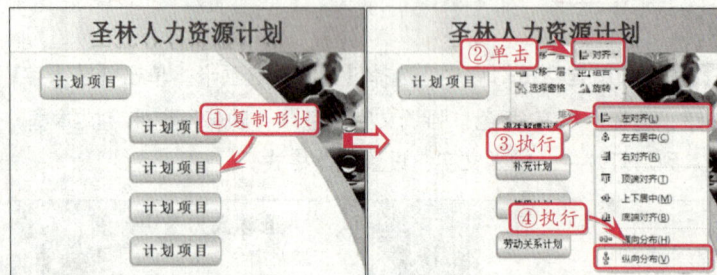

**STEP|09** 复制该幻灯片，更改"圆角矩形"形状上的文字。应用"细微效果-蓝色，强调颜色 1"形状样式，并在【设置形状格式】对话框中设置其渐变颜色。

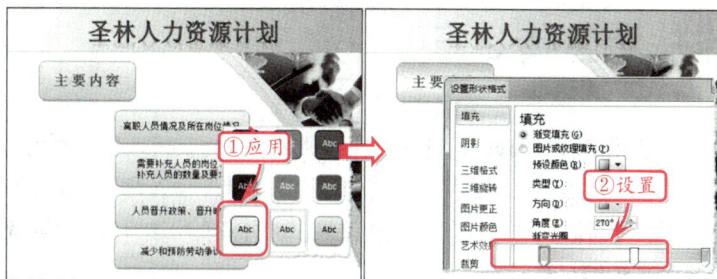

**STEP|10** 复制该幻灯片，更改"圆角矩形"形状上的文字，应用"细微效果-红色，强调颜色 2"形状样式。在【设置形状格式】对话框中设置其渐变颜色。

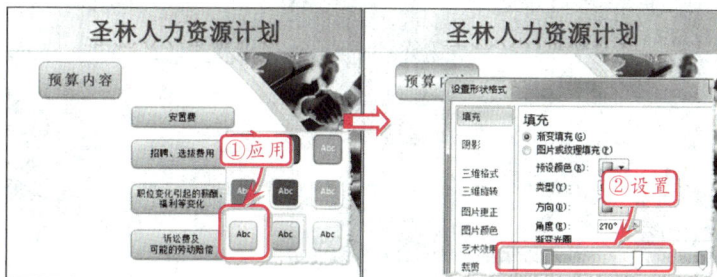

提示

"对角圆角矩形"形状上的文字字体为"微软雅黑"，字号为"28"。

**STEP|11** 新建"仅标题"幻灯片，在主标题占位符中输入文字，设置字体格式，应用"填充-紫色，强调文字颜色 4，映像"艺术字样式。插入文本框，输入文字，应用"细微效果-蓝色，强调颜色 1"形状样式，设置其形状轮廓为无。

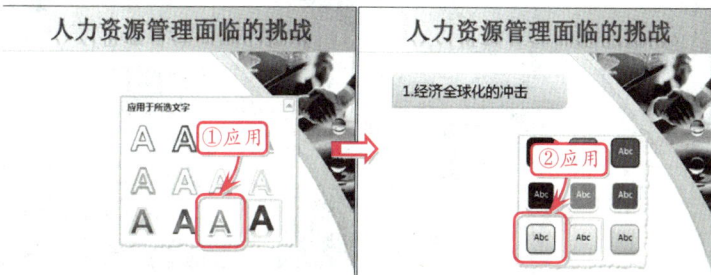

**STEP|12** 复制 3 个形状并更改形状上的文字，使其纵向排列。新建空白幻灯片，插入文本框，输入文字，应用"填充-橄榄色，强调文字颜色 3，轮廓-文本 2"艺术字样式，完成幻灯片演示文稿的制作。

提示

"结束"字体为"行楷体"，字号为"150"。

## 7.6 练习：制作旅游宣传之三

### 练习要点

- 设置背景格式
- 绘制形状
- 设置形状格式
- 编辑形状

在使用 PowerPoint 设计演示文稿时，可以为其插入各种类型的显示对象，包括形状、图片等。例如，绘制形状并插入背景、设置形状格式，可为形状添加模仿的照片效果。本例将使用这一知识点，完成旅游宣传幻灯片。

### 操作步骤 ▶▶▶▶

**STEP|01** 在 PowerPoint 中，右击执行【设置背景格式】命令，在【设置背景格式】对话框中，启用【图片或纹理填充】单选按钮，单击【文件】按钮，在弹出的【插入图片】对话框中选择图片插入到幻灯片中。

### 提示

删除占位符，或者右击执行【版式】命令，更改版式为"空白"。

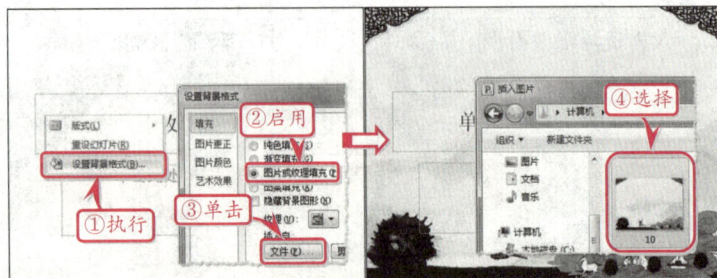

### 技巧

在幻灯片的空白处单击鼠标完成【裁剪】命令。

**STEP|02** 选择【插入】选项卡，单击【图片】按钮，在【插入图片】对话框中选择图片，插入到幻灯片中。单击【裁剪】按钮，执行【裁剪】命令，裁剪图片。

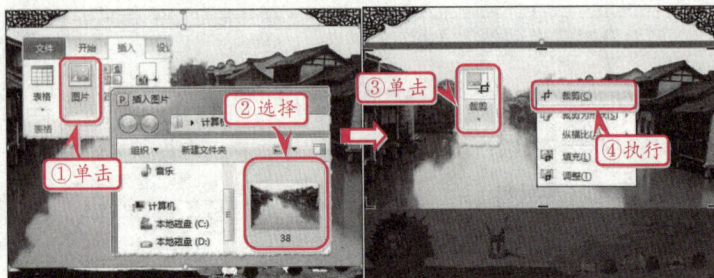

**STEP|03** 右击图片执行【设置图片格式】命令，在弹出的【设置图片格式】对话框中选择【图片颜色】选项卡，单击【预设】下拉按钮，选择"褐色"，为图片重新着色。

技巧

在【调整】组中，单击【颜色】按钮，选择【重新着色】栏中的"褐色"，也可以更改图片颜色。

**STEP|04** 再选择【艺术效果】选项卡，单击【艺术效果】按钮，选择"发光散射"效果，设置图片的艺术效果。

技巧

在【调整】组中，单击【艺术效果】按钮，选择"发光散射"效果，调整图片效果。

**STEP|05** 再插入图片，调整图片大小，并进行逆时针旋转。插入文本框，分别输入文本，设置字体格式。选择【开始】选项卡，单击【形状】按钮，选择"矩形"，在幻灯片上绘制形状。

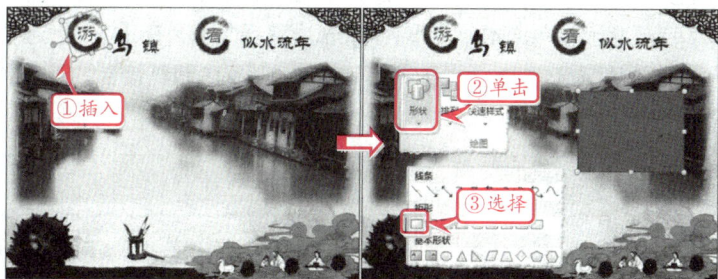

提示

"乌"字体为"方正流行体简体"，字号为"60"。其他字体为"华文隶书"，"游"、"看"字体颜色为"橙色，强调文字颜色6，深色50%"。

**STEP|06** 选择形状，单击【形状填充】按钮，执行【图片】命令，打开【插入图片】对话框，选择图片，插入到形状中。再单击【形状轮廓】按钮，选择"白色"色块。

## 技巧

右击形状执行【设置形状格式】命令，在【设置形状格式】对话框中启用【图片或纹理填充】单选按钮，单击【文件】按钮，打开【插入图片】对话框，可选择图片并插入到形状中。

## 提示

该幻灯片的背景与上一张幻灯片的背景相同。

## 提示

"购物"字体为"华文隶书"，字号为"72"，字体颜色为"橙色，强调文字颜色6，深色50%"。

## 提示

形状上的字体为"宋体"，字号为"24"，并单击【加粗】按钮，为文本加粗。

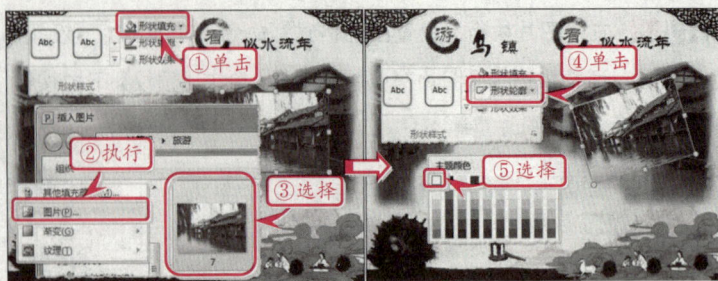

**STEP|07** 按照相同的方法绘制其他"矩形"形状，并设置形状的填充为图片填充，形状轮廓均为"白色"，并进行不同方向的旋转。

**STEP|08** 单击【新建幻灯片】按钮，选择"空白"幻灯片，设置幻灯片的背景格式。插入图片和文本框，输入文本，设置字体格式。

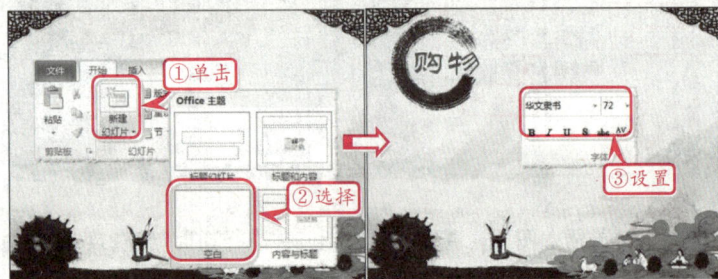

**STEP|09** 按照相同的方法绘制"矩形"形状，设置其填充为旅游图片填充，形状轮廓为"白色"。选择形状，右击执行【编辑文字】命令，在形状上输入文本，设置字体格式。选择文本，在【格式】选项卡中，应用"填充-橙色，强调文字颜色6，暖色粗糙棱台"艺术字样式。

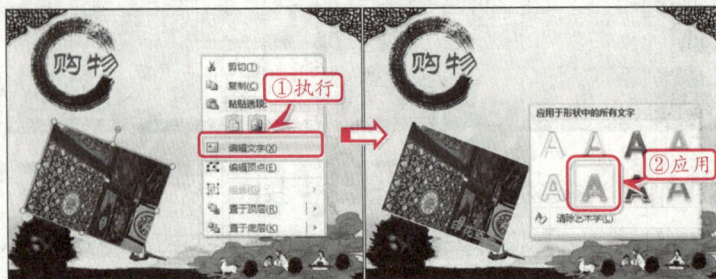

**STEP|10** 按照相同方法绘制并编辑其他"矩形"形状,为形状上的文本添加不同的艺术字样式。

提示

"乌镇"艺术字样式为"渐变填充,紫色,强调文字颜色4,映像"。"竹刻"艺术字样式为"填充-白色,投影"。

**STEP|11** 新建空白幻灯片,设置幻灯片背景格式。在【设置背景格式】对话框中选择【图片颜色】选项卡,单击【预设】下拉按钮,选择"褐色"。选择【艺术效果】选项卡,单击【艺术效果】按钮,选择"发光散射"效果。

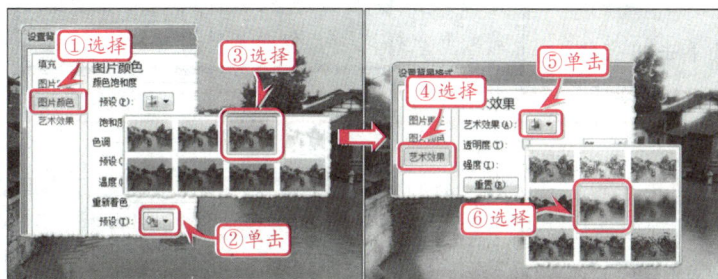

提示

按空格键和回车键可调整文本的位置。

**STEP|12** 插入图片,调整其大小,放在幻灯片的右上角。再插入垂直文本框,输入文本,设置字体格式,保存幻灯片,完成旅游宣传幻灯片的制作。

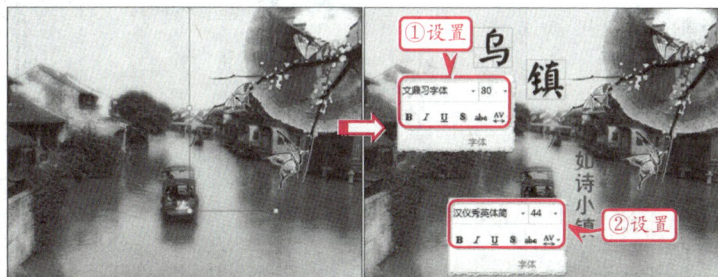

提示

"乌镇"字体为"文鼎习字体",字号为"80"。"如诗小镇"字体为"汉仪秀英体简",字号为"44",字体颜色为"橙色,强调文字颜色6,深色50%"。

## 7.7 高手答疑

### Q&A

**问题 1:如何绘制复杂形状的文本框?**

**解答:** 除了绘制矩形文本框之外,PowerPoint 还允许用户绘制更复杂形状的文本框,例如圆角矩形文本框或其他形状文本框。

首先,在 PowerPoint 中选择【格式】选项卡,在【形状样式】组中为文本添加形状样式,例如添加形状填充和形状轮廓等样式。

然后，即可选中文本框，在【插入形状】组中单击【编辑形状】按钮，在弹出的菜单中执行【更改形状】命令，打开新的菜单。

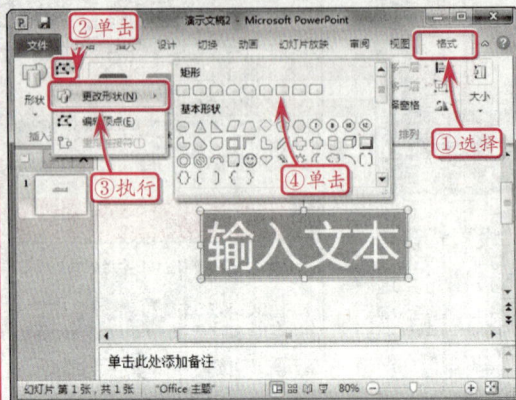

在弹出的菜单中，用户可直接单击相应的

形状，即可将该形状应用到文本框中。

## Q&A

**问题 2：如何编辑形状的点，以制作自定义的形状？**

**解答：** PowerPoint 不仅允许用户绘制各种形状，还允许用户对形状中的顶点进行编辑，通过修改这些顶点的位置，来更改形状的外观。

在 PowerPoint 中选中形状，然后即可选择【格式】选项卡，在【插入形状】组中单击【编辑形状】按钮，在弹出的菜单中执行【编辑顶点】命令。

此时，形状的 8 个灰色调节柄将会被转换为黑色的顶点。然后用户即可用鼠标单击选择

任意一个顶点，并拖动鼠标，对形状进行编辑操作。

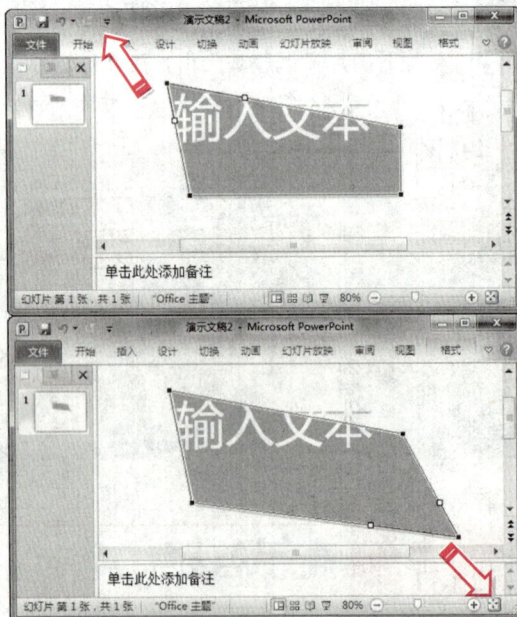

在选中某一个顶点后，在该顶点交叉的两条形状轮廓线上还会提供两个白色的调节柄，用于辅助用户设置形状轮廓线的弧度。

用鼠标单击任意一个白色调节柄，即可拖动鼠标，增大或减小形状的弧度。调节柄距离形状轮廓线越远，则表示该形状轮廓线被调节的弧度越大。

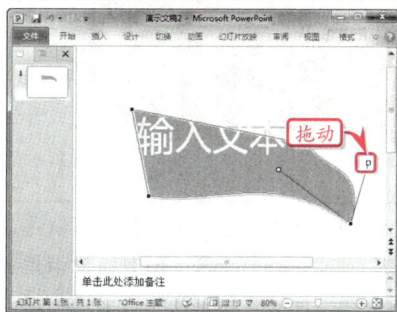

# Q&A

**问题 3：如何更改多个形状之间的层级关系？**

**解答：** 在 PowerPoint 中，用户不仅可以更改占位符之间的层级关系，还可以更改绘制形状之间的层级关系。

在默认情况下，多个绘制形状之间往往会按照绘制的顺序显示。先绘制的形状将被显示在下方，而后绘制的形状将被显示在上方。

例如，绘制一个禁止掉头的交通标志，应先绘制掉头的标志箭头，再绘制禁止的圆形标志，并分别为两个标志应用黑色和红色的主题。

在上图中，红色的圆形标志将在黑色的掉头标志上方。如果用户需要更改这两个标志的显示层级，例如需要将黑色的掉头标志显示在上方，则可选择黑色的掉头标志，然后在【格式】选项卡中的【排列】组中单击【上移一层】按钮，此时，PowerPoint 将会把黑色掉头标志的显示层级提高一级。

【上移一层】和【下移一层】按钮每次可以对形状的层级调整一个位置。如果用户需要进行大幅度的层级调整，可单击【上移一层】

按钮右侧的箭头，执行【置于顶层】命令，将形状移动到顶层。

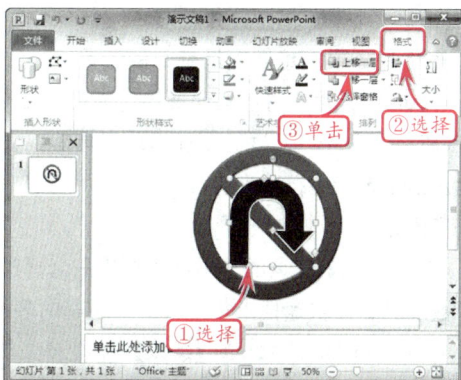

同理，用户如果需要将位于上层的图形修改移动到幻灯片的底层，也可单击【下移一层】按钮右侧的箭头，执行【置于底层】命令，将其置于最下方。

在【排列】组中单击【选择窗格】按钮后，即可打开【选择和可见性】面板。在该面板中，可显示所有幻灯片中的形状及其层级。用户可拖动这些形状的列表，更改形状的层级。

# 08 添加表格数据

PowerPoint 提供了表格工具，以供用户管理和显示各种类型的数据。使用表格工具，用户可将大量数据归纳和汇总，并通过设置表格中单元格的样式，以使表格数据更加清晰和美观。本章将详细介绍绘制表格、插入数据表格，以及为表格输入内容、编辑表格单元格的方法。除此之外，还将介绍表格的各种样式设置。

## 8.1 插入表格

表格是表现大量数据最有力的工具之一。在 PowerPoint 中，用户可以借助【快速表格】工具、【插入表格】命令以及【绘制表格】工具等，方便地插入指定单元格行和列的表格。

### 1. 插入快速表格

【快速表格】工具的作用是根据用户选择的表格行数和列数，快速插入一个普通带主题的表格。

在 PowerPoint 中选择【插入】选项卡，单击【表格】组中的【表格】按钮，然后即可在弹出的菜单中用鼠标拖动选择单元格的行和列。

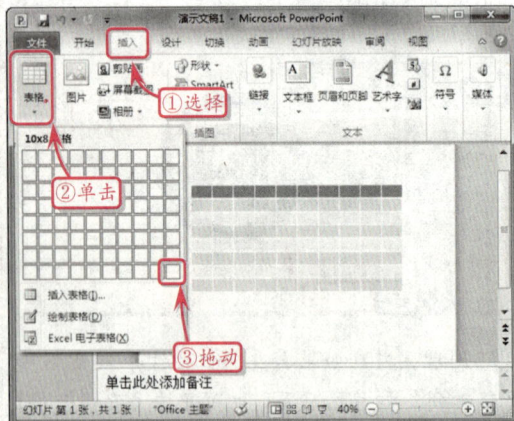

在选择单元格数的过程中，【快速表格】的菜单顶部将显示表格单元格的行数和列数。同时，幻灯片内会根据用户选择的单元格数显示表格的预览图像。

当用户单击单元格之后，即可将相应的表格插入到幻灯片中，并为表格应用默认的主题样式。

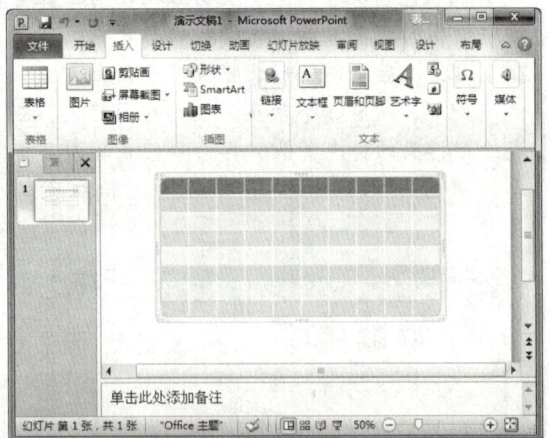

### 提示

【快速表格】工具适用于插入不超过 8 行和 10 列的一般表格，如用户需要插入更多的表格，可使用其他的方式插入表格。

### 2. 插入表格

除了通过【快速表格】工具插入简单的表格外，用户还可以通过【插入表格】命令，插入任意数量单元格的表格。

选择【插入】选项卡，然后在【表格】组中单击【表格】按钮，执行【插入表格】命令，然后即可在弹出的【插入表格】对话框中，设置插入的表格列数和行数等属性。

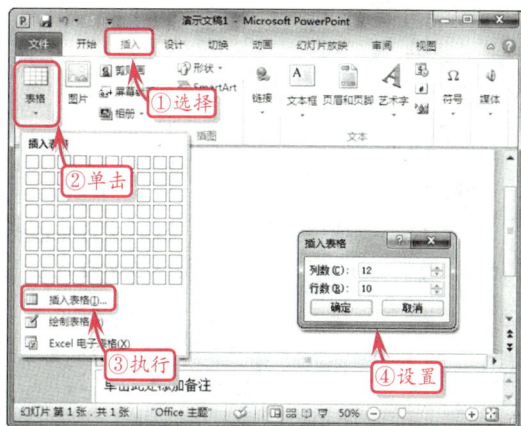

在设置完成表格的单元格行数和列数后，即可单击【确定】按钮，将表格插入到幻灯片中。

**提示**

插入表格功能可插入任意单元格列数和行数的表格。

### 3．插入绘制表格

如用户需要插入更个性化的表格，则可在PowerPoint 中选择【插入】选项卡，并在【表格】组中单击【表格】按钮，执行【绘制表格】命令。

此时，用户可直接在幻灯片中绘制表格的轮廓，确定表格的尺寸和位置。

在绘制完成表格后，即可对绘制的表格进行各种编辑操作，以使之符合演示文稿的要求。

### 4．输入和删除表格文本

在插入表格之后，用户可将鼠标光标置于表格的空白单元格中，然后单击鼠标，输入文本内容。

**提示**

通常绘制的表格只包含一个单元格，需要用户手动为表格添加单元格的行和列。绘制表格的优点在于，用户可手动确定绘制表格的位置和尺寸。

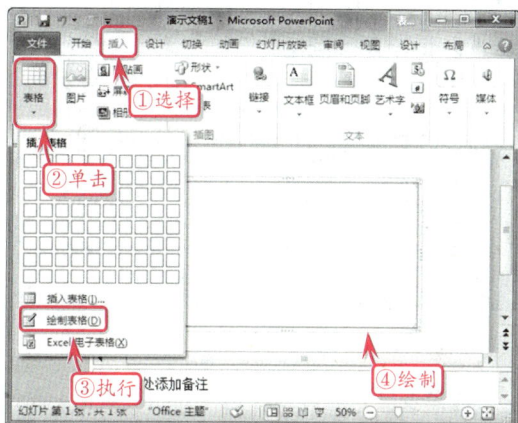

**技巧**

在输入表格文本时，如用户在输入某个单元格的内容后，需要输入该单元格右侧单元格的内容，可按 Tab 快捷键 Tab 控制光标快速跳转到该单元格。除此之外，用户也可使用键盘上的方向键←、↑、↓、→，进行单元格之间的跳转。

如用户需要删除表格中的数据，则可选择该表格单元格，然后再按 Delete 快捷键 Delete，将单元格中的内容清除。

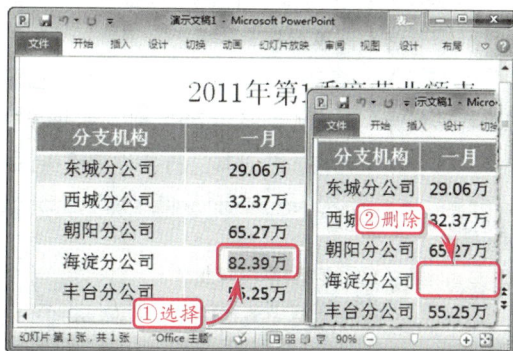

## 8.2 选择表格与单元格

在 PowerPoint 中，用户不仅可以插入各种表格，还可以对表格及其中的单元格进行编辑。在编辑表格之前，用户需要先选中这些表格或单元格。

### 1. 选择表格

在 PowerPoint 中将鼠标光标置于表格上方，然后即可单击鼠标，选中表格。此时，表格将显示一个双线的边框以示区别。

在选中表格后，用户即可对表格进行各种编辑操作。

### 2. 选择某个单元格

如果用户需要对某一个单元格进行单独的编辑，则需要选中该单元格。

将鼠标光标置于该单元格的边框左侧，当鼠标光标转换为向右上方的箭头时，即可直接单击鼠标，选择该单元格，并对其进行各种编辑操作。

### 3. 选择表格行

如用户需要编辑表格的某个行，则可将鼠标光标置于该行的左侧边框处，当鼠标光标转换为向右的箭头➡时，即可单击鼠标，选择该行。

选择表格的行，用户也可选中该行中任意一个单元格，然后选择【表格工具】下的【布局】选项卡，在【表】组中单击【选择】按钮，执行【选择行】命令，选中该行。

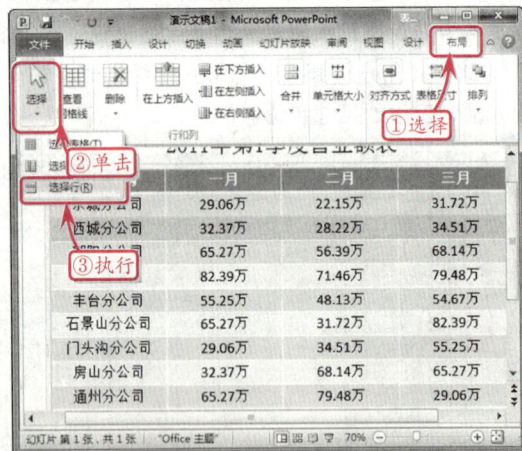

### 4. 选择表格列

选择表格列的方式与选择表格行类似，将鼠标光标置于要选择的表格列顶部边框上方，当鼠标光标转换为向下的箭头时，即可直接单击鼠标，选中该列单元格。

同理，用户也可选中该列中任意一个单元格，然后选择【表格工具】下的【布局】选项卡，在【表】组中单击【选择】按钮，执行【选择列】命令，选择该列。

### 5．选择连续的单元格

除了选择整行或整列的单元格外，PowerPoint
还允许用户选择位于某行或某列的连续数个单元
格，并对其进行编辑。

将鼠标光标置于要选择的第一个单元格边框
左侧，当鼠标光标转换为向右上方的箭头 ⬆ 时，即
可按住鼠标，并根据要选择的行或列拖动鼠标，连
续选择这些单元格。

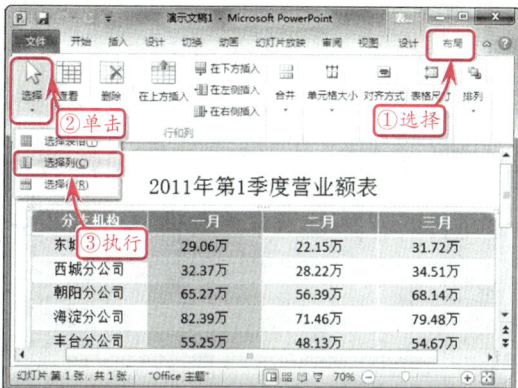

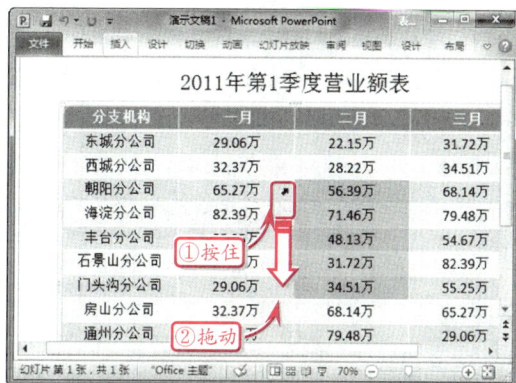

除此之外，用户也可以先将鼠标光标置于第
一个单元格边框左侧，当鼠标光标转换为向右上方
的箭头 ⬆ 后单击鼠标，选择该单元格。然后，再按
住 Shift 键，将鼠标光标置于最后一个单元格的左
侧，再次当鼠标光标转换为向右上方的箭头 ⬆ 时单
击鼠标，将这些单元格选中。

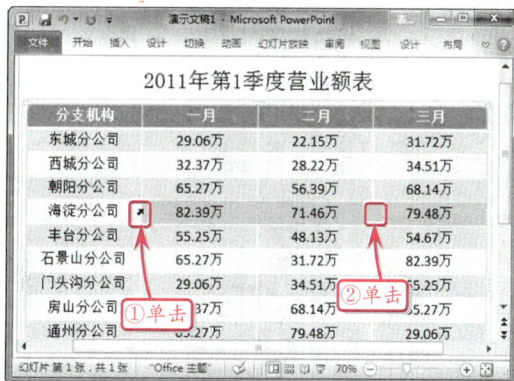

## 8.3  编辑表格单元格

单元格是表格的重要组成部分，在绝大多数
情况下，编辑表格就是编辑表格的单元格。

### 1．绘制单元格

在 PowerPoint 中，用户不仅可以绘制表格，
还可以对表格的单元格进行绘制操作。

选中表格，然后即可选择【表格工具】下的
【设计】选项卡，在【绘图边框】组中单击【绘图
边框】按钮，在弹出的菜单中执行【绘制表格】命
令，然后即可开始绘制表格单元格。

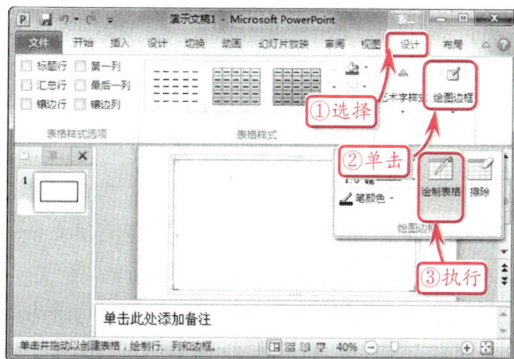

### ● 绘制表格行

在绘制表格行时，用户可将鼠标光标置于表格中，然后以水平方向拖动鼠标，即可绘制一条行的边框线。

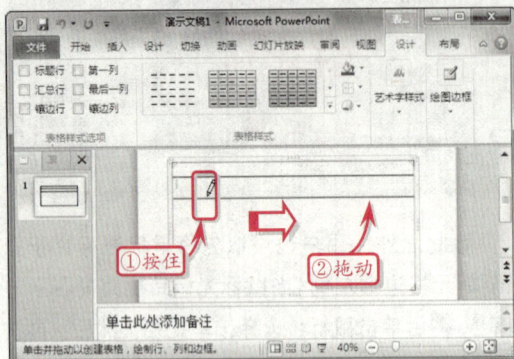

### ● 绘制表格列

绘制表格列的方式与绘制表格行类似，将鼠标光标置于表格中，然后即可以垂直方向拖动鼠标，绘制一条列的边框线。

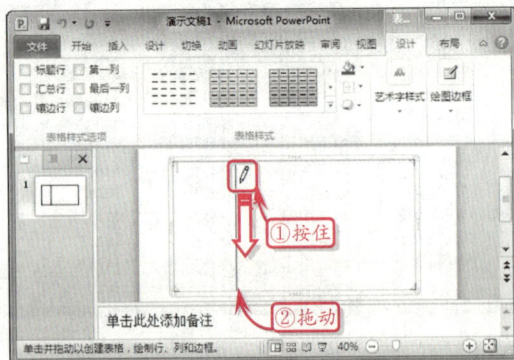

### ● 绘制斜线边框

在 PowerPoint 中，用户不仅可以绘制水平和垂直方向的边框，还可以绘制斜线边框，将某个单元格拆分为两个单元格，以实现复杂的内容标注或表头。

在需要以斜线拆分的单元格中按住鼠标，然后沿单元格的对角线拖动鼠标，即可绘制斜线边框。

### 2．插入行和列

在 PowerPoint 中，用户可以选中的单元格为参照物，在其附近插入相应的行和列。

例如，要为表格插入一个新的行，可选中一个表格行，然后选择【表格工具】下的【布局】选

项卡，在【行和列】组中单击【在下方插入】按钮或【在上方插入】按钮，即可插入一个与目标行完全相同的表格行。

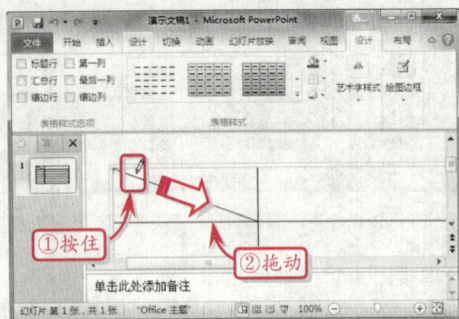

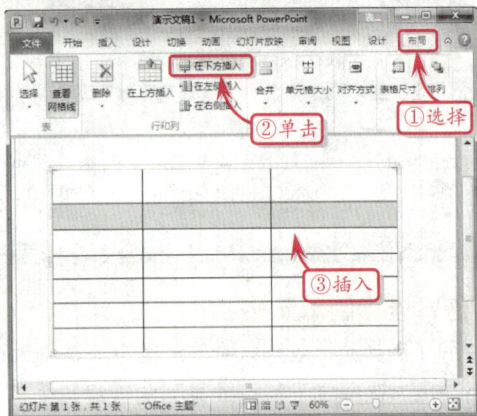

### 提示

单击【在下方插入】按钮，将在目标行下方插入一个表格行，而单击【在上方插入】按钮，则将在目标行上方插入一个表格行。

同理，用户也可选择任意一个表格列，然后在【布局】选项卡中单击【在左侧插入】按钮或【在右侧插入】按钮，为表格插入一个列。

### 技巧

在选中某个表格列之后，用户也可右击鼠标，执行【插入】|【在左侧插入列】命令或【插入】|【在右侧插入列】命令，插入表格列。

在选中某个表格行之后，用户也可右击鼠标，执行【插入】|【在上方插入行】命令或【插入】|【在下方插入行】命令，插入表格行。

## 3．删除行和列

如表格中存在多余的行和列，则用户可以方便地将其删除。

- 删除列

如需要删除一个表格列，可选中需要删除的列或该列中任意一个单元格，然后选择【表格工具】下的【布局】选项卡，在【行和列】组中单击【删除】按钮，在弹出的菜单中执行【删除列】命令，将该列删除。

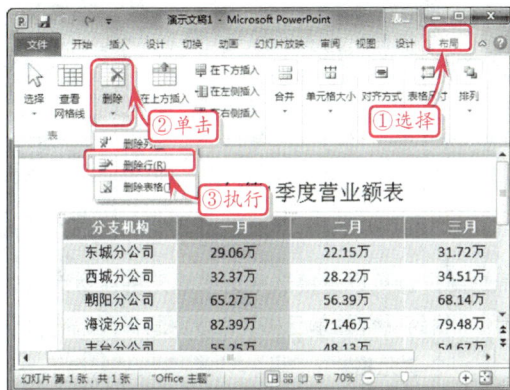

在选中列或列中的任意一个单元格之后，用户也可右击鼠标，执行【删除列】命令，将该列删除。

- 删除行

删除行的方法与删除列类似，选中某个行或该行中任意一个单元格，然后即可选择【表格工具】下的【布局】选项卡，在【行和列】组中单击【删除】按钮，在弹出的菜单中执行【删除行】命令，将该行删除。

而选中该行或行中的任意一个单元格之后，用户也可直接右击，执行【删除行】命令，将该行删除。

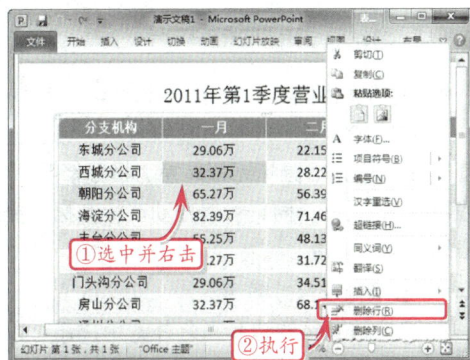

## 4．拆分单元格

拆分单元格的作用是将一个或多个单元格拆分为更多的单元格，例如，将某一个单元格拆分为两行单元格或两列单元格，以及将某一列单元格拆分为两列甚至 3 列单元格等。

在选中单元格之后，用户即可选择【表格工具】下的【布局】选项卡，在【合并】组中单击【合并】按钮，执行【拆分单元格】命令。

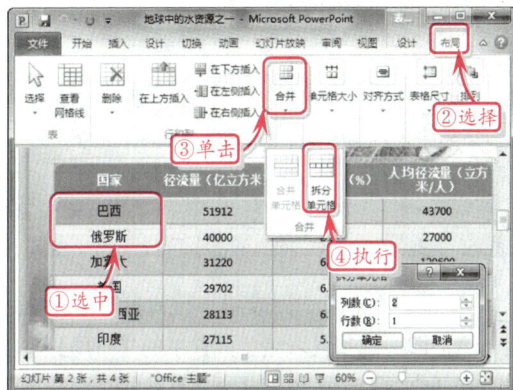

在弹出的【拆分单元格】对话框中，用户可设置将选中的单元格拆分为若干行或者列。单击该对话框中的【确定】按钮之后，即可完成拆分操作。

用户不仅可以对单个单元格进行拆分操作，还可以对多个连续单元格或表格的行和列进行拆分操作。

在选中位于同一列的若干单元格之后，用户即可选择【表格工具】中的【布局】选项卡，在【合并】组中单击【合并】按钮，执行【拆分单元格】命令。在弹出的【拆分单元格】对话框中，设置要拆分的【列数】，即可完成对这些单元格的拆分。

在拆分单元格时，用户也可以直接选中某个单元格或多个单元格，然后右击鼠标，执行【拆分单元格】命令，同样可打开【拆分单元格】对话框，对单元格进行拆分操作。

## 5．合并单元格

合并单元格是拆分单元格的逆操作，其可以将位于同一列或同一行的多个单元格合并在一起。

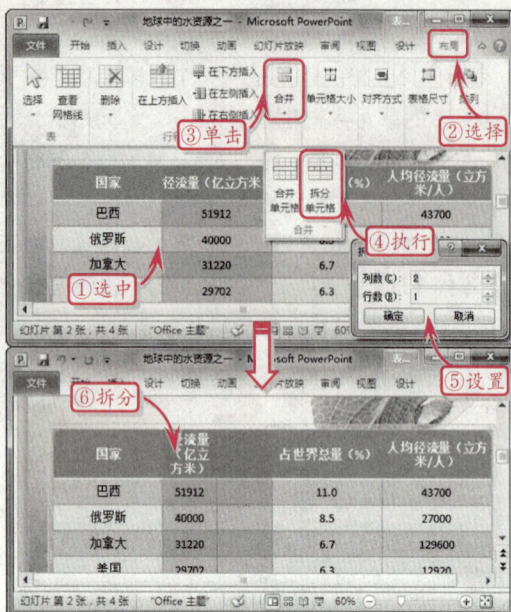

并单元格】命令，将这些单元格合并在一起。

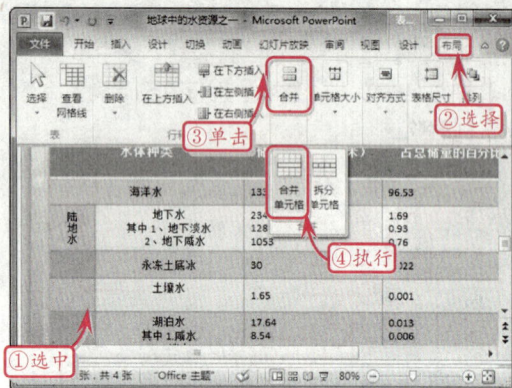

在选中位于同一列或同一行的多个单元格之后，用户即可选择【表格工具】中的【布局】选项卡，在【合并】组中单击【合并】按钮，执行【合并单元格】命令，将这些单元格合并在一起。

用户也可以直接选中这些单元格，然后右击鼠标，执行【合并单元格】命令，同样可以将其合并为一个单元格。

# 8.4 调整表格和单元格尺寸

与 PowerPoint 其他对象类似，用户也可以定义表格或单元格的尺寸，包括宽度和高度等属性值。

## 1. 调整表格尺寸

在选中表格之后，用户可以通过 3 种方式调整表格的尺寸。

### ● 拖动表格角

如用户需要同时更改表格的宽度和高度，则可通过鼠标拖动表格的 4 个角，以实现对表格宽度和高度的同时更改。

将鼠标光标置于表格的 4 个角，当鼠标光标转换为斜线箭头（↖或↘）标志后，即可拖动鼠标，同时更改表格的宽度和高度。

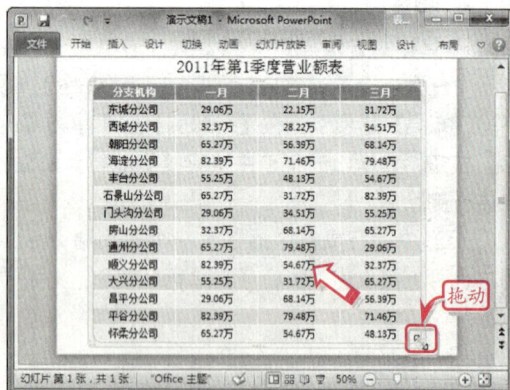

### ● 拖动表格边

将鼠标光标置于表格边框的水平中线位置或垂直中线位置，当鼠标光标转换为横线箭头↔或竖线箭头↕之后，同样可以拖动鼠标光标，更改表格的宽度或高度。

### ● 直接修改尺寸数值

除了拖动表格的边和角之外，用户还可以在【工具选项卡】栏中直接输入表格的尺寸数值，以修改其尺寸。

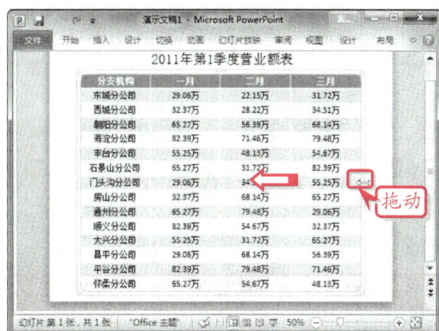

选中表格后，选择【表格工具】下的【布局】选项卡，在【表格尺寸】组中单击【表格尺寸】按钮，然后即可在弹出的菜单中设置表格的【宽度】和【高度】等属性。

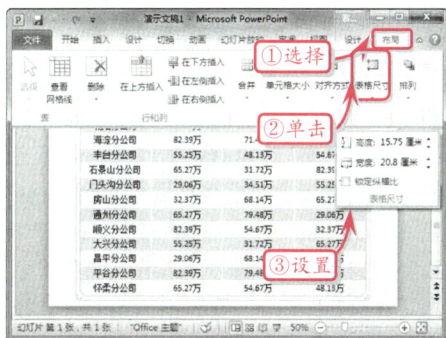

**提示**

如用户启用了【锁定纵横比】复选框，则在改变表格【高度】属性时，表格的【宽度】属性会等比例变更。而改变表格的【宽度】属性时，表格的【高度】属性也会等比例变更。

### 2．调整单元格尺寸

在 PowerPoint 的表格中，所有单元格都紧密地排列在一起，在改变某个单元格的宽度或高度等属性时，该单元格所在的行或者列也会发生同样的宽度和高度改变。用户可以通过两种方式修改单元格以及表格行或列的尺寸。

● 拖动单元格边框

将鼠标光标置于单元格的顶部或底部边框上，当鼠标光标转换为上下箭头标志后，用户即可向垂直方向拖动鼠标，更改表格单元格或行的高度属性。

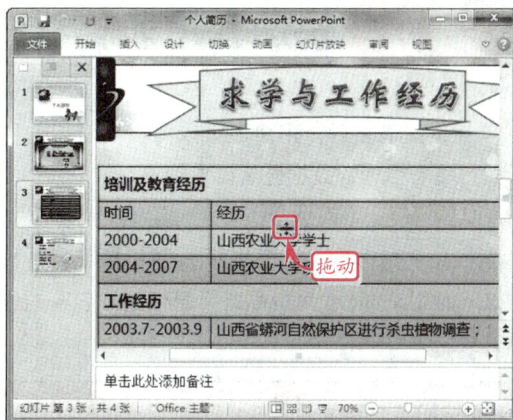

同理，当用户将鼠标光标置于单元格的左侧或右侧边框上，鼠标光标转换为左右箭头标志后，用户即可向水平方向拖动鼠标，更改表格单元格或列的宽度属性。

● 输入单元格尺寸值

除了以可视化的方式拖动表格单元格的边框外，用户还可以为选中的表格单元格输入指定的宽度值和高度值。

选中单元格，然后即可选择【表格工具】下的【布局】选项卡，在【单元格大小】组中单击【单元格大小】按钮，在弹出的菜单中设置单元格的高度和宽度等属性。

在设置完单元格的属性后，PowerPoint 将自动把这两种属性应用到单元格及其所在的行和列中。

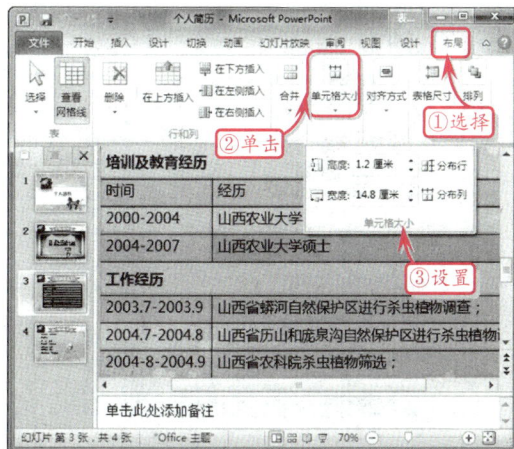

## 8.5 快速套用表格样式

在创建表格后，用户还可以为表格套用各种样式，使表格中的数据显示得更加清晰。

### 1. 设置表格样式选项

PowerPoint 定义了表格的 6 种组成部分，根据这 6 种组成部分，用户可以为表格划分内容的显示方式。

| 表格组成 | 作　　用 |
| --- | --- |
| 标题行 | 通常为表格的第一行，用于显示表格的标题 |
| 汇总行 | 通常为表格的最后一行，用于显示表格的数据汇总部分 |
| 镶边行 | 用于实现表格行数据的区分，帮助用户辨识表格数据，通常隔行显示 |
| 第一列 | 用于显示表格的副标题 |
| 最后一列 | 用于对表格横列数据进行汇总 |
| 镶边列 | 用于实现表格列数据的区分，帮助用户辨识表格数据，通常隔列显示 |

在创建一个表格后，PowerPoint 将自动为表格应用标题行和镶边行的两种样式。

如用户需要为表格应用其他样式，则可选择【表格工具】下的【设计】选项卡，在【表格样式选项】组中，分别启用这 6 个复选框，选择显示表格的组成部分内容，如下。

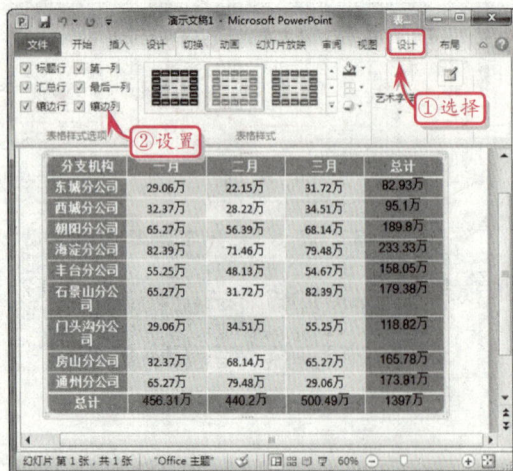

在上图的表格中，第一行为表格的标题行，第 2 行、第 4 行、第 6 行等偶数行为表格的镶边行，最后 1 行为表格的汇总行，第 2 列和第 4 列为表格的镶边列。

### 提示

如用户设置表格的标题行为显示，则镶边行将为表格的偶数行，而如果隐藏了表格的标题行，则镶边行将为表格的奇数行。

同理，如用户设置表格的第一列，则镶边列将为表格的偶数列，而如果隐藏了表格的第一列，则镶边列将为表格的奇数列。

### 2. 应用和清除表格样式

PowerPoint 提供了大量的表格预设样式，包括表格的边框分布、边框线样式以及背景填充样式和特效等，允许用户将这些样式应用到表格中。

在 PowerPoint 中选中表格，然后即可选择【表格工具】下的【设计】选项卡，在【表格样式】组中单击【其他】按钮，在弹出的菜单中选择预设样式。

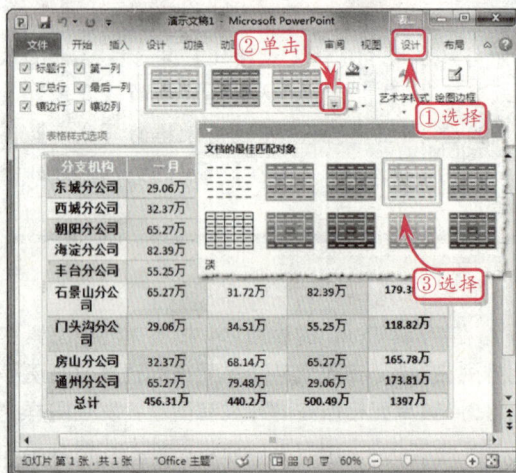

### 提示

表格的预设样式包括"文档最佳匹配对象"、"淡"、"中"和"深"等类型，供用户选择使用。

如用户需要将已有的表格样式清除，也可在相同的菜单中执行【清除表格】命令，将已有的表格样式删除。此时，表格将保持黑色边框和字体、白色的背景和填充。

**提示**

清除表格不仅能清除应用的表格预设样式，还能清除用其他方法为表格添加的样式。

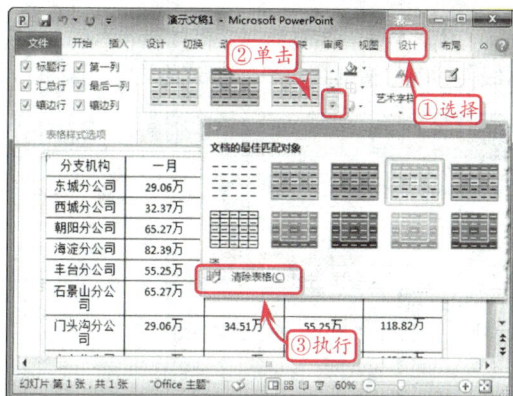

# 8.6 设置表格底纹

在之前的小节中，已介绍了为表格应用样式以实现设置表格单元格底纹的方法。除了通过该方法外，用户还可以用其他一些方式填充表格，实现丰富的表格背景。

选中表格或单元格，然后即可在【表格工具】下的【设计】选项卡中单击【底纹】按钮右侧的箭头，然后在弹出的菜单中选择表格或单元格的底纹类型，包括单色、无填充内容、图片、渐变、纹理等。

**提示**

为表格或单元格填充底纹的方法与设置占位符的填充内容类似，用户都可以设置多种互不干扰的填充内容，将其应用到表格的底纹中。

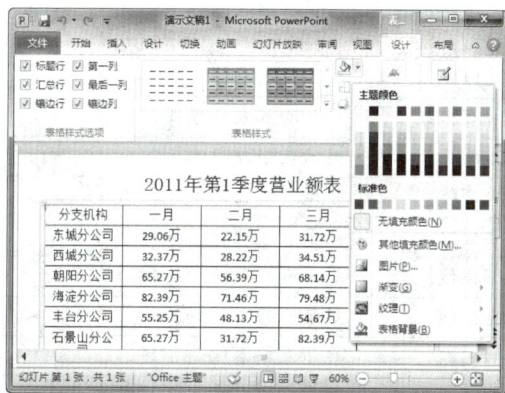

如用户选择的是表格中的一个或多个单元格，则用户还可以在该菜单中执行【表格背景】命令，在子菜单中设置整个表格的底纹。

# 8.7 设置表格框线和效果

在 PowerPoint 中，允许用户选择表格或单元格，定制其框线的显示或隐藏，并为其应用各种特效。

### 1．设置表格框线

在选中表格后，用户即可选择【表格工具】下的【设计】选项卡，在【表格样式】组中单击【无框线】按钮右侧的箭头，在弹出的菜单中执行

相应的命令，来选择表格的框线。

以上这些表格框线的命令为叠加关系，用户可同时选中多种框线，将其应用到表格中。

### 2．设置单元格框线

在选中表格的一个或多个单元格后，用户也可以单独为这些单元格应用特殊的边框线设置。其设置方法与选中表格后的操作完全相同，唯一区别

在于，在设置单元格框线时，用户无法编辑"内部框线"、"内部横框线"和"内部竖框线"属性。

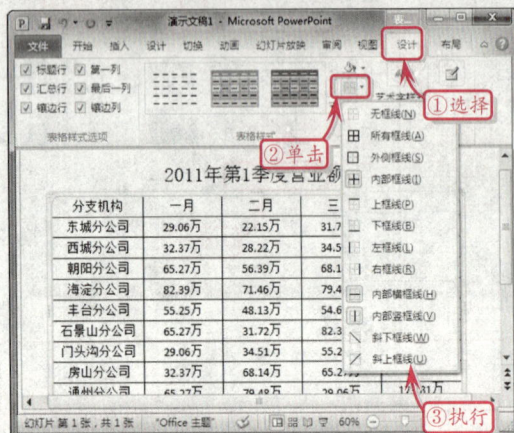

格应用一些复杂的特效。

选中表格，然后选择【表格工具】下的【设计】选项卡，即可在【表格样式】组中单击【效果】按钮，在弹出的菜单中选择添加效果的类型。

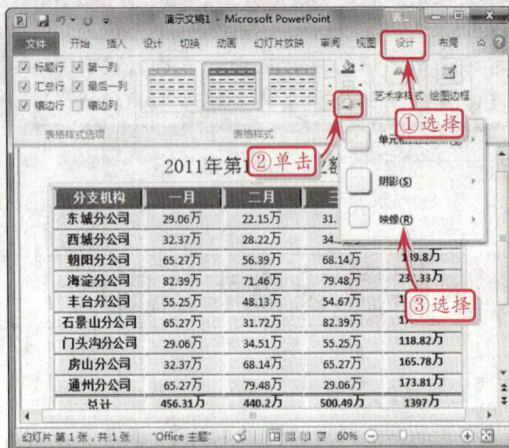

| 命　令 | 作　用 |
| --- | --- |
| 无框线 | 删除所有表格框线 |
| 所有框线 | 显示所有表格框线 |
| 外侧框线 | 显示表格外部的框线 |
| 内部框线 | 显示表格内部单元格框线 |
| 上框线 | 显示表格顶部的框线 |
| 下框线 | 显示表格底部的框线 |
| 左框线 | 显示表格左侧的框线 |
| 右框线 | 显示表格右侧的框线 |
| 内部横框线 | 显示表格内部单元格的水平框线 |
| 内部竖框线 | 显示表格内部单元格的垂直框线 |
| 斜下框线 | 为表格添加斜下对角线框线 |
| 斜上框线 | 为表格添加斜上对角线框线 |

### 3. 设置表格效果

在 PowerPoint 中，用户还可以为表格的单元

表格可用的效果主要包括【单元格凹凸效果】、【阴影】和【映像】3 种。

其中【单元格凹凸效果】主要是通过对表格单元格边框的处理，为其应用边框凸出或凹陷的效果；【阴影】特效的作用是为表格建立位于内部或外部各种方向的光晕；【映像】特效则是在表格四周创建一个倒影。

> **提示**
> 右击表格后，用户也可执行【设置形状格式】命令，在弹出的【设置形状格式】对话框中设置特效的具体属性。

## 8.8 练习：个人简历之二

**练习要点**
- 创建表格
- 设置表格格式
- 插入艺术字
- 设置图片格式
- 插入剪贴画
- 插入文本框

个人简历是大学生在求职过程中向企业宣传自己的一种途径。其真正目的是让用人单位全面认识自己、了解自己，从而为自己创造面试的机会，最终达到就业的目的。下面利用 PowerPoint 的创建表格、插入艺术字等功能，来继续完成"个人简历"演示文稿的制作。

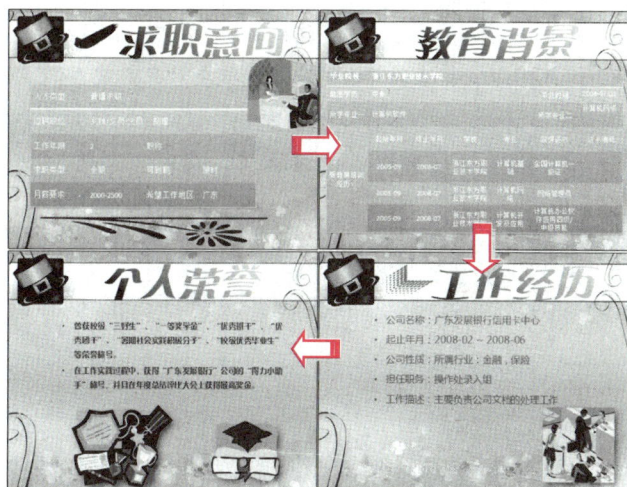

提示

在这几张幻灯片中，设置的标题占位符中的文本样式是相同的。先添加渐变填充颜色，然后应用"双波形 2"文字效果。

## 操作步骤 ▶▶▶▶

**STEP|01** 打开"个人简历"演示文稿，新建一张幻灯片，设置其背景格式为图片填充，背景图片为"图片 2.jpg"。单击"单击此处添加标题"占位符，输入文本"求职意向"，并设置文本格式及样式。

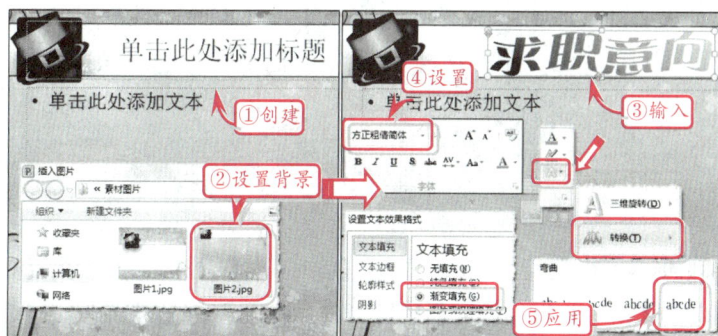

提示

在【设置文本效果格式】对话框中，设置的渐变填充的【预设颜色】为"熊熊火焰"。

**STEP|02** 单击【图片】按钮，插入一张图片。在【表格】组中，单击【表格】下拉按钮，在下拉菜单中单击【插入表格】按钮，将弹出【插入表格】对话框，在该对话框中输入列数为 4；行数为 5。然后，在【表格样式】组中，应用"主题样式 2，强调 3"样式。

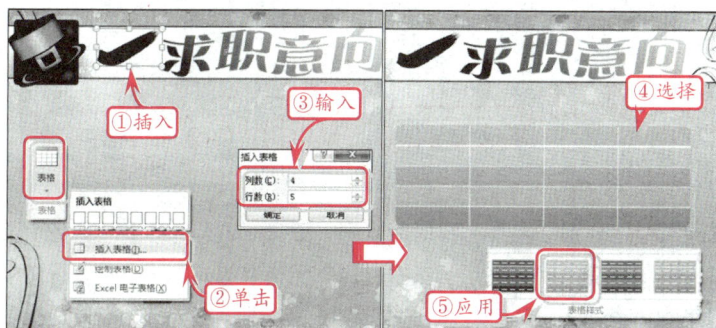

提示

用户可以单击【表格】下拉按钮，用鼠标单击并移动指针以选择所需的行数和列数，然后释放鼠标，即可插入表格。

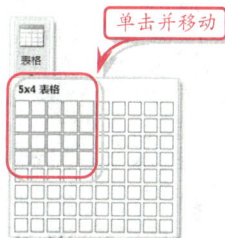

**STEP|03** 选择第 1、2 行的后 4 列，选择【表格工具】下的【设计】

## 提示

设置单元格中输入的文本字体为"宋体"；大小为18；颜色为"白色，背景1"。

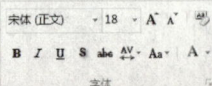

## 提示

在【剪贴画】面板中，输入【搜索文字】为"找工作"，即可选择图片插入。

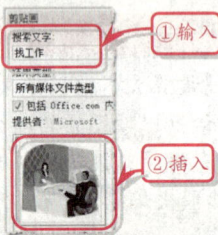

## 提示

当表格不够用时，可以在【行和列】组中，单击【在上方插入】、【在下方插入】、【在左侧插入】、【在右侧插入】按钮。

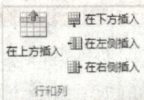

## 提示

选择合并的第1行的后6列，第2、3行的第2～5列，设置单元格的对齐方式为"左对齐"、"垂直居中"。

选项卡，在【合并】组中，单击【合并单元格】按钮。然后，在每个单元格中输入相应的文本，并设置文本格式及对齐方式。

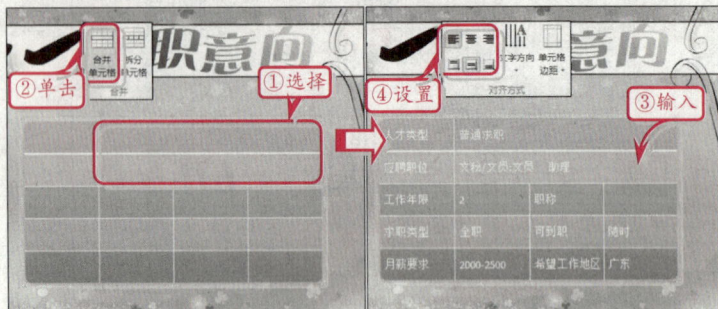

**STEP|04** 插入图片和剪贴画，并放在相应的位置。然后，新建幻灯片，设置背景格式，在标题占位符中输入文本"教育背景"，并设置文本格式及样式与上一张幻灯片相同。

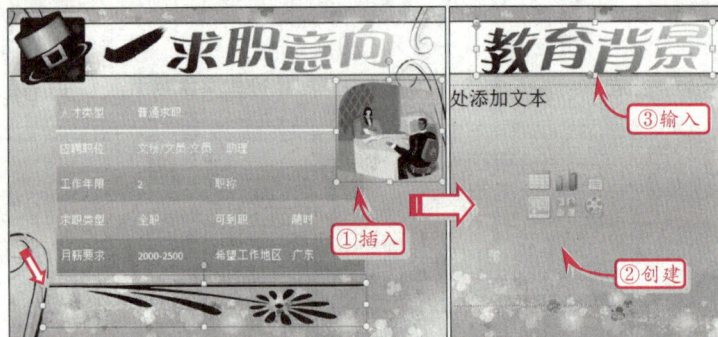

**STEP|05** 在内容占位符中，单击【插入表格】按钮，在弹出的【插入表格】对话框中，输入【行数】为7、【列数】为7。然后，在【表格样式】组中，应用"主题样式2，强调3"样式。

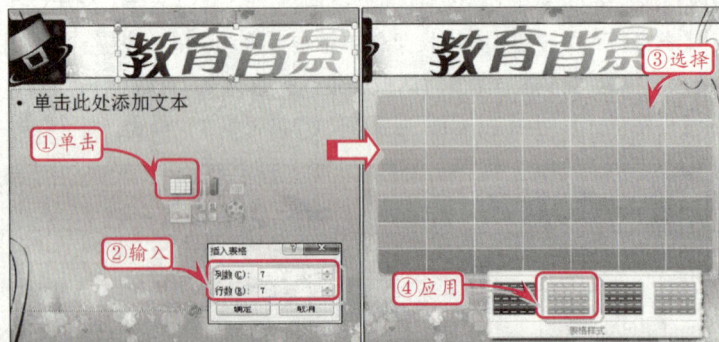

**STEP|06** 分别合并第1行的后6列，第2、3行的第2～5列，第4～7行的第1列。然后，在相应的单元格中输入文本，并设置文本格式及对齐方式。

**STEP|07** 新建幻灯片，设置背景格式，在标题占位符中输入文本"工作经历"，并设置文本格式及样式与上一张幻灯片相同，然后插入

图片。

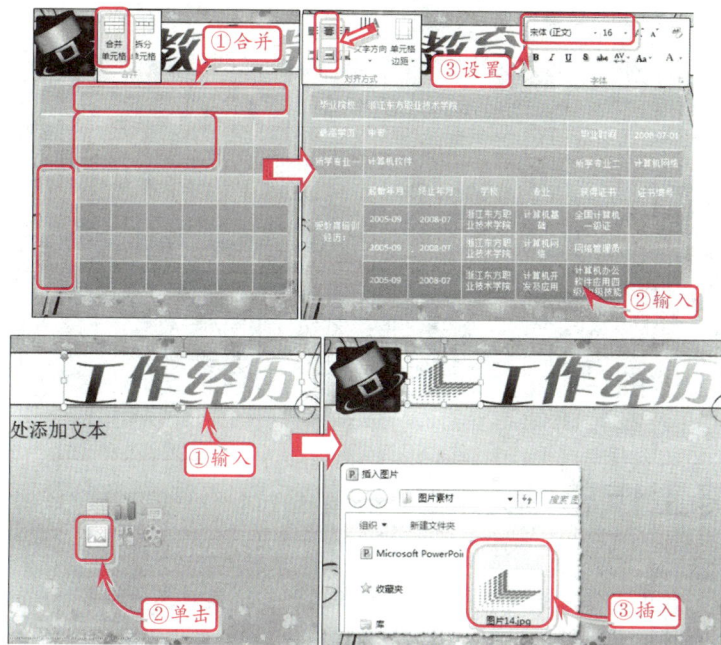

**STEP|08** 插入横排文本框，输入文本，并设置文本格式、段落格式。然后插入剪贴画，并在【图片样式】组中，应用"矩形投影"样式。

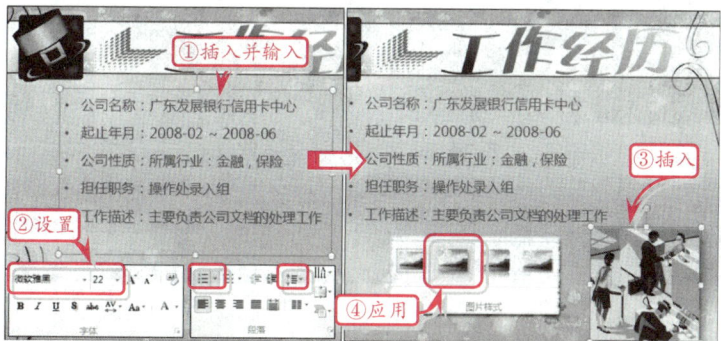

提示

设置文本框中的文本的【行距】为"1.5 倍"；添加的项目符号为"带填充效果的圆形项目符号"；设置文本颜色为"蓝色"，RGB 值为（71,49,205）。

**STEP|09** 新建幻灯片，设置背景格式，在标题占位符中输入文本"工作经历"，并设置文本格式及样式与上一张幻灯片相同。然后，在内容占位符中输入文本，并设置文本格式。

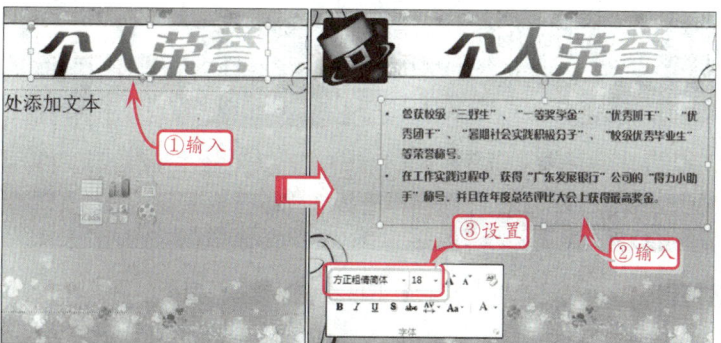

提示

在"工作经历"幻灯片中插入的剪贴画，在【剪贴画】面板中输入的【搜索文字】为"银行"。

提示

在"个人荣誉"幻灯片中，输入的文本颜色为"深蓝，文字 2"。

**STEP|10** 在幻灯片的底部插入两张剪贴画，并分别在【图片样式】组中，应用"矩形投影"样式。

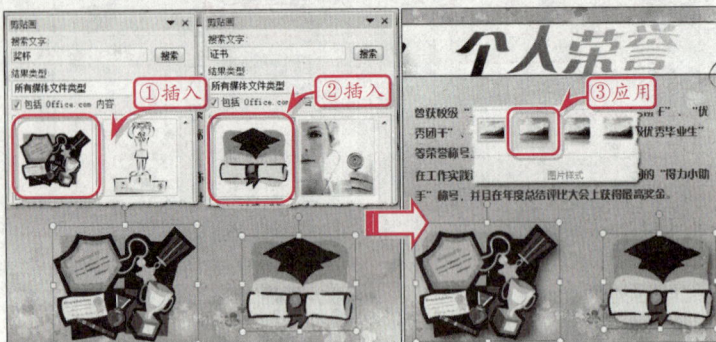

## 8.9 练习：年终工作总结之一

年度工作总结是回顾公司一年来的工作，是对这一年中公司的安全管理、原料采购、产品生产、市场销售、企业外宣等方面的总结。下面运用创建表格、设置表格样式等知识，来制作"中联科技发展有限责任公司 2011 年度工作总结"幻灯片。

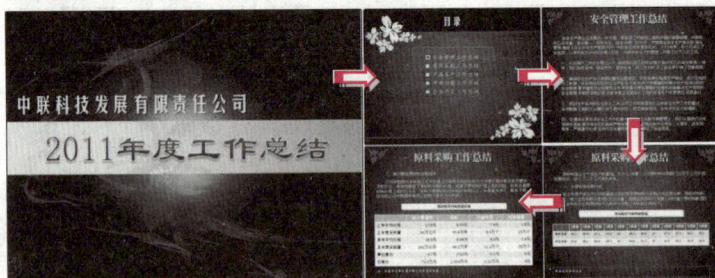

**操作步骤** ▶▶▶▶

**STEP|01** 打开素材"年度工作总结.pptx"幻灯片模板。单击"单击此处编辑标题"占位符，输入"2011 年度工作总结"。然后单击"单击此处添加副标题"占位符，输入文本"中联科技发展有限责任公司"。

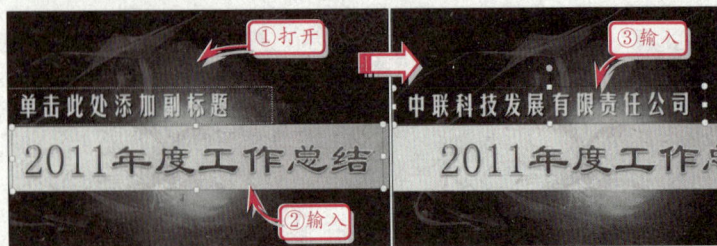

**STEP|02** 单击【新建幻灯片】下拉按钮，选择"目录"项。单击"单

击此处添加标题"占位符，输入文本"目录"；然后，单击"单击此处添加文本"占位符，输入目录内容文本。

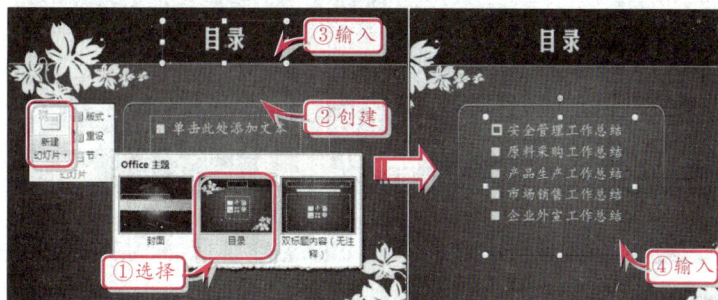

**STEP|03** 新建"主副布局内容"幻灯片，单击"单击此处添加标题"占位符，输入文本"安全管理工作总结"；然后，单击"单击此处添加文本"占位符，输入内容文本。

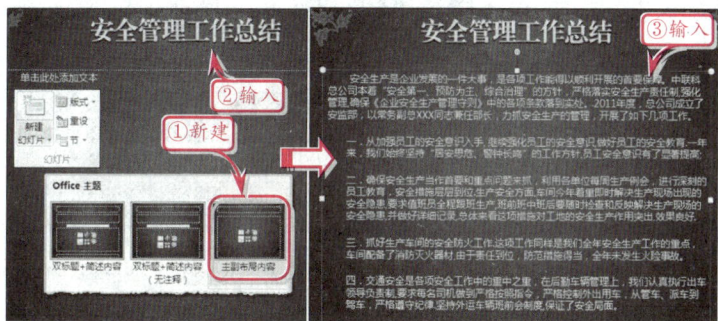

**STEP|04** 选择"目录"幻灯片，右击执行【复制幻灯片】命令，将其拖入到文稿最后，并修改项目符号。然后，单击【新建幻灯片】下拉按钮，选择"双标题+简述内容"幻灯片。

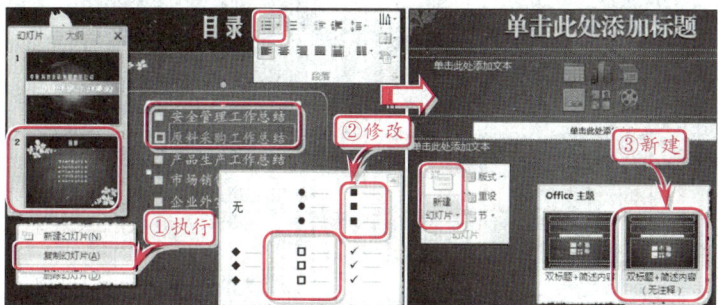

**STEP|05** 单击"单击此处添加标题"占位符，输入文本"原料采购工作总结"；在下方的内容占位符中输入相应的内容。然后，在第 2 标题占位符中输入文本"平均库存与采购系数表"，并在下方的内容占位符中，单击【插入表格】按钮，在弹出的【插入表格】对话框中，

**提示**

选择"安全管理工作总结"项目符号文本，在【段落】组中，单击【项目符号】下拉按钮，选择"加粗空心方形项目符号"，这代表下一张幻灯片将讲的内容。

**提示**

设置"安全管理工作总结"内容占位符中文本段落的【段前间距】为"12 磅"；【段后间距】为"12磅"。

**提示**

用户可以在新建幻灯片后，再设置版式。

**技巧**

单击【表格】下拉按钮，执行【插入表格】命令。在弹出的【插入表格】对话框中，设置行数与列数。

输入行数和列数。

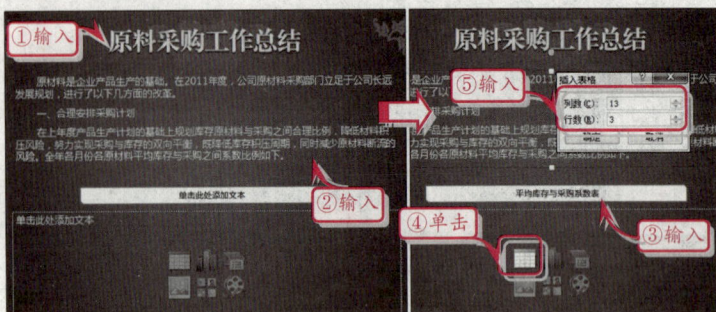

**STEP|06** 选择表格，在【表格样式】组中应用【中度样式 2-强调 2】样式。然后，在表格中输入文本，并设置文本的格式及文本对齐方式。

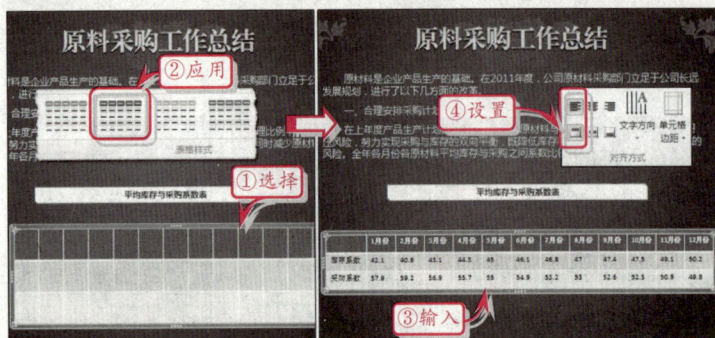

**STEP|07** 新建"双标题+简述内容"幻灯片，在第 1 个标题占位符中输入文本"原料采购工作总结"；在下方内容占位符中输入文本。然后，在第 2 标题占位符中输入文本"原材料平均采购差价表"，并单击下方内容占位符中的【插入表格】按钮，在弹出的【插入表格】对话框中输入行数和列数。

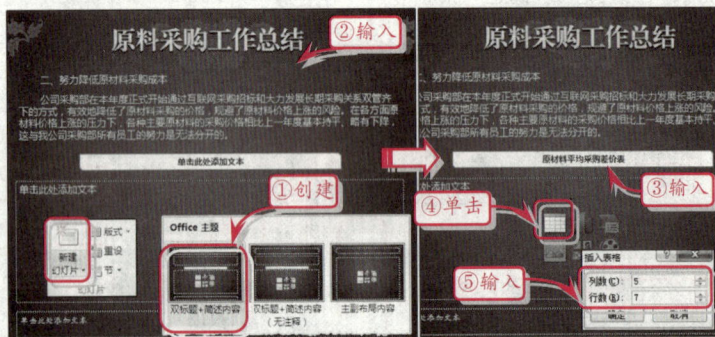

**STEP|08** 选择表格，在【表格样式】组中应用【中度样式 2-强 3】样式。并在每个单元格中输入文本，设置文本的格式及文本对齐方式。然后，在幻灯片最后的标注占位符中输入文本。

---

**提示**

设置"原料采购工作总结"第一个内容占位符中的文本段落格式为"首行缩进"；段前和段后间距为"6 磅"。

**注意**

如果不需要在幻灯片下方添加注释，可选择"双标题+简述内容（无注释）"的幻灯片主题。

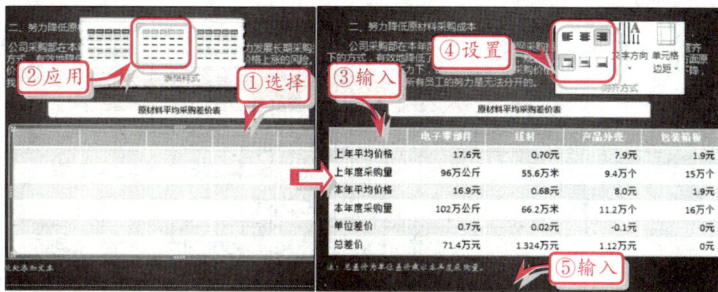

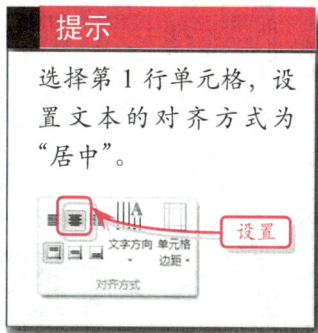

**STEP|09** 按照相同的方法完成"原料采购工作总结三"、"产品生产工作总结"幻灯片的制作。

# 8.10 高手答疑

## Q&A

### 问题 1:如何更改表格中各单元格内容的对齐方式?

**解答:** 在 PowerPoint 中,用户可以方便地更改表格中各单元格内容的对齐方式,包括水平对齐方式和垂直对齐方式。

　　选中表格或其中若干单元格,然后即可选择【表格工具】下的【布局】选项卡,在【对齐方式】组中单击【对齐方式】按钮,即可在弹出的菜单中单击表格对齐的两类按钮,定义对齐方式并将其应用到表格或单元格中。

　　在【对齐方式】菜单中,提供了 2 组 6 个按钮用于表格文本对齐方式的设置,如下。

| 按钮 | 作　用 | 按钮 | 作　用 |
|---|---|---|---|
|  | 文本左对齐 |  | 顶端对齐 |
|  | 居中 |  | 垂直居中 |
|  | 文本右对齐 |  | 底端对齐 |

　　为其中每组选择一种对齐方式,即可完成对表格内容的对齐设置。

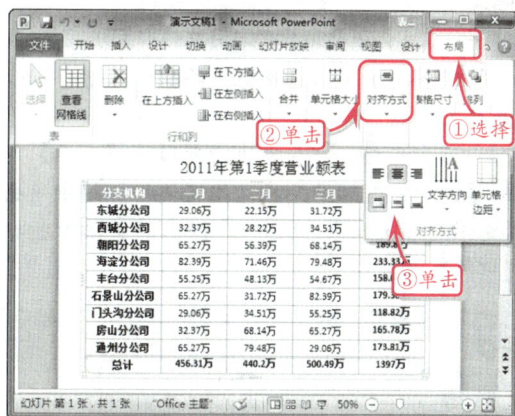

## Q&A

### 问题 2:如何设置表格中内容的文字方向?

**解答:** 表格也是一种特殊的占位符,因此,为表格输入文本后,用户也可以控制其文本流动的方向。

　　在选中表格的文本后,用户即可选择【表格工具】下的【布局】选项卡,单击【对齐方式】组中的【对齐方式】按钮,在弹出的菜单中执行【文字方向】命令,然后再选择文本流动的方向。

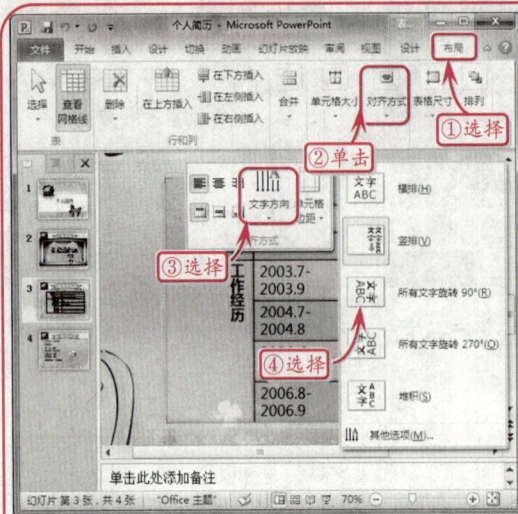

| 方　向 | 说　明 |
|---|---|
| 横排 | 正常的西文文本流动方向 |
| 竖排 | 竖排文本，并控制文本自右向左流动 |
| 所有文字旋转90° | 将文本旋转90°，以自上到下和自右向左的方向流动 |
| 所有文字旋转270° | 将文本旋转270°，以自下而上和自左向右的方向流动 |
| 堆积 | 根据表格单元格和文本的多少决定文本的流动方向 |

在该菜单中，允许用户设置以下几种文本的方向。

如用户需要定义更加复杂的文本流动方向，也可执行【其他选项】命令，在弹出的【设置文本效果格式】对话框中进一步设置文本的流动方向。

## Q&A

**问题3：如何擦除表格的单元格框线？**

**解答：**在 PowerPoint 中，用户不仅可以绘制表格的框线，还可以将表格中的框线擦除，以合并单元格。

选中表格，然后即可选择【表格工具】下的【设计】选项卡，在【绘图边框】组中单击【绘图边框】按钮，然后在弹出的菜单中执行【擦除】命令。

当鼠标光标转换为橡皮图标后，用户即可将鼠标光标置于要擦除的框线上方，单击鼠标以将其删除。

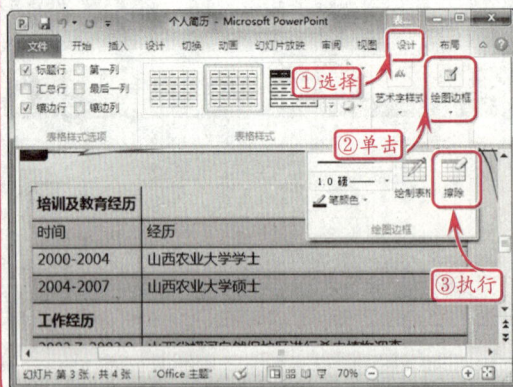

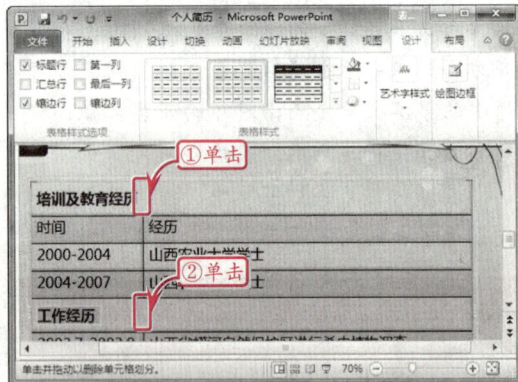

## Q&A

**问题4：如何更改表格中单元格内文本的边距？**

**解答：**边距是文本与表格单元格之间的距离，

适当设置边距，可使文本显示得更加清晰和美观。

用户可以统一为整个表格中所有的单元格设置边距，也可以控制某一个单元格，单独为其设置边距。

在选中整个表格后，用户即可选择【表格工具】下的【布局】选项卡，在【对齐方式】组中单击【对齐方式】按钮，在弹出的菜单中执行【单元格边距】命令，即可选择预设的各种单元格边距值，将其应用到表格内的所有单元格中。

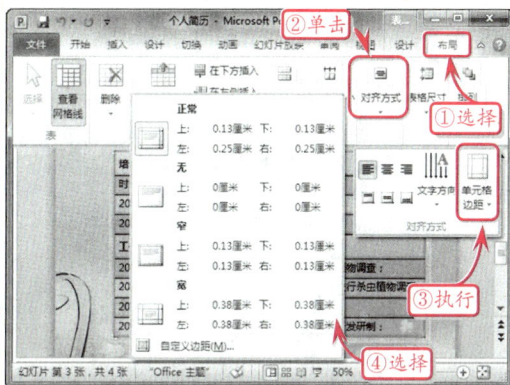

如用户需要为表格中的所有单元格进行自定义边距，则可在该菜单中执行【自定义边距】命令，在弹出的【单元格文字版式】对话框中对其进行设置。

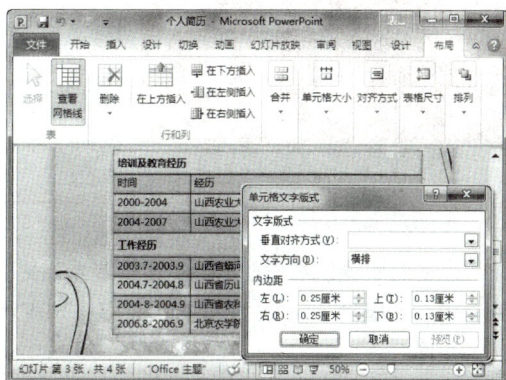

在该对话框中，用户既可以设置单元格的【文字版式】，也可以设置其【内边距】属性。在【左】、【上】、【右】和【下】等文本框中输入相应的数值和单位，即可将边距应用到表格的单元格中。

设置单元格的边距，其方法与设置整个表格类似，选中需要设置的一个或多个单元格，然后即可选择【表格工具】下的【布局】选项卡，在【对齐方式】组中单击【对齐方式】按钮，执行【单元格边距】命令，进行类似的设置。

# 09 插入图表

在 PowerPoint 中，用户不仅可以以表格的方式显示各种数据内容，还可以使用图表功能，根据输入表格的数据以柱形图、趋势图等方式，生动地展示数据内容，并描绘数据变化的趋势等信息。PowerPoint 提供了强大的图表显示功能，本章就将通过介绍这一功能，帮助用户理解 PowerPoint 的进阶使用。

## 9.1 插入图表的方式

图表是一种生动的描述数据的方式，可以将表中的数据转换为各种图形信息，方便用户对数据进行观察。

为 PowerPoint 演示文稿插入图表的方式主要有以下两种。

### 1. 直接插入图表

在 PowerPoint 中，用户可选择【插入】选项卡，在【插图】组中单击【图表】按钮，然后即可打开【插入图表】对话框。

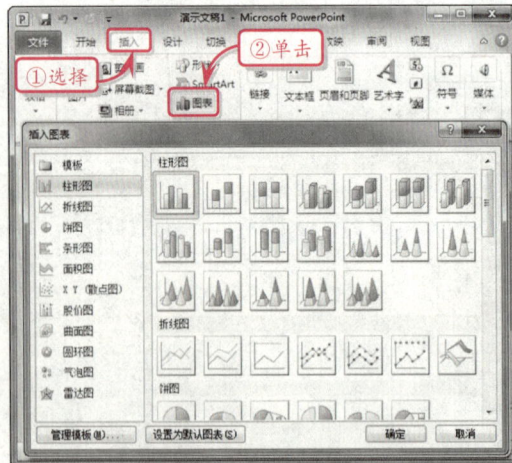

在弹出的【插入图表】对话框中，用户可选择图表的类型，包括"柱形图"、"折线图"、"饼图"等，在单击【确定】按钮之后，将打开一个 Microsoft Excel 2010 窗口，允许用户为该窗口输入数据。

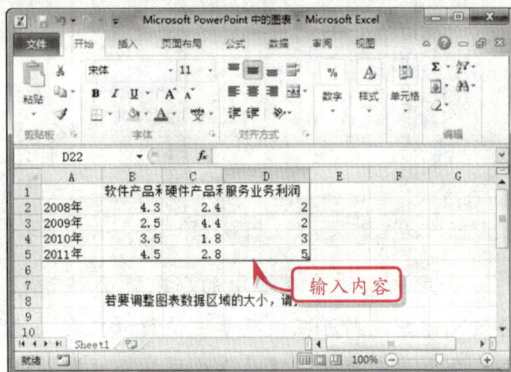

在输入完成所有数据后，用户即可关闭该窗口，返回到 PowerPoint 2010 中，查看完成的图表图形。

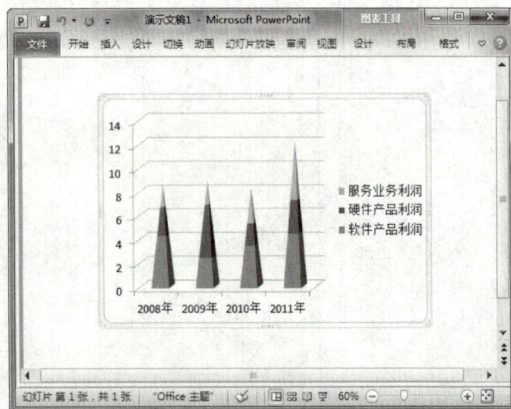

### 2. 创建占位符中的图表

除了直接插入图表外，用户也可以通过占位符中的插入按钮进行图表的插入操作。

在包含内容类占位符的幻灯片中，用户可直接单击其占位符中的【插入图表】按钮，打开【插入图表】对话框。

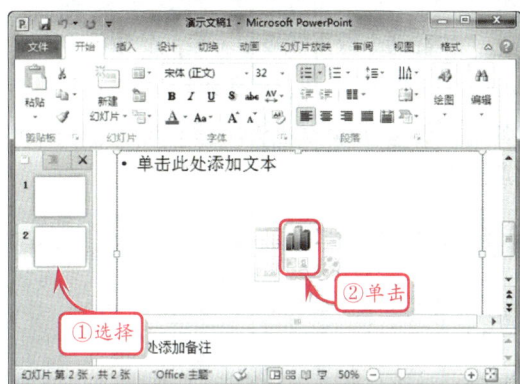

在弹出的【插入图表】对话框中，用户即可选择图表的类型，然后以相同的方式在弹出的 Excel 2010 窗口中输入数据，完成图表的创建。

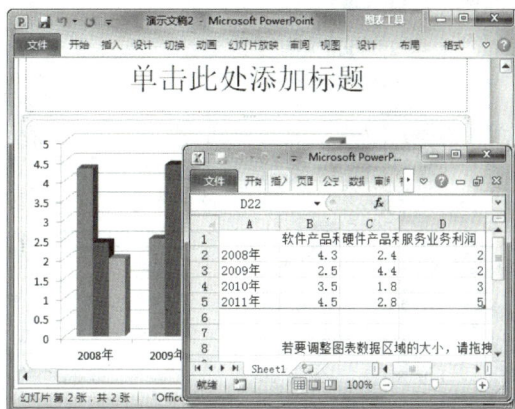

# 9.2 编辑图表

PowerPoint 中的图表，其事实上是一组数据的表格。在编辑图表的内容时，需要用户先对图表的数据表进行修改。

## 1．输入和编辑数据

在创建图表时，用户即可编辑图表中包含的数据。而如果需要编辑已有的图表，则用户可以直接选中图表，右击鼠标，执行【编辑数据】命令，对图表中的数据进行编辑。

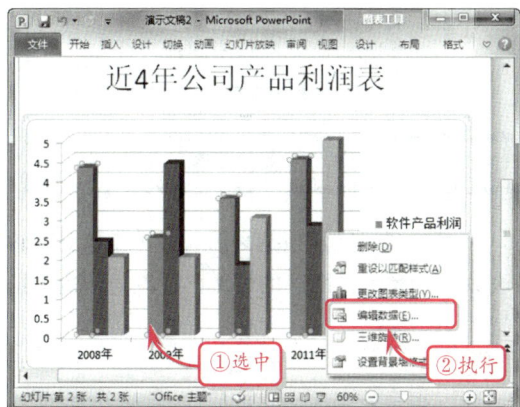

在弹出的 Microsoft Excel 2010 窗口中，用户可直接用鼠标单击需要编辑的数据单元格，输入新的数据。

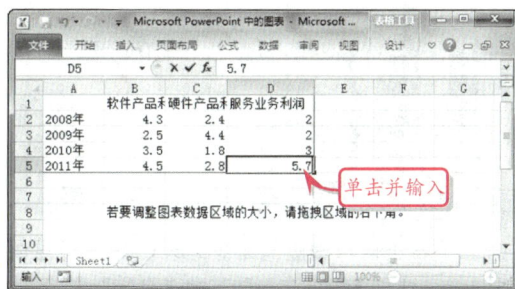

Excel 2010 允许用户为数据表添加新的行和列。

例如，用户需要添加新的行，可先将鼠标光标置于行的左侧【行标签】上方，当鼠标光标转换为向右的箭头后，即可单击鼠标，选中该行。

然后，右击鼠标，执行【插入】命令，插入一个新的空白行。

在插入行后，输入行中的数据内容，即可为图表添加新的内容。

> **提示**
>
> 插入列的方式与插入行类似，将鼠标光标置于 Excel 2010 窗口中的列标签上方，当鼠标光标转换为向下的箭头后，用户即可右击鼠标，执行【插入】命令，插入列并输入列的数值，完成图表数据的添加。

①单击
②执行
③插入
①输入
②显示

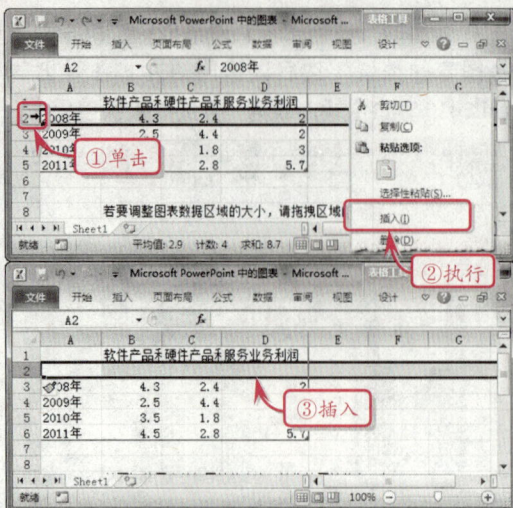

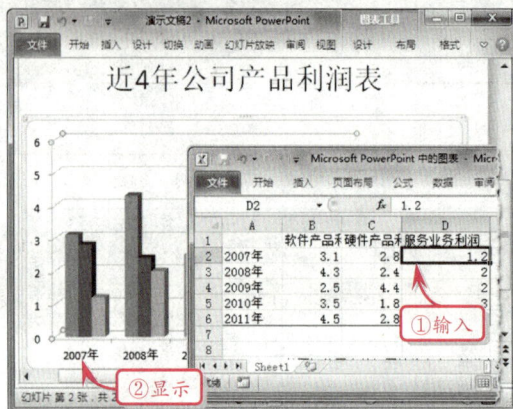

除了右击执行相应的命令之外，用户也可以选中图表，选择【图表工具】下的【设计】选项卡，在【数据】组中单击【编辑数据】按钮，同样可以打开 Excel 2010 窗口，对图表中展示的数据进行编辑。

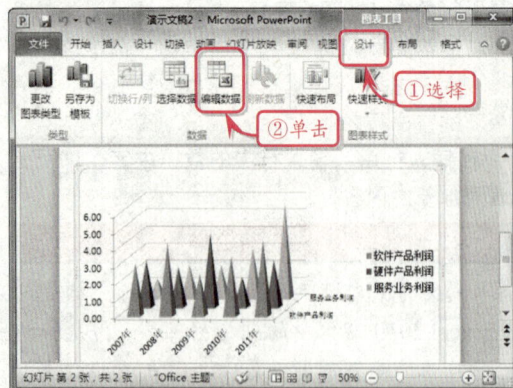

①选择
②单击

## 2．设置数据表格式

在默认状态下，用户输入的各种数值将完全以普通数字的形式显示。同时，在 PowerPoint 的图表中，其表的单位也将按照这一方式显示。

用户可以在 Excel 2010 窗口中更改数据显示的类型，从而更改 PowerPoint 中图表的数据类型。

例如在某个数据图表中，表头的数据即以默认的整数方式显示。用户可在其 Excel 数据表中选中所有的数据，然后右击鼠标，执行【设置单元格格式】命令。

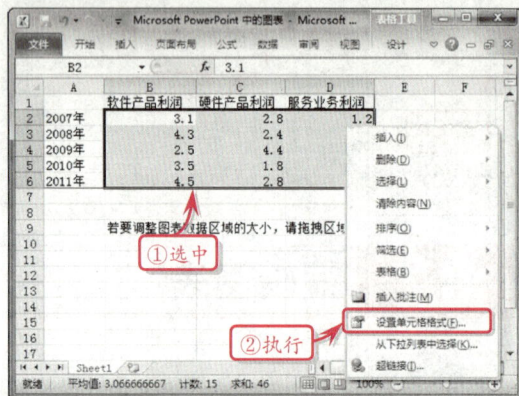

①选中
②执行

在弹出的【设置单元格格式】对话框中，用户即可在【数字】选项卡中选择数据的格式，然后设置格式的相关属性。例如，设置数据为【数值】，并设置【小数位数】为 2。

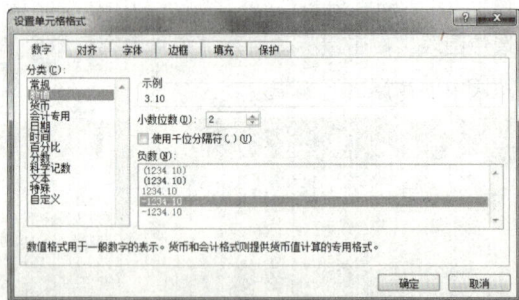

在单击【确定】按钮之后，即可查看更新的图表数据，此时，图表的表头已更改为新的数据类型。

## 3．更改图表类型

除了编辑图表中的数据外，PowerPoint 还允许用户更改图表的类型，将为图表创建新的样式。

首先在 PowerPoint 中选中已创建的图表，右击鼠标，执行【更改系列图表类型】命令。

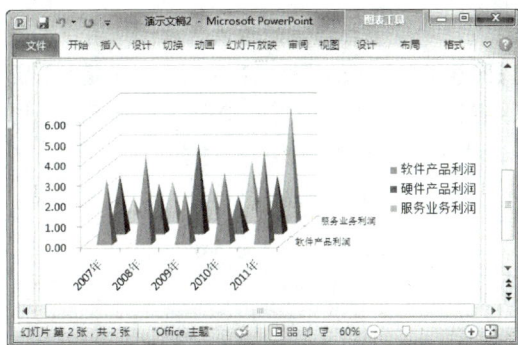

在弹出的【更改图表类型】对话框中，用户可选择新的图表类型，然后单击【确定】按钮，关闭对话框。

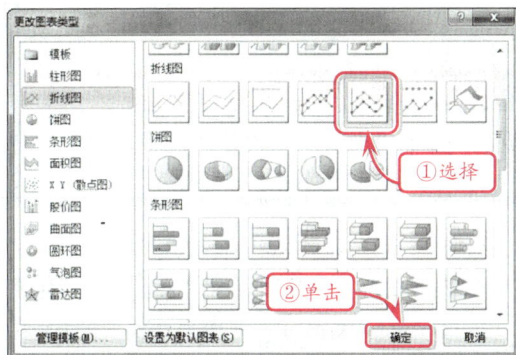

返回 PowerPoint 窗口之后，即可查看更新的图表，同时，图例内容也进行了同步更新。

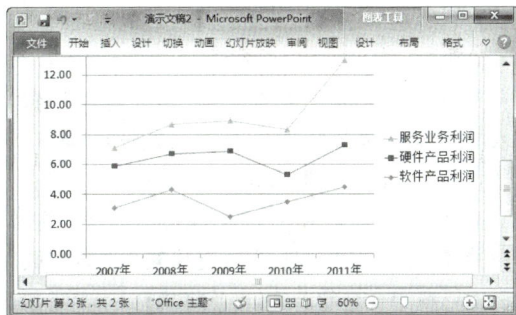

通过【工具选项卡】栏中的按钮，也可以更改图表的类型。在选中图表后，选择【图表工具】下的【设计】选项卡，在【类型】组中单击【更改图表类型】按钮，同样可打开【更改图表类型】对话框，进行类似的更改。

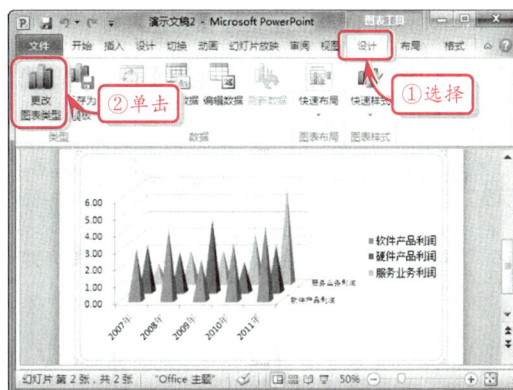

**提示**

在【插入】选项卡中的【插图】组中单击【图表】按钮，也可以打开【更改图表类型】对话框，对其进行更改。

### 4．更改图表尺寸

用户可以通过两种方式更改图表的尺寸，即输入尺寸值和拖动图表边框。

选中图表后，用户可选择【图表工具】下的【格式】选项卡，然后单击【大小】组中的【大小】按钮，在弹出的菜单中设置图表的【高度】和【宽度】，更改图表的尺寸。

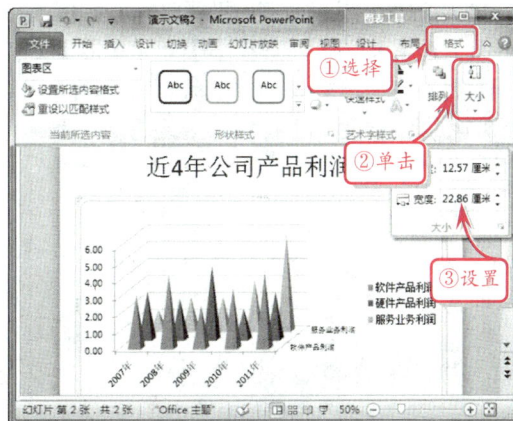

除此之外，用户也可以直接拖动图表的边框，

然后快速更改图表的尺寸。

### 5．选择图表对象区域

图表是由若干个对象区域组成的，这些区域通常由文本、形状对象组成。如需要对这些对象区域进行编辑，则首先需要将其选中。

PowerPoint 提供了两种选择对象区域的方式。在幻灯片中将鼠标光标置于对象区域上方，然后即可单击鼠标将其选中。

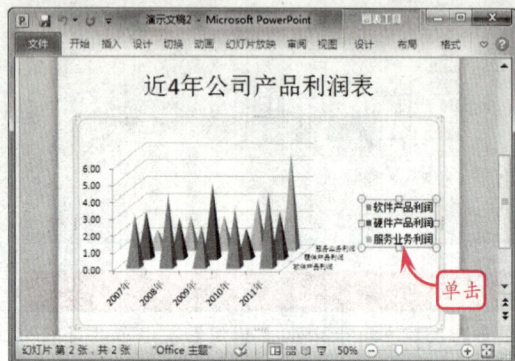

对于一些互相覆盖的对象区域，则用户可选择【图表工具】下的【格式】选项卡，在【当前所选内容】组中单击下拉列表，选择列表项目。此时，PowerPoint 将自动选中相应的对象区域。

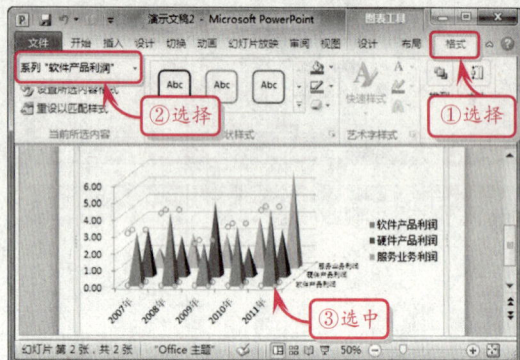

## 9.3　美化图表

在 PowerPoint 中，用户可以为绝大多数显示对象应用各种样式，以对其进行美化。

### 1．快速设置图表布局

图表布局是指图表中各种对象区域的位置关系。PowerPoint 提供了一些预置的图表布局，允许用户将其快速应用到图表中。

选中图表，然后即可选择【图表工具】下的【设计】选项卡，在【图表布局】组中单击【快速布局】按钮，在弹出的菜单中选择预设的图表布局。

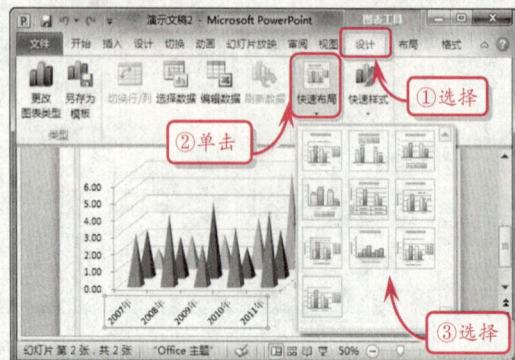

> **提示**
>
> 用户也可以直接选中图表中的对象区域，对其进行拖动以创建自定义的图表布局。

### 2．快速设置图表样式

图表样式主要包括图表中对象区域的颜色属性。PowerPoint 也内置了一些图表样式，允许用户快速对其进行应用。

选中图表，然后即可选择【图表工具】下的【设计】选项卡，在【图表样式】组中单击【快速样式】按钮，在弹出的菜单中选择预设的图表样式。

### 3．设置对象区域形状样式

在 PowerPoint 图表中，用户可以选择任意的图表局部，设置其形状样式，包括设置【形状填充】、【形状轮廓】以及【形状效果】等属性。

例如，通过【图表工具】下的【格式】选项卡中的【当前所选内容】列表选择某个对象区域，然后即可在同一选项卡的【形状样式】组中单击【其他】按钮 ，在弹出的菜单中为其选择预设形状样式。

十亿单位和对数单位。

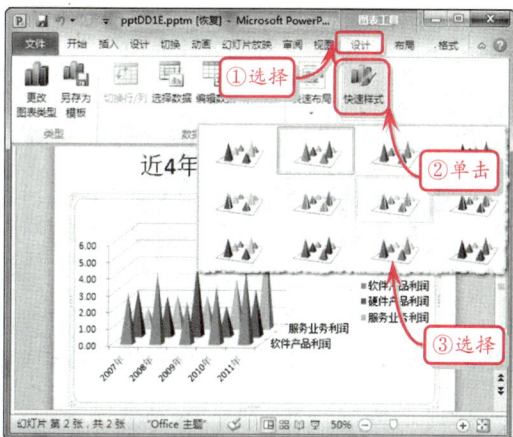

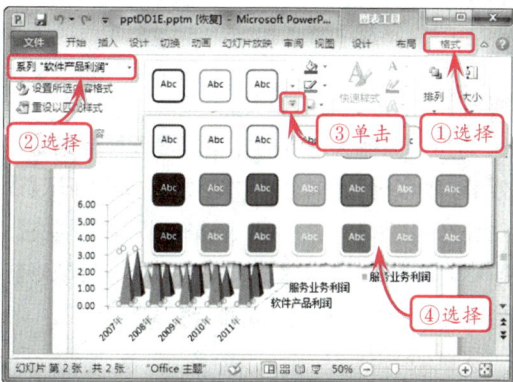

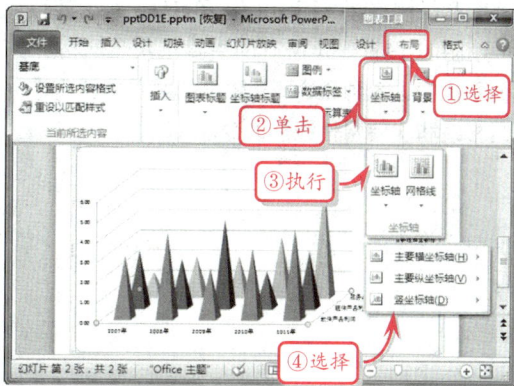

除此之外，用户也可以在【形状样式】组中单击【形状填充】 、【形状轮廓】 以及【形状效果】 3 个按钮，分别为对象区域设置填充、轮廓以及外部的特效，以丰富对象区域的样式。

## 4．设置坐标轴样式

绝大多数图表都显示有若干坐标轴，以辅助用户查看图表数据。PowerPoint 允许用户修改图表坐标轴的定义，以设计自定义风格的图表坐标轴。

选中图表，然后选择【图表工具】下的【布局】选项卡，在【坐标轴】组中单击【坐标轴】按钮，即可在弹出的菜单中执行【坐标轴】命令，选择【主要横坐标轴】、【主要纵坐标轴】以及【竖坐标轴】等坐标轴，设置其属性。

在【主要横坐标轴】中，由于其标签为年份，因此用户只能够设置坐标轴的显示与否和方向。

而在【主要纵坐标轴】中，其标签为数值，因此用户既可以设置坐标轴的显示与否，还可以设置数值的单位，包括默认单位、千单位、百万单位、

【竖坐标轴】没有标签，因此其属性与【主要横坐标轴】类似，用户也只能设置其方向和显示与否。

## 5．设置网格线样式

网格线的作用是辅助坐标轴显示数据，因此每一条坐标轴都有一些辅助的网格线。在 PowerPoint 中，还允许用户设计网格线的样式，其设置方式与坐标轴样式类似。

选中图表，选择【图表工具】下的【布局】选项卡，在【坐标轴】组中单击【坐标轴】按钮，执行【网格线】命令，即可在弹出的菜单中执行【主要横网格线】、【主要纵网格线】和【竖网格线】3 种命令。

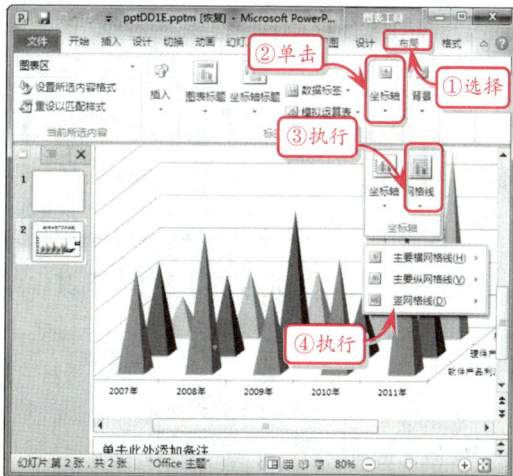

网格线的设置与坐标轴完全对应。用户可以设置 3 种与坐标轴相符的网格线的显示方式，包括主要网格线、次要网格线的显示和隐藏。

在默认状态下，PowerPoint 只显示图表的横网格线和纵网格线，不显示竖网格线。

如用户设置显示所有的主要、次要网格线，可分别执行这 3 种命令，在弹出的菜单中执行【主要网格线和次要网格线】命令即可。

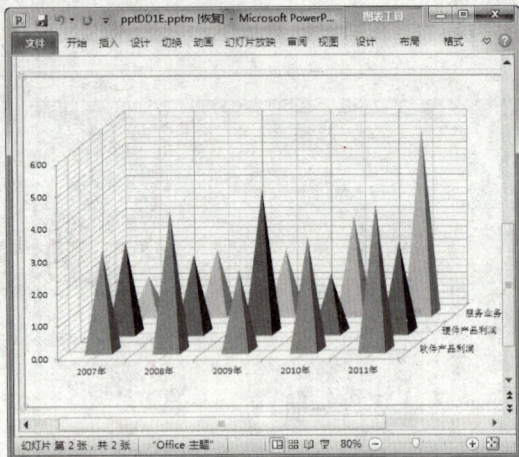

# 9.4 设置图表内容

用户在创建图表后，还可以对图表进行进一步的编辑，包括修改各对象区域的标题、编辑图例以及应用数据标签和运算表等。

## 1. 设置图表标题

在 PowerPoint 中选择【图表工具】下的【布局】选项卡，然后即可在【标签】组中单击【图表标题】按钮，在弹出的菜单中执行相应的命令。

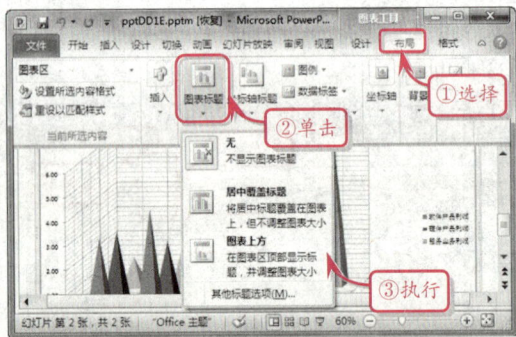

【图表标题】菜单提供了 3 种选项，其作用如下。

● 无

选中该选项，将隐藏图表的标题。

● 居中覆盖标题

选中该选项，则将为图表添加一个位于图表正中央的标题占位符。

● 图表上方

选中该选项，将为图表添加一个位于图表上

方的标题占位符。

如用户需要为图表的标题应用各种样式或外观效果，则可执行【其他标题选项】命令，打开【设置图表标题】对话框，为图表的标题添加【填充】、【边框颜色】、【边框样式】等属性，并应用【阴影】、【发光和柔化边缘】、【三维格式】等特效。

## 2. 设置坐标轴标题

坐标轴标题是图表中每个坐标轴均可添加的内容。在默认状态下，图表的坐标轴只显示数据的单位，不显示标题内容。

在 PowerPoint 中选择【图表工具】下的【布局】选项卡，然后即可在【标签】组中单击【坐标轴标题】按钮，然后即可分别选择坐标轴，设置坐标轴标题的显示和隐藏。

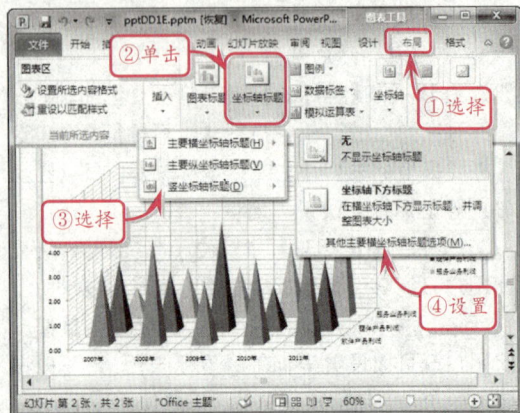

### 3．编辑图例

图例是图表中各种图形的说明文本，可以定义图表中图形的含义，帮助用户了解图表中的内容。

在 PowerPoint 中，用户可以方便地设置图表的图例样式。选择【图表工具】下的【布局】选项卡，然后即可在【标签】组中单击【图例】按钮，在弹出的菜单中设置图例的属性。

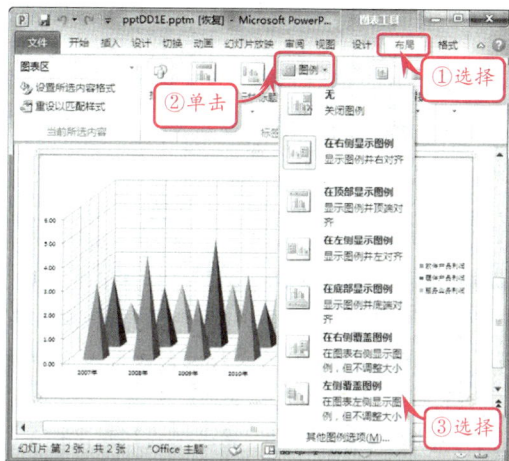

在该菜单中，用户可选择图例是否显示，以及其显示的位置。如用户需要设置图例的其他效果，则可执行【其他图例选项】命令，在【设置图例格式】对话框中设置图例的【填充】、【边框颜色】、【边框样式】、【阴影】以及【发光和柔化边缘】等特效。

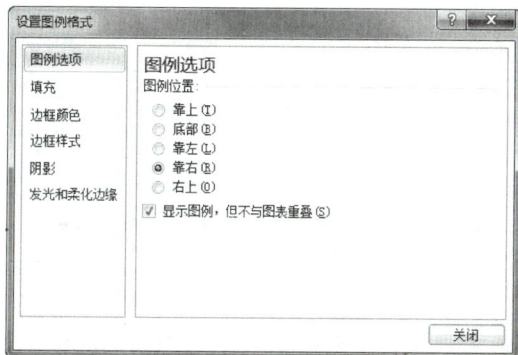

### 4．应用数据标签

数据标签是另一种图表辅助工具。在默认状态下，图表只能显示数据的变化趋势以及大体数据之间的比例，无法显示数据的精确值。

在 PowerPoint 中选择【图表工具】下的【布局】选项卡，然后即可在【标签】组中单击【数据标签】按钮，在弹出的菜单中执行【显示】命令，定义数据标签显示。

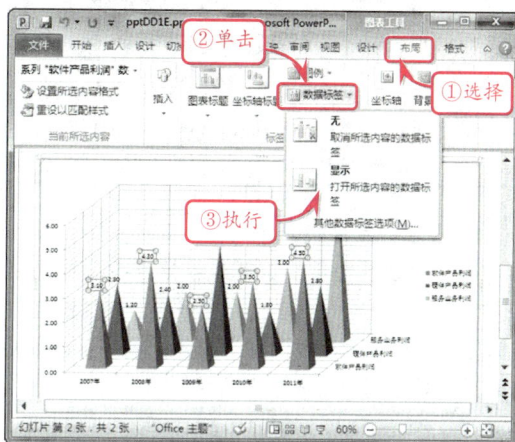

在选择显示数据标签之后，用户还可以在该菜单中执行【其他数据标签选项】命令，在弹出的【设置数据标签格式】对话框中定义数据标签的基本属性，如下。

● 设置标签选项

标签选项的作用是定义标签显示的内容。在打开【设置数据标签格式】对话框后，即可在默认显示的【标签选项】选项卡中设置其属性。

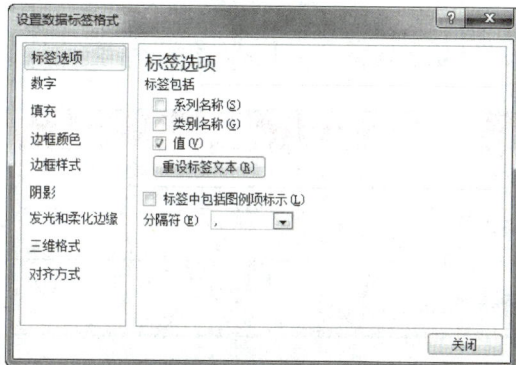

【标签选项】选项卡中主要包括以下几种属性。

| 属　　性 | 作　　用 |
| --- | --- |
| 系列名称 | 在标签中显示数据所属的系列 |
| 类别名称 | 在标签中显示数据所属的类别 |
| 值 | 默认值，显示数据的具体值 |
| 重设标签文本 | 如为标签应用了样式，则单击此按钮可清除这些样式 |

续表

| 属 性 | 作 用 |
|---|---|
| 标签中包括图例项标示 | 为标签之前添加图例的图形 |
| 分隔符 | 为系列名称、类别名称和值之间设置分隔的符号（仅在同时选中系列名称、类别名称和值之中两项以上时起作用） |

● 设置数字格式

数字格式的作用是重新对数据表中数据的格式进行定义，并将结果应用到图表中。在【设置数据标签格式】对话框中选择【数字】选项卡，即可在更新的对话框中设置数字的属性。

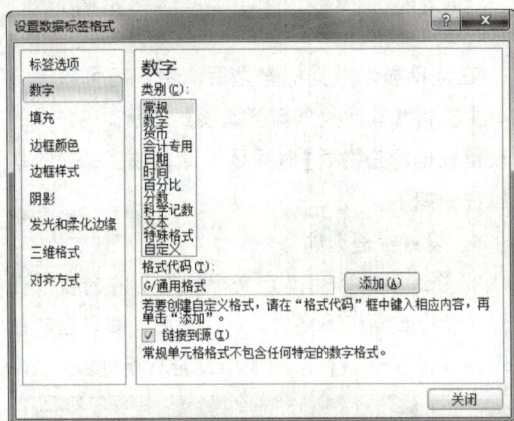

在该对话框中，允许用户设置以下属性。

| 属 性 | 作 用 |
|---|---|
| 类别 | 定义图表中数据的类型 |
| 格式代码 | 如需要自定义数据类型，则可在此输入数据的格式 |
| 链接到源 | 选中该选项，则可将修改的数据类型应用到源电子表格中 |

## 5. 模拟运算表

模拟运算表的作用是在图表中建立其数据的表格，辅助显示图表的内容。在 PowerPoint 中，

用户可选择【数据工具】下的【布局】选项卡，在弹出的【标签】组中单击【模拟运算表】按钮，即可执行【显示模拟运算表】命令，将数据表格添加到图表下方。

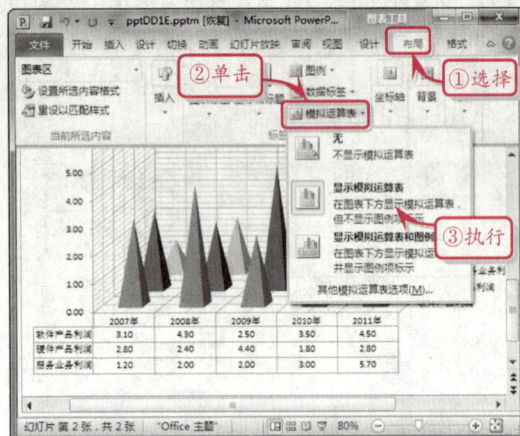

如用户执行的是【显示模拟运算表和图例项标示】，则可为增加的数据表格之前显示图例的项目。执行【其他模拟运算表选项】命令之后，用户即可在弹出的【设置模拟运算表格式】对话框中，设置数据表的各种格式信息。

例如，在默认的【模拟运算表选项】选项卡中，用户可设置表的边框线显示或隐藏，也可为表添加图例项目。

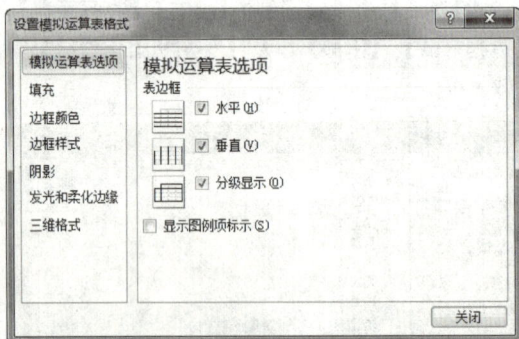

## 9.5 练习：公司改制方案之一

公司改制方案又称为公司重组方案或公司改制重组方案，其制

定和执行是整个公司改制、上市的重点。本例通过插入图片、插入形状、插入图表、设置艺术字格式等功能，制作"北京东亚改制方案"演示文稿。

## 操作步骤 >>>>

**STEP|01** 启动 PowerPoint 组件，右击执行【设置背景格式】命令，在弹出【设置背景格式】对话框中，启用【图片或纹理填充】单选按钮，并单击【文件】按钮，在弹出的【插入图片】对话框中选择一幅图片。然后，单击"单击此处添加标题"占位符，输入文本"北京东亚改制方案"，并设置文字格式及样式。

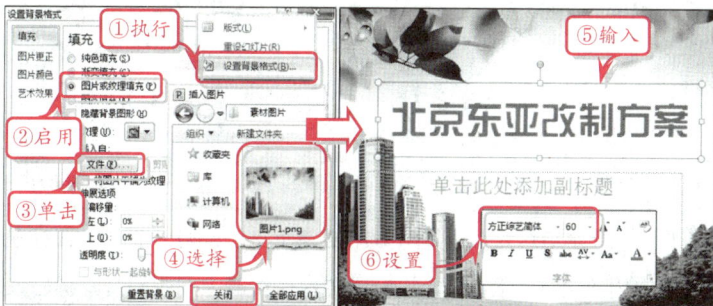

**STEP|02** 单击"单击此处添加副标题"，输入文本"2010 年改制办公室制作"，并设置文本格式。然后，单击【剪贴画】按钮，在【剪贴画】面板中，输入【搜索文字】为"钥匙"，并插入图片。

**STEP|03** 新建幻灯片，设置背景格式，背景图片为"图片 2.png"。然后，单击"单击此处添加标题"占位符，输入文本"制作本方案的目的"，并设置文本格式。然后，按照相同的方法，在内容占位符中输入文本。

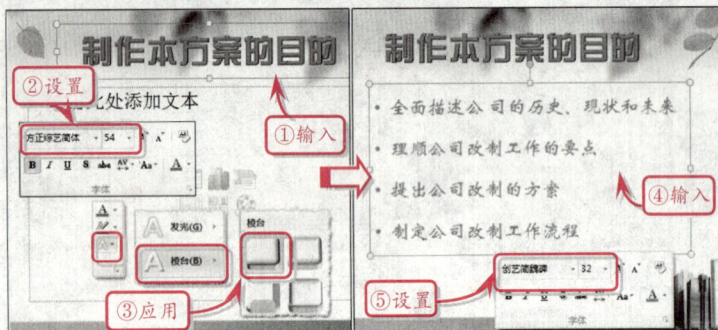

**STEP|04** 选择内容占位符中的文本，在【段落】组中，设置项目符号为"选中标记项目符号"。然后，插入公司 Logo 图片和剪贴画，选择剪贴画，单击【图片效果】下拉按钮，应用【阴影】级联菜单中的"右上对角透视"样式。

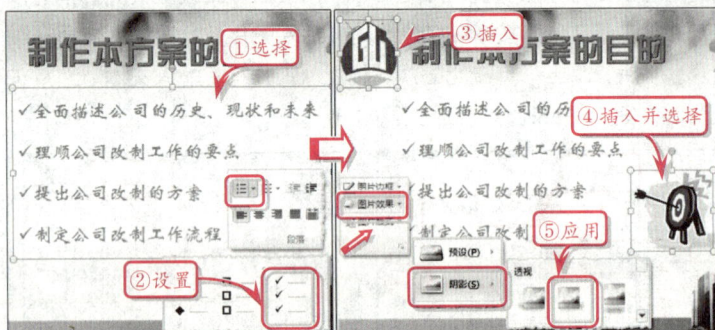

**STEP|05** 新建幻灯片，设置背景格式与上一张幻灯片相同。在标题占位符中输入文本"目录"，并设置文本格式与上一张幻灯片标题设置相同。然后，在内容占位符中输入文本，并添加编号。

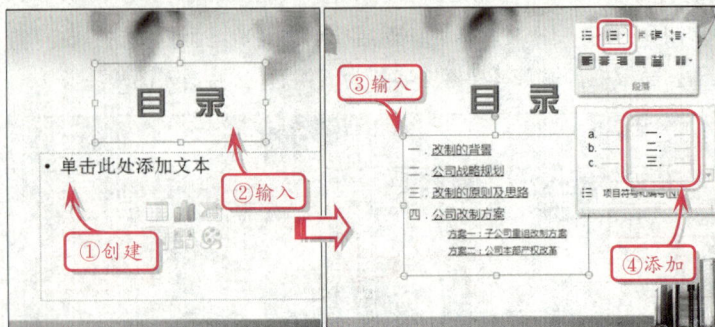

**STEP|06** 插入公司 Logo 图片，插入剪贴画，并为剪贴画应用"柔化边缘椭圆"样式。然后，插入"手"图片，指向编号 1；并单击【颜色】下拉按钮，在下拉菜单中选择"水绿色，强调文字颜色 5，深色"，为图片重新着色。

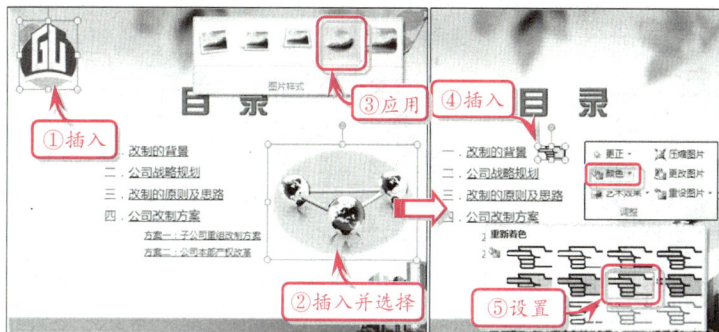

**STEP|07** 新建幻灯片，设置背景格式与上一张幻灯片相同。在标题占位符中输入文本"改制的背景"，并设置文本格式。然后，插入公司 Logo 图片。

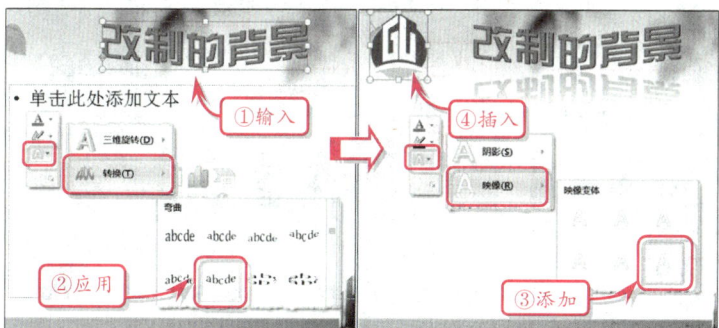

**STEP|08** 插入横排文本框输入文本，并设置文本格式及段落格式。然后，单击【剪贴画】按钮，在【剪贴画】面板中，输入【搜索文字】为"下降"，插入图片，并在【图片样式】组中应用"映像圆角矩形"样式。

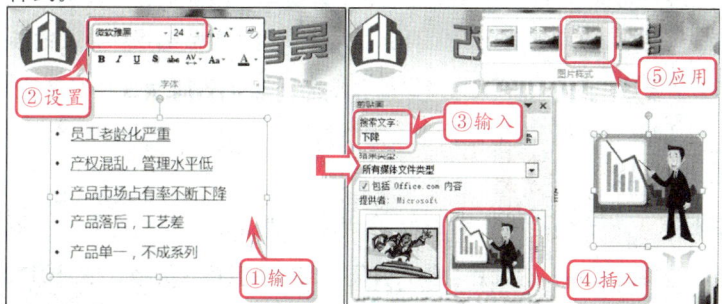

**STEP|09** 新建幻灯片，设置背景格式与上一张幻灯片相同。在标题占位符中输入文本"改制的背景　员工年龄结构"，并设置文本格

在设置文本"改制的背景——员工年龄结构"时，其中该文本已经用到了前面标题所应用的文字效果，而在这里又添加了一种【三维旋转】中的"离轴2左"效果。

选择【图表工具】中的【布局】选项卡，在【标签】组中，设置【图例】和【数据标签】。

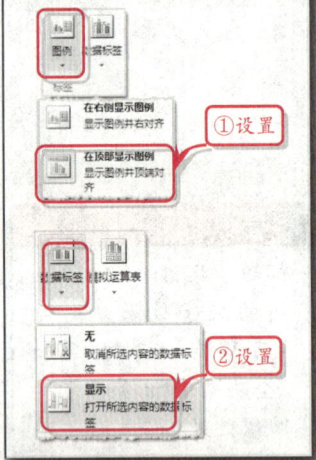

- 插入图表
- 设置图表样式
- 设置数据标签
- 快速设置图表布局和样式
- 设置图表区格式
- 设置绘图区格式
- 设置坐标轴

式；插入公司 Logo 图片。然后在【插图】组中，单击【图表】按钮，在弹出的【插入图表】对话框中，选择"三维簇状柱形图"。

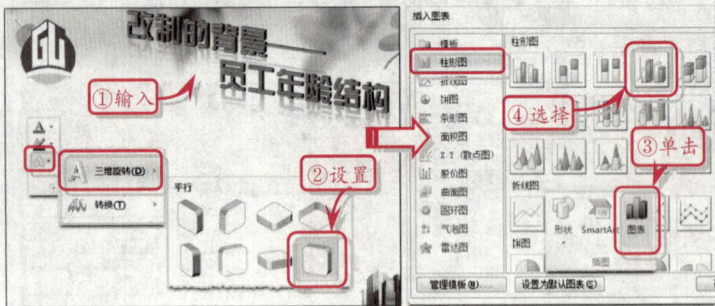

**STEP|10** 在弹出的 Excel 工作表中，输入相关数据信息，然后，在【布局】选项卡中设置【图例】为"在顶部显示图例"；【数据标签】为"显示"，并在【设计】选项卡中的【图表样式】组中，应用"样式 34"样式，插入图片指向图表。

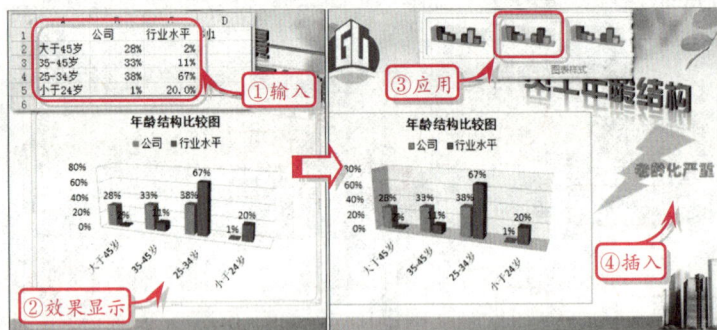

## 9.6 练习：年终工作总结之二

年终总结中最重要的是对市场销售额工作的总结，其提供了公司 1 年来的市场经营状况，可为公司未来的发展战略提供重要的参考。下面通过制作"中联科技发展有限责任公司 2011 年度工作总结"演示文稿，来学习在幻灯片中添加图表的方法。

**操作步骤** ▶▶▶▶

**STEP|01** 打开"年度工作总结 .pptx"演示文稿，在"幻灯片"窗格中选择"目录"幻灯片，执行【复制幻灯片】命令，将其拖入到文稿最后；并修改项目符号。然后，单击【新建幻灯片】下拉按钮，选择"双标题+简述内容（无注释）"幻灯片。

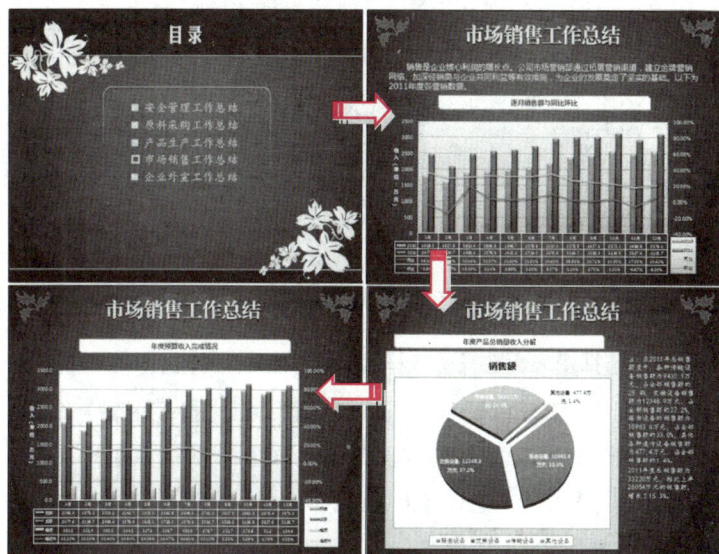

**提示**

修改项目符号,选择"带填充效果的大方形项目符号",将其修改为"加粗空心方形项目符号"。

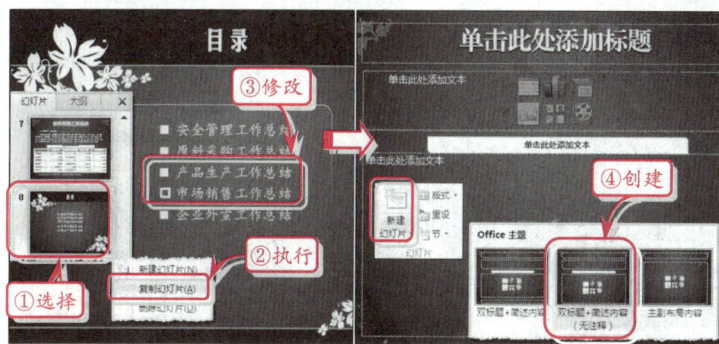

**提示**

用户可以在【插图】组中,单击【图表】按钮,即可弹出【插入图表】对话框,选择要插入的图表类型。

**STEP|02** 在第 1 个标题占位符中输入文本"市场销售工作总结",并在下方内容占位符中输入文本。然后在第 2 标题占位符中输入文本"逐月销售额与同比环比",并单击下方内容占位符中的【插入图表】按钮,在弹出的【插入图表】对话框中选择【柱形图】选项卡中的"簇状柱形图"项。

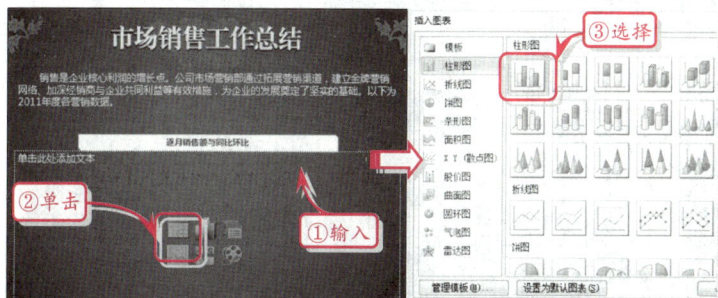

**提示**

由于"同比"和"环比"的值小,所以在选择的时候要注意。

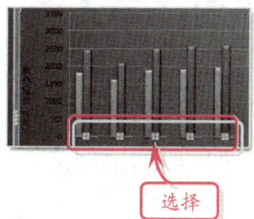

**STEP|03** 在弹出的 Excel 工作表中,输入相关数据信息。然后,选择图表,在【图表布局】组中单击【其他布局】按钮,在下拉菜单中选择"布局 5"样式。

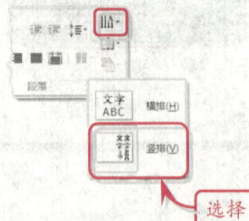

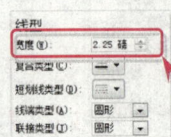
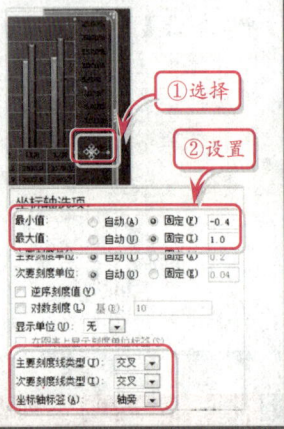
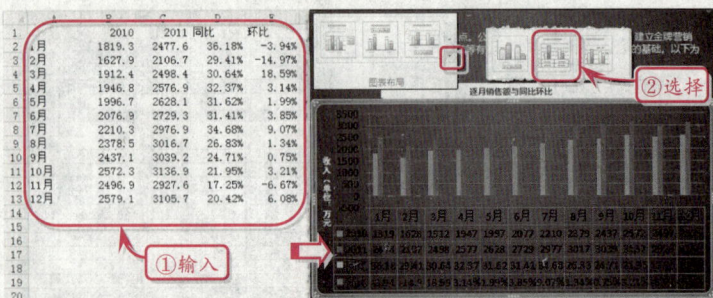
**STEP|04** 选择图表，在【图表样式】组中应用"样式26"样式。然后选择"同比"簇状柱形图，右击执行【设置数据系列格式】命令，在弹出的对话框中设置【系列选项】为"次坐标轴"；并执行【更改系列图表类型】命令，选择【折线图】项。按照相同的方法设置"环比"簇状柱形图。

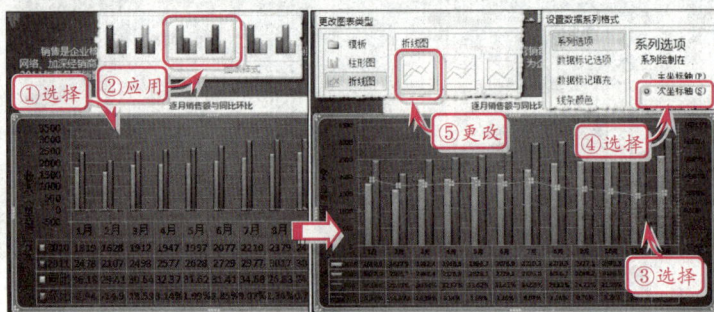

**STEP|05** 选择图表，设置文本格式；选择绘图区，在【形状样式】组中应用"细微效果-红色，强调颜色2"样式。然后，在【标签】组中，单击【图例】下拉按钮，在下拉菜单中选择"在右侧显示图例"，并设置其格式。

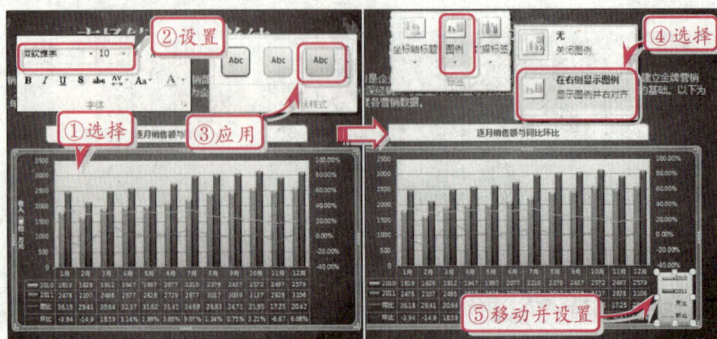

**STEP|06** 新建"双标题内容（无注释）"幻灯片。分别在标题占位符中输入文本"市场销售工作总结"、"年度预算收入完成情况"。然

后，单击内容占位符中的【插入图表】按钮，在弹出的【插入图表】
对话框中选择【柱形图】选项卡中的"簇状柱形图"项。

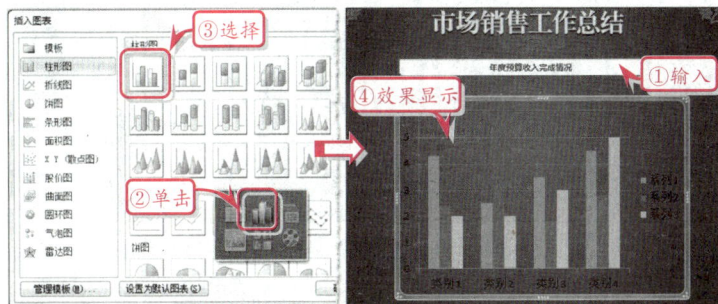

**STEP|07** 在弹出的 Excel 工作表中，输入相关数据信息。然后，选
择图表，在【图表布局】组中单击【其他布局】按钮，在下拉菜单中
选择"布局5"样式并设置文本格式。

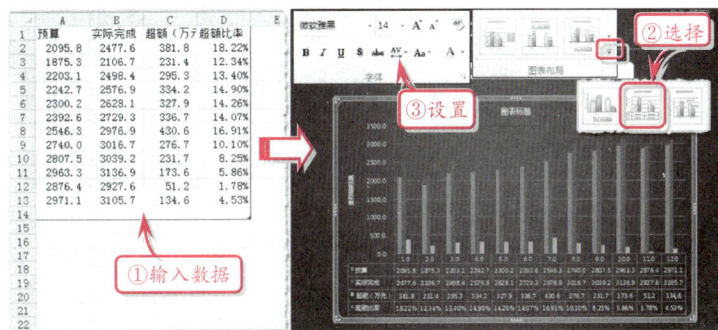

**STEP|08** 选择图表，在【图表样式】组中应用"样式26"样式。然
后，在绘图区选择"超额比率"簇状柱形图，设置数据系列格式、更
改系列图表类型及设置纵坐标格式。

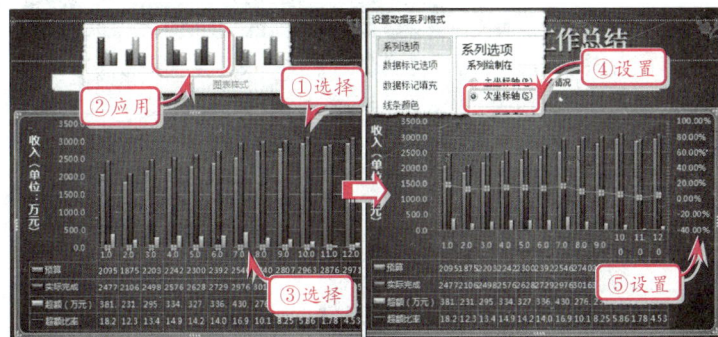

**STEP|09** 选择绘图区，在【形状样式】组中应用"细微效果-橄榄
色，强调颜色3"样式。然后，单击【标签】组中的【图例】下拉按
钮，选择"在右侧显示图例"，并为图例设置相同的形状样式。

PowerPoint 2010 办公应用从新手到高手

**提示**

选择"超额比率"簇状柱形图,在【形状样式】组中,设置形状轮廓的颜色为"橙色,强调文字颜色6"。

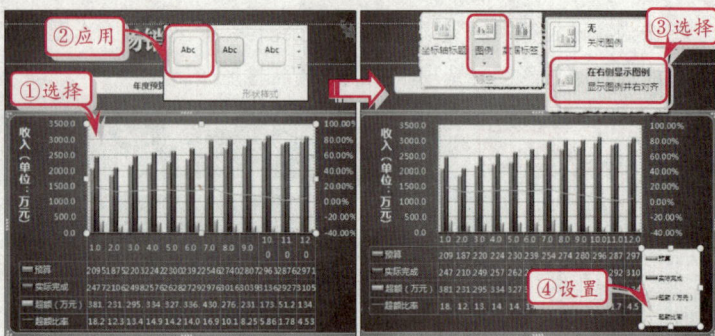

**STEP|10** 新建"双标题内容(无注释)"幻灯片。分别在标题占位符中输入文本"市场销售工作总结"、"主要产品销售情况逐月分解表"。然后,单击内容占位符中的【插入图表】按钮,在弹出的【插入图表】对话框中选择【柱形图】选项卡中的"堆积柱形图"项。

**提示**

选择图表标题,设置为"无",即可不显示标题;也可以直接选中后删除。

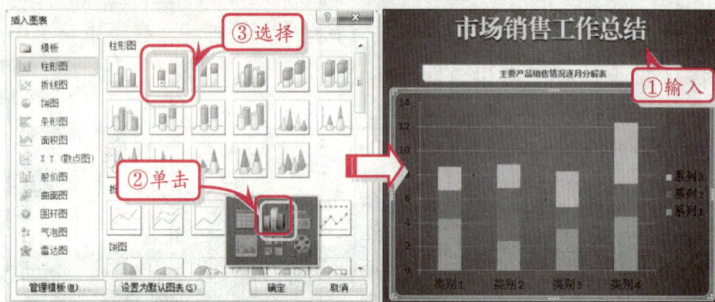

**STEP|11** 在弹出的 Excel 工作表中,输入相关数据信息。然后,选择图表,在【图表布局】组中单击【其他布局】按钮,在下拉菜单中选择"布局5"样式并设置文本格式。

**注意**

在为图表添加图表样式后,原来设置的样式将会被覆盖,所以需要按照前面的方法重新设置样式。

其中,图表中的字体为"微软雅黑";大小为14;颜色为"黄色"。

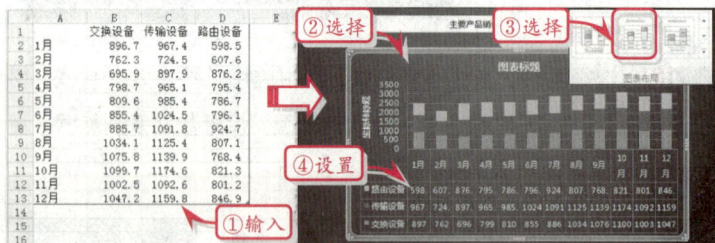

**STEP|12** 选择图表,应用"样式26"样式;选择绘图区,应用"细微效果-蓝色,强调颜色1"。然后添加"在右侧覆盖图例",并设置图例格式。

**提示**

选择图表标题,设置【图表标题】为"无";选择坐标标题,执行【坐标标题】|【主要纵坐标轴标题】|【竖直标题】命令,并输入文本,设置文本颜色为"白色,文字1"。

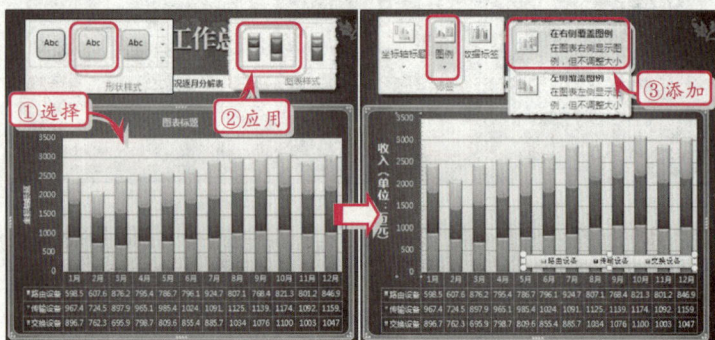

**STEP|13** 新建"左右分布内容"幻灯片，分别在标题内容中输入文本"市场销售工作总结"、"年度产品总销量收入分解"。然后，单击内容占位符中的【插入图表】按钮，在弹出的【插入图表】对话框中，选择【饼图】选项卡中的"分离型三维饼图"项。

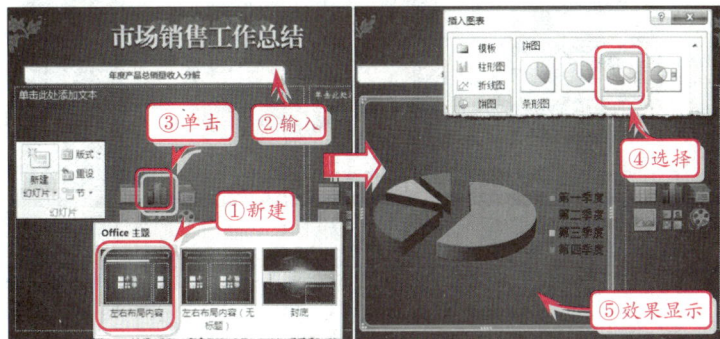

**STEP|14** 在弹出的 Excel 工作表中，输入相关数据信息。然后，选择绘图区，单击【三维旋转】按钮，在弹出的【设置图表区格式】对话框中设置【旋转】项中的"X"、"Y"值和"深度"、"高度"的值，并设置每个图表的形状样式。

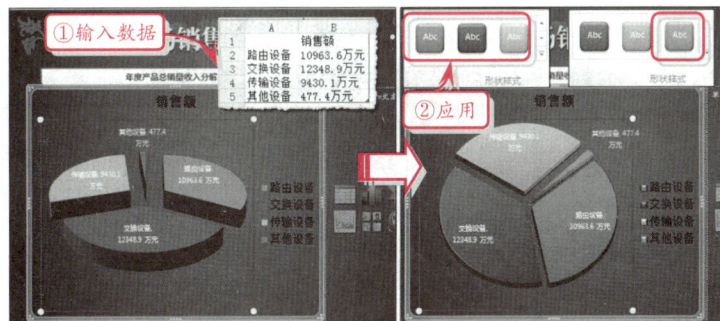

**STEP|15** 选择数据标签，右击执行【设置数据标签格式】命令，在弹出的对话框中设置标签选项和数字；并添加【在底部显示图例】。然后，选择绘图区和图例分别应用形状样式。

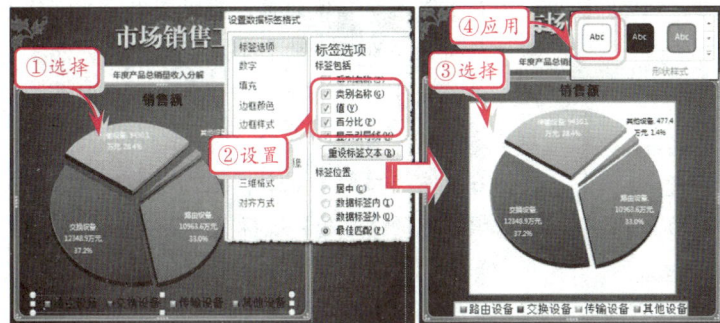

**STEP|16** 选择图表，应用"细微效果-橙色，强调颜色 6"形状样式。

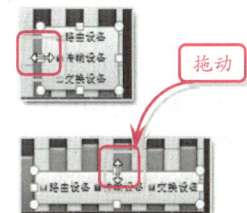
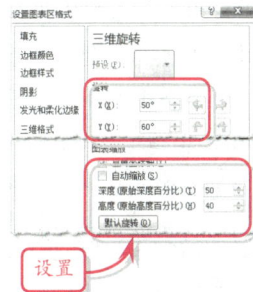
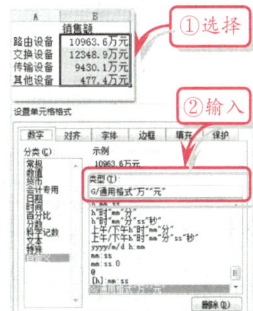

然后，在注释占位符中输入文本。

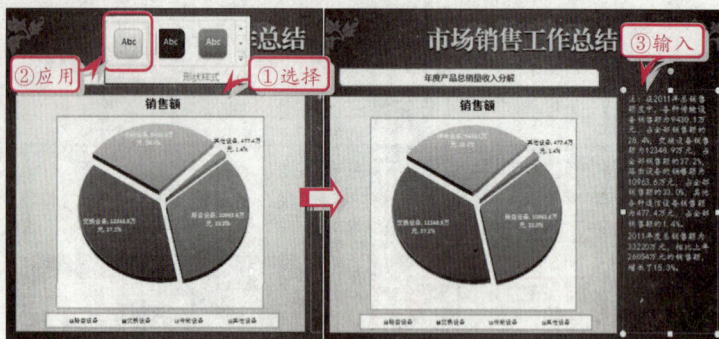

# 9.7 高手答疑

## Q&A

### 问题1：如何设置图表的背景？

**解答：** 图表的背景主要包括3种，即绘图区、背景墙和基底。针对不同类型的图表，用户可以为其设置不同类型的背景。

● **设置平面图表背景**

平面图表的特点是所有的图表图形都以平面的方式显示，在这种图表中，其背景被称作绘图区。

设置这种图表的背景，用户可直接选择【图表工具】下的【布局】选项卡，然后在【背景】组中单击【背景】按钮，在弹出的菜单中选择【绘图区】，执行【显示绘图区】命令。

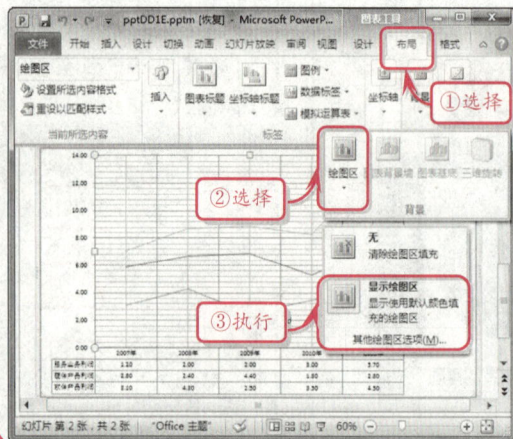

然后，用户即可在同一个菜单中执行【其他绘图区选项】命令，在弹出的【设置绘图区格式】对话框中，设置【填充】选项卡中的属性，为绘图区建立填充背景。

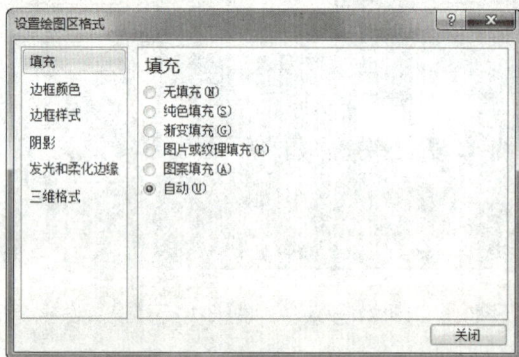

● **设置三维图表背景**

在各种基于三维坐标系的图表中，主要包含两种背景，即背景墙和基底。其中，背景墙是三维图表中的"墙面"部分，而基底则是三维图表中的"地板"部分。

在选中三维图表之后，用户即可选择【图表工具】下的【布局】选项卡，然后在【背景】组中单击【背景】按钮，在弹出的菜单中单击【图表背景墙】按钮，在弹出的对话框中设置其为显示。

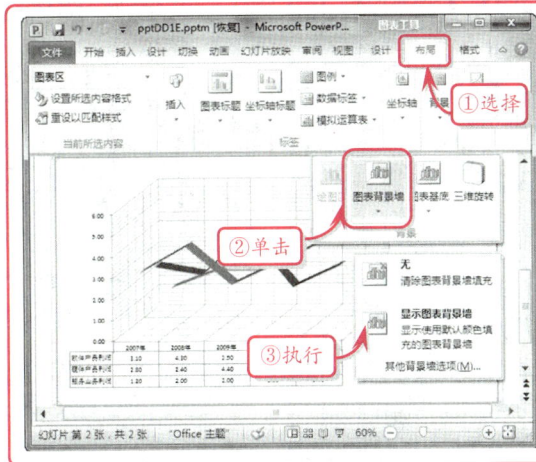

然后，用户即可在相同的菜单中执行【其他背景墙选项】命令，打开【其他背景墙选项】对话框，设置背景墙的填充内容。

【图表基底】的设置方式与【图表背景墙】完全相同，在此不再赘述。

## Q&A

**问题 2：如何设置图表的三维旋转角度？**

**解答：** 在创建图表之后，如该图表的类型为三维图表，则用户可以方便地设置图表的三维旋转角度，将三维特效应用到图表上。

在 PowerPoint 中选择【图表工具】下的【布局】选项卡，然后即可在【背景】组中单击【三维旋转】按钮，打开【设置图表区格式】对话框。

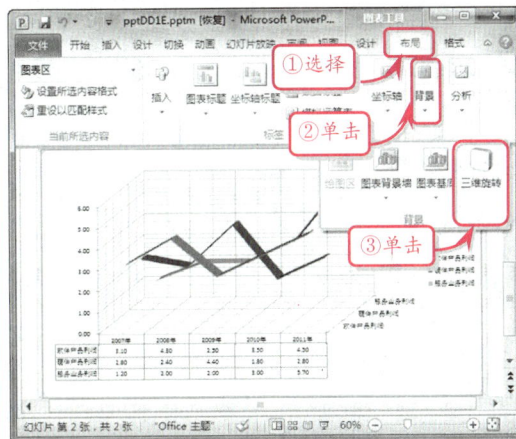

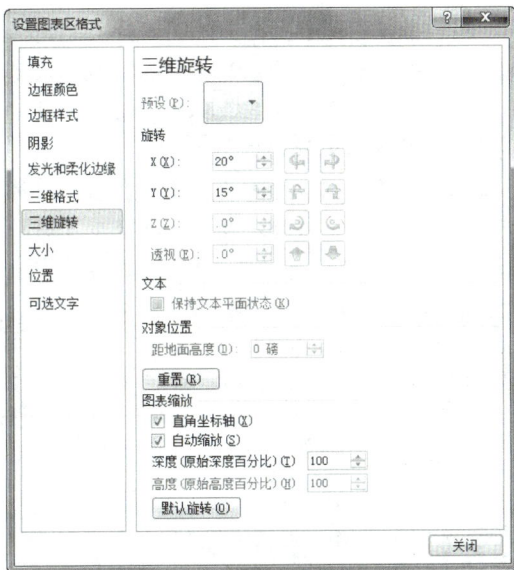

在该对话框中，PowerPoint 将自动选择【三维旋转】选项卡，供用户进行设置。

在该对话框中，用户可以设置【X】值和【Y】值，其分别为图表在水平方向和垂直方向的旋转角度。

【直角坐标轴】的作用是定义图表的底边与计算机屏幕垂直。如启用【自动缩放】复选框，则 PowerPoint 会自动根据旋转后的图表大小，设置图表的缩放比例，将图表显示得更清晰。

## Q&A

**问题 3：如何使用 PowerPoint 的图表分析数据？**

**解答：** PowerPoint 不仅提供了坐标轴和网格线用于显示数据，还提供了其他一些辅助线工具，帮助用户分析数据，包括【趋势线】、【折线】、【涨/跌柱线】和【误差线】。

在 PowerPoint 中选中图表，然后即可选择【图表工具】下的【布局】选项卡，单击【分析】组中的【分析】按钮，然后即可在弹出的菜单中选择线的类型。

在选择菜单中的任意一款分析线之后，即可在弹出的菜单中选择分析线的具体内容，将线条添加到图表中。

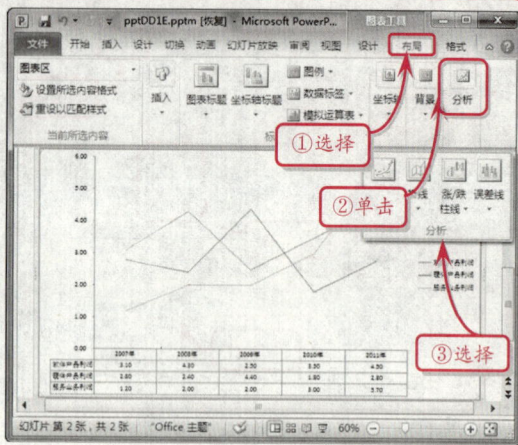

## Q&A

问题 4：如何将图表保存为位图图片？

解答：在 PowerPoint 中，用户除通过数据表格创建图表外，还可以将图表保存为普通的位图图像，以方便其他软件使用。

选中图表，然后即可右击鼠标，执行【另存为图片】命令，在弹出的【另存为图片】对话框中输入保存的【文件名】，选择【保存类型】之后即可单击【保存】按钮，将其保存。

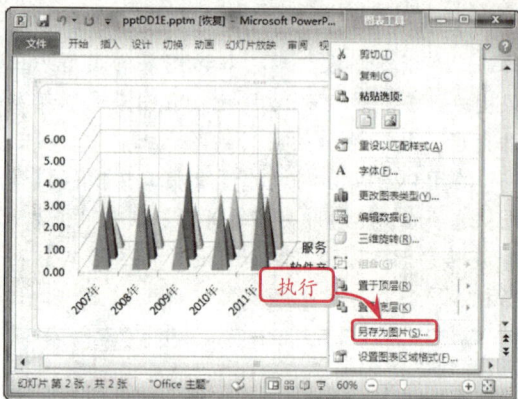

# 10

# 创建 SmartArt 图形

在表现演示文稿中若干元素之间的逻辑结构关系时，用户可以使用 SmartArt 图形功能，以各种几何图形的位置关系来显示这些文本，从而使演示文稿更加美观和生动。PowerPoint 提供了多种类型的 SmartArt 预设，允许用户自由地调用。

## 10.1 SmartArt 图形概述

SmartArt 图形是 Microsoft Office 2007 系列软件开始引入的一种全新的显示对象，其不仅可以应用在 PowerPoint 软件中，而且在 Word、Excel、Outlook 等其他套装组件中，用户均可使用这一功能。

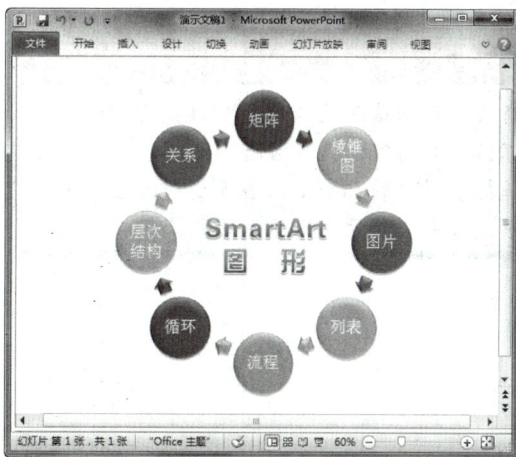

SmartArt 图形本质上是 Office 系列软件内置的一些形状图形的集合，其比文本更有利于用户的

理解和记忆，因此通常应用在各种富文本文档、电子邮件、数据表格和演示文稿中。

在 PowerPoint 2010 中，对 SmartArt 图形功能进行了改进，允许用户创建的 SmartArt 类型主要包括以下几种。

| 类　别 | 说　明 |
|---|---|
| 列表 | 显示无序信息 |
| 流程 | 在流程或时间线中显示步骤 |
| 循环 | 显示连续而可重复的流程 |
| 层次结构 | 显示树状列表关系 |
| 关系 | 对连接进行图解 |
| 矩阵 | 以矩形阵列的方式显示并列的 4 种元素 |
| 棱锥图 | 以金字塔的结构显示元素之间的比例关系 |
| 图片 | 允许用户为 SmartArt 插入图片背景 |

## 10.2 SmartArt 图形布局技巧

在使用 SmartArt 显示内容时，用户需要根据其中各元素的实际关系，以及需要传达的信息的重要程度，来决定使用何种 SmartArt 布局。

决定 SmartArt 图形布局的因素主要包括以下几种。

### 1. 信息数量

决定使用 SmartArt 图形布局的最主要因素之一就是需要显示的信息数量。通常某些特定的 SmartArt 图形的类型适合显示特定数量的信息。例如，在"矩阵"类型中，适合显示由 4 种信息组成的 SmartArt 图形，而"循环"结构则适合显示超过 3 组，且不多于 8 组的图形。

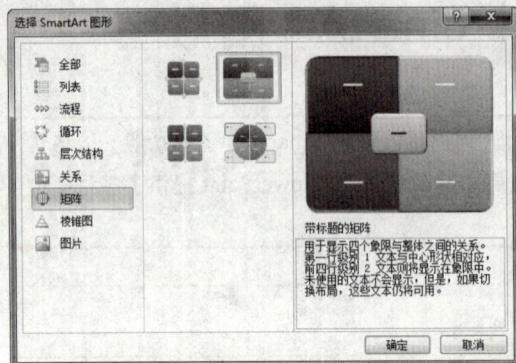

### 2．信息的文本字数

信息的文本字数也可以决定用户应选择哪种 SmartArt 图形。对于每条信息字数较少的图形，用户可选择"齿轮"、"射线群集"等类型的 SmartArt 图形布局。

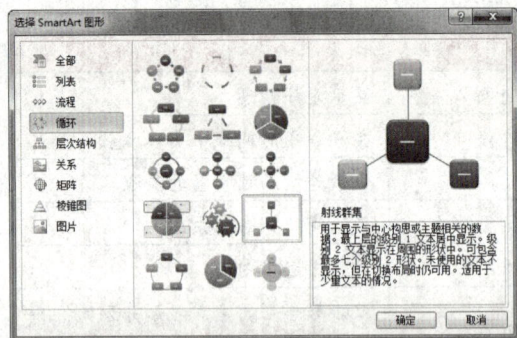

而对于文本字数较多的信息，则用户可考虑选

择一些面积较大的 SmartArt 图形，防止 SmartArt 图形的自动缩放文本功能将文本内容缩小，使用户难于识别。

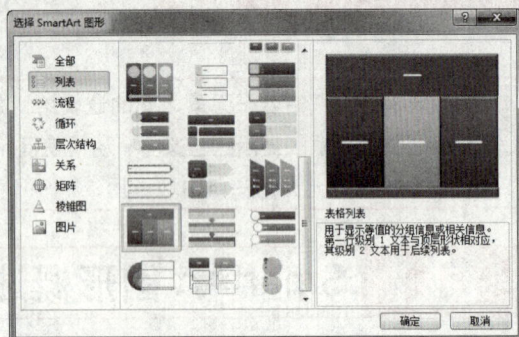

### 3．信息的逻辑关系

决定所使用 SmartArt 图形布局的因素还包括这些信息之间的逻辑关系。例如，当这些信息之间为并列关系时，用户可选择"列表"、"矩阵"类别的 SmartArt 图形。而当这些信息之间有明显的递进关系时，则应选择"流程"或"循环"类别。

> **提示**
>
> 在为显示的信息选择 SmartArt 图形时，应根据信息的内容，具体问题具体分析，灵活地选择多样化的 SmartArt 图形，才能达到最大限度吸引用户注意力的目的。

## 10.3 创建 SmartArt 图形

在 PowerPoint 中，用户可以通过多种方式创建 SmartArt 图形，包括直接插入 SmartArt 图形以及从占位符中创建 SmartArt 图形等。

### 1．直接插入 SmartArt 图形

使用 PowerPoint，用户可以直接为幻灯片插入 SmartArt 图形。

首先选择【插入】选项卡，然后单击【插图】组中的 SmartArt 按钮，打开【选择 SmartArt 图形】对话框。

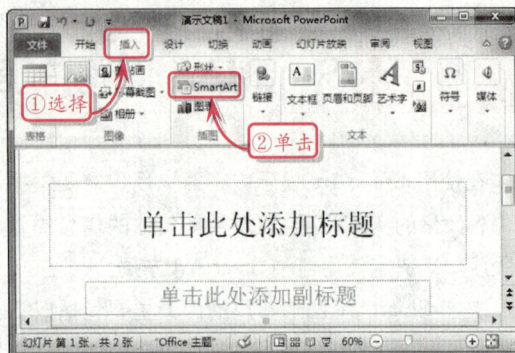

在弹出的【选择 SmartArt 图形】对话框中，用户可选择 SmartArt 图形的分类，并在分类中选择相应的 SmartArt 布局，单击【确定】按钮后，即可将其插入到幻灯片中。

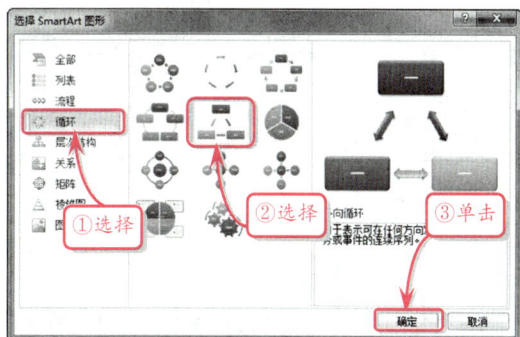

### 2. 从占位符中插入 SmartArt 图形

除了从【工具选项卡】栏中插入 SmartArt 图形外，用户也可以从幻灯片的"内容"占位符中插入 SmartArt 图形。

如幻灯片中包含"内容"占位符，则用户可以单击该占位符中的【插入 SmartArt 图形】按钮，同样可打开【选择 SmartArt 图形】对话框。

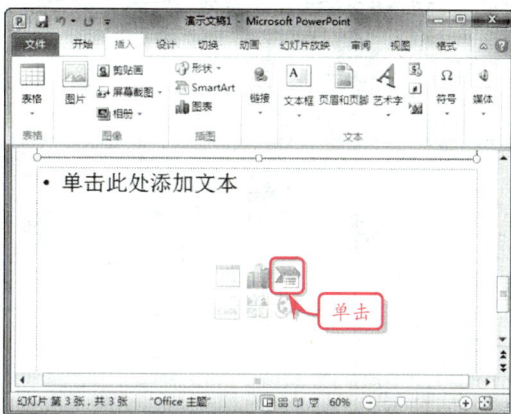

PowerPoint

# 10.4 　编辑 SmartArt 图形

在创建 SmartArt 图形后，用户还需要对图形进行编辑，完成 SmartArt 图形的制作。

### 1. 选择形状

在 PowerPoint 中，用户可以通过两种方式选中 SmartArt 图形中的形状内容。

● 直接选择形状

将鼠标光标置于 SmartArt 图形的形状上方，然后即可单击鼠标光标，将该形状选中。

● 选择其他形状

在已选中 SmartArt 图形中的某个形状后，用户还可以通过【工具选项卡】栏中的按钮，选择与该形状相邻的各种形状。

选中形状后，选择【SmartArt 工具】下的【设计】选项卡，在【创建图形】组中，单击【上移所选内容】按钮和【下移所选内容】按钮，移动选择区域，选中与当前形状相邻的形状。

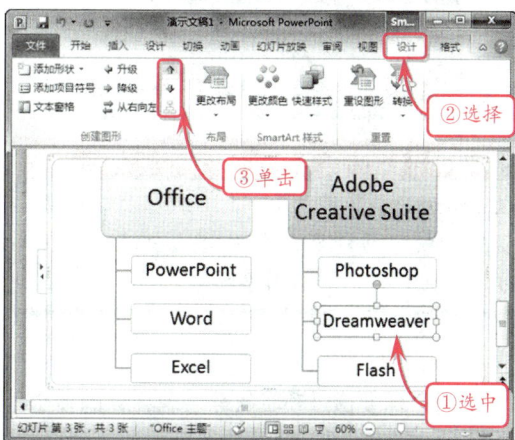

### 2．输入文本信息

在选中 SmartArt 图形中的项目形状后，用户即可右击鼠标，执行【编辑文字】命令，输入文本。

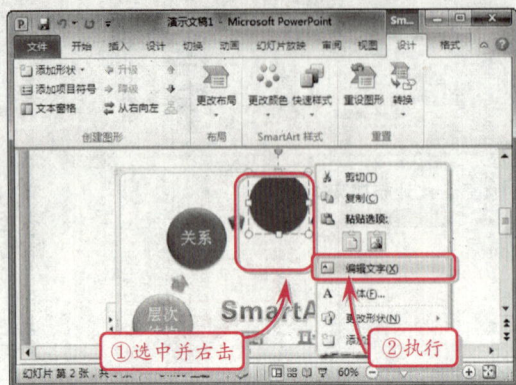

### 3．添加形状

PowerPoint 允许用户为 SmartArt 图形添加新的形状，以满足显示信息数量的需要。

选中 SmartArt 图形中任意一个形状，然后即可选择【SmartArt 工具】下的【设计】选项卡，在【创建图形】组中单击【添加形状】按钮，即可在弹出的菜单中执行相应的命令，为 SmartArt 图形添加一个空白形状。

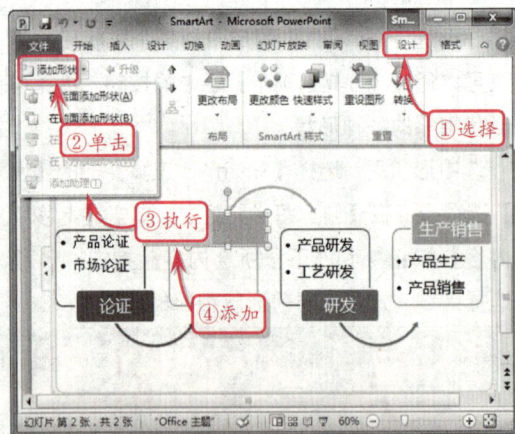

**提示**

在【添加形状】菜单中，用户可根据实际需要执行相应的命令，在当前选中的形状上方、下方、前面和后面添加形状。

### 4．添加项目符号

如用户需要通过项目符号表现并列的多个信息，则可为形状添加项目符号。

选中形状，然后选择【SmartArt 工具】下的【设计】选项卡，在【创建图形】组中单击【添加项目符号】按钮，为其添加项目符号。

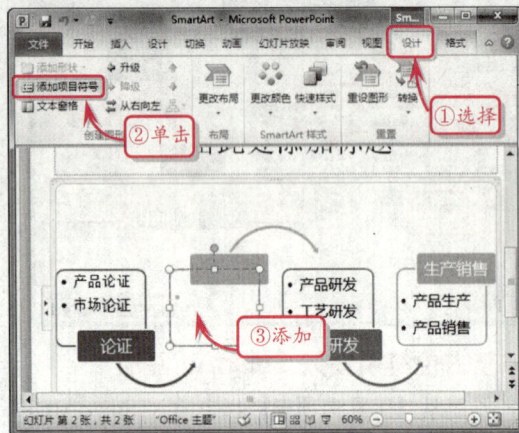

**注意**

用户无法通过【开始】选项卡中的【段落】组中的【项目符号】按钮 ≡ 为 SmartArt 图形添加项目符号。

### 5．设置级别

对于一些包含层级的 SmartArt 图形，用户可以将低级形状修改为高级形状，也可以将高级形状修改为低级形状。

首先选中需要改变级别形状，然后即可选择【SmartArt 工具】下的【设计】选项卡，在【创建图形】组中单击【升级】或【降级】按钮，更改其级别。

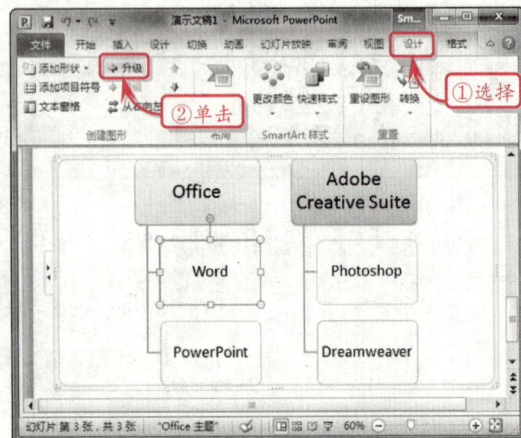

当选中的形状为最高级别时，【升级】按钮将不可用。而当选中的形状为最低级别时，【降级】按钮也将不可用。

### 6. 更改布局

在 PowerPoint 中，允许用户将当前选择的 SmartArt 图形布局更改为其他布局，并保留布局的样式等属性。

选中整个 SmartArt 图形，然后用户即可选择【SmartArt 工具】下的【设计】选项卡，单击【布局】组中的【更改布局】按钮，然后即可在弹出的菜单中选择新的布局。

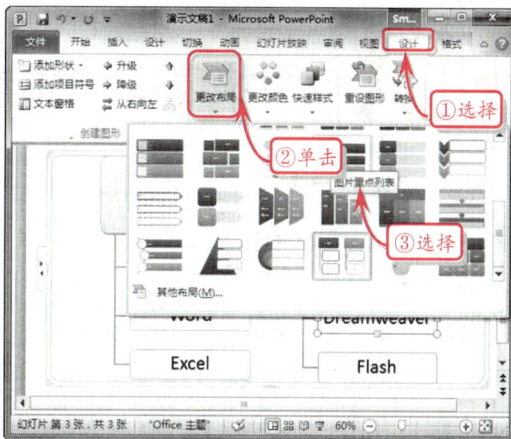

## 10.5 使用【文本】窗格

【文本】窗格是 PowerPoint 中提供的一种重要工具，其可以显示当前 SmartArt 图形中的形状。

### 1. 打开【文本】窗格

在 PowerPoint 中选中 SmartArt 图形，选择【SmartArt 工具】下的【设计】选项卡，然后即可在【创建图形】组中单击【文本窗格】按钮，然后即可打开【文本】窗格。

在【文本】窗格中修改其中的文本，此时，SmartArt 图形中的文本也会相应地发生改变。

在【文本】窗格中，用户也可选中文本并右击鼠标，执行【升级】、【降级】、【上移】和【下移】等命令，对形状进行更改。

### 2. 选择形状和编辑形状文本

在【文本】窗格中，用户可以单击其中的文本，选择文本所在的形状。

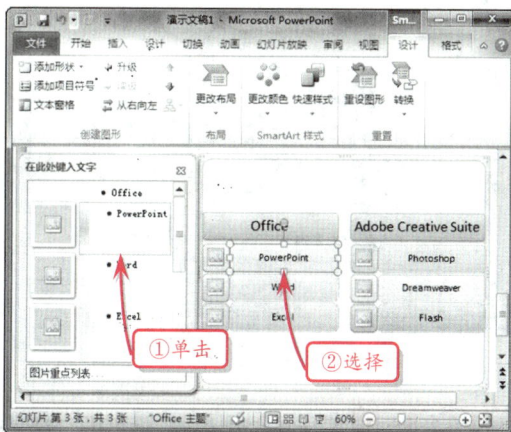

## 10.6 应用快速颜色和样式

PowerPoint 提供了众多的样式供用户选择，并可将其应用到 SmartArt 图形中。

### 1. 更改颜色

PowerPoint 提供了多种颜色方案供用户调用。

在 PowerPoint 中选中 SmartArt 图形，然后即可选择【SmartArt 工具】下的【设计】选项卡，在【SmartArt 样式】组中单击【更改颜色】按钮，在弹出的菜单中选择颜色方案，将其应用到 SmartArt 图形中。

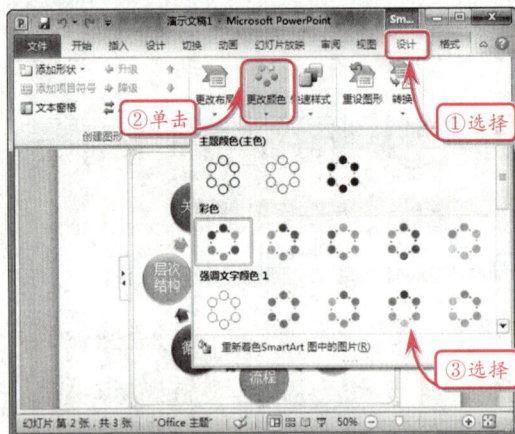

### 2. 快速样式

除了应用颜色方案外，PowerPoint 还提供了快速样式功能，允许用户为 SmartArt 图形添加特效。

在 PowerPoint 中选中 SmartArt 图形，然后即可选择【SmartArt 工具】下的【设计】选项卡，在【SmartArt 样式】组中单击【快速样式】按钮，然后即可在弹出的菜单中选择样式。

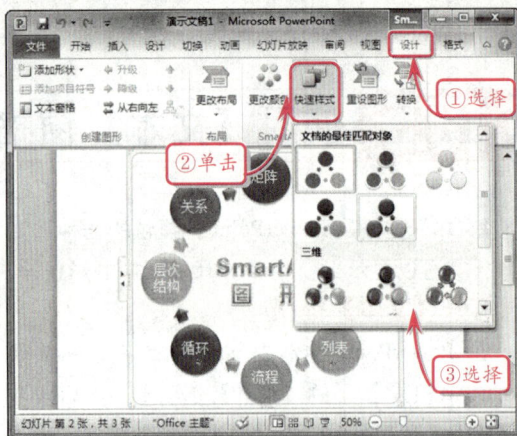

## 10.7 SmartArt 图形颜色和效果

与 PowerPoint 中其他的各种对象类似，用户也可为 SmartArt 图形添加颜色、设置轮廓并添加自定义的形状效果。

在 PowerPoint 中选中 SmartArt 图形，然后即可选择【SmartArt 工具】下的【格式】选项卡，在【形状样式】组中单击各种按钮，执行相应的命令，将各种颜色和效果应用到 SmartArt 图形或其中的文本上。

SmartArt 图形可用的按钮主要包括以下几种。

| 按　钮 | 作　用 |
| --- | --- |
| 形状填充 ▾ | 设置 SmartArt 图形的背景填充色 |
| 形状轮廓 ▾ | 设置 SmartArt 图形的轮廓填充色 |
| 形状效果 ▾ | 设置 SmartArt 图形的外部特殊效果 |
| A ▾ | 设置 SmartArt 图形中文本的前景色 |
| 🖉 ▾ | 设置 SmartArt 图形中文本的轮廓颜色 |
| A ▾ | 设置 SmartArt 图形中文本的外部特殊效果 |

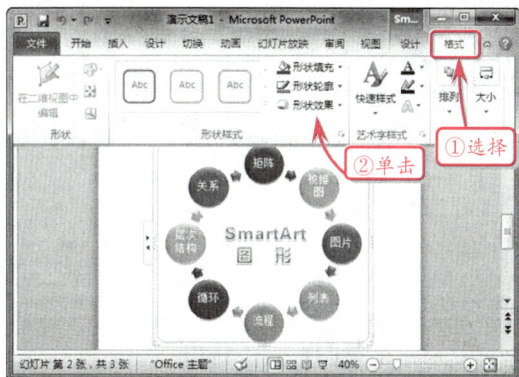

PowerPoint

# 10.8 练习：公司改制方案之二

在制作各种用于叙述工作流程、体现结构关系的演示文稿时，就可以应用到 SmartArt 图形技术，以灵活而多变的图形来表现流程和结构的关系。在本例中，就将 SmartArt 图形技术用于制作公司改制方案的演示文稿，表现公司的产权结构、改制原则思路、战略规划等幻灯片。

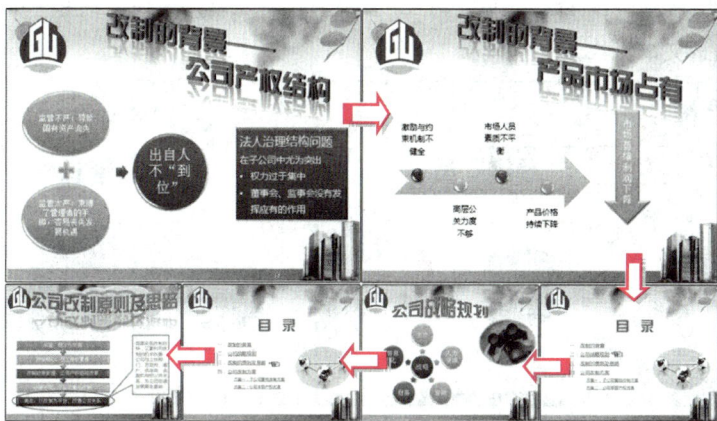

## 操作步骤 ▶▶▶▶

**STEP|01** 打开"北京东亚改制方案"演示文稿，继续完成"改制的背景"的其他两个方面。选择"改制的背景——员工年龄结构"幻灯片，右击执行【复制幻灯片】命令，删除内容，并更改标题为"改制的背景——公司产权结构"。然后，单击 SmartArt 按钮，在弹出的【选择 SmartArt 图形】对话框中，选择【垂直公式】流程图形。

**STEP|02** 选择 SmartArt 图形，单击【SmartArt 样式】组中的【其他】下拉按钮，选择"三维"栏中的"优雅"样式；然后，再单击【更改颜色】下拉按钮，选择"彩色"栏中的"彩色范围-强调颜色 3 至 4"选项。

---

### 练习要点

- 插入艺术字
- 插入形状
- 插入图片
- 插入文本框
- 插入 SmartArt 图形
- 设置 SmartArt 图形格式

### 提示

在创建幻灯片时，根据目录"手"图片的指示，可以了解到应该播放的下一个幻灯片，所以在每一不同的部分都会有一个目录提示。

### 技巧

将"改制的背景——员工年龄结构"幻灯片中的内容删除，然后，将文本"员工年龄结构"修改为"公司产权结构"，这样可以快速修改。

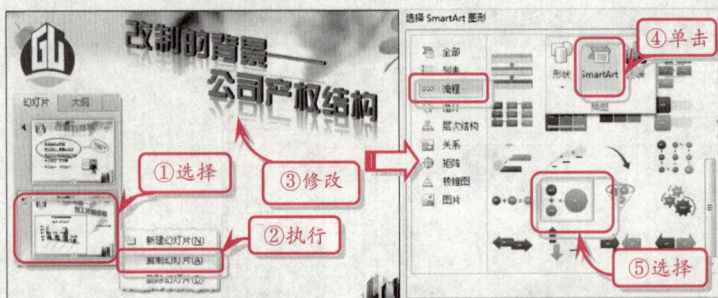

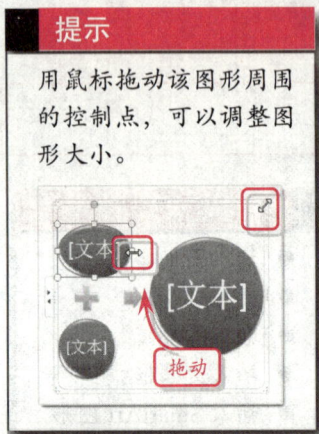

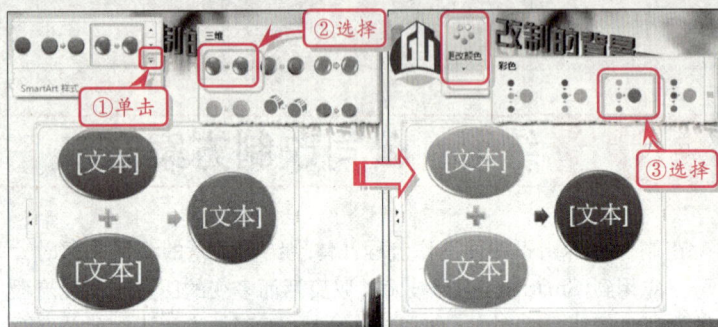

**STEP|03** 在每个形状中输入文本，并设置文本格式。然后，单击【形状】按钮，选择"矩形"形状，绘制矩形，并在【形状样式】组中应用"强烈效果-红色，强调颜色 2"样式；在该形状中输入文本，并设置文本格式。

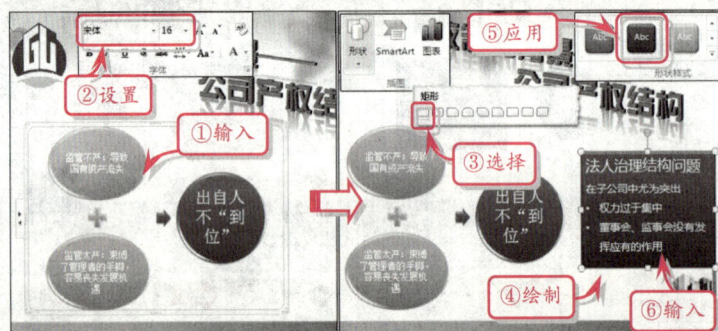

**STEP|04** 选择"改制的背景——公司产权结构"幻灯片，右击执行【复制幻灯片】命令，删除内容，并更改标题为"改制的背景——产品市场占有"。然后，单击 SmartArt 按钮，在弹出的【选择 SmartArt 图形】对话框中，选择【基本日程表】流程图形。

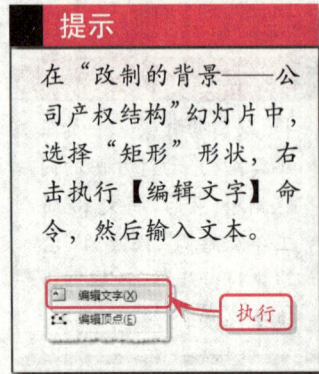

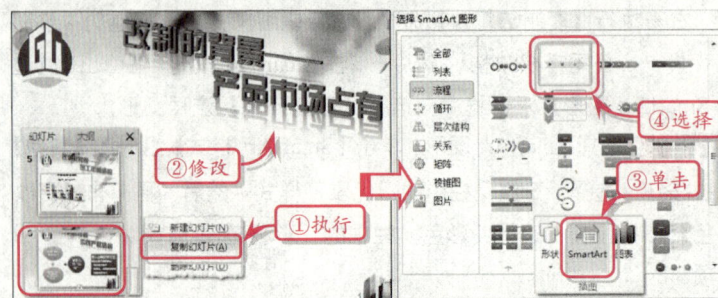

**STEP|05** 选择 SmartArt 图形，单击【SmartArt 样式】组中的【其他】下拉按钮，选择"三维"栏中的"优雅"样式；然后，再单击【更改颜色】下拉按钮，选择"彩色"栏中的"彩色-强调文字颜色"选项。

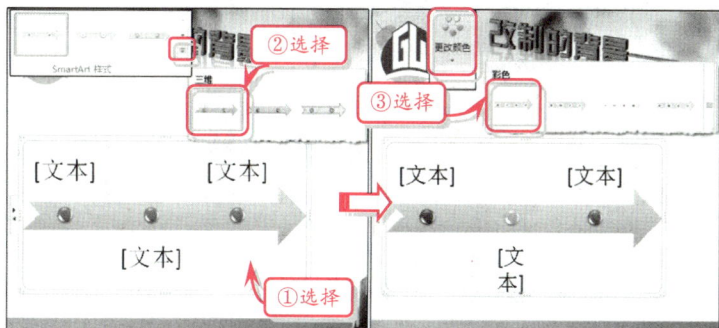

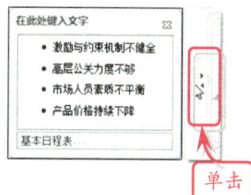
**STEP|06** 选择 SmartArt 图形，在【创建图形】组中，单击【添加形状】下拉按钮，在下拉菜单中，选择"在后面添加形状"。然后，在形状中输入文本，并设置文本格式。

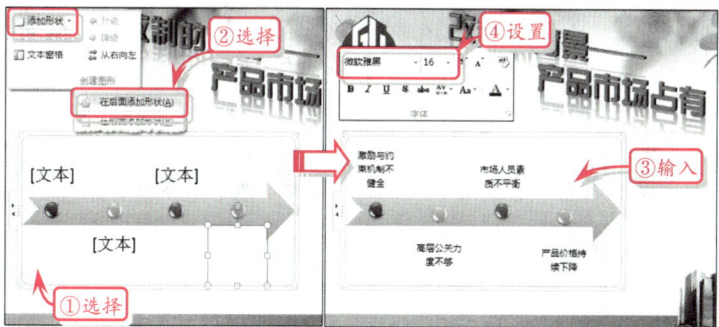

**STEP|07** 绘制一个"下箭头"形状，在【形状样式】组中应用"强烈效果-橄榄色，强调颜色 3"，并在该形状中输入文本。然后，选择"目录"幻灯片，执行【复制幻灯片】命令，将复制的幻灯片拖入到最后，并选择"手"图片，指向编号二。

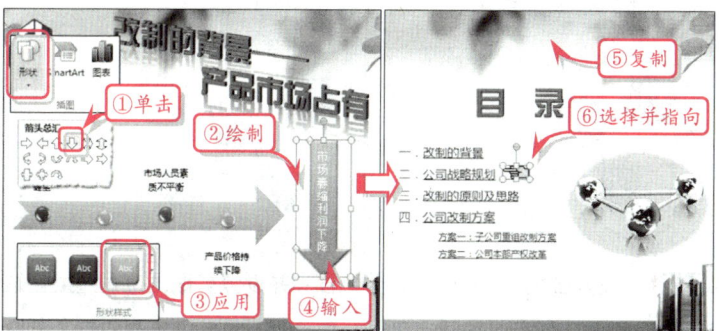

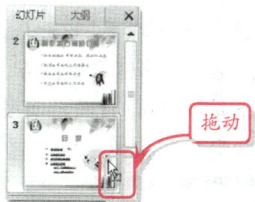
**STEP|08** 新建幻灯片，在标题占位符中输入文本"公司战略规

划"，并设置文本格式及样式。然后，单击内容占位符中的【插入SmartArt 图形】按钮，在弹出的【选择 SmartArt 图形】对话框中，选择【分离射线】图形。

**提示**

设置标题"公司战略规划"，在【转换】级联菜单中应用"停止"样式。选择文本"战略"，设置字体颜色为"橙色，强调文字颜色 6，深色25%"；然后，单击【文字效果】下拉按钮，在【发光】级联菜单中，选择"水绿色，11pt 发光，强调文字颜色 5"样式并应用。

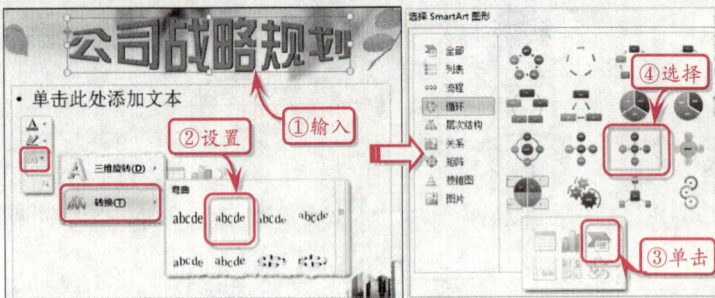

**STEP|09** 选择 SmartArt 图形，单击【SmartArt 样式】组中的【其他】下拉按钮，选择"三维"栏中的"优雅"样式；然后，再单击【更改颜色】下拉按钮，选择"彩色"栏中的"彩色-强调文字颜色"选项。

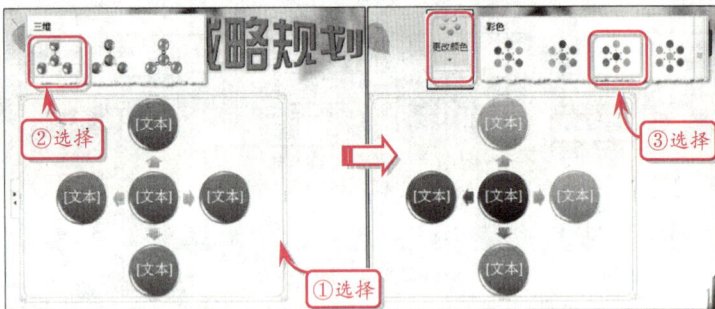

**提示**

添加【分离射线】图形后，调整其大小和位置，并放置在幻灯片的左侧。

**STEP|10** 选择 SmartArt 图形，在【创建图形】组中，单击【添加形状】下拉按钮，在下拉菜单中，选择"在后面添加形状"。然后，在形状中输入文本，并设置文本格式。

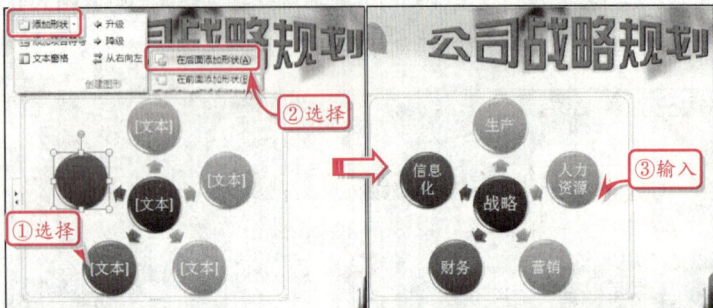

**提示**

在添加【分离射线】图形时，不能直接单击【添加形状】按钮，应该选择最后一个"紫色"的形状，然后，单击【添加形状】下拉菜单中的【在后面添加形状】按钮。

**STEP|11** 插入公司 Logo 图片、剪贴画，并设置剪贴画应用"柔化边缘椭圆"样式。然后，选择"目录"幻灯片，执行【复制幻灯片】命令，将复制的幻灯片拖入到最后，并选择"手"图片，指向编号三。

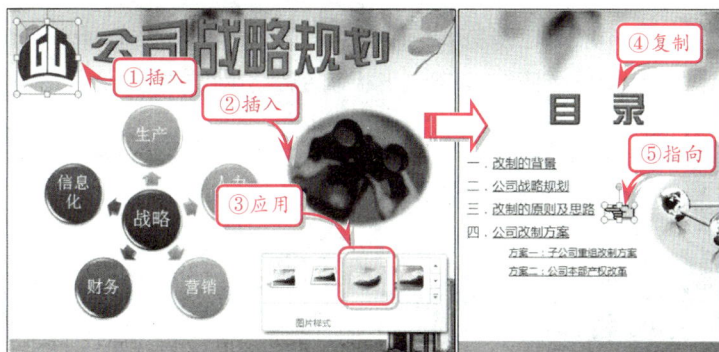

**STEP|12** 新建幻灯片，通过插入图片，设置标题文本，插入 SmartArt 图形，并设置该 SmartArt 图形的样式和颜色，然后添加两个 SmartArt 图形，来创建"公司改制原则及思路"。

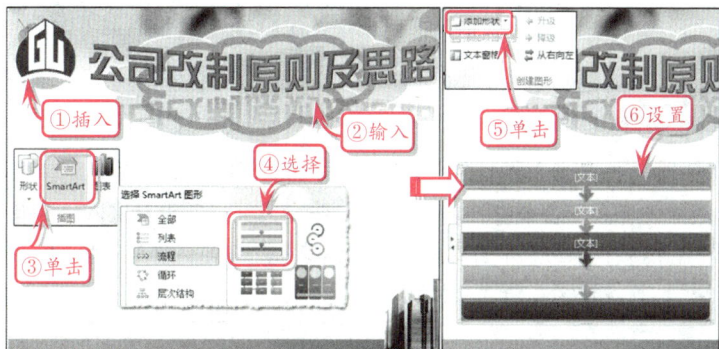

**STEP|13** 在 SmartArt 图形中输入文本。绘制"椭圆"形状和"矩形标注"形状，并设置两个形状的格式。然后，在"矩形标注"形状中输入文本，指向 SmartArt 图形的最后一个形状。

## 10.9 练习：广西桂林风光介绍之一

桂林是世界著名的旅游胜地和历史文化名城，素以突兀的石

## 练习要点

- 插入艺术字
- 插入图片
- 插入形状
- 插入 SmartArt 图形
- 设置 SmartArt 图形样式

### 提示

在【设置文本效果格式】对话框中，设置文本"风光介绍"的渐变颜色为"彩虹出岫Ⅱ"；文本轮廓为"橙色，强调文字颜色6，深色25%"；粗细为"0.75磅"。

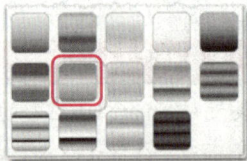

### 提示

在【设置文本效果格式】对话框中，设置文本"广西桂林"的【映像】预设为"全映像，4pt 偏移量"。

映像变体

### 提示

在"目录"幻灯片的设置中，其中标题"目录"的字体为"隶书"；大小为66；颜色为"黑色"；内容中的字体为"方正北魏楷书简体"；大小为32；颜色为"水绿色，强调文字颜色5，深色50%"。

峰、瑰丽的溶洞和碧澄的小湖而闻名于世。本例将结合 PowerPoint 艺术字、SmartArt 图形以及绘制形状等功能，介绍桂林"山清、水秀、洞奇、石美"的美丽景色。

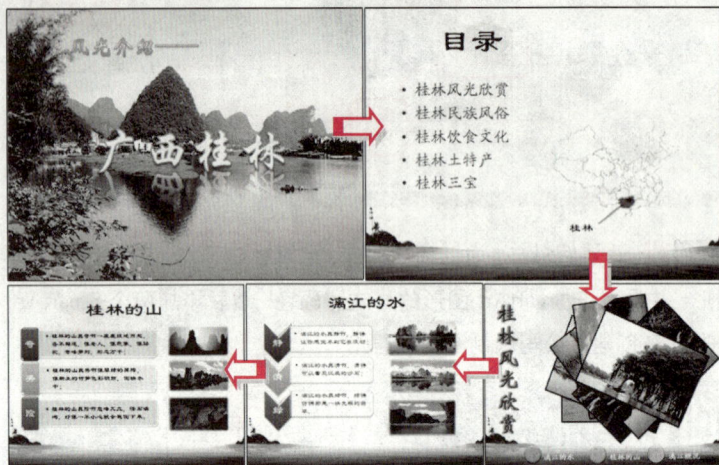

### 操作步骤 ▶▶▶▶

**STEP|01** 打开素材幻灯片"广西桂林风光介绍.pptx"。单击"单击此处添加标题"占位符，输入文本"风光介绍"，并设置文本格式及样式。然后，单击"单击此处添加副标题"占位符，输入文本"广西桂林"，并设置文本格式及样式。

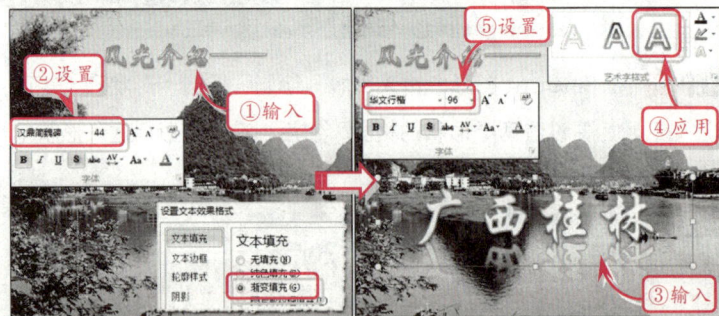

**STEP|02** 打开第2张幻灯片，分别在标题和内容占位符中输入文本并设置文本格式。然后，插入图片，放置在幻灯片右下方，插入横排文本框，输入文本"桂林"，放置在图片指向位置。

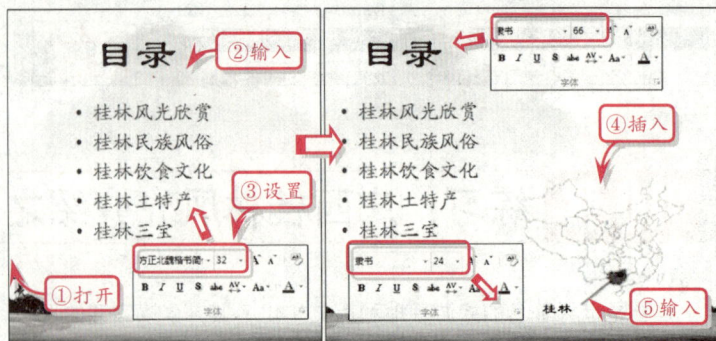

**STEP|03** 打开第 3 张幻灯片，插入一个垂直文本框，输入文本"桂林风光欣赏"，并设置文本格式及样式。然后，插入图片，在【图片样式】组中，应用"简单框架，黑色"样式，并单击"绿色"旋转柄，旋转图片。

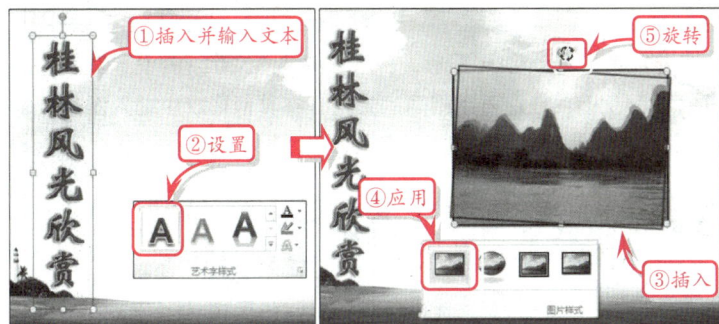

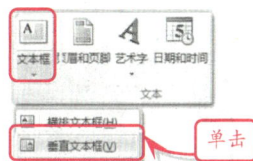
**STEP|04** 按照相同的方法，依次添加图片并设置图片格式，旋转放置。然后，绘制一个"正圆"形状，并设置该形状格式；复制两次该形状，更改颜色，插入横排文本框输入文本。

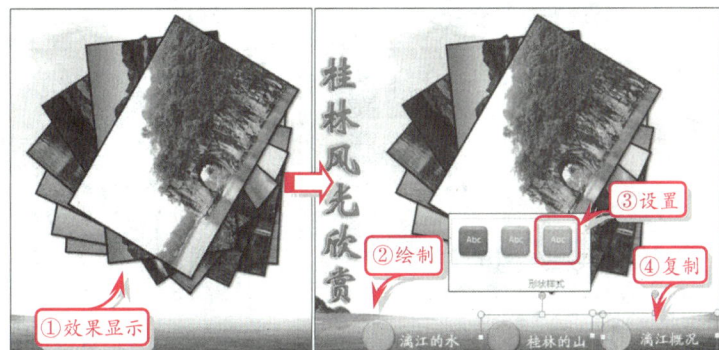

**STEP|05** 打开第 4 张幻灯片，单击"单击此处添加标题"占位符，输入文本"漓江的水"，并设置文本格式。单击内容占位符中的【插入 SmartArt 图形】按钮，弹出【选择 SmartArt 图形】对话框。在该对话框中，选择【列表】选项卡中的"垂直 V 形列表"项。

**STEP|06** 选择 SmartArt 图形，单击【SmartArt 样式】组中的【其他】下拉按钮，选择"三维"栏中的"优雅"样式；然后，再单击【更改颜色】下拉按钮，选择"彩色"栏中的"彩色-强调文字颜色"选项。

## 提示

选择"垂直 V 形列表"右侧的项目列表，按 ←Backspace 键删除。用同样的方法，将 SmartArt 图形中右侧的项目列表符号删除。

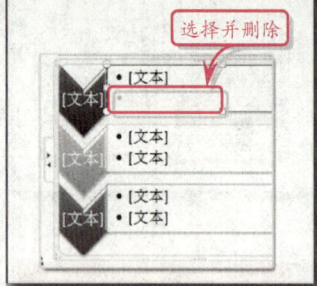

**STEP|07** 选择 SmartArt 图形，在形状中输入文字，并设置其字体为"隶书"；大小为 32。再用相同的方法，在其他形状中插入图片，输入文字，并设置其字体格式。

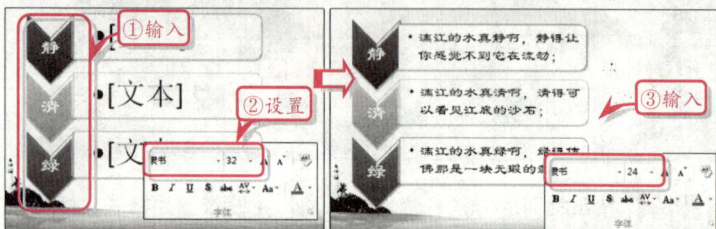

## 提示

插入图片后，选择图片，右击执行【大小和位置】命令，在弹出的【设置图像格式】对话框中，设置图片的高为"4 厘米"；宽为"7.8 厘米"。

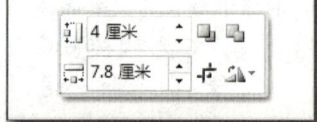

**STEP|08** 单击【图像】组中的【图片】按钮，在弹出的【插入图片】对话框中，分别选择图片。然后，选择图片，在【图片样式】组中，应用"柔化边缘矩形"样式。

**STEP|09** 打开第 5 张幻灯片，单击"单击此处添加标题"占位符，输入文本"桂林的山"并设置文本格式与上一张幻灯片的标题相同。单击【插图】组中的 SmartArt 按钮，弹出【选择 SmartArt 图形】对话框。在该对话框中，选择【列表】选项卡，并选择"垂直块列表"项。

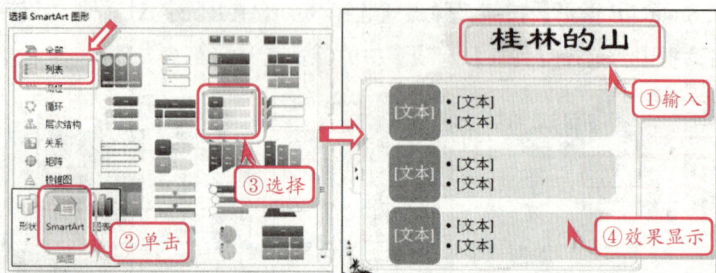

## 提示

选择"垂直块列表"右侧的项目列表，按 ←Backspace 键删除。用同样的方法，将 SmartArt 图形中右侧的项目列表符号删除。

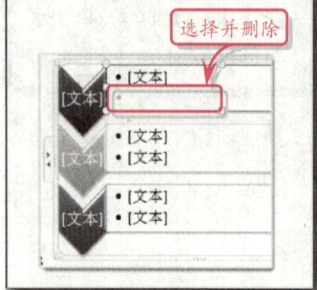

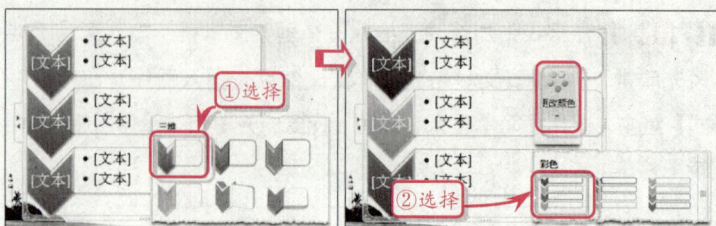

**STEP|10** 选择 SmartArt 图形，单击【SmartArt 样式】组中的【其他】下拉按钮，选择"三维"栏中的"优雅"样式；然后，再单击【更改颜色】下拉按钮，选择"彩色"栏中的"彩色-强调文字颜色"选项，并在形状中输入文字，设置文本格式。

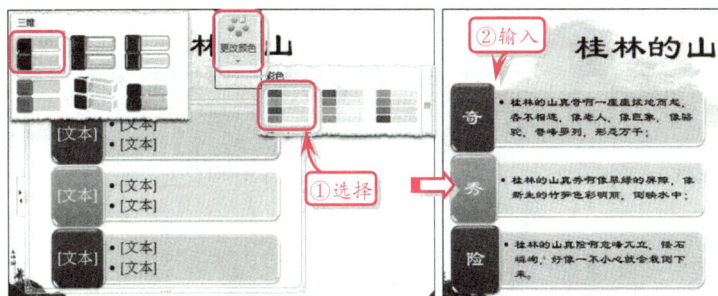

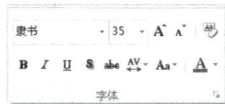

**STEP|11** 单击【图像】组中的【图片】按钮，在弹出的【插入图片】
对话框中，分别选择图片。然后，选择图片，在【图片样式】组中，
应用"柔化边缘矩形"样式。

## 10.10　高手答疑

## Q&A

问题 1：如何更改 SmartArt 图形的方向？

解答：在 PowerPoint 中选择【SmartArt 工具】
下的【设计】选项卡，然后即可在【创建图形】
组中单击【从右向左】按钮，翻转 SmartArt
图形。

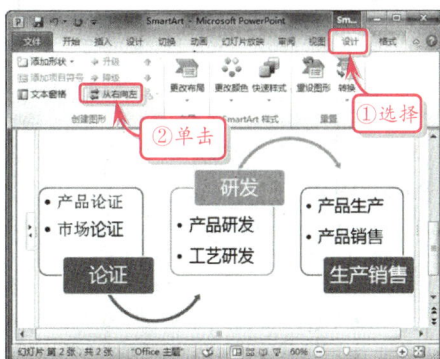

## Q&A

问题 2：如何取消 SmartArt 图形的所用样式，将其所有样式重置？

解答：PowerPoint 允许用户清除 SmartArt 图形所有的样式设置，将其恢复到最初状态。

在 PowerPoint 中选择【SmartArt 工具】下的【设计】选项卡，然后即可单击【重设图形】按钮，重置图形样式。

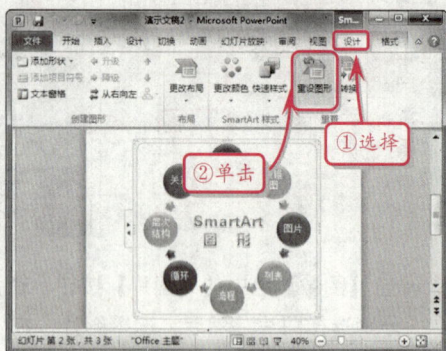

## Q&A

问题 3：如何将幻灯片中的文本转换为 SmartArt 图形？

解答：在 PowerPoint 中，如用户输入了列表或其他具有并列关系和递进关系的文本，则可将其转换为 SmartArt 图形，为这些文本添加形状背景。

选中这些文本，然后即可选择【开始】选项卡，在【段落】组中单击【转换为 SmartArt 图形】按钮，在弹出的菜单中选择 SmartArt 图形的类别，对其进行转换。

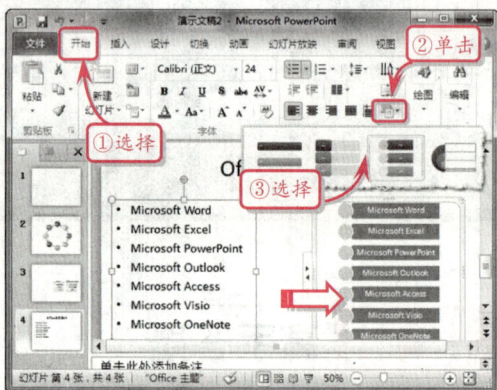

### 提示

如当前列举的菜单内并无用户需要的 SmartArt 图形类别，用户还可在菜单下方执行【其他 SmartArt 图形】命令，打开【选择 SmartArt 图形】对话框，在该对话框中将列举全部的 SmartArt 图形类型供用户选择。

## Q&A

问题 4：如何将 SmartArt 图形转换为普通的文本或形状？

解答：PowerPoint 还允许用户将已创建的 SmartArt 图形转换为普通文本，或若干矢量形状。

选中 SmartArt 图形，然后即可选择【SmartArt 工具】下的【设计】选项卡，在【重置】组中单击【转换】按钮，执行【转换为文本】或【转换为形状】命令，对其进行转换。

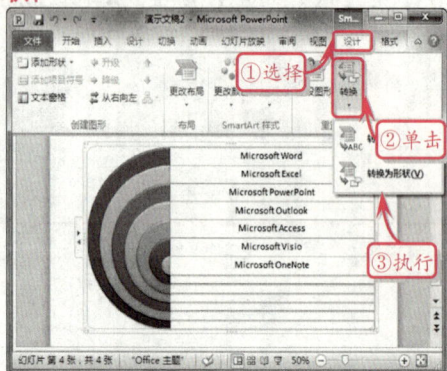

其中，执行【转换为文本】命令之后，将把SmartArt图形转换为列表或编号列表等类型的文本。

而执行【转换为形状】命令之后，会打散原SmartArt图形，将其拆分为若干形状的组合，如下。

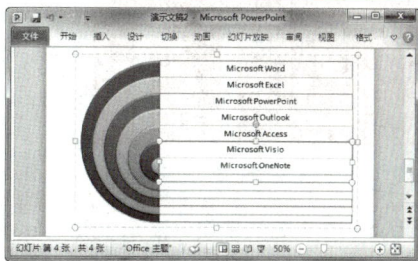

# Q&A

### 问题5：如何编辑 SmartArt 图形中的形状？

**解答**：PowerPoint 允许用户选择 SmartArt 图形中的形状，然后对其进行转换、放大或缩小处理。同时，也允许用户对这些形状的填充、轮廓和效果等进行编辑。

在 PowerPoint 中将鼠标光标置于需要修改的形状上方，然后即可选中该形状，选择【SmartArt 工具】下的【格式】选项卡，在【形状】组中，PowerPoint 提供了 3 个按钮用于形状的编辑。

| 按钮 | 作　用 |
|---|---|
| 更改形状 | 【更改形状】按钮可将当前选择的形状替换为其他类型的形状 |
| 增大 | 【增大】按钮，可增大当前选择形状的尺寸 |
| 减小 | 【减小】按钮，可减小当前选择形状的尺寸 |

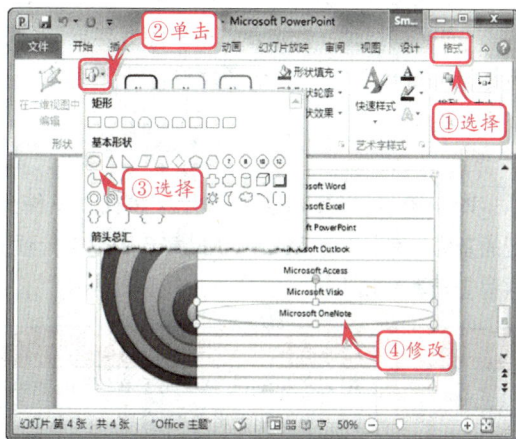

在单击【更改形状】按钮后，用户可在弹出的菜单中选择新的形状，将其应用到选中的形状中。

### 提示

更改的形状将完全继承原形状的所有属性。

如需要修改形状的尺寸，则可直接单击【增大】按钮或【减小】按钮，对形状进行修改。

如用户需要更改 SmartArt 图形中形状的填充、轮廓和效果等，则同样可以先选中图像，

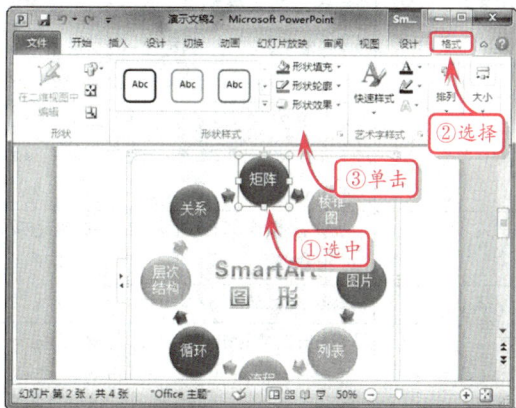

然后选择【SmartArt 工具】下的【格式】选项卡，在【形状样式】组中单击相应的按钮，更改其样式。

# 11

# 多媒体幻灯片

作为一种重要的多媒体演示工具，PowerPoint 允许用户在演示文稿中插入多种类型的媒体，包括文本、图像、图形、动画、音频和视频等。本章将介绍使用 PowerPoint 为演示文稿插入音频、视频以及对音频和视频进行编辑、管理的方法。

## 11.1 插入音频

音频可以记录语声、乐声和环境声等多种自然声音，也可以记录从数字设备采集的数字声音。使用 PowerPoint，用户可以方便地将各种音频插入到演示文稿中。

### 1. 插入文件中的音频

PowerPoint 允许用户为演示文稿插入多种类型的音频，包括各种采集的模拟声音和数字音频，这些音频类型如下。

| 音 频 格 式 | 说　　明 |
| --- | --- |
| AAC | ADTS Audio，Audio Data Transport Stream（用于网络传输的音频数据） |
| AIFF | 音频交换文件格式 |
| AU | UNIX 系统下的波形声音文档 |
| MIDI | 乐器数字接口数据，一种乐谱文件 |
| MP3 | 动态影像专家组制定的第三代音频标准，也是互联网中最常用的音频标准 |
| MP4 | 动态影像专家组制定的第四代视频压缩标准 |
| WAV | Windows 波形声音 |
| WMA | Windows Media Audio，支持证书加密和版权管理的 Windows 媒体音频 |

在 PowerPoint 中，用户可选择【插入】选项卡，在【媒体】组中单击【媒体】按钮，在弹出的菜单中选择【音频】，在弹出的菜单中执行【文件中的音频】命令，即可在弹出的【插入音频】对话框中选择音频文档，将其插入到演示文稿中。

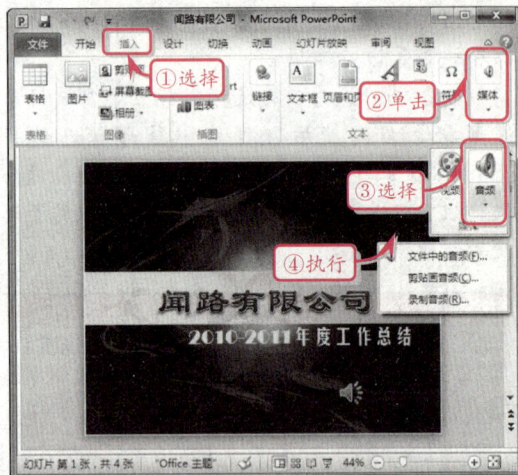

### 2. 插入剪贴画音频

剪贴画音频是 PowerPoint 2010 自带的音频与在 Office.com 官方网站提供的音频资源的集合。

在 PowerPoint 中选择【插入】选项卡，然后即可在【媒体】组中单击【媒体】按钮，在弹出的菜单中选择【音频】，并在弹出的菜单中执行【剪贴画音频】命令。

此时，PowerPoint 2010 将打开【剪贴画】面板，并显示本地 PowerPoint 软件和 Office.com 官方网站提供的各种音频素材。

在【剪贴画】面板中，用户可以在【搜索文字】文本框中输入文本，并设置【结果类型】，再单击【搜索】按钮，搜索剪贴画音频。然后，即可在下方选择搜索的结果，将其拖动到幻灯片中。

时单击【停止】按钮■，完成录制过程，并单击【播放】按钮▶，试听录制的音频。

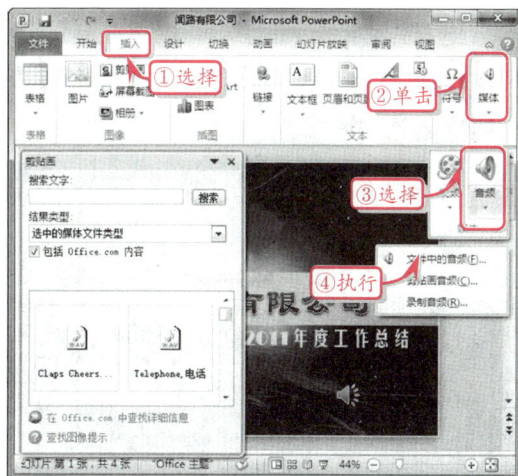

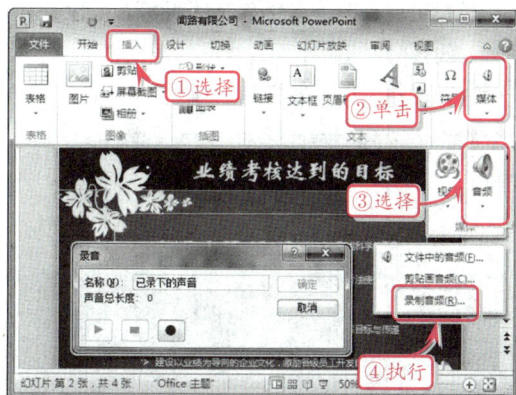

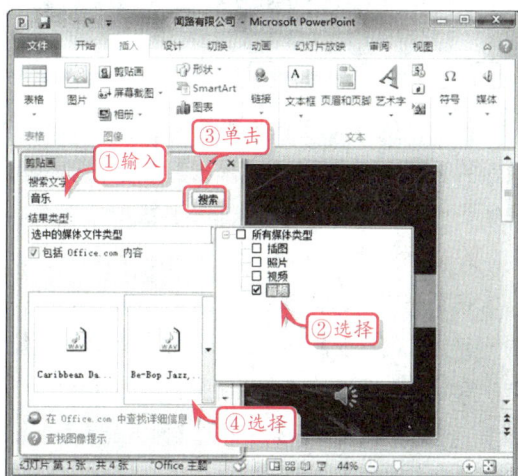

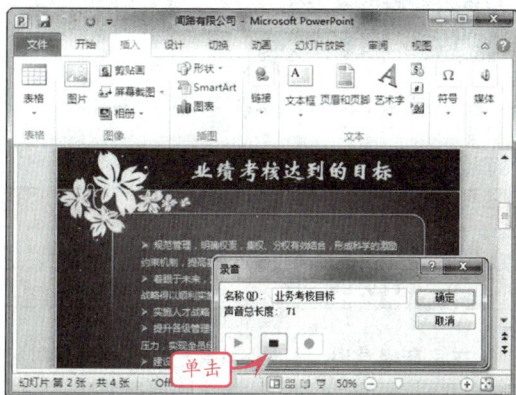

### 3．插入录制音频

PowerPoint 不仅可以插入储存于本地计算机和互联网中的音频，还可以通过麦克风采集声音，将其录制为音频并插入到演示文稿中。

在 PowerPoint 中选择【插入】选项卡，在【媒体】组中单击【媒体】按钮，然后即可在弹出的菜单中选择【音频】，执行【录制音频】命令，此时，将打开【录音】对话框。

在【录音】对话框中，用户可单击【录制】按钮●，录制音频文档。在完成录制后，用户可及

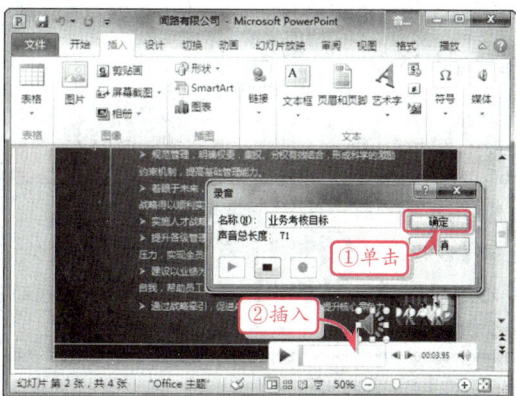

在确认音频无误后，即可单击【确定】按钮，将录制的音频插入到演示文稿中。

## 11.2 控制声音播放

PowerPoint 不仅允许用户为演示文稿插入音　频，还允许用户控制声音播放，并设置音频的各种

属性。

## 1. 试听音频

用户可在设计演示文稿时试听插入的声音。选择插入的音频，然后即可在弹出的浮动框上单击试听的各种按钮，以控制音频的播放。

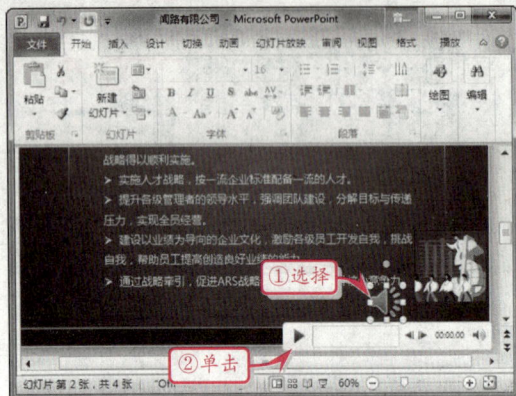

在浮动框中，主要包含以下几个按钮。

| 按钮 | 作　用 | 按钮 | 作　用 |
|---|---|---|---|
| ▶ | 播放声音 | ▶ | 快进 0.25 秒 |
| ◀ | 倒退 0.25 秒 | ◀》 | 音量控制 |

在声音播放时，【播放声音】按钮▶右侧的进度条和【快进 0.25 秒】按钮▶右侧的计时器都会根据声音播放的进度发生变化。

如用户用鼠标单击【音量控制】按钮◀》，则可在弹出的滑块中控制试听声音的音量大小，向上拖动滑块为放大音量，向下拖动滑块则为缩小音量。

> **提示**
>
> 除了通过浮动栏播放音频外，用户也可以选择【音频工具】下的【播放】选项卡，在【预览】组中单击【播放】按钮，播放插入的音频。

## 2. 淡化音频

淡化音频是指控制声音在开始播放时音量从无声逐渐增大，以及在结束播放时音量逐渐减小的过程。

在 PowerPoint 中，用户可以为音频设置淡化

效果。选择音频，然后即可选择【音频工具】下的【播放】选项卡，在【编辑】组中设置【淡入】值和【淡出】值，如下。

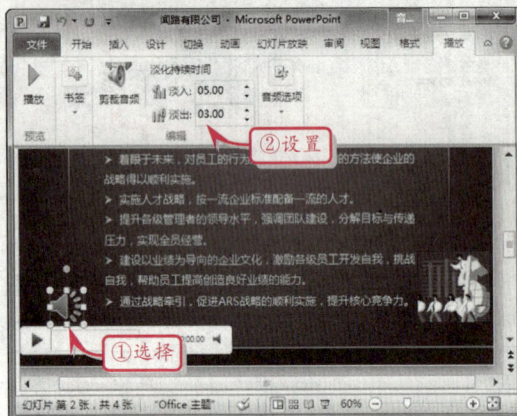

其中，【淡入】值的作用是为音频添加开始播放时的音量放大特效，而【淡出】值的作用则是为音频添加停止播放时的音量缩小特效。

## 3. 剪裁音频

在录制或插入音频后，如需要剪裁并保留音频的一部分，则可使用 PowerPoint 的剪裁音频功能。选中音频，然后选择【音频工具】下的【播放】选项卡，即可单击【编辑】组中的【剪裁音频】按钮，打开【剪裁音频】对话框。

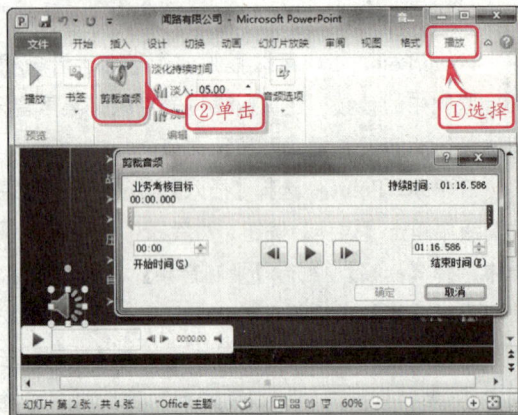

在弹出的对话框中，用户可以手动拖动进度条中的绿色滑块，以调节剪裁的开始时间，同时，也可以调节红色滑块，修改剪裁的结束时间。

如需要根据试听的结果来决定剪裁的时间段，用户也可直接单击该对话框中的【播放】按钮▶，

来确定剪裁内容。

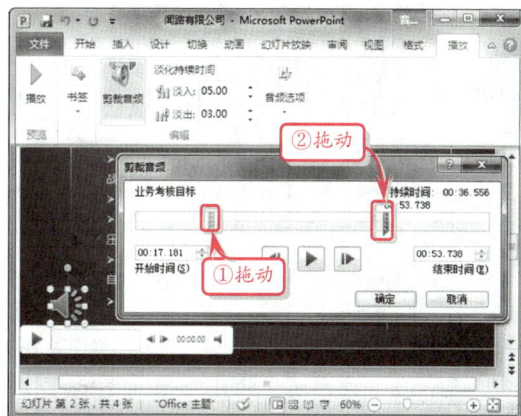

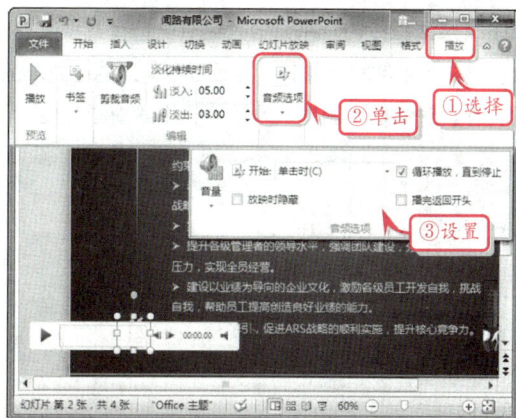

在单击【确定】按钮之后，即可完成剪裁工作，将剪裁过的音频文档插入到演示文稿中。

### 4．设置音频选项

音频选项的作用是控制音频在播放时的状态，以及播放音频的方式。PowerPoint 允许用户通过音频选项，控制音频播放的效果。

在 PowerPoint 中，用户可选中音频，在【音频工具】下的【播放】选项卡中单击【音频选项】组中的【音频选项】按钮，然后即可在弹出的菜单中设置音频选项的相关属性。

在【音频选项】菜单中，提供了多种按钮和选项，其作用如下。

| 属 性 | | 作 用 |
|---|---|---|
| 音量 | 低 | 设置音频播放时音量为低 |
| | 中 | 设置音频播放时音量为中 |
| | 高 | 设置音频播放时音量为高 |
| | 静音 | 设置音频播放时音量为静音 |
| 开始 | 自动 | 设置音频自动开始播放 |
| | 单击时 | 设置音频在鼠标单击幻灯片时开始播放 |
| | 跨幻灯片播放 | 设置音频在幻灯片切换时开始播放 |
| 循环播放，直到停止 | | 设置音频播放完毕后自动重新播放，直到用户手动停止 |
| 放映时隐藏 | | 设置音频的图标在幻灯片放映时隐藏 |
| 播完返回开头 | | 设置音频播放完毕后自动返回幻灯片开头 |

使用 PowerPoint，用户还可以为演示文稿插入视频内容。视频内容不仅可以记录声音，还可以记录动态图形和图像。

### 1．PowerPoint 视频格式

PowerPoint 支持多种类型的视频文档格式，允许用户将绝大多数视频文档插入到演示文稿中。常见的 PowerPoint 视频格式主要包括以下几种。

| 视 频 格 式 | 说 明 |
|---|---|
| ASF | 高级流媒体格式，微软开发的视频格式 |
| AVI | Windows 视频音频交互格式 |

续表

| 视 频 格 式 | 说 明 |
|---|---|
| QT，MOV | QuickTime 视频格式 |
| MP4 | 第 4 代动态图像专家格式 |
| MPEG | 动态图像专家格式 |
| MP2 | 第 2 代动态图像专家格式 |
| WMV | Windows 媒体视频格式 |

### 2．插入文件中的视频

PowerPoint 允许用户从本地计算机或局域网中找寻视频文档，并将其插入到演示文稿中。

用户可选择【插入】选项卡，在【媒体】组中

单击【媒体】按钮，在弹出的菜单中选择【视频】，执行【文件中的视频】命令，即可在弹出的【插入视频文件】对话框中选择本地计算机中的视频文档。

文字】栏中输入关键字并单击【搜索】按钮，进行搜索，并将搜索的结果插入到演示文稿中。

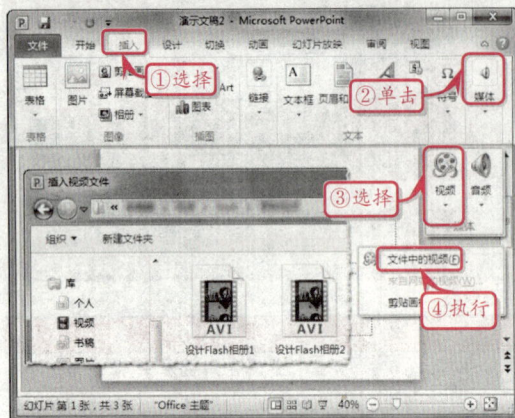

### 3. 插入剪贴画视频

剪贴画视频是 PowerPoint 内部和 Office.com 提供的视频。用户也可以将这些视频插入到演示文稿中。

在 PowerPoint 中选择【插入】选项卡，在【媒体】组中单击【媒体】按钮，在弹出的菜单中选择【视频】，执行【剪贴画视频】命令，然后即可打开【剪贴画】面板。

与插入其他类型的剪贴画类似，用户可在【结果类型】列表中选择【视频】，然后即可在【搜索

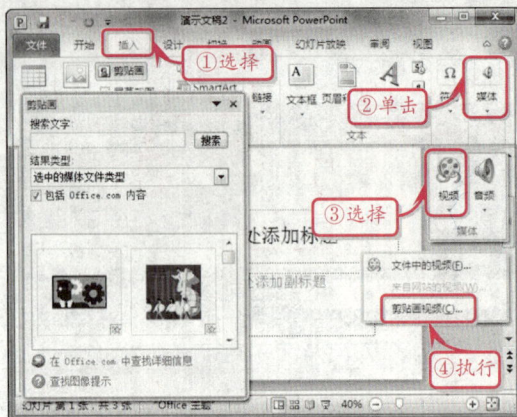

**提示**

除了插入文件中的视频和剪贴画视频外，PowerPoint 还能从国外一些视频网站中插入在线视频，通过 PowerPoint 调用在线视频播放。

**提示**

在插入媒体时，用户也可直接在包含"内容"占位符的幻灯片中单击该占位符中的【插入媒体剪辑】按钮，插入媒体内容。

## 11.4 处理视频

在 PowerPoint 中插入视频后，用户还可以对视频进行简单的处理，应用各种效果。

### 1. 更正视频

PowerPoint 提供了更正视频的功能，允许用户修改视频的亮度和对比度等属性，以改变视频的样式，除此之外，还提供了多种预置的更正视频范例供用户选择。

选中插入的视频，然后用户即可选择【视频工具】下的【格式】选项卡，在【调整】组中单击【更正】按钮，在弹出的菜单中选择相应的样式，单击以应用到视频中。

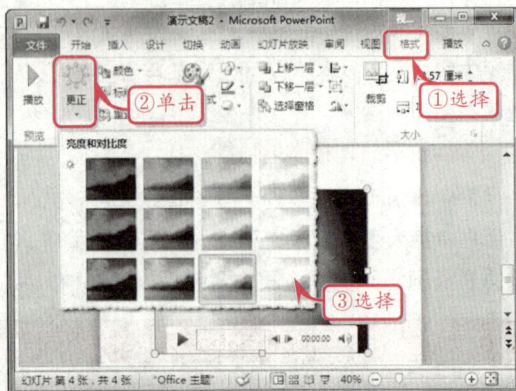

如用户需要自定义视频的亮度和对比度等属

性，则可在相同的菜单中执行【视频更正选项】命令，此时，将打开【设置视频格式】对话框。在该对话框中，用户可以方便地设置视频的【亮度】和【对比度】等属性。

## 2．更改颜色

用户可以为 PowerPoint 中的视频应用多种颜色，使视频更加美观。

选中视频，然后即可选择【视频工具】下的【格式】选项卡，在弹出的菜单中选择【重新着色】预置方案。

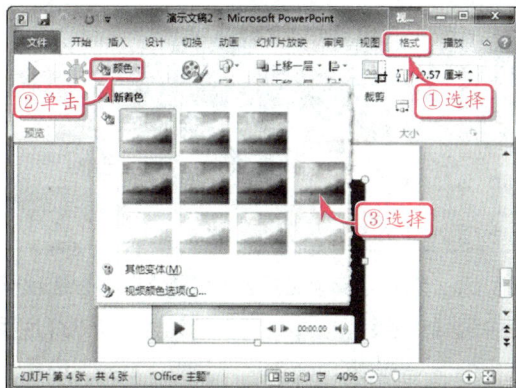

如用户需要自定义应用的颜色，则可在该菜单中执行【其他变体】命令，然后即可在弹出的菜单中选择【主题颜色】、【标准色】等色彩类型，或通过【其他颜色】命令，打开颜色拾取器，获取自定义颜色，并将其应用到视频上。

用户也可以执行【视频颜色选项】命令，在弹出的【设置视频格式】对话框中选择颜色预设，同样可以实现类似的效果。

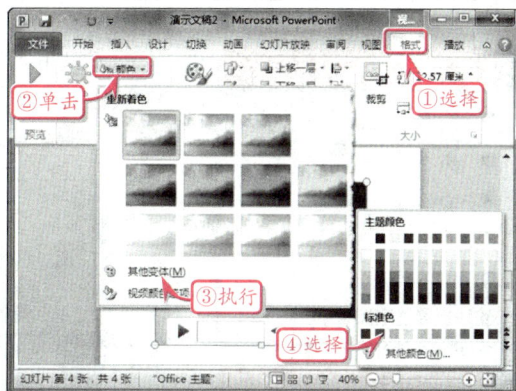

## 3．设置标牌框架

标牌框架是指视频在未播放时显示的图像内容，当视频播放时，这些图像内容将被隐藏。

在 PowerPoint 中，用户可选择视频，然后选择【视频工具】下的【格式】选项卡，在【调整】组中单击【标牌框架】按钮，执行【文件中的图像】命令，将图像设置为标牌框架。

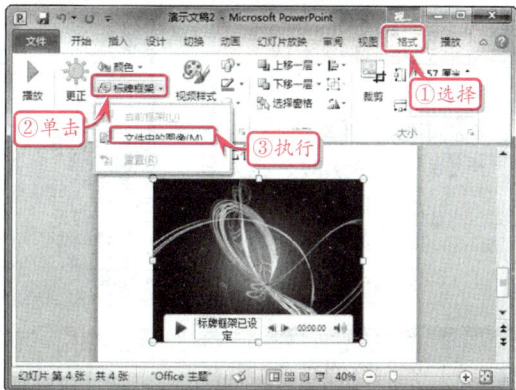

如需要删除视频的标牌框架，则可在相同的菜单中执行【重置】命令，可将标牌框架清除。

## 4．应用视频样式

视频类的对象与普通对象相同，都可以添加各式各样的样式，包括应用预置提供的样式，以及设置视频的形状、边框和效果等。其方法与为其他对象应用样式完全相同，在此不再赘述。

## 11.5 练习：广西桂林风光介绍之二

### 练习要点

- 插入声音
- 插入视频
- 插入图片
- 设置图片格式
- 插入形状
- 设置形状格式

### 注意

如果添加了多个音频剪辑，则它们会层叠在一起，并按照添加顺序依次播放。如果希望每个音频剪辑都在单击时播放，可在插入音频剪辑后拖动声音剪辑图标，使它们互相分开。

### 技巧

单击【媒体】组中的【声音】图标，可以直接打开【插入音频】对话框。

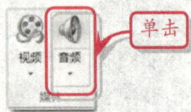

### 提示

用户可以选择音频图标，右击执行【设置音频格式】命令，在弹出的【设置音频格式】对话框中，设置相应的属性。

中国地大物博、资源丰富、风景秀丽，通过介绍桂林风光、民族风俗，可以充分展示祖国壮丽的山河。下面通过"广西桂林风光介绍之二"来学习制作多媒体幻灯片的方法。

### 操作步骤 ▶▶▶▶

**STEP|01** 打开"广西桂林风光介绍.pptx"演示文稿。选择第一张幻灯片，在【插入】选项卡中，单击【媒体】组中的【音频】下拉按钮，执行【文件中的音频】命令。此时，在弹出的【插入声音】对话框中，选择声音文件，单击【确定】按钮，并调整音频图标的大小及位置。

**STEP|02** 选择音频图标，单击【音频工具】，设置【播放】选项卡中的【音频选项】组中的【音量】为"中"；【开始】为"跨幻灯片播放"；循环播放，直到停止；播完返回开头；并启用"放映时隐藏"复选框。

**STEP|03** 打开第 6 张幻灯片，单击"单击此处添加标题"占位符，输入文本"漓江概况"，并设置文本格式。单击【媒体】组中的【视频】下拉按钮，执行【文件中的视频】命令。此时，在弹出的【插入视频文件】对话框中，选择要插入的"桂林山水.avi"视频，单击【确定】按钮。

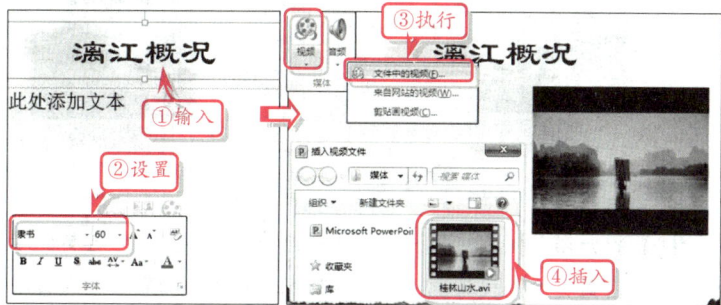

**STEP|04** 选择视频图标，单击【视频工具】，设置【播放】选项卡中的【视频选项】组中的【音量】为"静音"；【开始】为"自动"；循环播放，直到停止；播完返回开头。

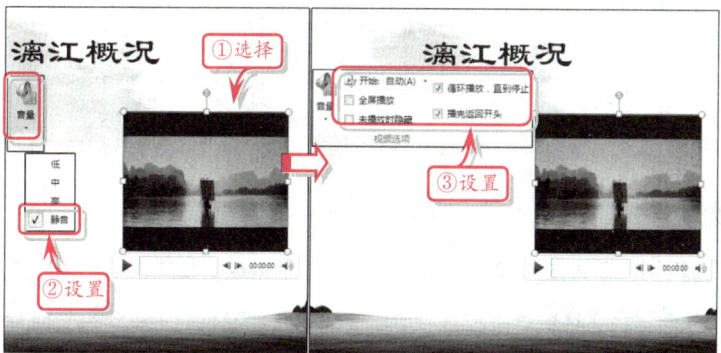

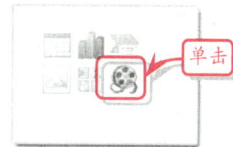

**STEP|05** 在【文本】组中，单击【文本框】下拉菜单中的【横排文本框】，在该文本框中输入文本，并设置文本格式。按照相同的方法，再插入一个横排文本框，输入文本"视频欣赏"。

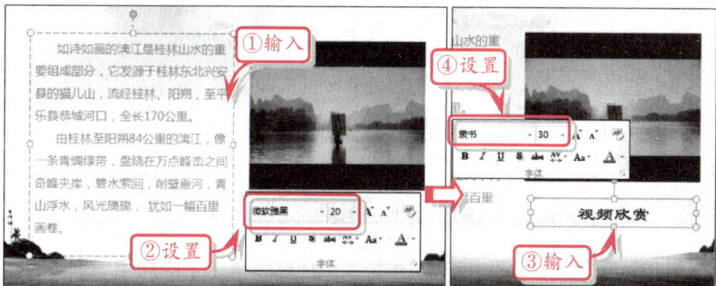

**STEP|06** 选择"视频欣赏"文本框，右击执行【设置形状格式】命令，在弹出的【设置形状格式】对话框中，启用【渐变填充】复选框。

然后，在【插入形状】组中选择【编辑形状】中的【更改形状】级联菜单中的【圆角矩形】。

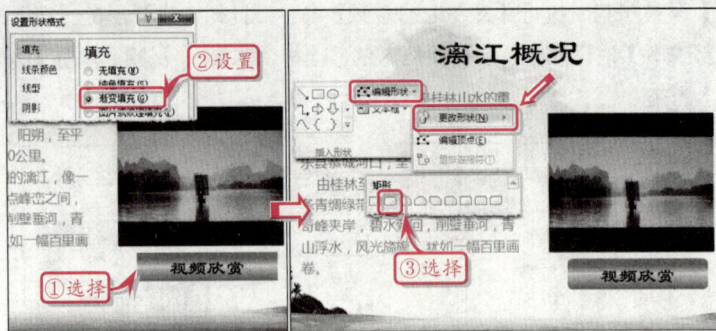

**STEP|07** 打开第 7 张幻灯片，在标题占位符中输入文本"桂林民族风俗"，并设置文本格式与上一张幻灯片标题相同。然后，在内容占位符中输入文本，并设置文本格式。

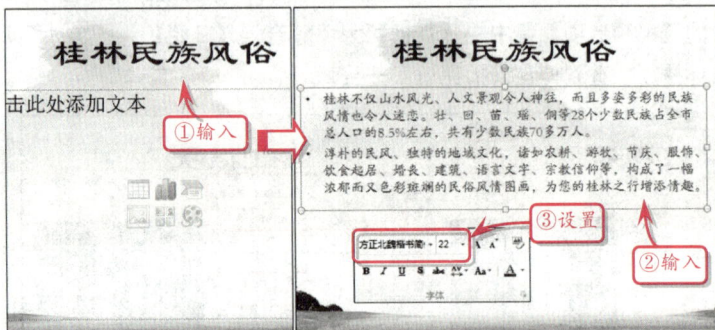

**STEP|08** 插入图片和文本框，将图片水平排放，在文本框中输入图片的名称并放在图片下方。然后，打开第 8 张幻灯片，在标题和内容占位符中输入文本，并设置文本格式。

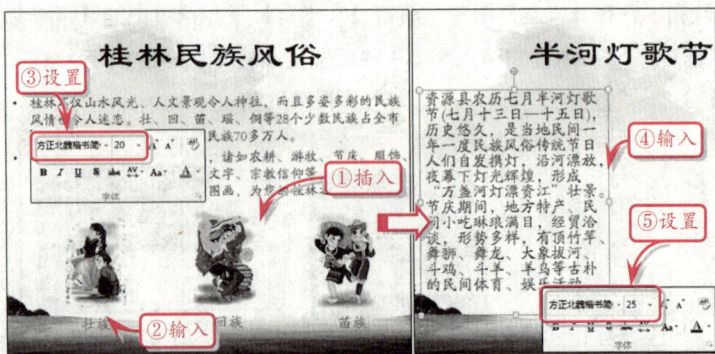

**STEP|09** 选择内容占位符中的文本，设置段落的【特殊格式】为"首行缩进"；插入图片并在【图片样式】组中，应用"矩形投影"样式。然后，打开第 9 张幻灯片，在标题和内容占位符中输入文本。

提示

在【段落】对话框中，设置【特殊格式】为"首行缩进"。

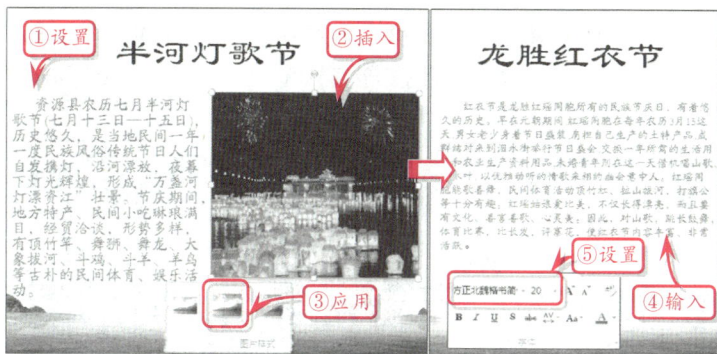

**STEP|10** 在文字"所"后，按 Shift+Enter 组合键强制换行，按照相同的方法，依次类推。然后，插入图片，并在【图片样式】组中，应用"矩形投影"样式。

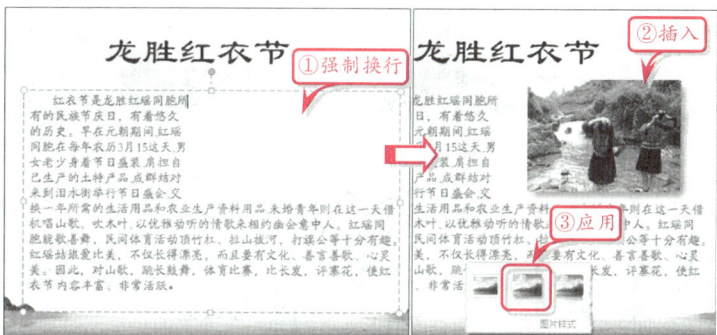

**提示**

插入图片后，调整图片大小，并将图片放置在强制换行的空白处。

## 11.6 练习：年终工作总结之三

在工作总结过程中，不仅要通过数据来证实公司的实力，而且要会通过视频短片来介绍公司未来的展望。下面将制作插有视频片段的"中联科技发展有限责任公司 2011 年度工作总结"演示文稿。

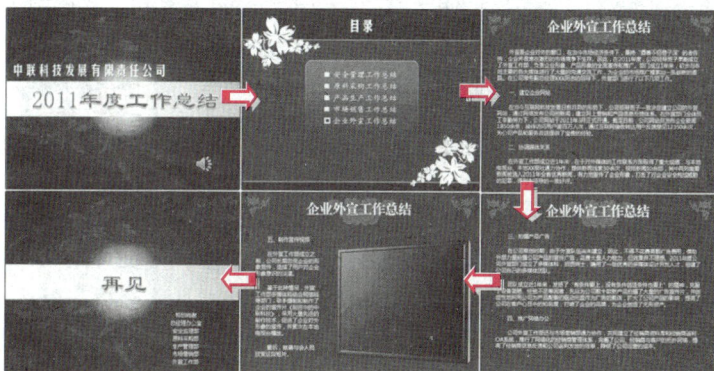

**练习要点**

- 插入剪辑管理器中的声音
- 插入文件中的声音
- 设置声音选项
- 设置影片播放选项
- 设置影片播放的动画效果

**操作步骤** ▶▶▶▶

**STEP|01** 打开"年度工作总结 .pptx"演示文稿。选择第 1 张幻灯

## 提示

用户可以在【调整】组中，单击【颜色】下拉按钮，在下拉菜单中为音频图标重新着色。

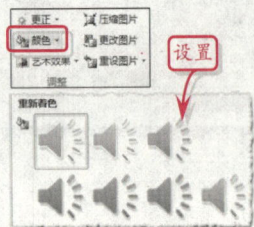

## 提示

如果插入的音频文件足够大的话，可以在【音频选项】组中，禁用"播完返回开头"复选框。

## 提示

修改项目符号，选择"带填充效果的大方形项目符号"，将其修改为"加粗空心方形项目符号"。

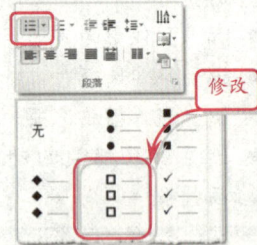

片，单击【媒体】组中的【音频】下拉按钮，在下拉菜单中单击【文件中的音频】按钮，在弹出的【插入音频】对话框中，选择"步步高.mp3"文件。

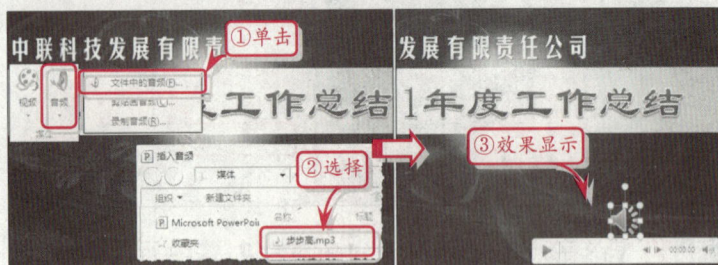

**STEP|02** 选择音频图标，单击【音频工具】，设置【播放】选项卡中的【音频选项】组中的【音量】为"中"；【开始】为"跨幻灯片播放"；循环播放，直到停止；播完返回开头；并启用【放映时隐藏】复选框。

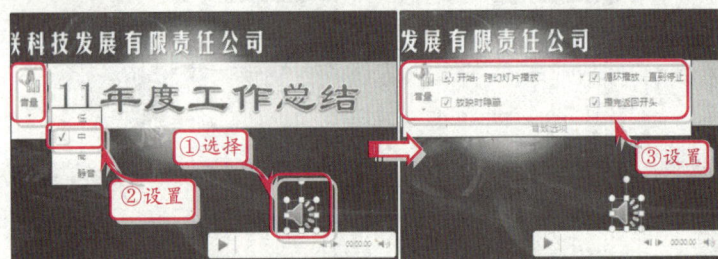

**STEP|03** 在【幻灯片】选项卡中，选择第 12 张"目录"幻灯片，右击执行【复制幻灯片】命令，将复制的幻灯片拖到文稿最后，并修改项目符号。然后，新建"主副布局内容"幻灯片，在标题占位符中输入文本。

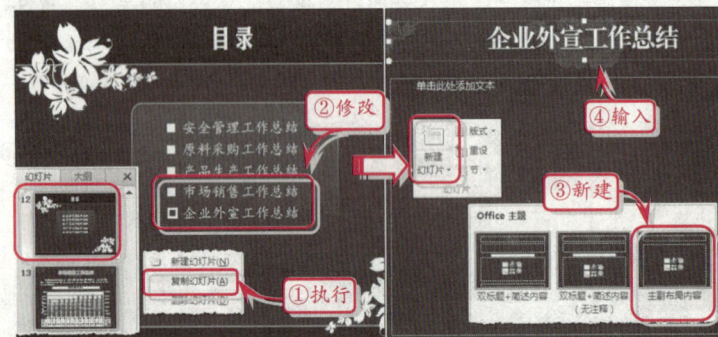

**STEP|04** 在内容占位符中输入文本，并设置编号及段落格式。然后创建一张幻灯片，与上一张版式相同，并在标题占位符中输入文本"企业外宣工作总结"。

**STEP|05** 按照相同的方法，在内容占位符中输入文本，并设置项目符号及段落格式。然后新建"左右布局内容（无标题）"幻灯片，在标题占位符中输入文本"企业外宣工作总结"。

设置"企业外宣工作总结"所有幻灯片内容占位符中的段落格式:【特殊格式】为"首行缩进";段前、段后的【间距】为"12磅"。

**注意**

在"企业外宣工作总结"所有幻灯片内容占位符中,编号与段落中的编号是不同的;幻灯片中的这些编号是键盘输入的。

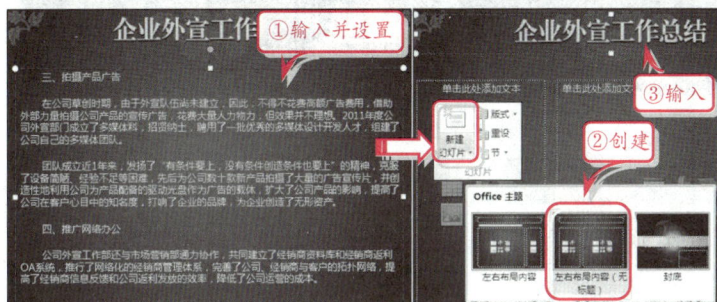

**STEP|06** 在左侧内容占位符中输入文本并设置段落格式。然后,单击右侧内容占位符中的【插入媒体剪辑】按钮,在弹出的【插入视频文件】对话框中选择"前进中的中联科技.avi"视频文件。

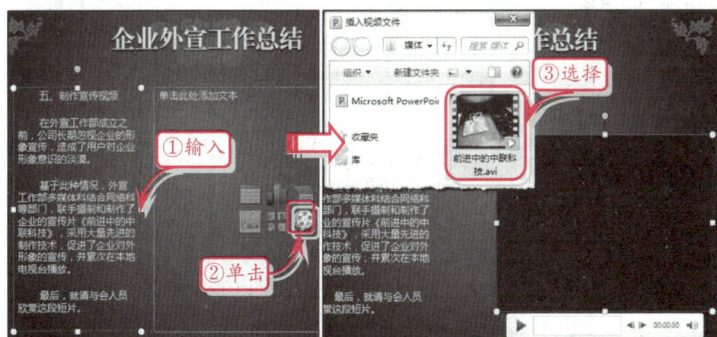

**技巧**

用户可以在【媒体】组中,单击【视频】下拉按钮,在下拉菜单中单击【文件中的视频】按钮。

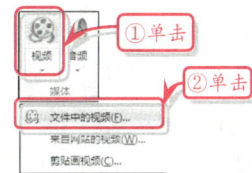

**STEP|07** 选择视频图标,在【视频样式】组中应用"监视器,灰色"样式。然后,在【编辑】组中设置【淡化持续时间】;在【视频选项】组中设置【开始】为"单击时";循环播放,直到停止;播完返回开头。

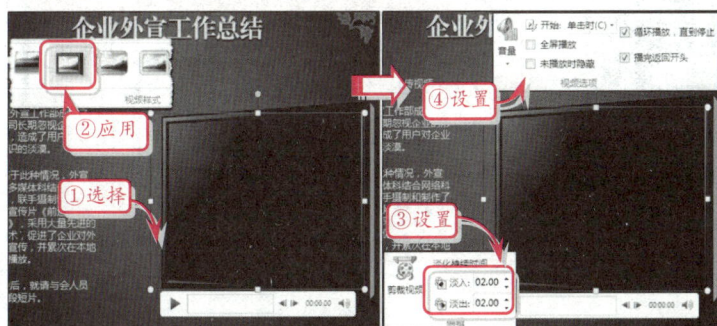

**提示**

如果在【视频样式】组中,启用"全屏播放"复选框,那么在播放幻灯片时,单击视频图标将会全屏播放。
启用"未播放时隐藏"复选框,那么在播放幻灯片时,右侧内容占位符是空白的,不显示任何东西。

**STEP|08** 新建"封底"幻灯片，在标题占位符中输入文本"再见"。然后在内容占位符中输入文本，并设置文本强制换行。

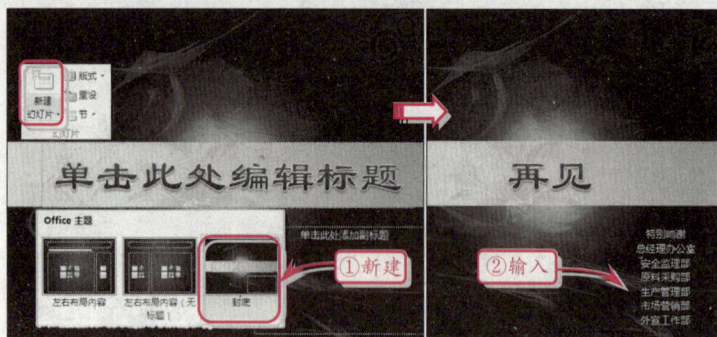

## 11.7 高手答疑

# Q&A

**问题 1：如何管理音频和视频书签？**

**解答：** 在 PowerPoint 中，用户可以为音频或视频添加时间节点，通过节点来精确地查找音频或视频的播放时间，以对其进行剪裁。

在选中音频后，用户即可播放音频，然后在【音频工具】下的【播放】选项卡中单击【书签】组中的【添加书签】按钮，即可将当前播放的音频位置设置为书签。

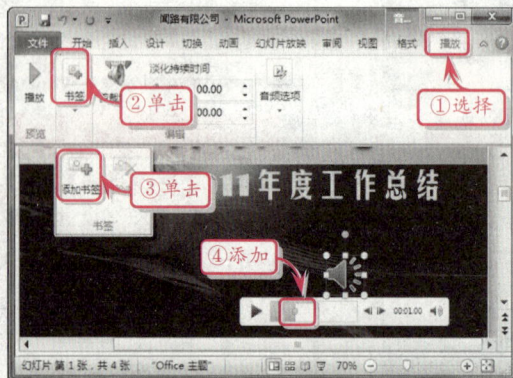

PowerPoint 还允许用户删除音频中已添加的书签。选择音频中的书签，然后即可选择【音

频工具】下的【播放】选项卡，在【书签】组中单击【删除书签】按钮，即可将选中的书签删除。

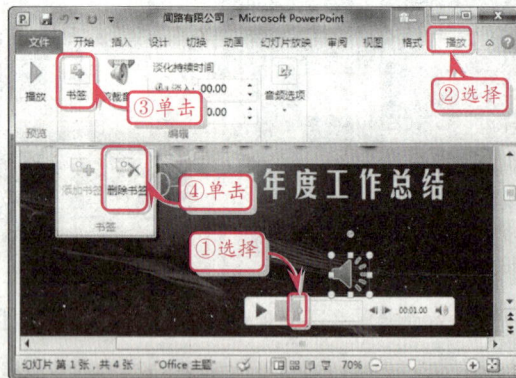

## Q&A

### 问题 2：如何插入其他类型的文档？

**解答**：PowerPoint 除了允许用户插入音频和视频外，还允许用户插入其他各种多媒体文档，包括 Word 文档、Excel 电子表格、PDF 文档、Flash 动画等。

为演示文稿插入其他类型的文档，需要使用到 PowerPoint 的插入对象功能。

在 PowerPoint 中选择【插入】选项卡，然后即可在【文本】组中单击【插入对象】按钮，打开【插入对象】对话框。

在弹出的【插入对象】对话框中，用户可以通过两种方式插入其他类型的多媒体文档，即新建文档以及从文件中创建文档等。

启用【新建】单选按钮后，将根据右侧的【对象类型】，打开相应的可执行程序，创建文档。而启用【由文件创建】单选按钮，则可直接从本地磁盘中选择文档，将其插入到演示文稿中。

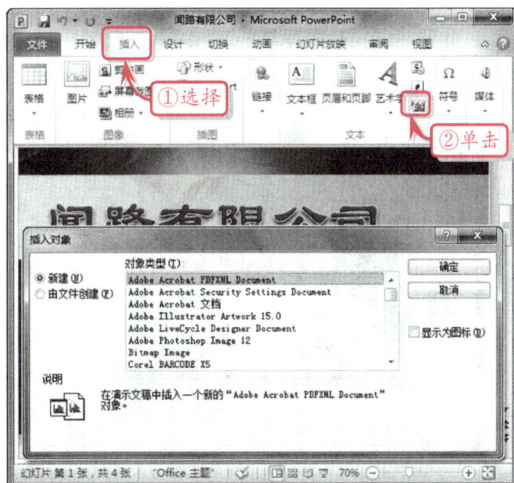

## Q&A

### 问题 3：如何剪裁 PowerPoint 中插入的视频？

**解答**：剪裁视频的方式与剪裁音频大体类似，PowerPoint 提供了【剪裁视频】的功能，允许用户展示演示文稿中某段视频的一部分。

在选中视频后，用户即可选择【视频工具】下的【播放】选项卡，在【编辑】组中单击【剪裁视频】按钮，打开【剪裁视频】对话框。

在弹出的【剪裁视频】对话框中，用户可浏览要剪裁的视频，并通过拖动进度条、输入具体时间值来设置剪裁视频的【开始时间】和【结束时间】。

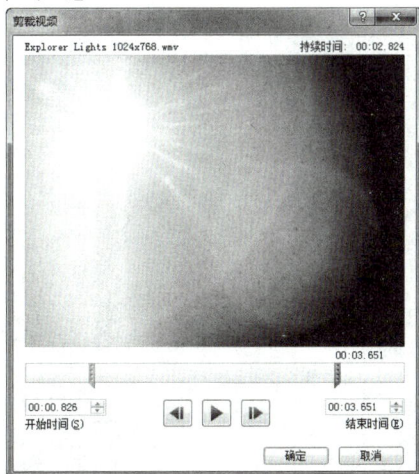

在确定剪裁的视频段落后，用户即可单击【确定】按钮，确认剪裁操作，将剪裁后的视频添加到演示文稿中。

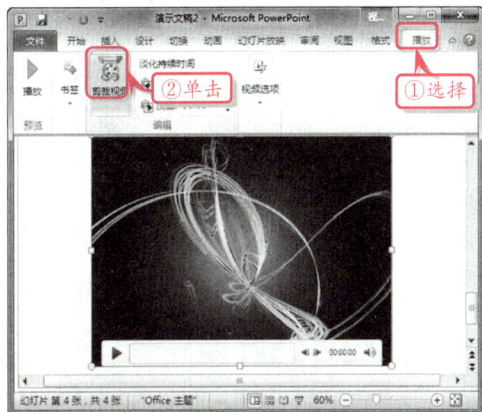

# Q&A

## 问题 4：如何控制视频的播放？

**解答：** 控制视频播放的方式与控制音频大体类似，在选中视频后，用户即可选择【视频工具】下的【播放】选项卡，在【视频选项】组中，用户即可控制视频播放时的各种参数。

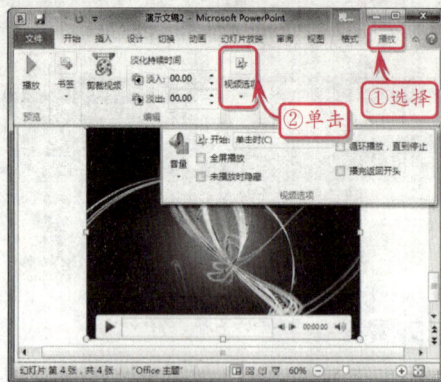

在【视频选项】组中，提供了以下几种功能。

| 功　能 | | 作　用 |
|---|---|---|
| 音量 | 低 | 设置视频音量为低 |
| | 中 | 设置视频音量为中 |
| | 高 | 设置视频音量为高 |
| | 静音 | 设置视频音量为无 |

续表

| 功　能 | | 作　用 |
|---|---|---|
| 开始 | 单击时 | 设置单击视频时开始播放 |
| | 自动 | 设置视频自动播放 |
| 全屏播放 | | 设置视频在播放时占据整个屏幕 |
| 循环播放直到停止 | | 设置视频在播放结束后转到开头继续播放 |
| 未播放时隐藏 | | 设置在播放之前隐藏视频 |
| 播完返回开头 | | 设置视频在播放结束后转到开头 |

除了控制视频的播放外，PowerPoint 还允许用户为视频添加淡入淡出效果。

选中视频，在【视频工具】下的【播放】选项卡中，用户可通过【编辑】组中的【淡入】和【淡出】两个文本框，输入视频淡入和淡出的特效。

此时，当视频开始播放时，将以完全透明的状态逐渐转换到不透明状态。而视频即将结束播放时，则将以不透明状态转换到完全透明状态。

# 第 3 篇

## 幻灯片动画设计

# 12

# 幻灯片动画效果

作为著名的演示文稿设计工具，PowerPoint 除了允许用户插入文本、图形、图像、声音和视频外，还允许用户为这些显示对象添加各种动画效果。另外，用户还可以为幻灯片添加各种切换效果，使演示文稿的内容更加丰富。

本章将主要介绍幻灯片的进入动画、退出动画、强调动画等应用于各种显示对象的动画，同时还将介绍路径动画的制作方法。

## 12.1 幻灯片动画基础

动画是 PowerPoint 幻灯片的一种重要技术，通过这一技术，用户可以将各种幻灯片的内容以活动的方式展示出来，增强幻灯片的互动性。

### 1. 幻灯片显示对象

显示对象是存在于演示文稿中的所有可显示内容，主要包括各种占位符、文本、表格、SmartArt 形状、艺术字、图形、图像、动画、视频、音频和其他各种插入的文档对象。

显示对象是构成演示文稿的内容基础。在之前的章节中，已介绍了 PowerPoint 中的绝大多数显示对象，PowerPoint 允许为这些显示对象添加各种各样的动画。

**提示**

幻灯片也是一种特殊的显示对象。可以说，PowerPoint 演示文稿就是由各种显示对象组成的。

### 2. 幻灯片动画基础

PowerPoint 中的动画，事实上包括两种基本的要素，即动画的显示对象、显示对象所表现的动作或变化的属性。

在制作 PowerPoint 动画时，用户可以分别改变动画中显示对象的位置及属性，以制作各种类型的动画。根据位置和属性等特点，可将 PowerPoint 动画分为 3 种类型，即动作动画、属性动画和动作属性动画。

● **动作动画**

动作动画是指通过对显示对象的位移体现的

动画。在动作动画中，显示对象往往需要向各种方向进行移动。

上图中的汽车移动动画就是一个典型的动作动画，在该动画中，汽车自左向右移动。

● **属性动画**

属性动画的特点在于，在这种动画中，显示对象本身的位置并没有发生改变，所改变的是显示对象自身的各种属性。

例如，PowerPoint 中为显示对象添加的【快速样式】、【边框】、【填充】和效果等。属性动画着重体现显示对象自身的变化。

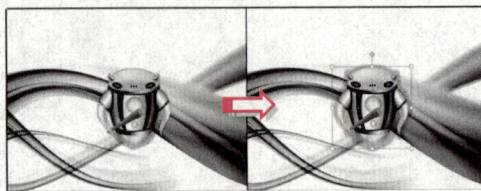

上图中的外星人发光就是一个典型的属性动画。在该动画中，外星人发出的红光逐渐地扩大，但外星人本身却没有发生任何位移。

● **动作属性动画**

动作属性动画是本节之前介绍的两种动画的

结合体。在动作属性动画中，显示对象既会发生位移，也会改变自身的属性，这两种变化将同时发生。

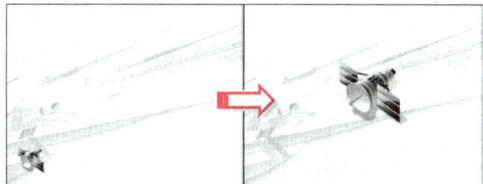

在上图的动画中，卫星的图标不仅发生了位移，其面积也增加了一倍，故为动作属性动画。

## PowerPoint 12.2 添加动画样式

使用 PowerPoint，用户可以方便地为各种多媒体显示对象添加动画效果。

### 1．动画样式分类

在 PowerPoint 中，提供了 4 种类型的动画样式，包括"进入"式、"退出"式、"强调"式以及路径动画等。

● "进入"式动画

"进入"式动画的作用是通过设置显示对象的运动路径、样式、艺术效果等属性，制作该对象自隐藏到显示的动画过程。

● "强调"式动画

"强调"式动画主要是以突出显示对象自身为目的，为显示对象添加各种动画元素。

● "退出"式动画

"退出"式动画的作用是通过设置显示对象的各种属性，制作该对象自显示到消失的动画过程。

● 路径动画

路径动画是一种典型的动作动画。在这种动画中，用户可为显示对象指定移动的路径轨迹，控制显示对象按照这一轨迹运动。

### 2．应用动画样式

在选中显示对象后，用户即可选择【动画】选项卡，在【动画】组中单击【动画样式】按钮，在弹出的菜单中选择相应的样式，将其应用到显示对象上。

在该菜单中，用户可以方便地选择"进入"、"退出"、"强调"和"动作路径"这 4 种类型的动画预设。

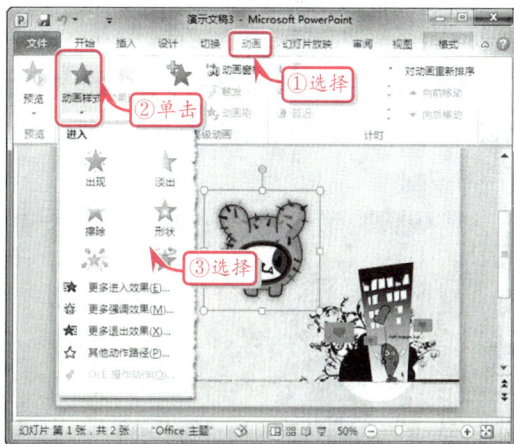

如用户需要选择更多的动画样式，则可分别执行【更多进入效果】、【更多强调效果】、【更多退出效果】和【其他动作路径】等命令，再进一步的在对话框中选择。

例如，执行【更多进入效果】命令之后，用户即可打开【更改进入效果】对话框。

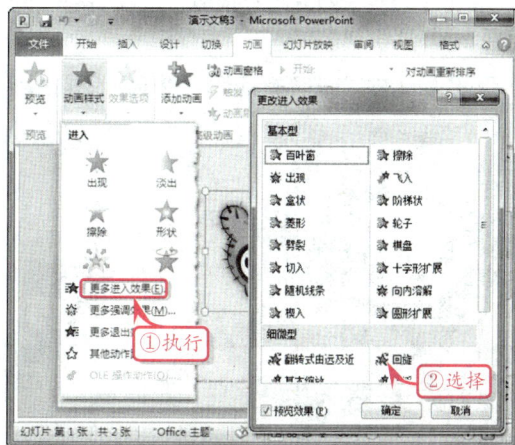

在该对话框中，用户可方便地选择更多的"进入"效果，包括基本型、细微型、温和型和华丽型等类型。

> **提示**
>
> 执行【更多强调效果】、【更多退出效果】和【其他动作路径】等命令，也可以分别打开相应的对话框，选择更多其他类型的动画样式。

### 3．调节动作路径

在为显示对象添加动作路径类的动画之后，用户可调节路径，以更改显示对象的运动轨迹。

选中应用了动作路径的显示对象，然后即可看到该显示对象附近将显示由箭头和虚线组成的运动轨迹。

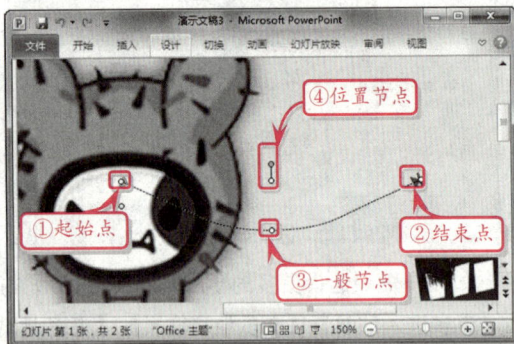

在路径线上，包含一个绿色的起始点和一个红色的结束点，另外还包含路径中段的若干节点和路径形状四周的 8 个位置节点。将鼠标光标置于这些点上，可以方便地对其进行拖动操作，更改运动的路径。

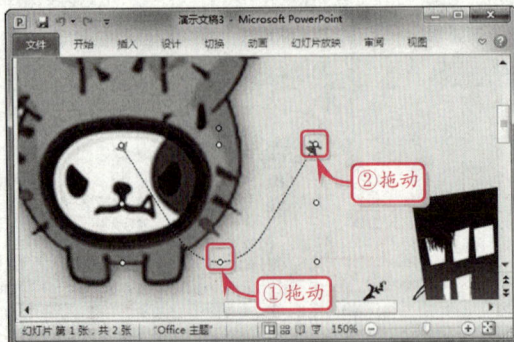

如用户需要移动动作路径的位置，可把鼠标光标置于路径线上之后，其会转换为"十字箭头"。此时，用户拖动鼠标光标，即可移动路径的位置。

将鼠标光标置于顶端的位置节点上，其将转换为"环形箭头"标志。然后，用户即可拖动鼠标，旋转动作的路径。

### 4．设置效果选项

在为显示对象添加"进入"、"强调"和"退出" 3 种效果时，用户还可以更改其应用的效果属性，制作自定义的"进入"、"强调"和"退出"动画。

PowerPoint 为绝大多数动画样式提供了一些设置属性，允许用户设置动画样式的类型。

例如，在选中"飞入"动画后，用户可选择【动画】选项卡，在【动画】组中单击【效果选项】按钮，即可在弹出的菜单中选择飞入的方向。

> **提示**
>
> 在为显示对象添加其他类型的动画样式后，用户也可根据动画样式，设置更多的动画效果选项。

## 12.3　更改和添加动画

在 PowerPoint 中，除了允许用户为动画添加样式外，还允许用户更改已有的动画样式，并为动画添加多个动画样式。

### 1.　更改动画样式

PowerPoint 允许用户为显示对象更改动画样式，将已有的动画样式更改为其他类型的动画样式。

在选中已应用动画样式的显示对象之后，用户可重复为其应用动画样式的步骤，选择【动画】选项卡，在【动画】组中单击【动画样式】按钮，在弹出的菜单中为其应用新的动画样式。此时，新的动画样式将自动覆盖旧动画样式。

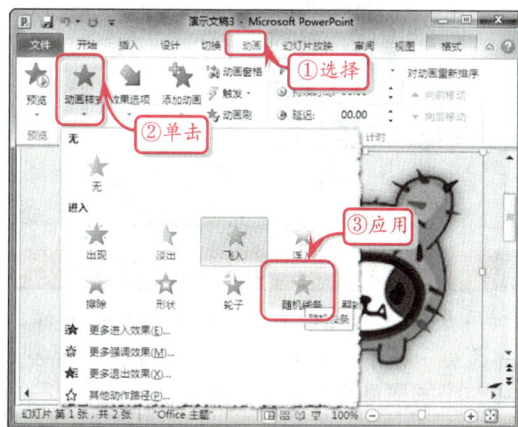

### 提示

更改后的新动画样式在使用上和原动画样式没有任何区别，用户也可通过【效果选项】按钮设置新动画样式的效果。

### 2.　添加动画样式

在 PowerPoint 中，允许用户为某个显示对象应用多个动画样式，并按照添加的顺序进行播放。

在选中已添加动画样式的显示对象后，用户可选择【动画】选项卡，在【高级动画】组中单击【添加动画】按钮，即可为显示对象应用第二个动画样式。

### 提示

用户也可以执行动画样式下方的 4 种命令，在各对话框中为显示对象应用更多类型的第二种样式。

在添加了第二种动画样式后，显示对象的左上角将显示多个数字按钮。单击这些按钮，即可切换动画样式的序号，切换动画样式，并分别对其进行编辑。

动画样式序号

### 3. 更改动画样式顺序

在为显示对象添加多个动画样式后，用户还可以编辑这些动画样式的顺序，这就需要使用到【动画窗格】面板。

在 PowerPoint 中选择【动画】选项卡，在【高级动画】组中单击【动画窗格】按钮，然后即可打开【动画窗格】面板。

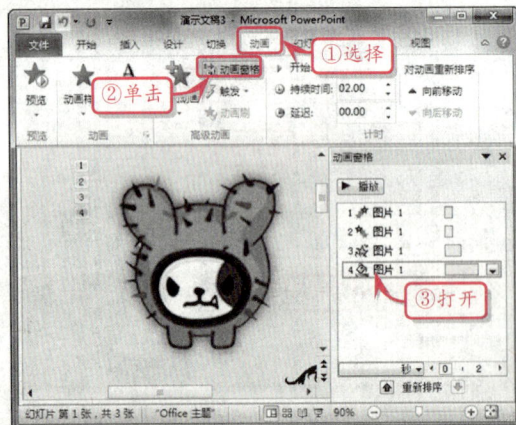

①选择
②单击
③打开

在该面板中，显示了当前显示对象所应用的动画样式列表，同时还包括这些动画样式的属性。

在选中列表中的动画样式后，用户即可对其进行拖动操作，更改这些动画样式播放的顺序。

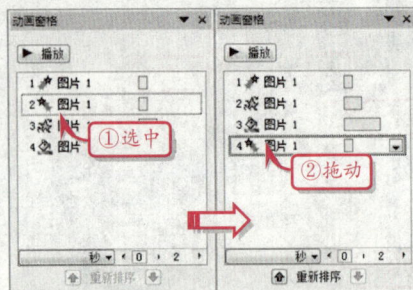

①选中
②拖动

除此之外，用户也可选中某个动画样式，单击面板底部的【上移】按钮和【下移】按钮，同样可以更改其顺序。

### 4. 更改动画触发器

在 PowerPoint 中，各种动画往往需要通过触发器来触发播放。PowerPoint 允许用户为动画选择多种触发方式。

在【动画窗格】面板中，用户可在列表中选中动画，再单击【高级动画】组中的【触发】按钮，即可在弹出的菜单中选择触发器的类型，以及触发器的目标。

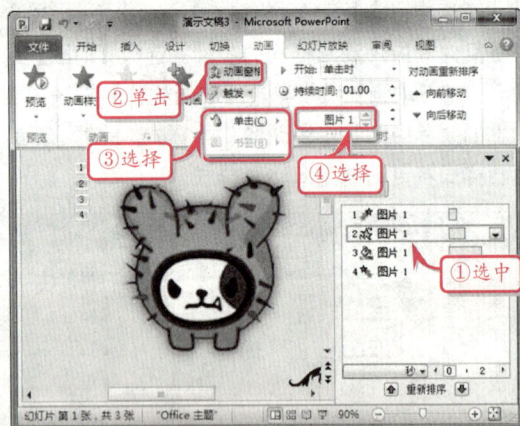

②单击
③选择
④选择
①选中

#### 提示

如用户为演示文稿插入了音频和视频等媒体文件，并添加了书签，则可将这些书签也作为动画的触发器，添加到动画样式中。

## 12.4 制作切换动画

切换动画是指演示文稿中幻灯片在切换时显 示的动画效果。

### 1．添加切换方案

在 PowerPoint 中，用户可以方便地为幻灯片添加切换动画，并选择 PowerPoint 预置的切换动画方案。

在【幻灯片选项卡】窗格中选中相应的幻灯片，然后即可选择【切换】选项卡，单击【切换到此幻灯片】组中的【切换方案】按钮，在弹出的菜单中选择切换的方案。

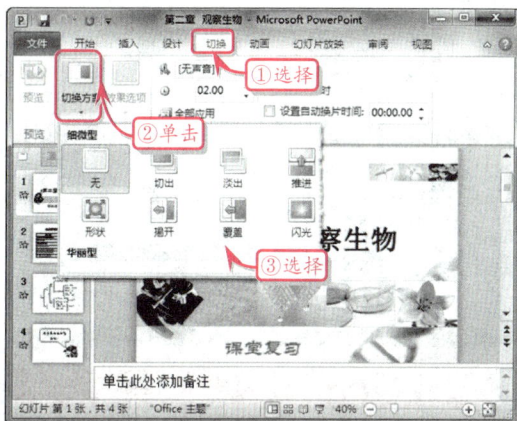

### 2．设置动画效果

在添加幻灯片切换方案之后，用户还可以设置切换方案的一些具体属性。

例如，在为幻灯片设置"棋盘"的切换方案之后，用户即可选择【切换】选项卡，在【切换到此幻灯片】组中单击【效果选项】按钮，在弹出的菜单中选择切换效果的属性。

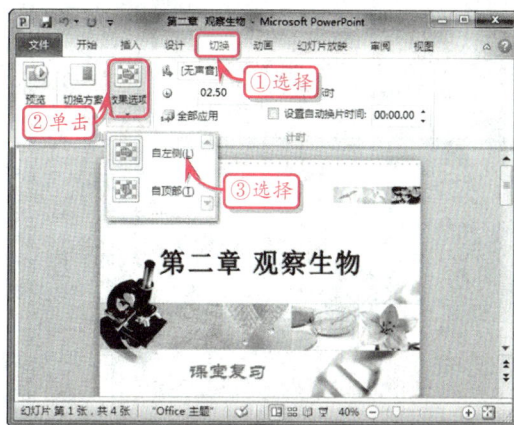

### 3．预览切换方案

在为幻灯片添加切换方案之后，用户还可以通过简单的操作，预览幻灯片的切换效果。

在 PowerPoint 中选中幻灯片，然后即可选择【切换】选项卡，在【预览】组中单击【预览】按钮，查看幻灯片的切换效果。

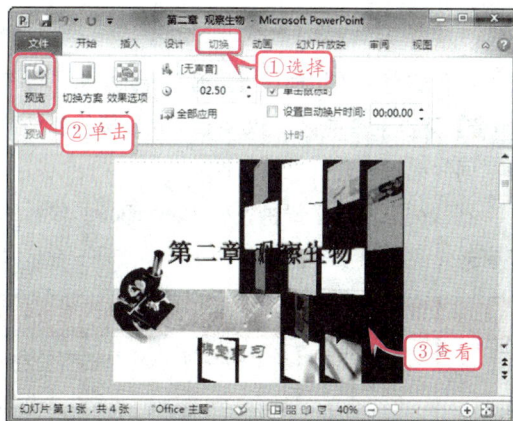

## 12.5　设置切换动画属性

在设置幻灯片的切换动画时，用户还可以设置切换动画的属性，包括切换的触发、切换的持续时间以及在切换时播放的声音等。

在 PowerPoint 的【幻灯片选项卡】窗格中选择幻灯片，然后即可选择【切换】选项卡，在【计时】组中，用户即可设置切换动画的属性。

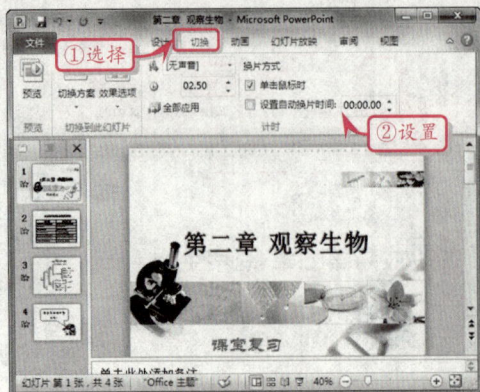

在【计时】组中，用户可设置多种关于幻灯片切换的属性。

| 属 性 | | 作 用 |
|---|---|---|
| 声音 | | 设置幻灯片切换时播放的声音 |
| 持续时间 | | 设置幻灯片切换动画所持续的时间 |
| 全部应用 | | 将幻灯片切换的属性应用到所有幻灯片中 |
| 换片方式 | 单击鼠标时 | 定义幻灯片的切换效果在单击鼠标时触发 |
| | 设置自动换片时间 | 输入时间值，定义在指定的秒数之后切换幻灯片 |

## 1．设置声音

在为幻灯片的切换设置声音效果时，用户可在【声音】下拉菜单中选择 PowerPoint 预置的各种声音，同时设置声音播放的属性。

在该列表中除了提供各种 PowerPoint 预置的声音外，还提供了一些特殊的选项，如下。

| 选 项 | 作 用 |
|---|---|
| 无声音 | 选中该选项，将禁止幻灯片在切换时发出声音 |

续表

| 选 项 | 作 用 |
|---|---|
| 停止前一声音 | 选中该选项，则在禁止幻灯片切换时发出声音的同时，还将停止之前已播放声音的播放 |
| 其他声音 | 选择本地磁盘中的声音文档，将其作为幻灯片切换时的声音效果 |

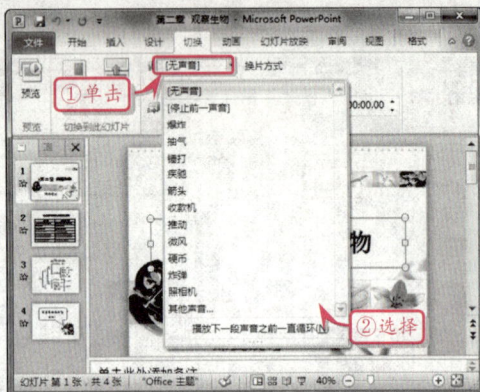

### 提示

在使用一些特殊的声音效果时（例如掌声、微风等可循环播放的声音效果），用户可以在以上菜单中执行【播放下一段声音之前一直循环】命令，控制声音持续循环播放，直至开始下一段声音的播放。

## 2．设置换片方式

除了设置声音等效果外，用户还可以设置幻灯片切换的方式。

在默认状态下，PowerPoint 允许用户直接单击鼠标以切换幻灯片，播放幻灯片的切换效果。除此之外，PowerPoint 还允许用户输入具体的值以定义幻灯片切换的延迟时间。另外，PowerPoint 还允许同时为幻灯片设置这两种换片的方式。

# 12.6 练习：公司改制方案之三

在制作公司改制方案时，用户可添加各种显示对象，包括剪贴画、形状、文本等。除此之外，还可以为这些显示对象添加动画效果，以使演示文稿更加生动。

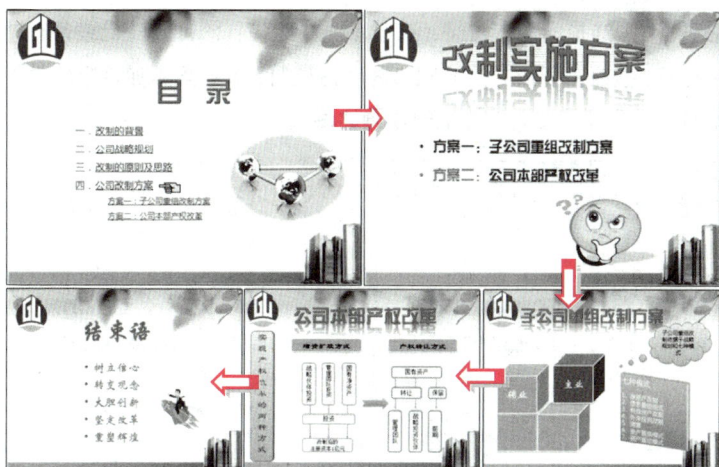

**提示**

选择文本"改制实施方案",添加文字效果为"全映像,接触"。

## 操作步骤 ▶▶▶▶

**STEP|01** 选择"目录"幻灯片,执行【复制幻灯片】命令,将复制的幻灯片拖入到最后,并选择"手"图片,指向编号四。然后,创建幻灯片,设置背景格式与上一张幻灯片相同,并在标题占位符中输入文本,并设置文本格式。

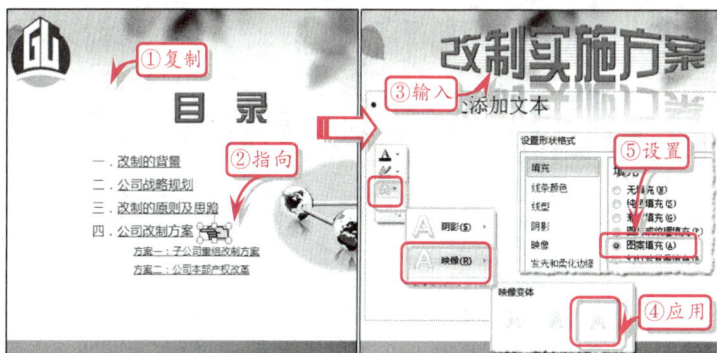

**提示**

选择标题占位符,右击执行【设置形状格式】命令,在弹出的对话框中设置图案填充的前景色和背景色;并设置【柔化边缘】的值为"25 磅"。

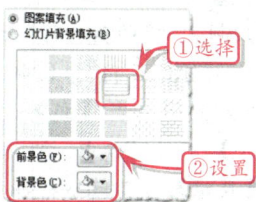

**STEP|02** 在内容占位符中输入文本,并设置文本格式。然后,插入公司 Logo 图片和剪贴画,并选择剪贴画,单击【图片效果】下拉按钮,在【阴影】级联菜单中,选择【右上对角透视】。

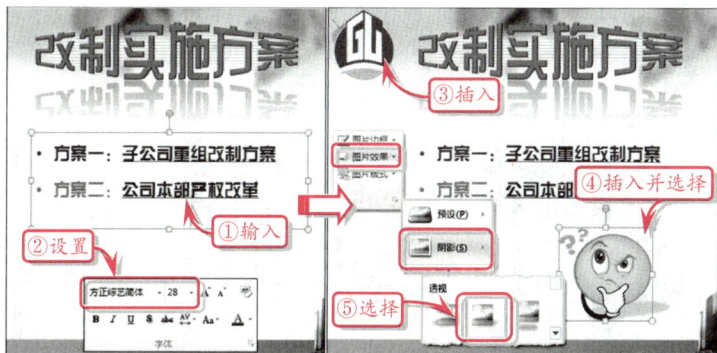

**提示**

设置文本"方案一"和"方案二"的字体为"方正综艺简体";大小为 28;颜色分别为"橄榄色,强调文字颜色 3,深色 50%";"橙色,强调文字颜色 6,深色 25%";其他文本的颜色为"红色,强调文字颜色 2,深色 25%"。

## 提示

用户可以单击【高级动画】组中的【动画窗格】按钮，在弹出的【动画窗格】对话框中，选择【内容占位符】并设置【开始】为"从上一项之后开始"。

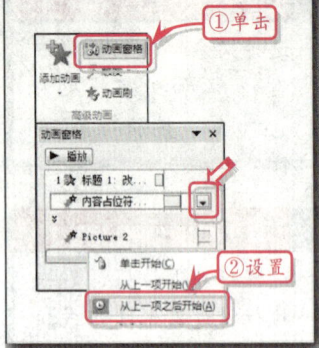

## 提示

设置文本"子公司重组改制方案"的颜色为"紫色"，RGB 值为（240，6，246）。并在【文字效果】下拉菜单中，应用【映像】级联菜单中的"全映像，接触"效果。

## 提示

选择应用"浅色 1 轮廓，彩色填充-水绿色，强调颜色 5"样式的立方体，右击执行【组合】|【组合】命令；然后设置文本的字体为"方正魏碑简体"；大小为 32；颜色为"白色，背景 1"。

**STEP|03** 选择标题占位符，在【动画】组中，添加【随机线条】进入动画。按照相同的方法分别为内容占位符、剪贴画添加相应的进入动画并设置【开始】为"上一动画之后"。

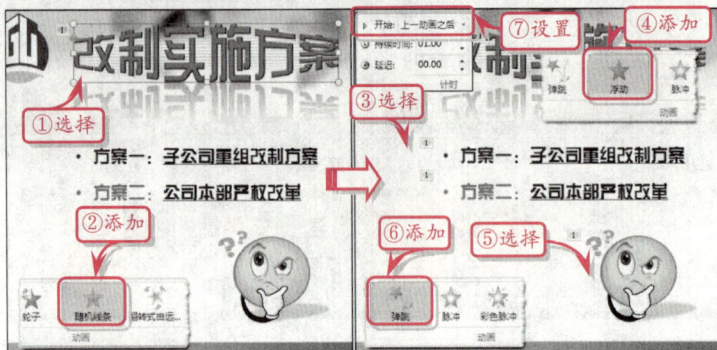

**STEP|04** 新建幻灯片，在标题占位符中输入文本"子公司重组改制方案"，并设置文本格式；插入公司 Logo 图片。然后，绘制一个"立方体"形状，并在【形状样式】组中，应用"浅色 1 轮廓，彩色填充-水绿色，强调颜色 5"样式。

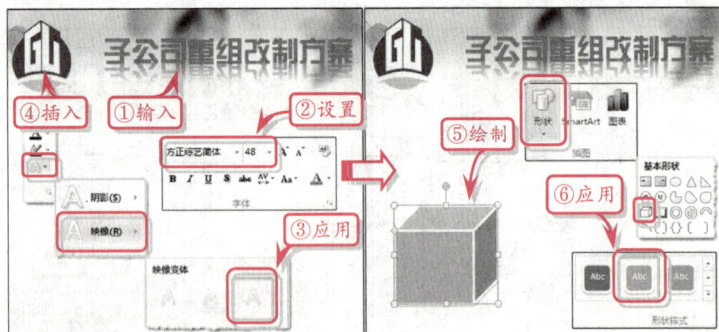

**STEP|05** 选择"立方体"形状，复制 3 个，将其中一个更改为"浅色 1 轮廓，彩色填充-红色，强调颜色 2"样式，并调整位置，在形状中输入文本。然后，绘制一个"矩形"形状，应用"强烈效果-橄榄色，强调颜色 3"样式，并输入文本。

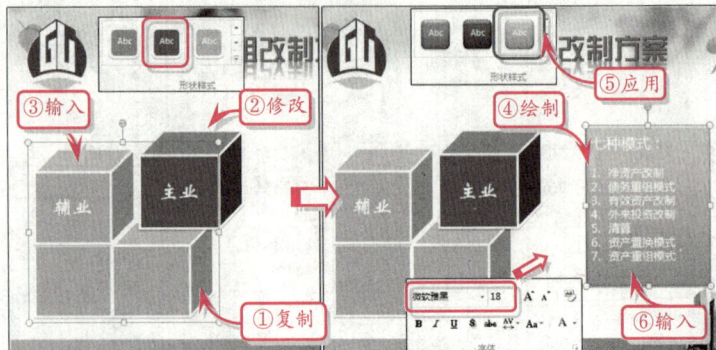

**STEP|06** 选择"矩形"形状，执行【形状效果】|【三维旋转】|【离轴 2 左】命令。然后，绘制一个"云形标注"形状，在【形状样式】组中应用"细微效果-红色，强调颜色 2"样式，并输入文本，设置文本格式。

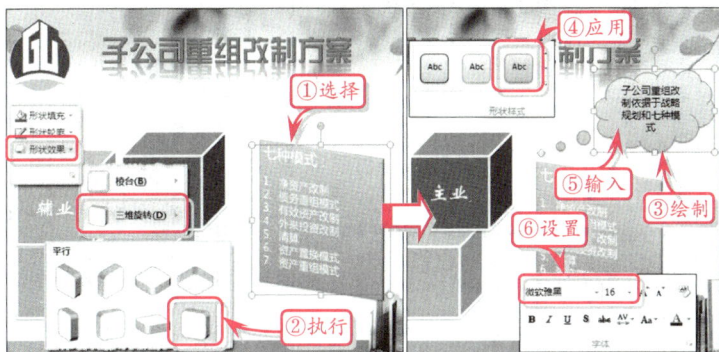

**STEP|07** 为标题添加【浮入】进入动画，为立方体添加【弹跳】进入动画，按照相同的方法依次为其他形状添加相应的进入动画。

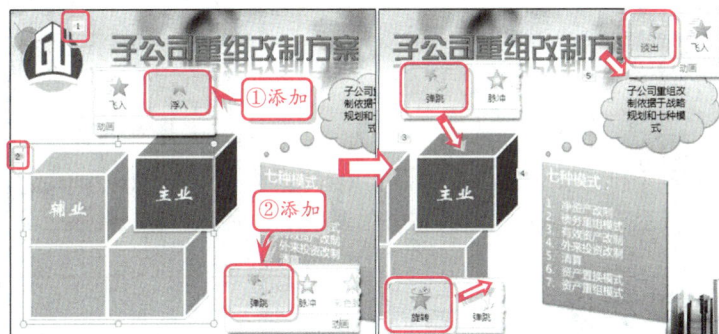

**STEP|08** 选择上一张幻灯片，执行【复制幻灯片】命令，将内容删除，修改标题文本。然后，通过绘制"圆角矩形"形状和"箭头"形状，并设置其形状格式，输入文本，创建"实现产权改革的两种方式"板块。

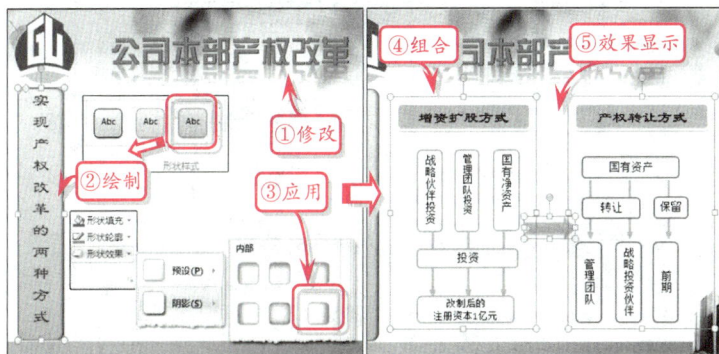

**STEP|09** 选择标题占位符、圆角矩形、组合形状和箭头形状，分别在【动画】组中添加相应的进入动画。然后，新建幻灯片，在标题和

**注意**

各个效果将按照其添加顺序显示在"动画"任务窗格中。

**提示**

红色立方体形状添加的是【弹跳】进入动画；"矩形"形状添加的是【旋转】进入动画；"云形标注"形状添加的是【淡出】进入动画，设置【持续时间】为"3 秒"。

**提示**

左侧的"圆角矩形"形状应用的是"内部向右"的阴影效果。

双击进入组合的形状，设置"圆角矩形"形状和"箭头"形状，并添加应用。

**提示**

在"公司本部产权改革"幻灯片中，为标题占位符添加【浮入】进入动画；圆角矩形添加【飞入】进入动画，【效果选项】为"自右下部"；组合形状添加的是【淡出】进入动画，【持续时间】为"3 秒"；燕尾形箭头添加【飞入】进入动画，【效果选项】为"自左侧"。

内容占位符中输入文本，并设置文本格式。

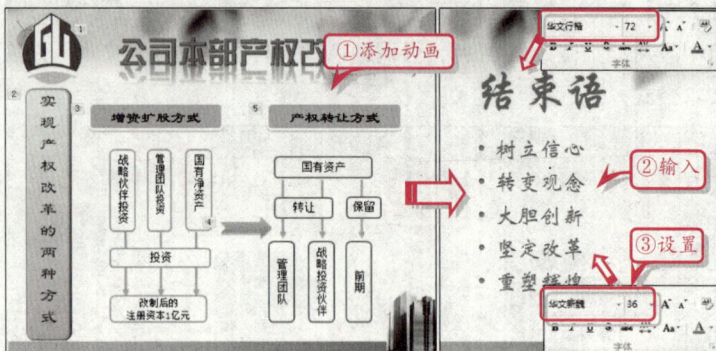

**STEP|10** 插入公司 Logo 图片和剪贴画图片，然后，为标题、内容占位符及图片添加相应的进入动画。

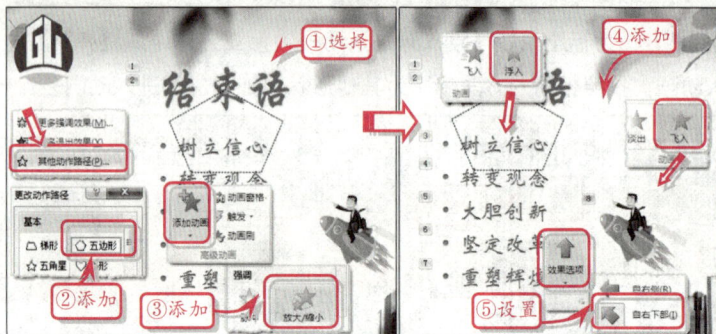

## 12.7 练习：制作语文课件之三

幻灯片动画除了可以应用到企业改制方案的演示文稿中外，还可以应用于各种教学演示，通过绚丽的动画来吸引学生的注意力，增强学生的学习兴趣，以辅助教师更好地教学。本例就将在完成语文课件的同时，为其添加各种动画效果，使语文课件更加丰富多彩。

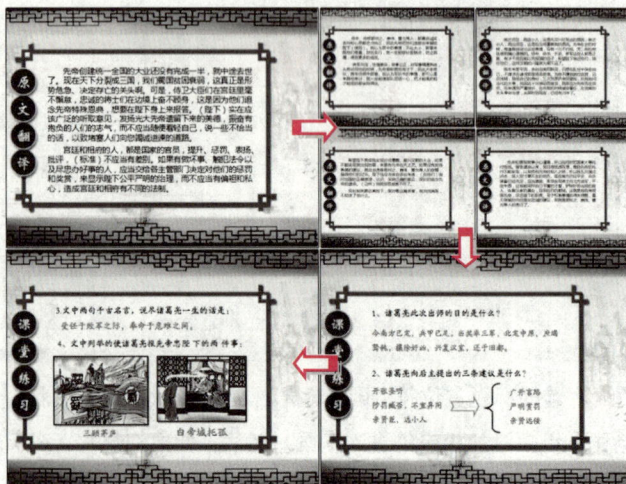

## 操作步骤 ▶▶▶▶

**STEP|01** 打开"出师表"演示文稿。新建幻灯片，设置背景格式为图片填充。然后，插入横排文本框，输入文本，并设置文本格式及段落格式。

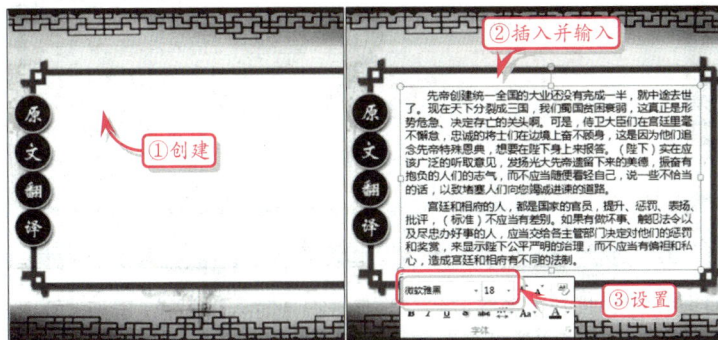

**提示**

在【段落】对话框中，设置【特殊格式】为"首行缩进"；【段前间距】为"10磅"。

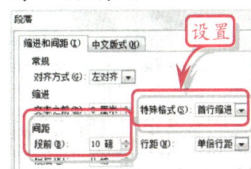

**STEP|02** 选择文本框，在【动画】组中，添加【浮入】进入动画。然后，在【高级动画】组中，单击【添加动画】下拉按钮，在下拉菜单中，添加【变淡】强调动画，并设置【开始】为"上一动画之后"。

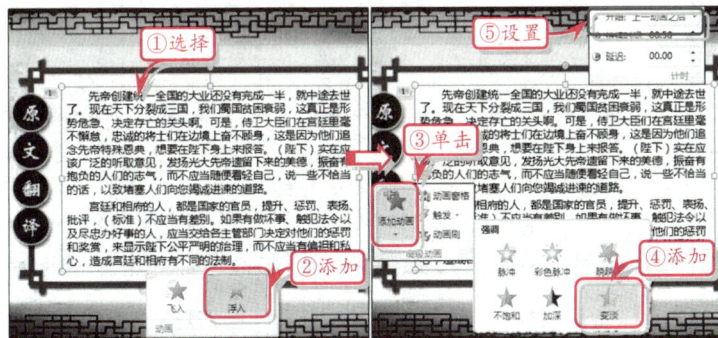

**注意**

在为某个对象添加多个动画时，第一次可以在【动画】组中添加，第二次必须在【高级动画】组中添加，否则，在【动画】组中添加的第二次动画会把第一次的动画替换掉。

**STEP|03** 新建幻灯片，设置背景格式与上一张幻灯片相同。插入横排文本框，输入文本，并设置文本格式。然后，选择文本框，分别添加【翻转式由远及近】进入动画和【脉冲】强调动画，设置开始为"上一动画之后"。

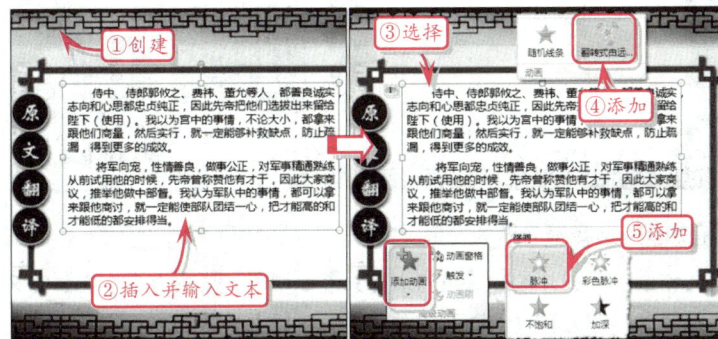

**提示**

在设置"课堂练习"幻灯片中，问题答案的文本字体为"方正北魏楷书简体"；大小为18；颜色为"紫色"，RGB值为（153,0,255）。

**STEP|04** 按照相同的方法完成"原文翻译"剩下的部分。新建幻灯

设置"燕尾形箭头"形状的【形状填充】颜色为"无填充颜色";【形状轮廓】颜色为"橄榄色,强调文字颜色 3,深色 25%"。

在【动画窗格】面板中,单击【对比色】强调效果的【效果选项】按钮,在弹出的【对比色】对话框中设置声音、动画播放后颜色、动画文本等参数。

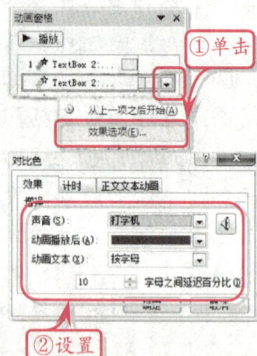

分别选择图片,在【图片样式】组中,应用"简单框架,黑色"样式。

片,设置背景格式,插入文本框输入文本并设置文本格式。然后,通过输入文本,插入"燕尾形箭头"形状、"左大括号"形状,完成回答的答案部分。

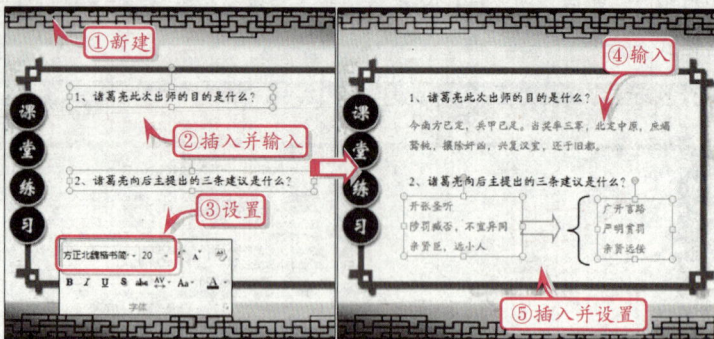

**STEP|05** 选择第 1 题答案的文本框,在【动画】组中,添加【浮入】进入动画;在【高级动画】组中,添加【对比色】强调动画。然后,选择第 2 题中的对象,在【动画】组中添加【飞入】进入动画,并设置【效果选项】为"自左侧"。

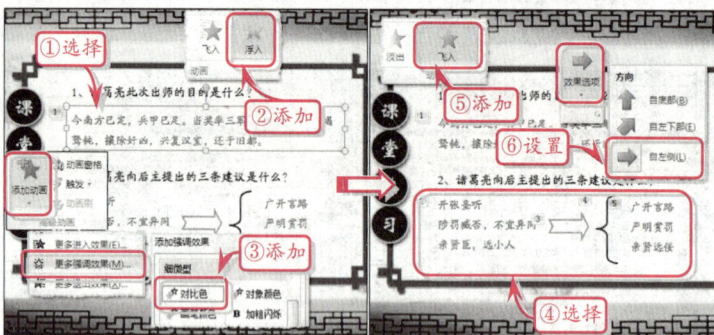

**STEP|06** 新建幻灯片,设置背景格式与上一张幻灯片相同。然后通过添加文本框、图片完成"课堂练习 2"部分。

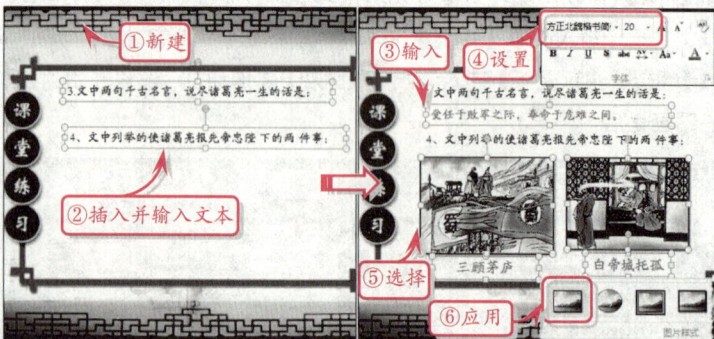

**STEP|07** 选择第 3 题的答案文本框,在【动画】组中,添加【飞入】进入动画,为图片添加【向内溶解】进入动画。然后为图片说明的文本框添加【浮入】进入动画,并选择"三顾茅庐"文本框,将其向上移一层。

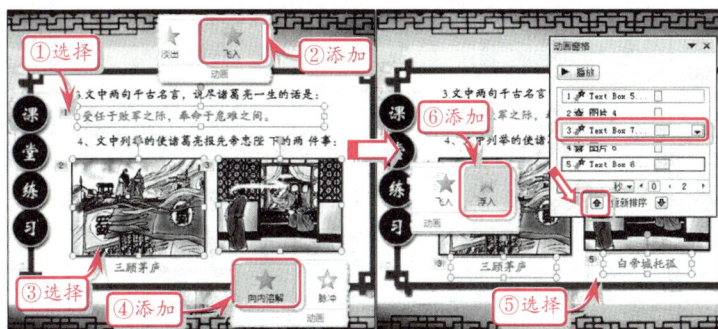

**提示**

在【动画窗格】面板中，选择"三顾茅庐"文本框，单击一次【重新排序】左侧的"上箭头"按钮。

## 12.8 高手答疑

# Q&A

**问题 1：添加动画和动画样式两个按钮有何区别？**

**解答：** 用户可以通过【动画】选项卡中的两种按钮为显示对象添加动画样式。

一种是使用【动画】组中的【动画样式】按钮添加动画。另一种则是使用【高级动画】组中的【添加动画】按钮添加动画。

其区别在于，使用【动画样式】按钮添加动画样式时只能更改第一个动画效果，而不能叠加新的动画样式。

而使用【添加动画】按钮，用户既可以为显示对象添加第一个动画，也可以添加新的动画。

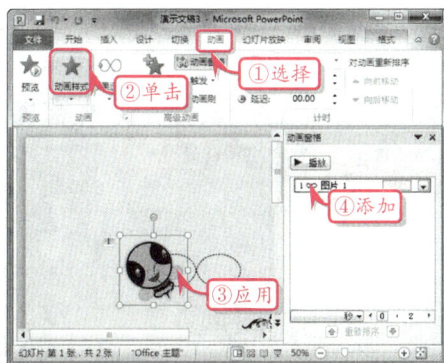

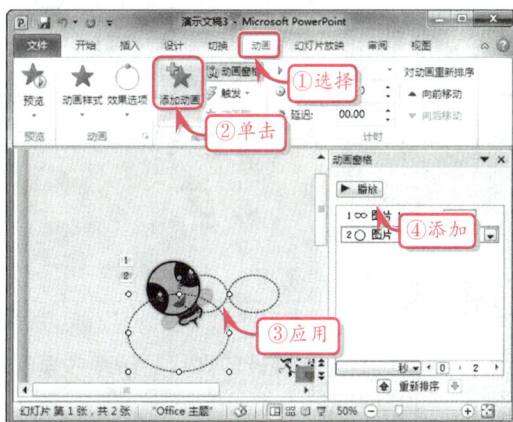

## Q&A

问题2：如何复制一个显示对象的动画，将其完全应用到另一个显示对象中？

**解答：** 选中显示对象，然后即可选中带有动画效果的显示对象，并选择【动画】选项卡，在【高级动画】组中单击【动画刷】按钮，以复制显示对象的动画效果。

然后，用户即可直接单击需要粘贴动画的显示对象，为其应用复制的动画样式。

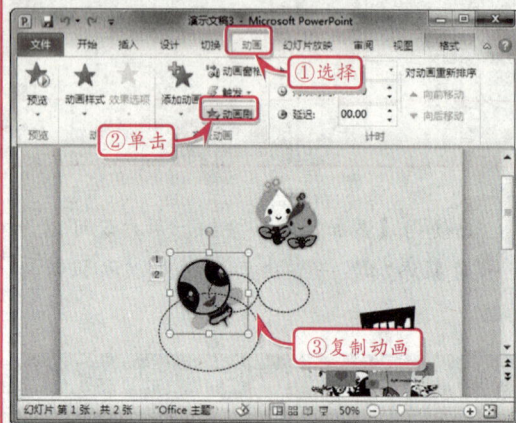

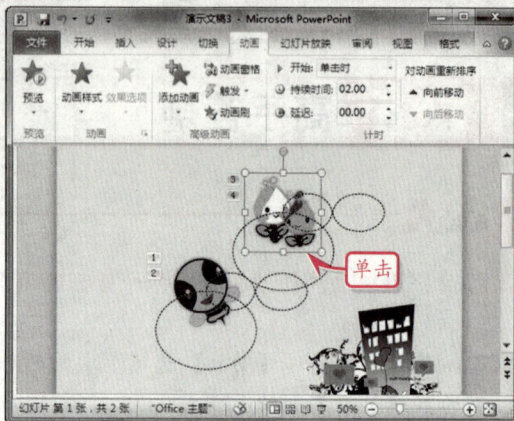

## Q&A

问题3：如何禁止在设计幻灯片的动画效果时自动预览？

**解答：** 如用户需要禁止 PowerPoint 的动画自动预览功能，则可在为显示对象添加动画样式后，选择【动画】选项卡，单击【预览】组中的【预览】下拉按钮，在弹出的菜单中取消【自动预览】的选择。

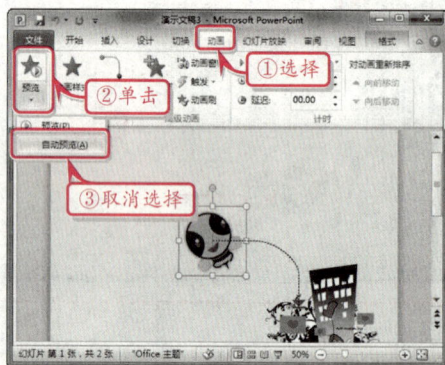

# Q&A

**问题 4：如何闭合显示对象的运动路径？**

**解答：** 选中显示对象，然后即可在显示对象运动的路径上右击，执行【关闭路径】命令。此时，PowerPoint 将自动连接路径的起始节点和终止节点，将路径转换为闭合图形。

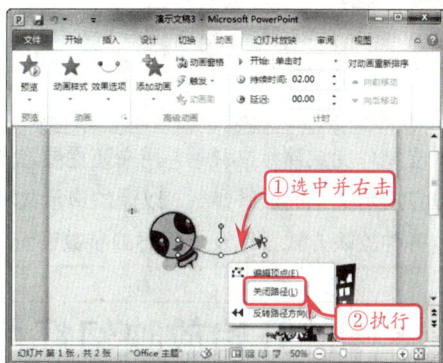

# Q&A

**问题 5：如何为显示对象运动的路径增加新的节点，以更改显示对象运动的轨迹？**

**解答：** 选中显示对象的路径，然后即可右击鼠标，执行【编辑顶点】命令，此时，路径线将进入到顶点编辑状态，其上将出现若干黑色的矩形顶点。

用鼠标选中运动路径上的任意顶点，然后即可拖动该顶点，改变显示对象运动的路径。

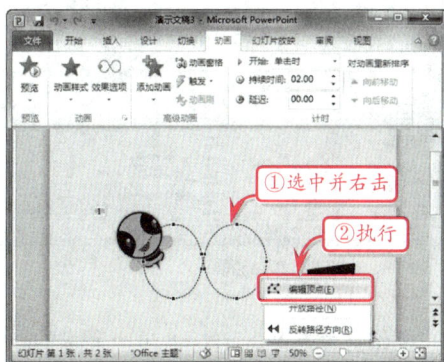

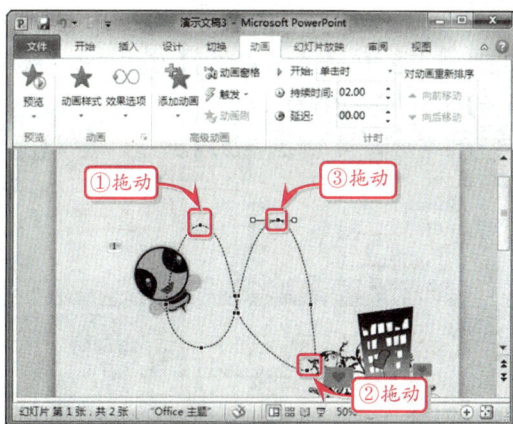

# Q&A

**问题 6：如何编辑对象运动的轨迹顶点？**

**解答：** 右击鼠标，执行【删除顶点】命令可将其删除，执行【添加顶点】命令可添加顶点。

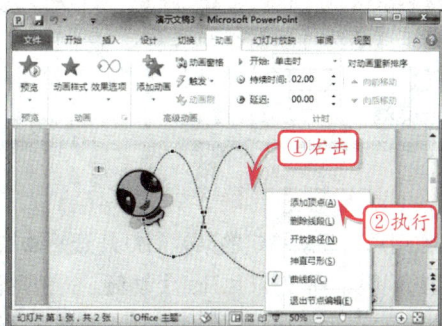

# 13 放映幻灯片

在制作完成演示文稿后，用户还需要掌握放映演示文稿的技能。PowerPoint 允许用户通过多种方式设置演示文稿的放映参数，以调试演示文稿在各种放映设备上的真实表现。本章将详细介绍演示文稿的各种放映方式，以及放映时的参数设置。

## 13.1 开始放映幻灯片

在 PowerPoint 中，用户可以通过 4 种方式放映已设计完成的演示文稿。

### 1．从头开始

选择该方式，用户可从演示文稿的第一幅幻灯片开始，播放演示文稿。

在 PowerPoint 中选择【幻灯片放映】选项卡，然后，即可在【开始放映幻灯片】组中单击【从头开始】按钮，开始播放演示文稿。

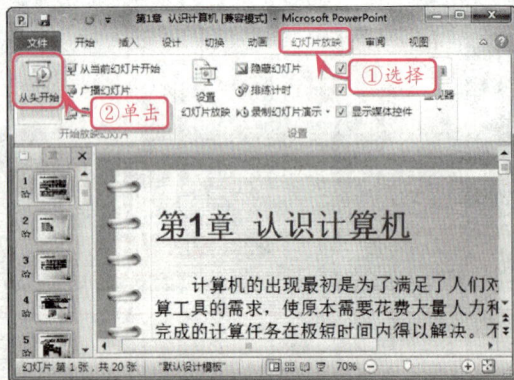

> **提示**
>
> 在单击【从头开始】按钮之后，即可转入到全屏模式的【幻灯片放映】视图，开始播放演示文稿。

### 2．从当前幻灯片开始

如用户需要从指定的某幅幻灯片开始播放，则可以使用【从当前幻灯片开始】功能。在使用该功能时，用户可先选择指定的幻灯片，然后在【幻灯片放映】选项卡中的【开始放映幻灯片】组中单击【从当前幻灯片开始】按钮，即可从该幻灯片开始播放。

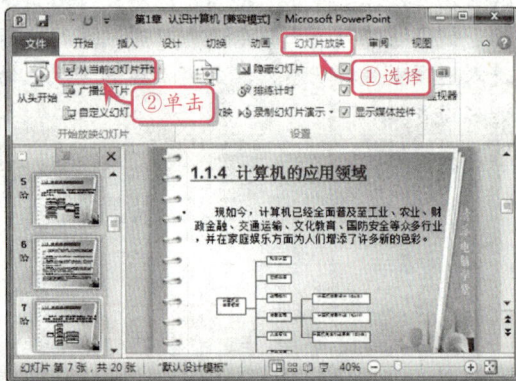

### 3．广播幻灯片

广播幻灯片是 PowerPoint 2010 新增的一种功能，其可以将演示文稿通过 Windows Live 账户发布到互联网中，让用户通过网页浏览器观看。

> **提示**
>
> 使用【广播幻灯片】功能时，需要用户先注册一个 Windows Live 账户。

在 PowerPoint 中选择【幻灯片放映】选项卡，然后，即可单击【开始放映幻灯片】组中的【广播幻灯片】按钮，打开【广播幻灯片】对话框。

在弹出的【广播幻灯片】对话框中，可直接单击【启动广播】按钮。

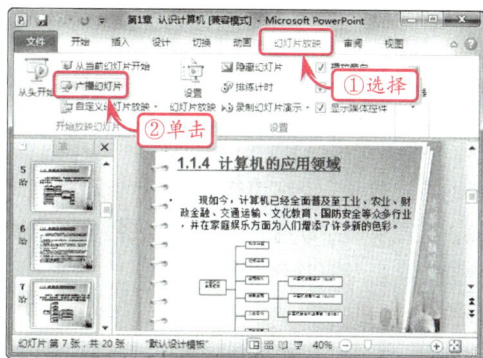

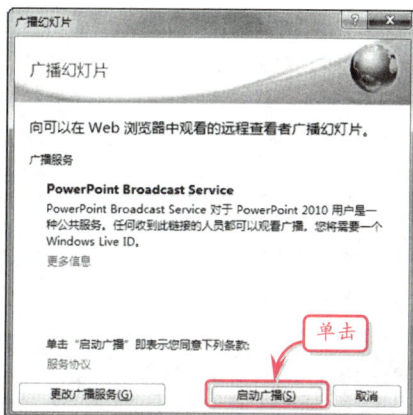

### 提示

用户可单击【更改广播服务】按钮，在更新的对话框中选择广播演示文稿的协议。

在经过广播的进度条之后，即可在更新的对话框中复制演示文稿的网络地址，发送给其他用户以播放。

### 提示

单击【开始放映幻灯片】按钮，即可播放广播的演示文稿。

#### 4. 自定义幻灯片放映

除了【从当前幻灯片开始】功能外，用户也可以通过【自定义幻灯片放映】功能，指定从哪一幅幻灯片开始播放。除此之外，用户还可以建立自定义的幻灯片放映列表，选择需要的幻灯片进行播放。

在 PowerPoint 中选择【幻灯片放映】选项卡，在【开始放映幻灯片】组中单击【自定义幻灯片放映】按钮，即可在弹出的菜单中执行【自定义放映】命令，打开【自定义放映】对话框。

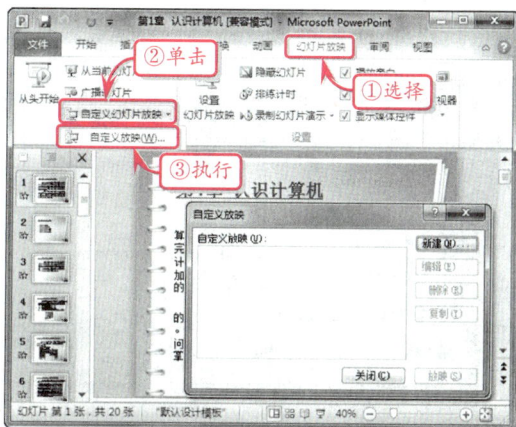

在弹出的【自定义放映】对话框中，用户可单击【新建】按钮，在弹出的【定义自定义放映】对话框中设置放映列表的名称，并选择左侧列表中的幻灯片，单击【添加】按钮将其加入到列表中。

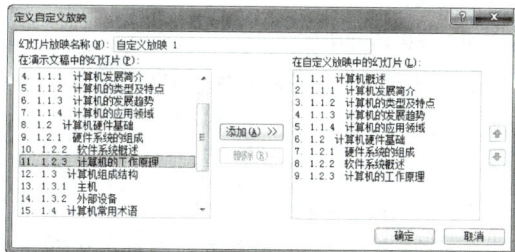

在单击【确定】按钮之后，即可将列表添加到【自定义放映】对话框中，单击【放映】按钮进行播放。

## 13.2 设置放映方式

使用 PowerPoint，用户还可以设置演示文稿的放映方式。

在 PowerPoint 中选择【幻灯片放映】选项卡，单击【设置】组中的【设置幻灯片放映】按钮，即可打开【设置放映方式】对话框。

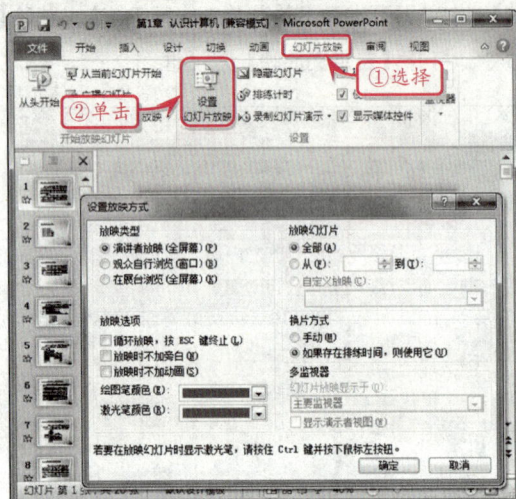

在该对话框中，用户可设置 5 种主要属性，即【放映类型】、【放映选项】、【放映幻灯片】和【换片方式】、【多监视器】等。

### 1. 放映类型

【放映类型】栏的作用是根据用户放映演示文稿的意图，确定演示文稿的显示方式，其主要分为 3 种方式。

● 演讲者放映

用于常规的演示文稿放映，可全屏自动显示演示文稿的内容。在播放完成演示文稿后，将自动退出播放模式。

● 观众自行浏览

用于对演示文稿进行基本的浏览。在该模式下，将以窗口的方式显示演示文稿，并支持用户单击鼠标继续演示文稿的播放。

● 在展台浏览

该模式与【演讲者放映】十分类似，都将以全屏的方式放映，但在该模式下，将自动播放演示文稿，无须用户手动操作。同时，在播放完成演示文稿后，会自动循环播放。

### 2. 放映选项

【放映选项】允许用户设置放映时的一些具体属性，如下。

| 选 项 | 作 用 |
| --- | --- |
| 循环放映，按 Esc 键终止 | 设置演示文稿循环播放 |
| 放映时不加旁白 | 禁止放映演示文稿时播放旁白 |
| 放映时不加动画 | 禁止放映时显示幻灯片切换效果 |
| 绘图笔颜色 | 设置在放映演示文稿时用鼠标绘制标记的颜色 |
| 激光笔颜色 | 设置录制演示文稿时显示的指示光标 |

### 3. 放映幻灯片

【放映幻灯片】栏可设置幻灯片播放的方式。如用户选择【全部】，则将播放全部的演示文稿。而如果选择【从…到…】选项，则可选择播放演示文稿的幻灯片编号范围。

如之前设置了【自定义幻灯片放映】列表，则可在此处选择列表，根据列表内容播放。

### 4. 换片方式

【换片方式】的作用是定义幻灯片播放时的切换触发方式，如选择【手动】，则用户需要单击鼠标进行播放。而如选择【如果存在排练时间，则使用它】选项，则将自动根据设置的排练时间进行播放。

### 5. 多监视器

如本地计算机安装了多个监视器，则可通过【多监视器】栏，设置演示文稿放映所使用的监视器，以及演讲者视图等信息。

## 13.3　排练与录制

在使用 PowerPoint 播放演示文稿进行演讲时，用户可通过 PowerPoint 的排练功能对演讲活动进行预先演练，指定演示文稿的播放进程。除此之外，用户还可以录制演示文稿的播放流程，自动控制演示文稿并添加旁白。

### 1．排练计时

排练计时功能的作用是通过对演示文稿的全程播放，辅助用户演练。

在制作完成演示文稿后，用户即可选择【幻灯片放映】选项卡，在【设置】组中单击【排练计时】按钮，此时，就会转换到用户所选择的放映模式，放映演示文稿。

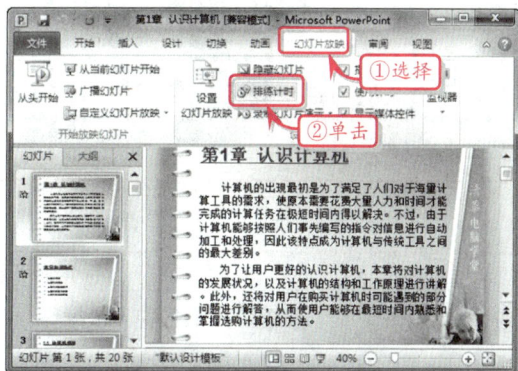

在进入放映模式后，还会显示【录制】面板，记录用户播放的时间。

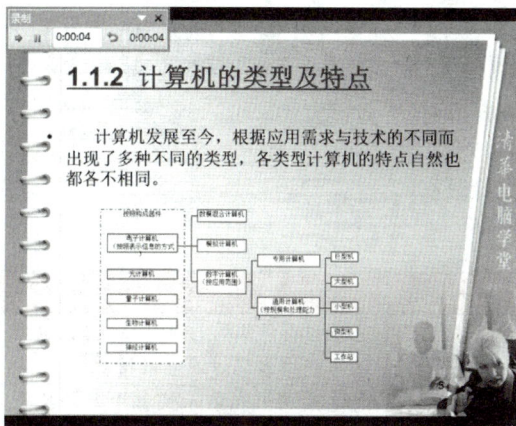

在完成排练计时后，用户即可将其保存，应用到【换片方式】设置中。

### 2．录制幻灯片演示

除了进行排练计时外，用户还可以录制幻灯片演示，包括录制旁白录音，以及使用激光笔等工具对演示文稿中的内容进行标注。

选择【幻灯片放映】选项卡，然后，即可在【设置】组中单击【录制幻灯片演示】按钮，即可执行【从头开始录制】命令，开始录制演示文稿。

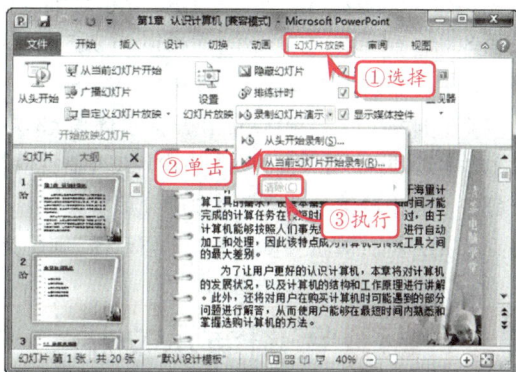

在录制幻灯片演示之前，将弹出【录制幻灯片演示】对话框，允许用户选择幻灯片和动画计时，以及旁白和激光笔等功能。

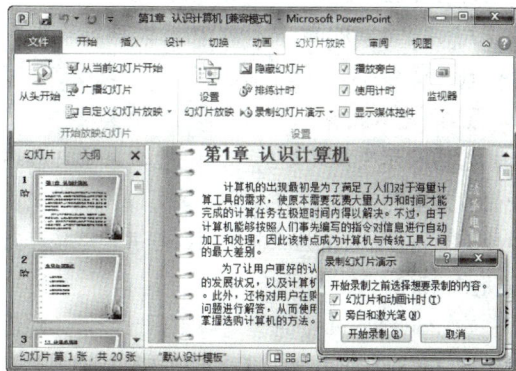

在选中这些功能后，用户即可通过麦克风为演示文稿配置语音，同时也可以按住 Ctrl 键激活激光笔工具，指示演示文稿的重点部分。

如用户需要从指定的某个幻灯片开始录制,则可先选中该幻灯片,并执行【从当前幻灯片开始录制】命令。此时,就将从用户选中的幻灯片开始录制。

## 13.4 使用监视器

用户可将用 PowerPoint 制作的演示文稿在多种设备上播放,包括计算机显示器、数字电视、幻灯机、投影仪等。

在使用这些设备播放之前,用户往往需要先对演示文稿进行调试,以使演示文稿可以顺利地多平台播放。此时,就需要通过计算机显示器模拟这些监视器的分辨率。

例如,在模拟早期 14 英寸 CRT 显示器时,可使用 800px × 600px 的分辨率。而模拟 17 英寸 CRT 显示器时,可使用 1024px × 768px 的分辨率。

在完成演示文稿制作后,用户即可选择【幻灯片放映】选项卡,在【监视器】组中单击【监视器】按钮,在弹出的菜单中选择播放的分辨率。

如用户的计算机只使用了一种显示器,则可为演示文稿应用该显示器支持的各种分辨率模式。而如果使用了多显示器,则除了应用这些显示模式外,用户还可以设置【显示位置】等属性,选择其他显示器,显示演示文稿的内容。

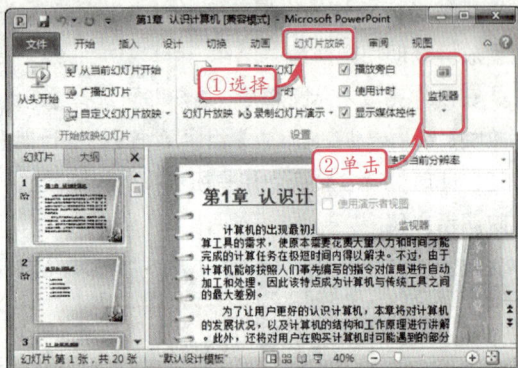

## 13.5 审阅演示文稿

PowerPoint 提供了多种实用的工具,允许对演示文稿进行校验和翻译,甚至允许多个用户对演示文稿的内容进行编辑并标记编辑历史。此时,就需要使用到 PowerPoint 的审阅功能,通过软件对 PowerPoint 的内容进行审阅和查对。

### 1. 校验演示文稿

校验演示文稿功能的作用是检验演示文稿中使用的文本内容是否符合语法。其可以将演示文稿中的词汇与 PowerPoint 自带的词汇进行比较,查找使用错误的词。

在 PowerPoint 中选择【审阅】选项卡,然后即可在【校对】组中单击【拼写检查】按钮,打开【拼写检查】对话框。

校验演示文稿可检测所有文本中不符合词典的单词,并将其添加到【拼写检查】对话框的"不在词典中"栏内,同时为用户提供更改的建议。在其右侧,提供了 8 个按钮以实现各种更改操作。

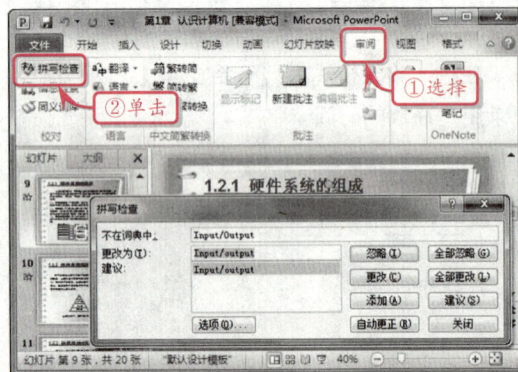

| 按　　钮 | 作　　用 |
|---|---|
| 忽略 | 忽略当前词汇的语法错误,但在该词汇下一次出现时继续报错 |
| 全部忽略 | 忽略该词汇在演示文稿中每一次出现的报错 |

续表

| 按　钮 | 作　用 |
|---|---|
| 更改 | 设置【更改为】之后，对这次出现的错误进行更正 |
| 全部更改 | 应用对该词汇的所有更改 |
| 添加 | 将该词汇添加到 PowerPoint 的词典中 |
| 建议 | 根据建议对演示文稿进行修改 |
| 自动更正 | 自动更正所有语法错误 |
| 关闭 | 关闭该对话框 |

用户可单击【选项】按钮，在弹出的【PowerPoint 选项】对话框中设置【拼写检查】的各种属性。

## 2．信息检索

【信息检索】功能的作用是通过微软的 Bing 搜索引擎或其他参考资料库，检索与演示文稿中词汇相关的资料，辅助用户编写演示文稿内容。

使用【信息检索】功能，用户可在 PowerPoint 中选择【审阅】选项卡，然后在【校对】组中单击【信息检索】按钮，即可打开【信息检索】面板。

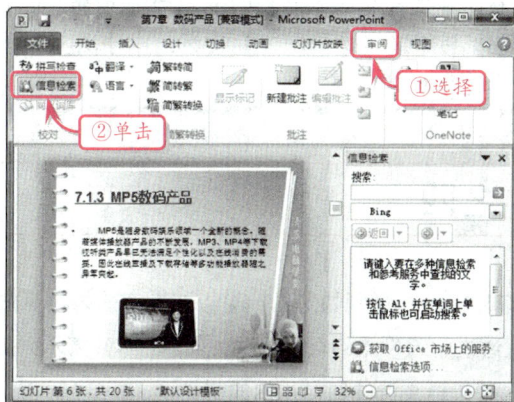

在【信息检索】面板中，用户可以在【搜索】栏中输入关键字，并单击下方的【搜索引擎】栏，选择搜索信息所使用的引擎，然后即可单击【搜索】按钮，返回相应的搜索结果。

## 3．翻译内容

Office 系列软件可以直接调用微软翻译网站的翻译引擎，将演示文稿中的中文翻译为英文等语言。除此之外，用户还可以选择其他各种语言。

在 PowerPoint 中选择需要翻译的文本，然后即可选择【审阅】选项卡，在【语言】组中单击【翻译】按钮，在弹出的菜单中执行【翻译所选文字】命令，打开【信息检索】面板。

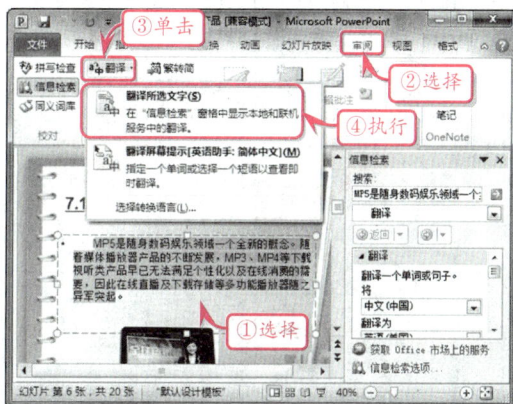

在【信息检索】面板中，PowerPoint 会自动通过互联网的翻译引擎，对文本内容进行翻译，并显示翻译结果。

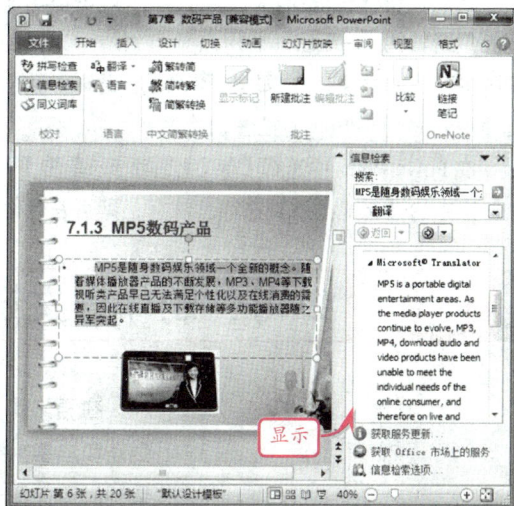

## 4. 编码转换

目前常用的中文包括两种主要的编码体系，即简体中文的 gb2312/gb18030 体系和繁体中文的 BIG5 体系，分别用于简体汉字和繁体汉字的显示。

在用户使用 PowerPoint 显示汉字文本时，如安装的是简体中文版本的 PowerPoint，则默认显示的文本为简体中文。

如用户需要将演示文稿发布给位于香港、澳门和台湾等地区的用户使用，则需要将其转换为繁体中文。此时，就需要使用到 PowerPoint 的编码转换功能。

在 PowerPoint 中打开需要转换的演示文稿，然后，即可选择【审阅】选项卡，在【中文简繁转换】组中，单击【简转繁】按钮，即可进行转换。

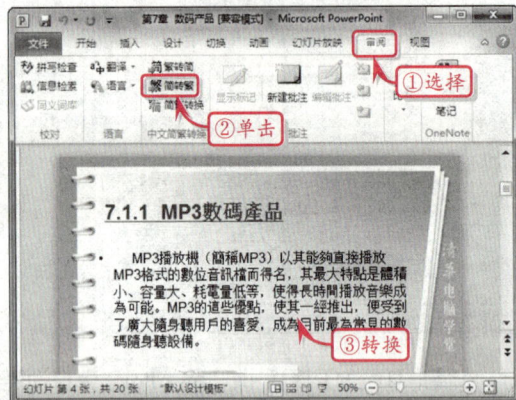

## 5. 创建批注

在用户编辑完成演示文稿后，还可以将演示文稿提供给其他用户，让其他用户参与到演示文稿的修改中，添加对演示文稿的修改意见。此时，就需要使用到 PowerPoint 的批注功能。

在 PowerPoint 中选择【审阅】选项卡，单击【批注】组中的【新建批注】按钮，然后，即可在弹出的批注框中输入批注内容。

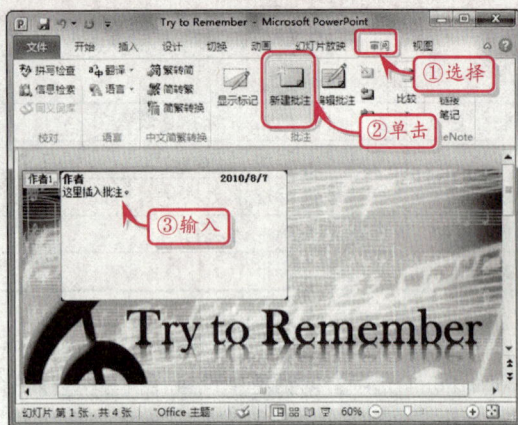

在插入批注后，【审阅】选项卡中的【批注】组中的【显示标记】按钮将被自动激活，用于在演示文稿左上角显示批注的标签。

用户可单击该按钮，取消其激活状态。此时，PowerPoint 将把所有演示文稿的批注标签隐藏。

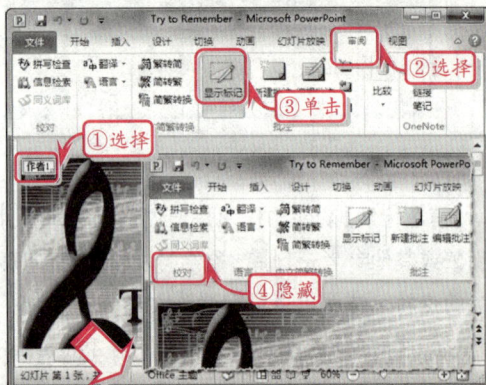

> **提示**
>
> 双击批注标签或单击【审阅】选项卡中的【批注】组中的【编辑批注】按钮，可对批注内容进行编辑。

## 13.6 练习：制作语文课件之四

在语文课件幻灯片中添加录制的旁白，可以使讲解的内容更加生动和丰富。本例就通过学习设置幻灯片放映，录制幻灯片演示，在录制时添加墨迹等，完成语文课件幻灯片四的制作。

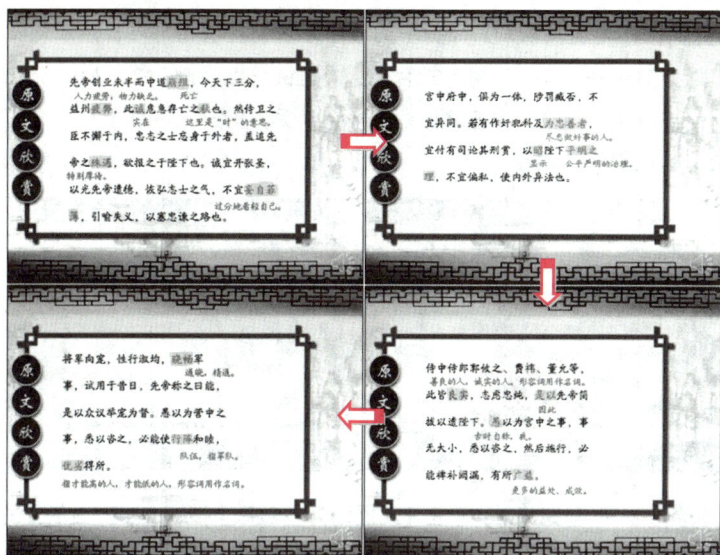

## 操作步骤 ▶▶▶▶

**STEP|01** 在 Powerpoint 中，选择要录制演示的幻灯片，选择【幻灯片放映】选项卡，单击【录制幻灯片演示】按钮，执行【从当前幻灯片开始录制】命令。在弹出的【录制幻灯片演示】对话框中单击【开始录制】按钮，可以开始录制幻灯片演示。

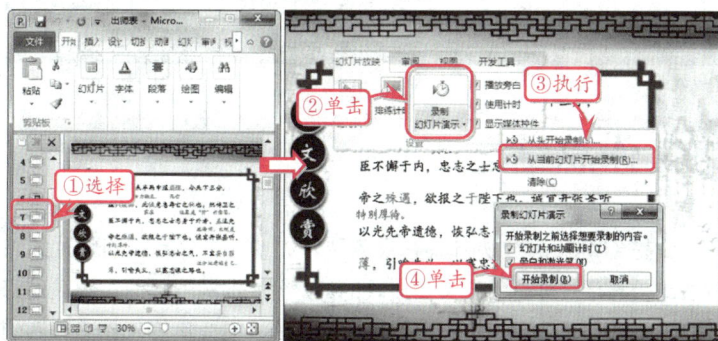

> **提示**
>
> 在录制幻灯片演示的同时，会自动生成排练计时。

**STEP|02** 开始录制幻灯片演示，右击执行【指针选项】命令，选择"荧光笔"，将箭头更改为荧光笔，在红色文本上进行涂抹。完成后，再执行相同的命令，选择"箭头"。此时，墨迹添加完毕，可以开始演示幻灯片并录制旁白。

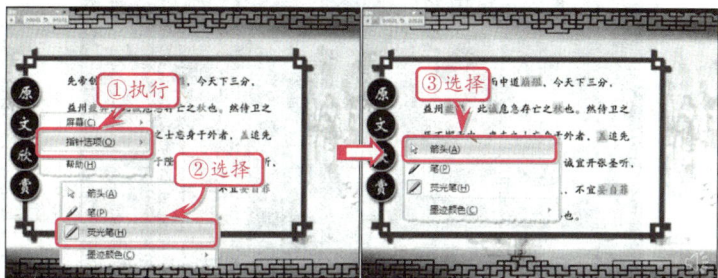

> **提示**
>
> 在添加墨迹时，会自动停止录制幻灯片演示，将"荧光笔"更改为"箭头"后，自动开始录制。

**提示**

选择"墨迹颜色",可在【颜色面板】中更改墨迹颜色。

**STEP|03** 单击【录制】面板中的【暂停录制】按钮,可暂停或开始幻灯片演示的录制。录制完成后,按 Esc 键结束录制,弹出 Microsoft PowerPoint 对话框,单击【保留】按钮,保留墨迹。按照相同的方法录制其他幻灯片演示。

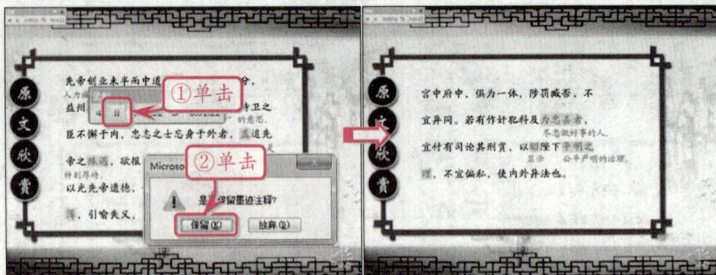

**技巧**

当使用荧光笔绘制完墨迹后,按 Esc 键可退出墨迹的绘制,更换为箭头。

**STEP|04** 录制完成后,单击【设置幻灯片放映】按钮,在弹出的【设置放映方式】对话框中设置幻灯片放映。

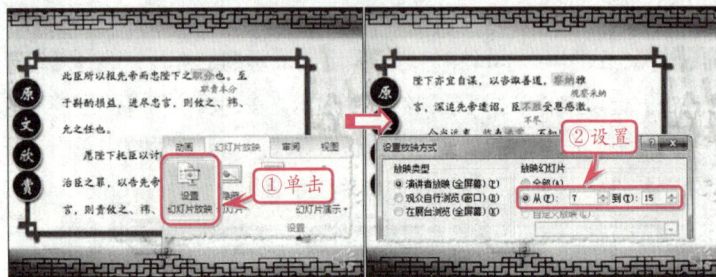

**提示**

录制完成后,在幻灯片上会出现"小喇叭",即为录制的旁白。放映幻灯片,可观看录制的幻灯片演示。

## **13.7** 练习:年终工作总结之四

**练习要点**

● 隐藏幻灯片
● 录制幻灯片演示
● 自定义幻灯片放映

设置幻灯片的放映方式有很多种方法,其中自定义幻灯片放映方法比较灵活,可自由定义要放映的幻灯片。本例就将通过隐藏幻灯片、录制幻灯片演示、自定义幻灯片放映等,完成年度工作总结四幻灯片的制作。

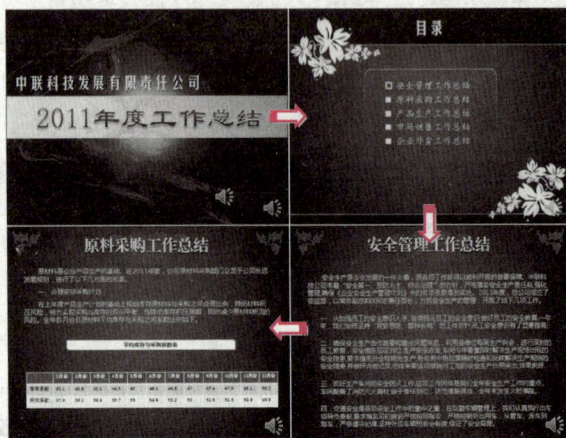

**操作步骤** >>>>

**STEP|01** 在 PowerPoint 中，选择【幻灯片放映】选项卡，选择要隐藏的幻灯片，单击【隐藏幻灯片】按钮，可在幻灯片放映时，隐藏该幻灯片。按相同的方法隐藏第 6 张以后的幻灯片。

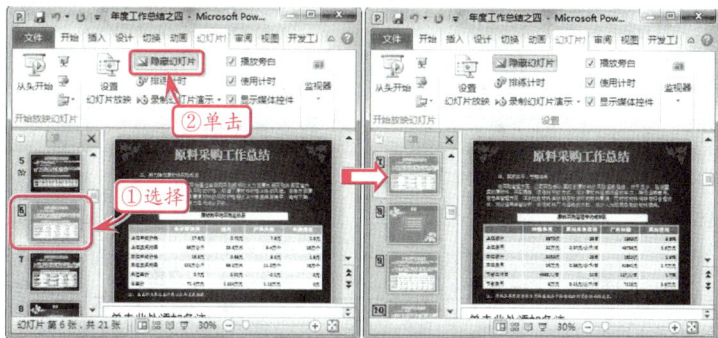

**STEP|02** 选择第 1 张幻灯片，单击【录制幻灯片演示】按钮，执行【从头开始录制】命令，在弹出的【录制幻灯片演示】对话框中单击【开始录制】按钮，开始录制幻灯片演示。

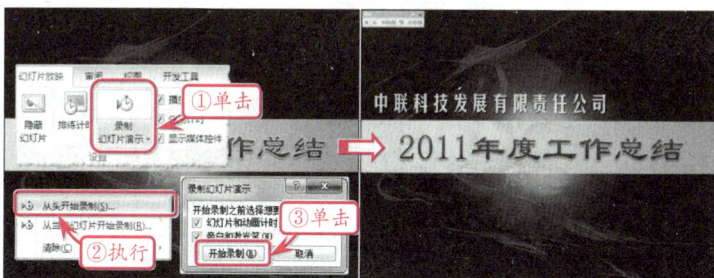

**STEP|03** 按 Esc 键可结束幻灯片演示的录制，并按照相同的方法录制另外 3 张幻灯片。单击【录制幻灯片演示】按钮，执行【清除】命令，可清除幻灯片中的计时或旁白，以便于重新录制。

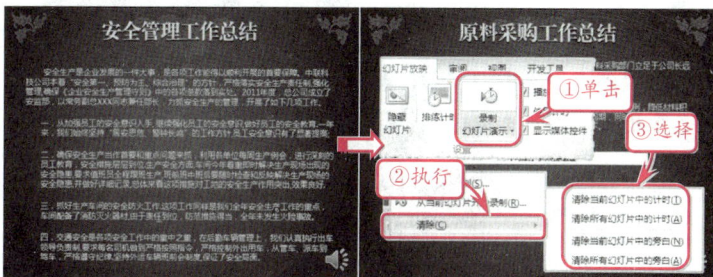

**STEP|04** 单击【自定义幻灯片放映】按钮，执行【自定义放映】命令，在【自定义放映】对话框中单击【新建】按钮，弹出【定义自定义放映】对话框，选择要放映的幻灯片，单击【添加】按钮，添加到自定义放映中，设置自定义放映幻灯片。

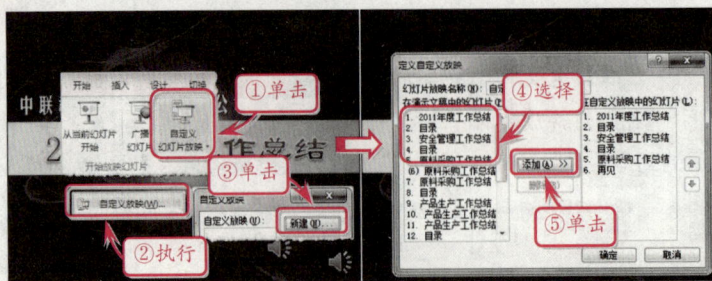

## PowerPoint 13.8 高手答疑

### Q&A

**问题 1：如何在播放演示文稿时插入白屏或黑屏？**

**解答：** 在播放演示文稿时，可插入白屏或者黑屏以暂停演示文稿的播放，将听众的注意力转移到演讲者处。

在播放演示文稿时右击鼠标，执行【屏幕】|【黑屏】命令或【屏幕】|【白屏】命令，即可分别切换到黑屏或白屏。

### Q&A

**问题 2：如何在播放状态下退出？**

**解答：** PowerPoint 提供了两种方式允许用户从播放状态下退出到普通状态。

在播放演示文稿时，用户可按 Esc 退出键退出播放状态，也可以右击鼠标，执行【结束放映】命令，同样可实现从播放状态中退出。

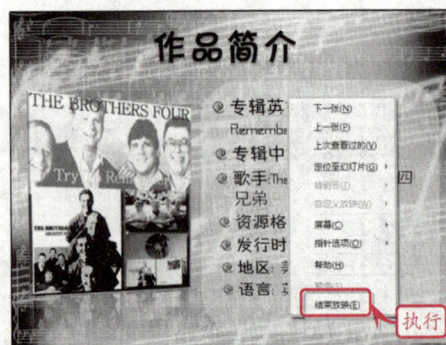

# Q&A

**问题 3：如何在播放演示文稿时，跳转到指定的幻灯片？**

解答：PowerPoint 允许用户在播放过程中读取幻灯片的列表，并跳转到列表内的指定项目。

在跳转时，用户可右击，执行【定位至幻灯片】命令，然后，即可在弹出的菜单中选择相应的幻灯片，进行跳转。

# Q&A

**问题 4：如何在播放演示文稿时在屏幕上绘制墨迹注释？**

解答：PowerPoint 提供了墨迹注释的功能，允许用户在播放演示文稿时使用鼠标对其中的内容进行圈点、划线，以标注其中的重要内容。

右击鼠标，执行【指针选项】|【笔】命令，然后，即可用鼠标开始圈点、划线的操作。

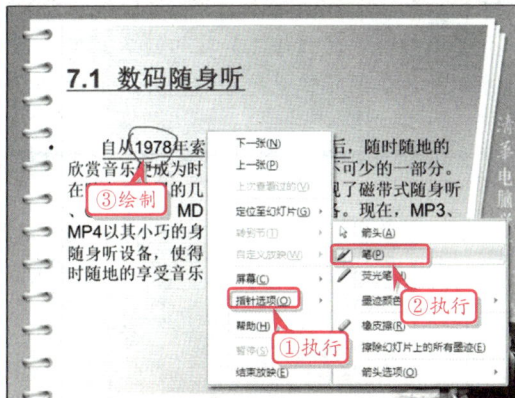

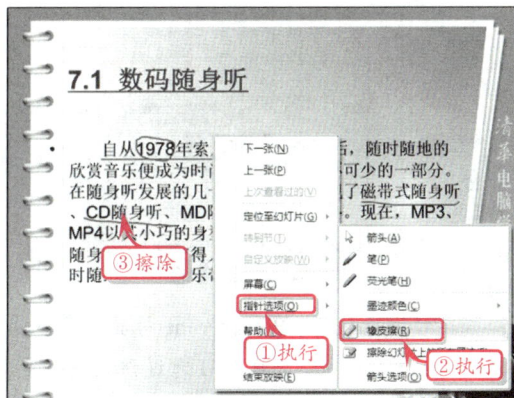

### 提示

用户可以通过执行【指针选项】|【墨迹颜色】命令，在弹出的菜单中选择墨迹注释的颜色。

如进行了错误的绘制，则用户可以再右击鼠标，执行【指针选项】|【橡皮擦】命令，然后擦除错误的墨迹注释。

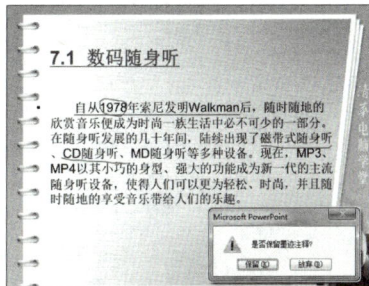

如用户需要快速擦除所有的墨迹注释，则可在同样的菜单中执行【指针选项】|【擦除幻灯片上的所有墨迹】命令，将这些内容快速擦除。

如已为演示文稿绘制了墨迹注释，则在退出播放状态时，PowerPoint 会提示是否保留墨迹注释。

在该对话框中，用户可单击【保留】按钮，将所有墨迹注释保留到演示文稿中，也可单击【放弃】按钮，不对墨迹注释进行保存。

# Q&A

**问题 5：如何对两个演示文稿进行比较？**

**解答：** 在 PowerPoint 中，用户可以将已打开的演示文稿与本地磁盘其他演示文稿进行比较操作，找出这些演示文稿之间的不同之处。

在 PowerPoint 中选择【审阅】选项卡，然后，即可在【比较】组中单击【比较】按钮，在弹出的对话框中选择需要比较的文档。

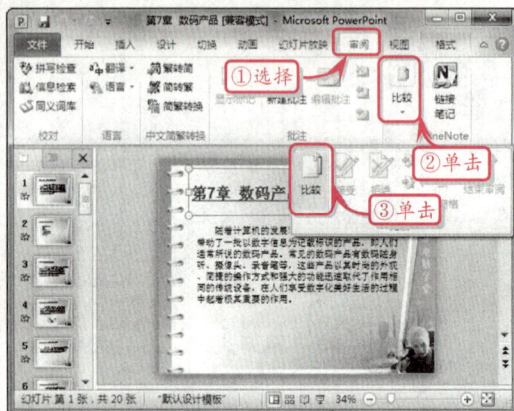

在经过比较后，PowerPoint 将显示【修订】面板，在该面板中，用户即可通过该面板的【详细信息】选项卡，查看这两个演示文稿之间的区别。

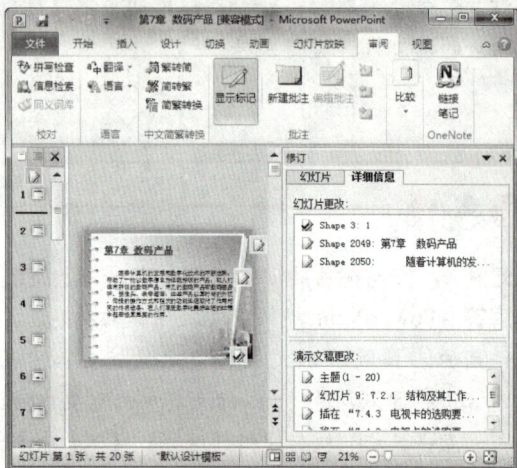

**提示**

单击幻灯片中的【修正】按钮后，用户可以查看该图标位置的区别，并应用新的修改。

# 14

# 制作交互式幻灯片

PowerPoint 演示文稿提供了多种超文本的标记功能，包括超链接、动作等。使用这些超文本标记功能，用户可制作出具有更多动态效果的演示文稿。本章将全面介绍创建链接、链接到其他对象、编辑链接以及添加动作的方法。

## 14.1 创建超级链接

超级链接是一种最基本的超文本标记，可以为各种对象提供连接的桥梁。在 PowerPoint 中，允许用户通过两种方式为演示文稿添加超级链接。

### 1. 直接添加超级链接

PowerPoint 允许用户为几乎所有的显示对象添加超级链接，包括文本、图形、图像、占位符、图表、SmartArt 图形等。

在选中显示对象之后，用户即可选择【插入】选项卡，在【链接】下拉列表中单击【超链接】按钮。

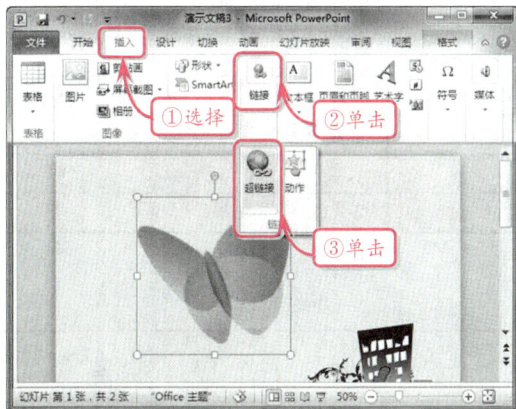

在弹出的【插入超链接】对话框中，即可设置超级链接目标的类型，为显示对象建立针对该目标的链接。

在该对话框中，用户可选择 4 类超级链接，包括如下 4 种。

#### ● 现有文件或网页

从本地磁盘或网络中获取文档的 URL，然后，

将文档作为超级链接的目标。在该选项下，将显示【查找范围】的树状菜单，允许用户从本地磁盘或网络索引文档，将其 URL 地址插入到演示文稿中。

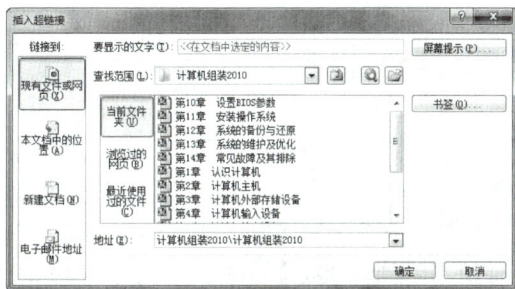

#### ● 本文档中的位置

将本文档中某一个幻灯片的段落作为超级链接的目标（类似网页中的锚记），选中该选项后，将显示本演示文稿中的幻灯片和一些功能选项。

选中相应的位置后，即可单击【确定】按钮，将其应用到演示文稿中。

#### ● 新建文档

新建一个演示文稿，将其作为超级链接的目标。在选中该选项后，用户即可输入一个演示文稿

的存放 URL，然后选择是否开始编辑新演示文稿。

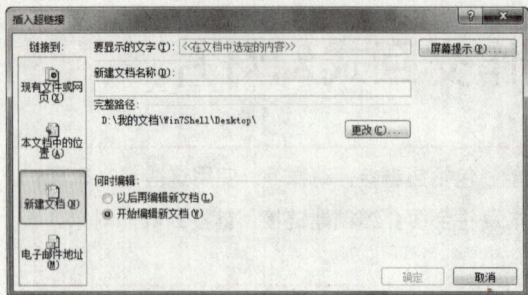

● 电子邮件地址

除了链接本地文档、本地文档内的位置和新建文档外，用户还可以将电子邮件地址设置为超链接的目标。

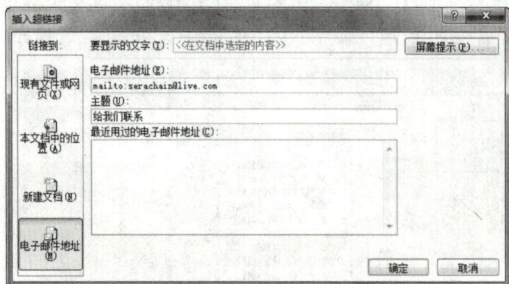

在【电子邮件地址】栏中输入电子邮件，然后，即可在【主题】中输入邮件的默认主题，单击【确定】按钮，将其添加到演示文稿中。

## 2．添加动作按钮

除了通过【链接】下拉列表中的【超链接】按钮插入超级链接外，用户还可以通过其他一些方式为演示文稿添加超级链接。

选择【插入】选项卡，单击【插图】组中的【形状】按钮，然后即可在弹出的菜单中选择【动作按钮】栏中的各种动作按钮，将其插入到演示文稿中。

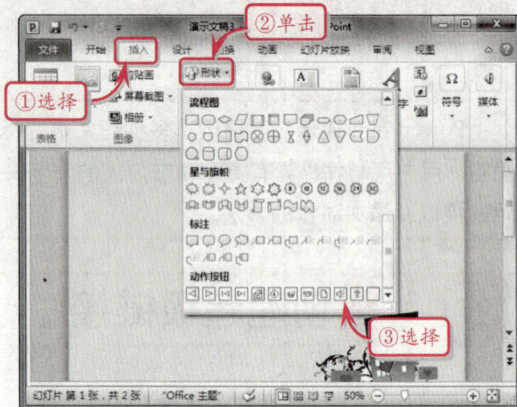

PowerPoint 提供了如下 12 种动作按钮供用户选择使用。

| 按　钮 | 作　用 |
|---|---|
| ◁ | 后退或跳转到前一项目 |
| ▷ | 前进或跳转到下一项目 |
| ◁◁ | 跳转到开始 |
| ▷▷ | 跳转到结束 |
| ⌂ | 跳转到第一张幻灯片 |
| ⊙ | 显示信息 |
| ⊌ | 跳转到上一张幻灯片 |
| ☐ | 播放影片 |
| ☐ | 跳转到文档 |
| ◁ | 播放声音 |
| ? | 开启帮助 |
| ☐ | 自定义动作按钮 |

## 14.2 编辑超级链接

在插入超级链接之后，用户还可对其进行编辑，使其符合用户的各种要求。

### 1．设置超级链接文本颜色

PowerPoint 演示文稿与网页类似，都可由用户自定义其文本的样式，这就需要用户建立自定义的主题，编辑主题的颜色。

选择【设计】选项卡，在【主题】组中单击【颜色】按钮，然后，即可在弹出的菜单中执行【新建主题颜色】命令。

在弹出的【新建主题颜色】对话框中，用户即可选择【超链接】的颜色，设置名称后，即可单击【保存】按钮，将其应用到演示文稿中。

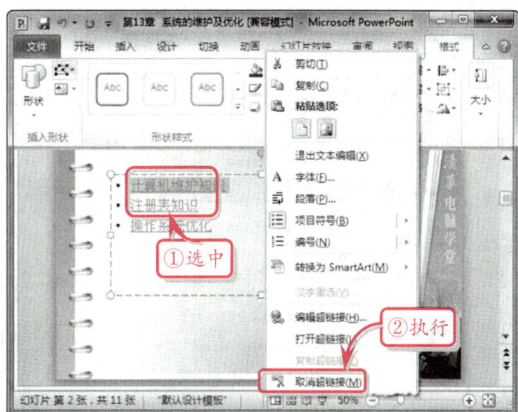

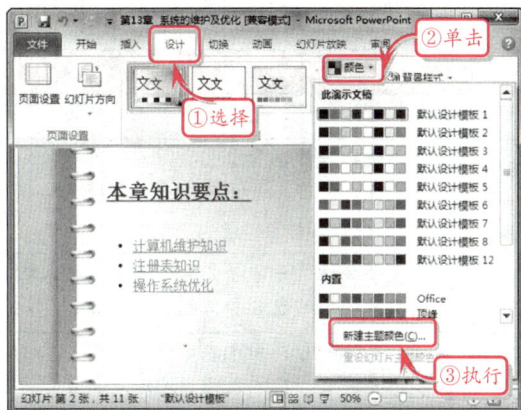

接】命令，在编辑过程中将其删除。

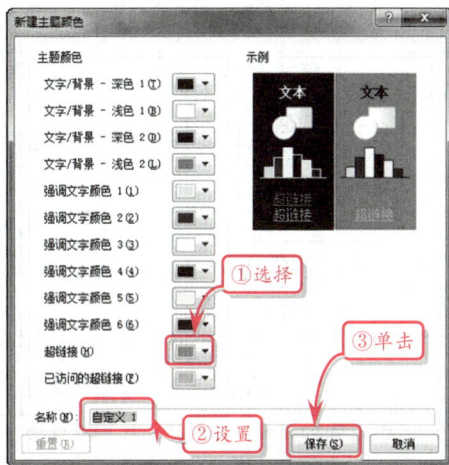

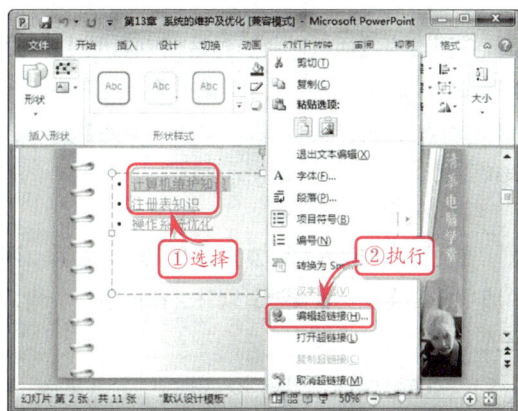

## 2．删除超级链接

PowerPoint 允许用户通过两种方式为显示对象删除超级链接。

● 取消超链接

用户可选中带有超级链接的显示对象，并右击鼠标，执行【取消超链接】命令。此时，PowerPoint 将自动删除显示对象的超级链接属性。

● 编辑超链接

除了执行【取消超链接】命令外，用户还可以选择带有超链接的显示对象，右击执行【编辑超链

在弹出的【编辑超链接】对话框中单击【删除链接】按钮，PowerPoint 将自动关闭对话框，同时将已添加的超链接删除。

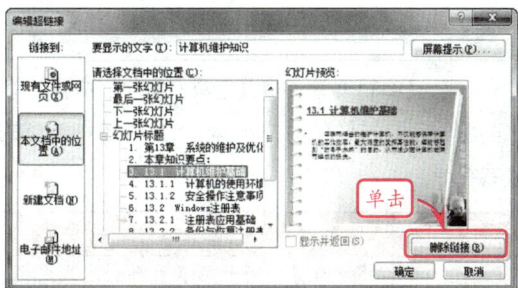

## 14.3　插入 Microsoft 公式 3.0

Microsoft 公式是 PowerPoint 中预置的一种特殊对象。从最早期的 Microsoft 公式 1.0 到如今的 Microsoft 公式 3.0，微软公司为 Office 系列软件增加了多种公式格式的内容，允许用户书写绝大多数

日常公式。

### 1．插入公式对象

在 PowerPoint 中，用户可选择【插入】选项卡，在【文本】组中单击【插入对象】按钮，即可

续表

打开【插入对象】对话框。

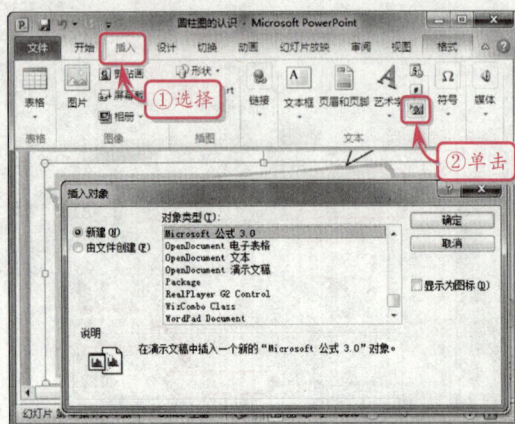

在弹出的【插入对象】对话框中启用【新建】单选按钮，然后，即可在【对象类型】列表中选择"Microsoft 公式 3.0"项目，单击【确定】按钮，插入公式。

## 2．编辑公式

在插入"Microsoft 公式 3.0"对象之后，用户即可打开【公式编辑器】软件，在该软件中输入公式内容。

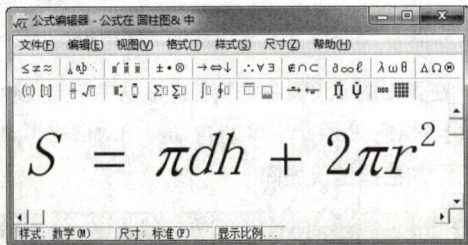

$$S = \pi dh + 2\pi r^2$$

在公式编辑器软件的【工具栏】中，提供了多种类型的工具按钮供用户选择，以插入各种类型的公式符号。

| 标签按钮 | 作 用 |
| --- | --- |
| ≤≠≈ | 关系符号，用于显示两个表达式之间的关系 |
| ∴ab∵ | 间距和省略号，用于显示两表达式的距离或省略某个表达式的内容 |
| ⫶⫶⫶ | 修饰符号，用于修饰表达式，在表达式上方添加各种箭头和线 |
| ±•⊗ | 运算符号，用于表示表达式之间的数学运算 |

| 标签按钮 | 作 用 |
| --- | --- |
| →⇔↓ | 箭头符号，用于表示表达式的方向 |
| ∴∀∃ | 逻辑符号，用于表示因为、所以、存在、使得、逻辑与、逻辑或和逻辑非等特殊符号 |
| ∈∩⊂ | 集合论符号，用于体现集合以及表达式之间的包含和被包含关系 |
| ∂∞ℓ | 其他符号，用于表示梯度、微积分、无穷大、花体I、R、X以及角度、垂直、菱形等多种QWERTY键盘未包含的符号 |
| λωθ | 希腊字母小写，用于插入小写希腊字母符号 |
| ΛΩ⊗ | 希腊字母大写，用于插入大写希腊字母符号 |
| (Ⅱ)[Ⅱ] | 围栏模板，用于插入各种类型的括号 |
| ▯▯ √▯ | 分式和根式模板，用于插入分数或方根表达式 |
| ▯ᵢ ▯ⁱ | 上标和下标模板，用于在表达式上方或下方插入一个或多个新的表达式 |
| Σ▯ Σ▯ | 求和模板，用于制作与Σ符号相关的求和表达式 |
| ∫▯ ∮▯ | 积分模板，用于制作与积分、不定积分类型相关的表达式 |
| ▯ ▯ | 底线和顶线模板，用于在表达式上方或下方添加横线或箭头 |
| →▯ ←▯ | 标签箭头模板，用于制作带有标签文本的方向箭头（多用于化学反应） |
| ∏̬ ∪̬ | 乘积和集合论模板，用于制作极限、乘积和交集类的表达式 |
| ▯▯▯ ▦ | 矩阵模板，用于插入各种数组和集合数据 |

## 3．编辑字符间距

字符间距是表达式中各种字符之间的距离，其单位为磅。在【公式编辑器】窗口中，用户可执行【格式】|【间距】命令，打开【间距】对话框。

在弹出的【间距】对话框中，用户可设置 19 种数学表达式中字符的距离。拖动对话框中的滚动条，即可查看位于当前显示属性下方的属性。

在设置字符距离之后,【间距】对话框将在右侧显示设置的效果。单击【应用】按钮,即可将效果应用到公式中。

### 4. 编辑字符样式

在公式编写过程中,用户可设置字符的样式,包括字符的字体、粗体和斜体等属性。

在【公式编辑器】窗口中执行【样式】|【定义】命令,即可打开【样式】对话框。

在弹出的【样式】对话框中,用户可以为各种字符样式设置字体、粗体以及斜体等属性,单击【确定】按钮,应用样式。

然后,用户即可选中表达式,在【公式编辑器】窗口中执行【样式】命令,在弹出的菜单中选择样式后,即可将更改的字体应用到表达式中。

### 5. 编辑字符尺寸

编辑字符尺寸的方式与编辑字符样式类似,在【公式编辑器】窗口中执行【尺寸】|【定义】命令,即可打开【尺寸】对话框。

在弹出的【尺寸】对话框中,用户可设置各种字符的尺寸,并用类似的方式将其应用到表达式中。

## PowerPoint 14.4 设置交互动作

PowerPoint 除了允许用户为演示文稿中的显 示对象添加超级链接外,还允许用户为其添加其他一些交互动作，以实现复杂的交互性。

在 PowerPoint 中选中显示对象，选择【插入】选项卡，在【链接】组中单击【动作】命令，打开【动作设置】对话框。

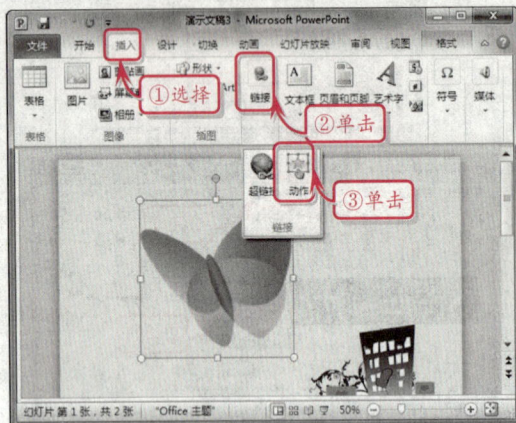

在弹出的【动作设置】对话框中，用户可以设置两种类型的交互动作，包括【单击鼠标】和【鼠标移过】。

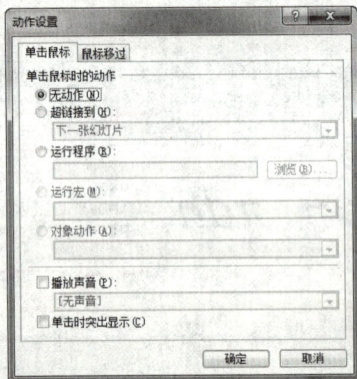

在选择任意一个选项卡之后，即可在该选项卡中设置交互动作的类型，包括如下几类。

● **无动作**

取消所有为显示对象添加的交互动作内容，恢复到显示对象的默认状态。

● **超链接到**

为显示对象添加超链接，将其链接到当前演示文稿的幻灯片、自定义幻灯片播放列表、结束放映、网页 URL 地址、其他 PowerPoint 演示文稿或外部的文档。

● **运行程序**

从演示文稿中执行来自于本地或网络的可执行程序。

● **运行宏**

执行内嵌于演示文稿中的 Office 宏脚本，允许用户以 VBA 脚本编写代码，并在演示文稿中执行。

● **对象动作**

根据插入到演示文稿中的 OLE 对象，执行该对象内嵌的各种动作。

> **提示**
>
> OLE 是一种可用于程序之间共享信息的程序集成技术，其内部可嵌入各种媒体对象。所有的 Office 软件都支持这一技术。

● **播放声音**

控制播放剪贴画声音、本地磁盘和网络中的音频文档，除此之外，还可以停止当前播放的声音。

● **单击/鼠标移过时突出显示**

在鼠标单击或鼠标移过时为显示对象添加虚线的边框，以对其进行凸显。

> **提示**
>
> 【播放声音】和【单击时突出显示】、【鼠标移过时突出显示】这 3 个选项可与其他任意一个选项共存。用户既可以为显示对象设置单击鼠标时的动作，也可以为其设置鼠标移过时的动作，或同时设置这两种动作。

## 14.5  练习：制作数学课件之二

如今随着多媒体技术的发展，多媒体演示技术已应用于社会生活的各个领域，特别是在教育领域中的应用，使传统的教学方式发生了巨大的变化。本例就将使用 PowerPoint 的插入形状功能，完善圆柱体课件。

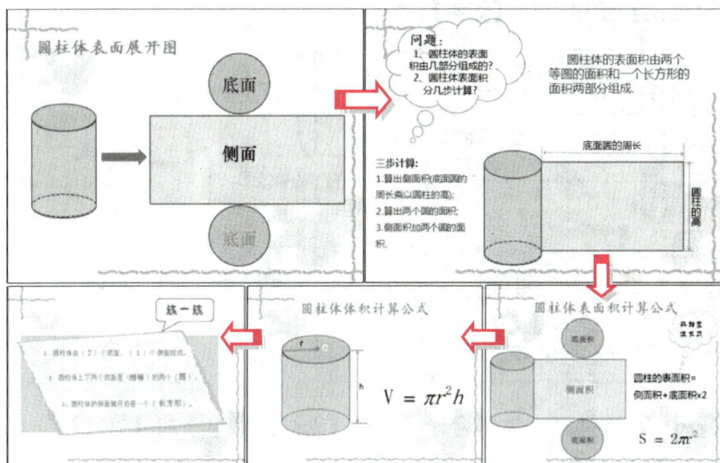

## 操作步骤 >>>>

**STEP|01** 打开"圆柱体的认识.pptx"演示文稿。新建空白幻灯片，设置背景格式与上一幻灯片相同，然后，插入一个"圆柱形"形状，并设置该形状的格式。按照相同的方法，绘制两个相同大小的"椭圆"形状，并设置该形状的格式。

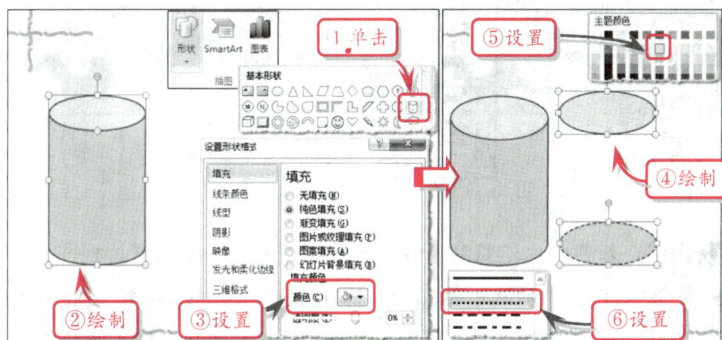

**STEP|02** 将椭圆放置在圆柱形的上下位置，选择这 3 个形状，右击执行【组合】|【组合】命令。然后，依次绘制一个"右箭头"、"椭圆"、"矩形"，并分别设置这 3 种形状的格式。

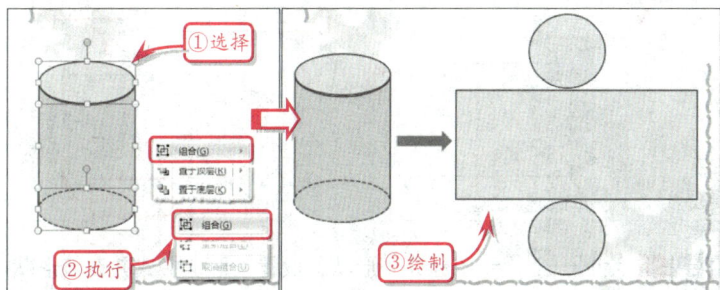

**练习要点**

- 插入对象
- 插入文本框
- 绘制形状
- 设置形状格式
- 插入图片
- 插入动画
- 添加切换动画

**提示**

选择"圆柱体"，右击执行【设置形状格式】命令，在弹出的【设置形状格式】对话框中，设置"圆柱体"纯色填充的颜色为"水绿色，强调文字颜色 5，淡色 40%"。

**提示**

绘制的底面"椭圆"，设置的形状填充与圆柱体的颜色相同；形状轮廓为"方点"虚线。

**提示**

选择"椭圆"，右击执行【设置形状格式】命令，在弹出的【设置形状格式】对话框中，设置"椭圆"纯色填充的颜色为"红色，强调文字颜色 2，淡色 80%"。

**技巧**

单击【形状】下拉按钮，选择"椭圆"形状，在按住 Shift 键的同时，绘制正圆。

**提示**

选择"右箭头"，设置形状填充的颜色为"粉红"；RGB 值为 (252,16,134)；形状轮廓颜色为"无线条"。

**提示**

在【动画窗格】面板中设置形状的【开始】为"上一动画之后"；设置文本框的【开始】为"与上一动画同时"。

**提示**

绘制的直线、双箭头形状，在【形状样式】组中应用的是"细线，强调颜色 1"样式。

**STEP|03** 插入 4 个横排文本框，输入文本，并设置文本格式，将文本框放置在相应的位置。然后，选择"圆柱体表面展开图"文本框，在【动画】组中添加【劈裂】进入动画。

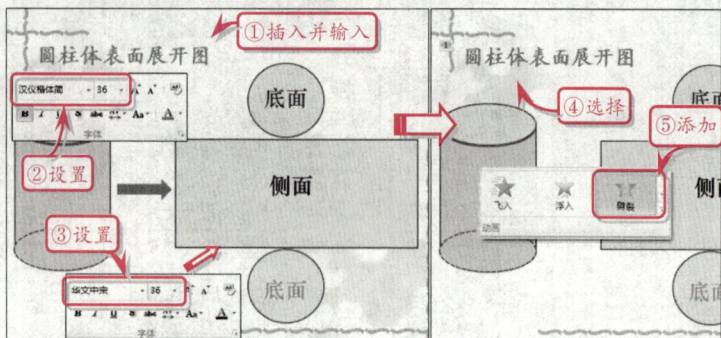

**STEP|04** 选择圆柱体组合形状，在【动画】组中添加【缩放】进入动画，按照相同的方法，为其他形状及文本框添加相应的进入动画。其中，"右箭头"添加的是"淡出"进入动画；"矩形"和"椭圆"添加的是"形状"进入动画；3 个文本框添加的是"飞入"进入动画。

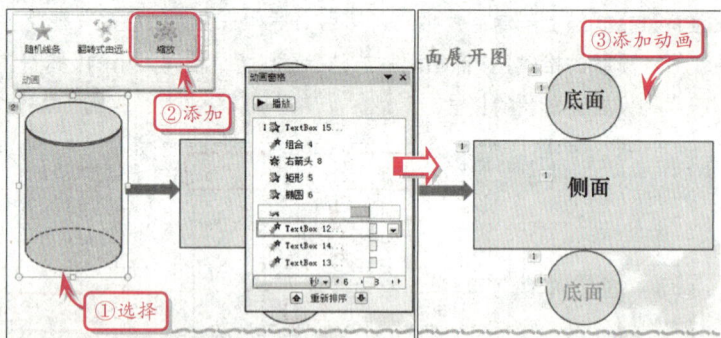

**STEP|05** 新建空白幻灯片，设置背景格式与上一张幻灯片相同。选择上一张幻灯片中的圆柱体和矩形形状复制到该幻灯片中，并调整大小。然后，通过绘制直线、双箭头形状、插入文本框，输入圆柱体的"底面圆的周长"和"圆柱的高"。

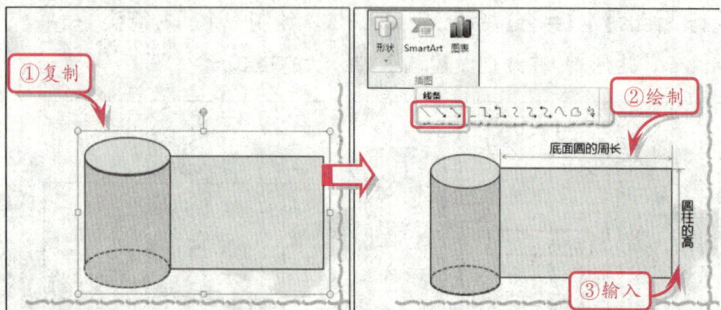

**STEP|06** 绘制一个"云形标注"形状，设置其形状格式并在该形状

中输入文本。然后，插入横排文本框，在文本框中输入文本，并设置文本格式。

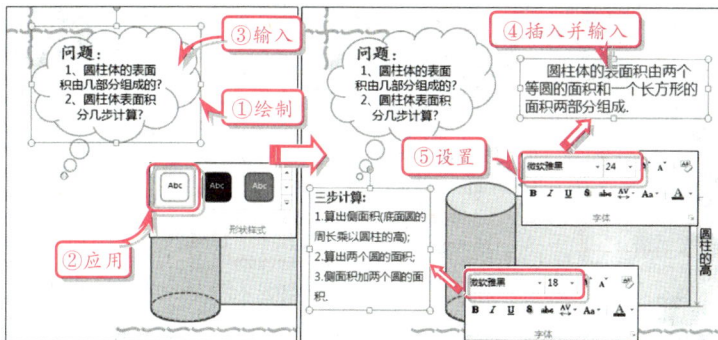

**STEP|07** 选择组合的形状，在【动画】组中添加【擦除】进入动画，标注的文本框添加【淡出】进入动画，并设置【开始】为"上一动画之后"。然后，按照相同的方法，为"云形标注"形状添加【随机线条】进入动画；两个文本框添加相应的【翻转式由远及近】进入动画。

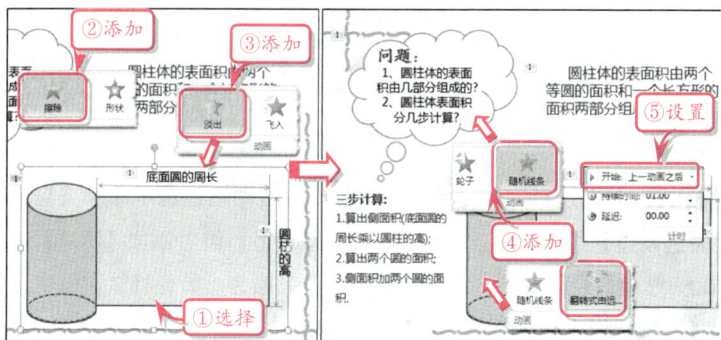

**STEP|08** 复制"圆柱体表面展开图"幻灯片，将其拖入到文稿最后，并修改组合形状及文本框中的内容。然后，绘制一个"云形标注"形状，设置形状样式，并输入文本。

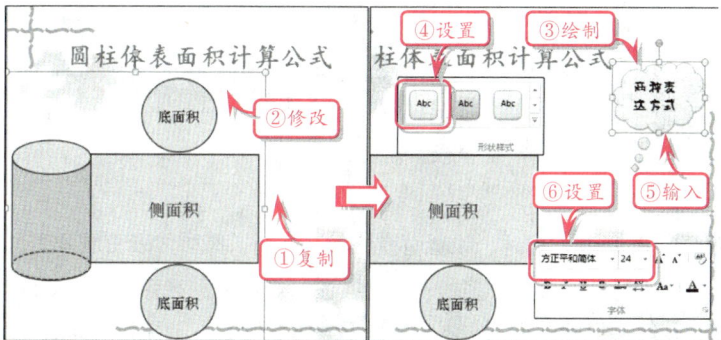

**STEP|09** 插入横排文本框输入文本，并设置文本格式。然后单击【文本】组中的【对象】按钮，在弹出的【插入对象】对话框中选择"Microsoft公式 3.0"项；在弹出的【公式编辑器——公式在圆柱图的认识中】对

---

提示

设置"云形标注"形状中的文本"问题"，字体为"汉仪楷体简"；大小为 28；颜色为"深红"。其他字体为"微软雅黑"；大小为 20；颜色为"黑色，文字 1"。

提示

设置标注的文本框、"云形标注"形状、其他两个文本框的【开始】为"上一动画之后"。

提示

设置的"云形标注"形状，在【形状样式】组中，应用的是"细微效果-橄榄色，强调颜色 3"样式。

提示

在【公式编辑器-公式在圆柱图的认识中】对话框中，键盘输入"S=2"后，单击"希腊字母（小写）"按钮 λωθ，在弹出的菜单中选择"π"符号。

话框中，通过键盘输入及选择相应符号完成公式编辑。

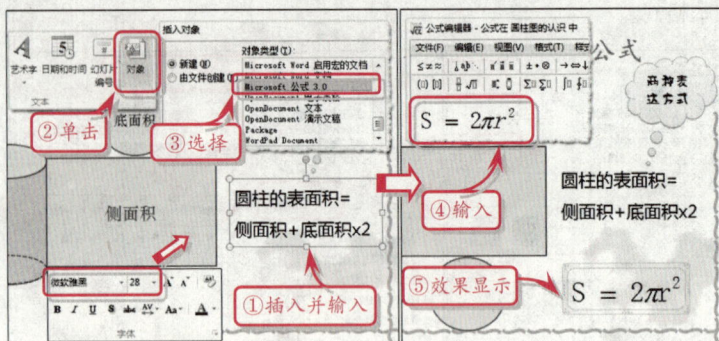

**STEP|10** 选择文本框更改进入动画效果为"浮入"；组合形状进入动
画为"擦除"；【效果选项】为"自顶部"；【开始】为"上一动画之后"。

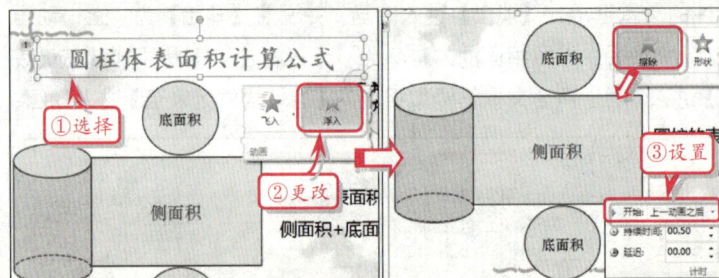

**STEP|11** 分别选择文本框和公式对象，在【动画】组中添加【翻转
式由远及近】进入动画，并分别在【高级动画】组中添加【脉冲】和
【放大/缩小】强调动画。然后按照相同的方法为"云形标注"形状添
加【劈裂】进入动画和【补色】强调动画。

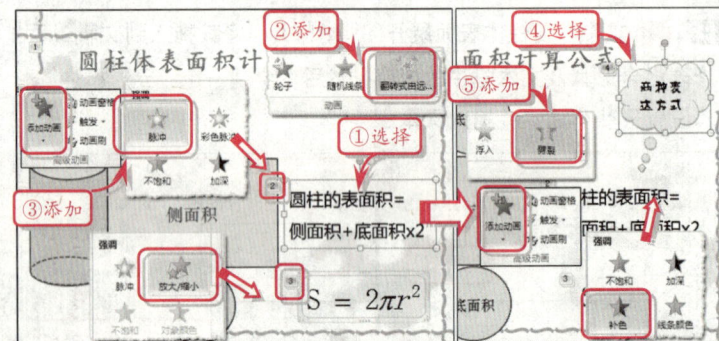

**STEP|12** 新建幻灯片，设置背景格式。复制"圆柱体表面展开图"
幻灯片中的"圆柱体"形状，放置在该幻灯片中，然后，绘制直线、
圆、双箭头形状及输入文本，完成圆柱体的圆心、半径和高标注。

**STEP|13** 插入横排文本框输入文本，并设置文本格式。然后单击【文
本】组中的【对象】按钮，在弹出的【插入对象】对话框中选择"Microsoft
公式 3.0"项；在弹出的【公式编辑器-公式在圆柱体的认识中】对

话框中，通过键盘输入及选择相应符号完成公式编辑。

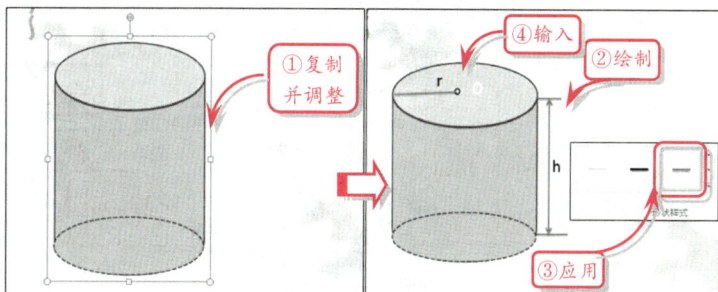

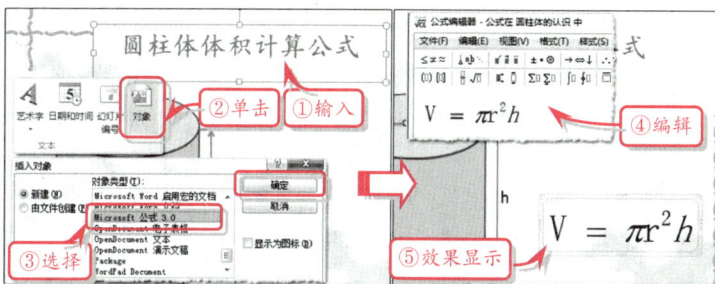

**STEP|14** 选择文本框，在【动画】组中添加【劈裂】进入动画；选择圆柱体组合形状，添加【缩放】进入动画。按照相同的方法，分别为直线、圆、双箭头形状、文本框中的文本、公式对象添加相应的进入动画。

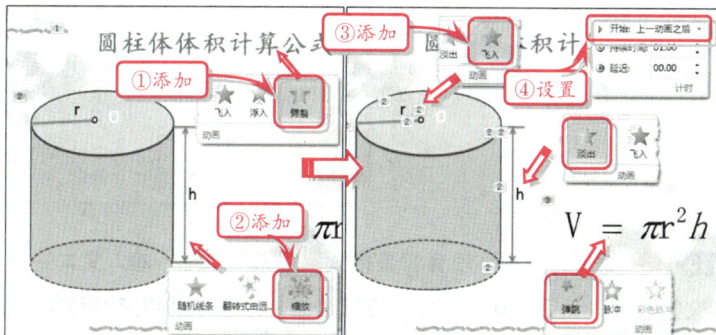

**STEP|15** 新建空白幻灯片，设置背景格式与上一张幻灯片相同。插入图片"图片 4.jpg"，并调整图片大小。然后，在【插图】组中，单击【形状】下拉按钮，在下拉菜单中，单击"圆角矩形标注"按钮，绘制该形状，设置形状格式并在该形状上输入文本。

**STEP|16** 在图片"图片 4.jpg"上，插入 3 个横排文本框，并输入文本，设置文本格式。然后，再插入 5 个横排文本框，输入文本后，将文本框对应地放在每一个小括号内。

### 提示

每个问题的文本颜色为"橄榄色，强调文字颜色3，深色50%"。
括号中插入的文本框中输入的文本颜色为"红色"。

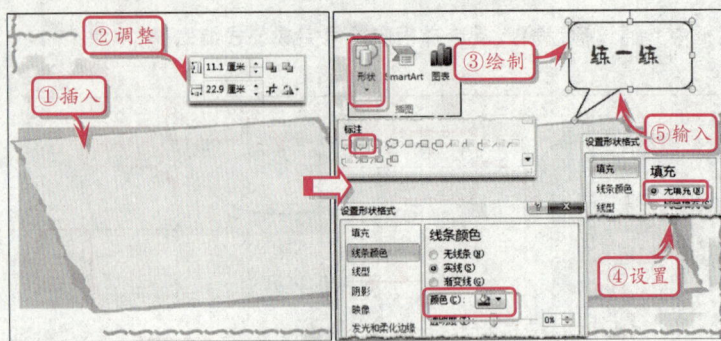

### 提示

编号为1、2、3的进入动画为"随机线条"；编号为4、5的进入动画为"棋盘"；编号为6、7的进入动画为"展开"；编号为8的进入动画为"弹跳"。

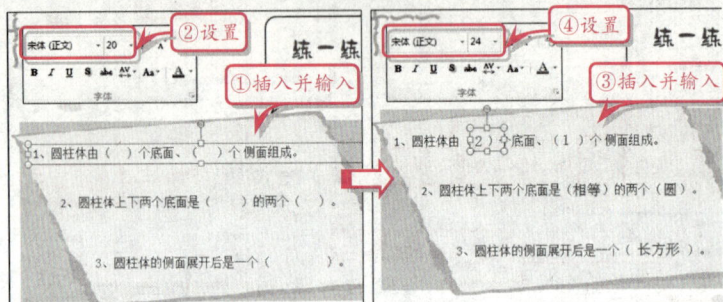

**STEP|17** 选择问题的文本框，在【动画】组中添加【随机线条】进入动画，并设置第2、3题的【开始】为"上一动画之后"。然后，按照相同的方法，分别为每个括号中的文本框添加相应的进入动画。

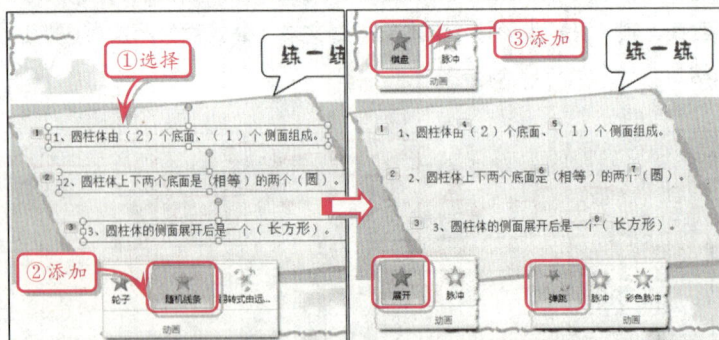

**STEP|18** 新建幻灯片，设置背景格式。插入文本框，输入文本并设置文本格式。然后选择文本框，在【动画】组中添加相应的动画。

### 提示

选择第2个文本框的进入动画，设置【开始】为"上一动画之后"。

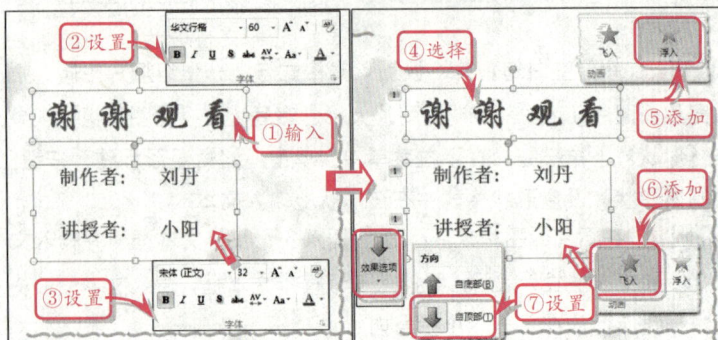

**STEP|19** 打开第一张幻灯片,选择【切换】选项卡,在【切换到此幻灯片】组中,添加【门】切换效果;打开第 2 张幻灯片,添加【时钟】切换效果;打开第 3 张幻灯片,添加【百叶窗】切换效果。按照相同的方法,依次为剩下的幻灯片添加相应的切换动画。

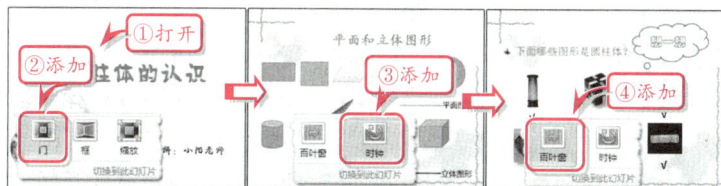

**提示**

从第 4 张幻灯片开始,直到最后一张幻灯片,依次添加的切换动画为"涟漪"、"溶解"、"缩放"、"翻转"、"棋盘"、"时钟"、"闪耀"。

## 14.6 练习:年终工作总结之五

在对**年终**工作总结演示文稿进行美化之后,还可为幻灯片添加多种动画与切换动画,以使呆板的演示文稿变得更加灵活、生动。下面通过为"中联科技发展有限责任公司 2011 年度工作总结"演示文稿添加动画及超链接,来制作交互式幻灯片。

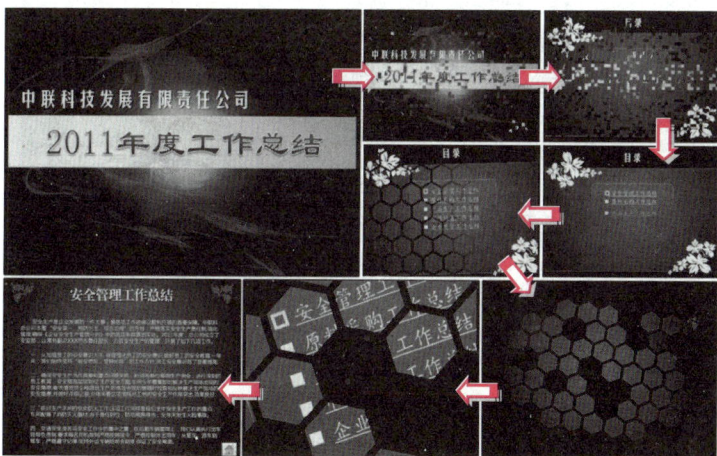

**练习要点**

- 创建超级链接
- 添加动作按钮
- 添加动画
- 添加切换动画

**操作步骤** ▶▶▶▶

**STEP|01** 打开素材"年度工作总结 .pptx"演示文稿。打开第 1 张幻灯片,选择"中联科技发展有限责任公司"占位符,在【动画】组中,添加【棋盘】进入动画;然后选择"2011 年度工作总结"占位符,在【动画】组中,添加【螺旋飞入】进入动画。

**STEP|02** 选择【切换】选项卡,在【切换到此幻灯片】组中,选择【闪光】切换效果即可应用。然后,打开第 2 张幻灯片,选择内容占位符中的第一个目录项目,在【链接】组中,单击【超链接】按钮,在弹出的【插入超链接】对话框中,单击【本文档中的位置】按钮,选择文档中的位置为"3.安全管理工作总结"。

**提示**

在【动画】组中,单击【其他动画】下拉按钮,在下拉菜单中单击【更多进入效果】,即可弹出【更多进入效果】对话框。

单击【高级动画】组中的【动画窗格】按钮，即可弹出【动画窗格】面板，在该面板中选择添加的动画编号为 1 和 2，单击一次【重新排序】左侧的"上箭头"按钮。

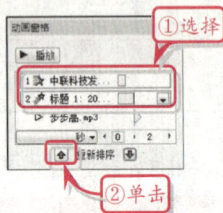

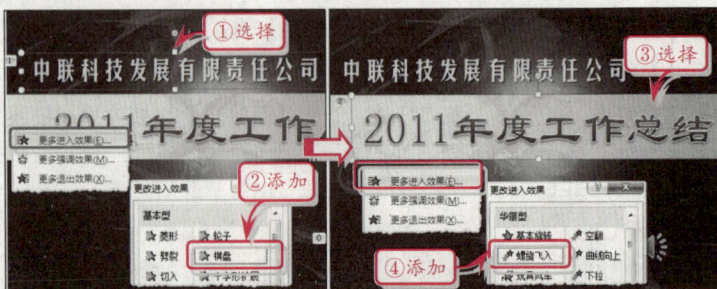

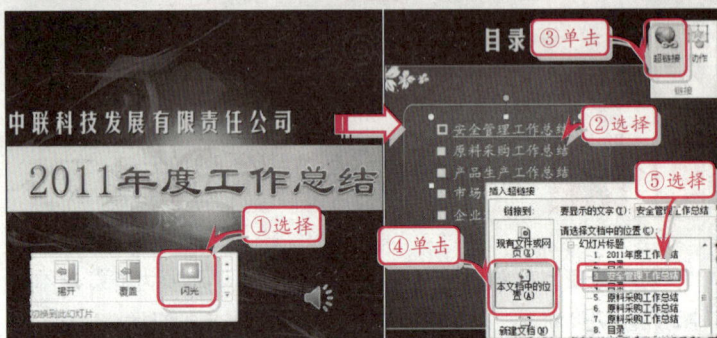

用户可以选择内容占位符中的第一个目录项目，右击执行【超链接】命令，即可弹出【插入超链接】对话框。

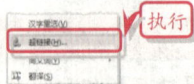

在设置超链接时，"产品生产工作总结"，添加的是"8.目录"；"市场销售工作总结"添加的是"12.目录"；"企业外宣工作总结"添加的是"17.目录"。

**STEP|03** 按照相同的方法，依次为其他目录项目设置超链接。然后选择该占位符，在【动画】组中添加【浮入】进入动画。

**STEP|04** 选择"安全管理工作总结"目录项目，在【高级动画】组中，单击【添加动画】下拉按钮，在下拉菜单中，选择【补色】强调动画并应用。然后，选择【切换】选项卡，在【切换到此幻灯片】组中，单击【溶解】切换效果即可应用。

**STEP|05** 打开第 3 张幻灯片，选择标题占位符，在【动画】组中，添加【百叶窗】进入动画。然后，选择内容占位符，在【动画】组中，添加【缩放】进入动画。

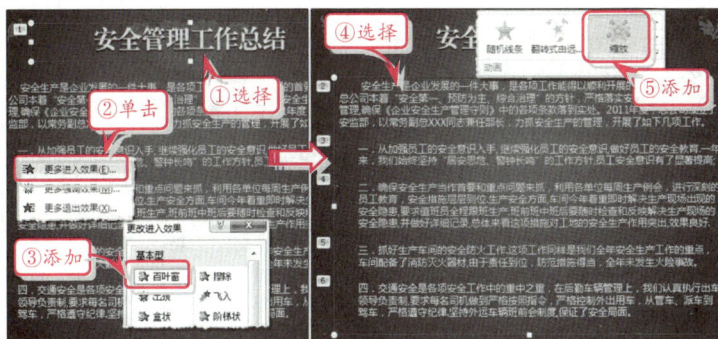

**STEP|06** 单击【形状】下拉按钮，单击【动作按钮：第一张】按钮，并绘制，在弹出的【动作设置】对话框中，在【超链接到】下拉菜单中选择【幻灯片】，将弹出【超链接到幻灯片】对话框，选择"2.目录"，并设置【播放声音】为"疾驰"。然后，设置该动作按钮的形状样式。

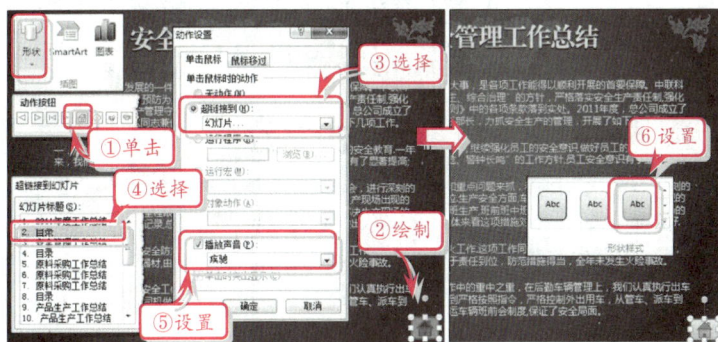

**STEP|07** 选择【切换】选项卡，在【切换到此幻灯片】组中，单击【溶解】切换效果即可应用。然后，设置【声音】为"风铃"。

**STEP|08** 按照相同的方式，依次为其他幻灯片添加相应的进入动画和切换动画。

## 14.7 高手答疑

## Q&A

### 问题 1：如何在编辑公式时缩放视图的比例？

**解答：** 在编辑 PowerPoint 中的公式时，用户可以将视图放大或缩小，以使公式内容更清晰地显示出来。

在【公式编辑器】窗口中，用户可执行【视图】命令，在弹出的菜单中选择"100%"、"200%"和"400%"3 种缩放比例。

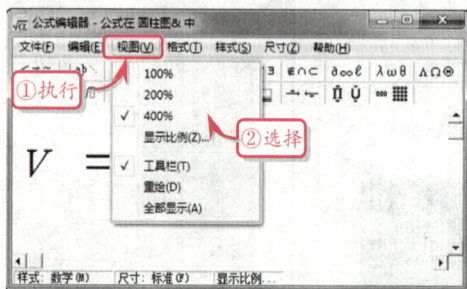

如需要进一步自定义视图的缩放比例，则可执行【视图】|【显示比例】命令，在弹出的【显示比例】对话框中选择 4 种显示比例，或直接输入自定义比例。

用户也可在【公式编辑器】窗口的状态栏中双击【显示比例】栏，同样可打开【显示比例】对话框，进行相同的设置。

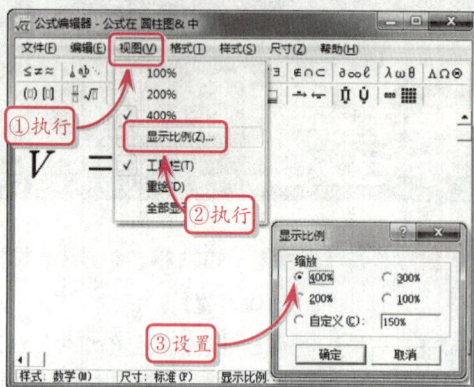

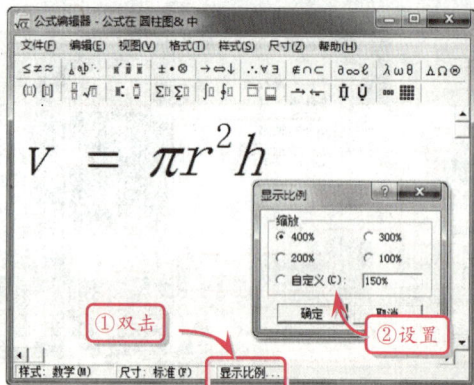

## Q&A

### 问题 2：如何更改公式的尺寸？

**解答：** 在演示文稿中，用户可以通过两种方式设置公式对象的尺寸，即通过鼠标拖动公式和直接设置公式尺寸。

● 拖动公式尺寸

在 PowerPoint 中，用户可直接选中公式对象。此时，公式的周围将显示带有拖动标记的半透明边框。

拖动半透明边框四边的拖动标记，可修改公式对象的高度或宽度。而拖动半透明边框四角的拖动标记，则可同时修改其高度和宽度。

● 直接设置公式尺寸

除了以拖动的方式修改公式对象的尺寸外，用户还可直接选择【格式】选项卡，在【大小】组中单击【大小】按钮，在弹出的菜单中设置公式对象的高度和宽度等属性，将更改的尺寸应用到公式对象上。

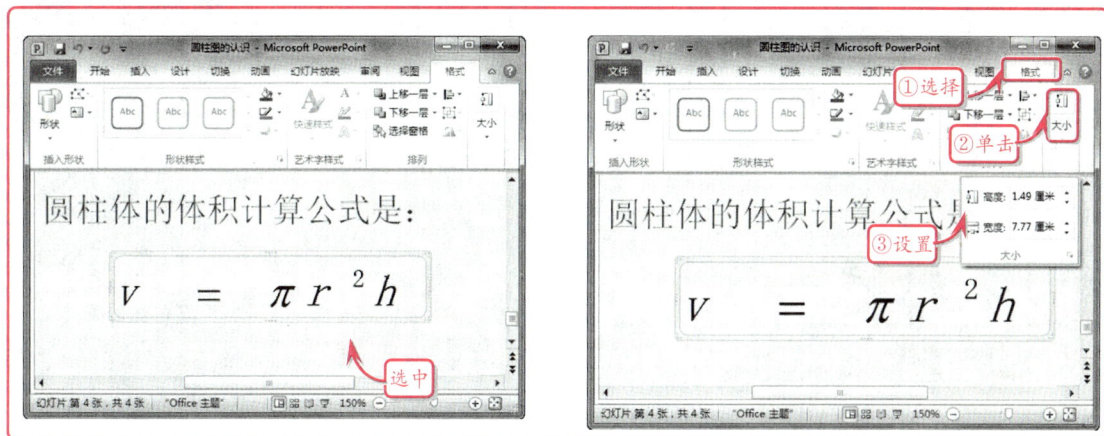

# 第 4 篇

## 演示文稿高级操作

# 输出演示文稿

在制作完成演示文稿后，用户除了可以通过 PowerPoint 软件来对其进行放映以外，还可以将演示文稿制作为多种类型的可执行程序，甚至发布为视频，以满足实际使用的需要。另外，用户也可以将演示文稿打印到实体纸张上，通过传统的机械幻灯机来播放。

## 15.1 打包为 CD 或视频

在 PowerPoint 中，用户可将演示文稿打包制作为 CD 光盘上的引导程序，也可以将其转换为视频。

### 1. 将演示文稿打包成 CD

在使用 PowerPoint 制作完成演示文稿后，用户可将其打包为光盘内容，并将其存放到本地磁盘或光盘中。在 PowerPoint 中选择【文件】选项卡，执行【保存并发送】|【将演示文稿打包成 CD】命令，在窗口右侧单击【打包成 CD】按钮。

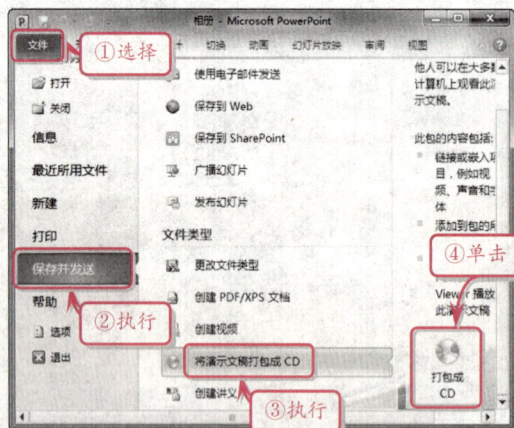

此时，PowerPoint 将自动打开【打包成 CD】对话框。在该对话框中，用户可设置 CD 的标签，并确定需要打包的相册内容和保存 CD 文件的位置。

在【打包成 CD】对话框中，用户可在【将 CD 命名为】栏中输入文件夹的名称或光盘的卷标，然后通过单击【添加】或【删除】按钮编辑内容。

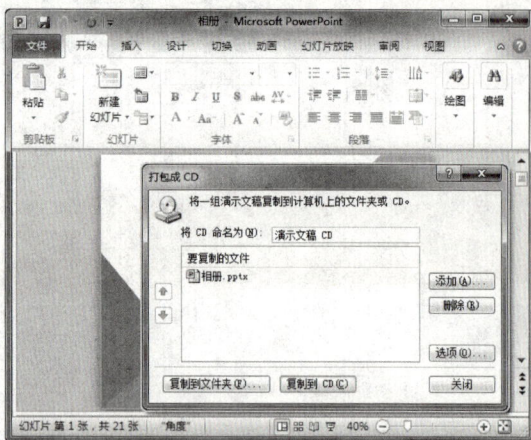

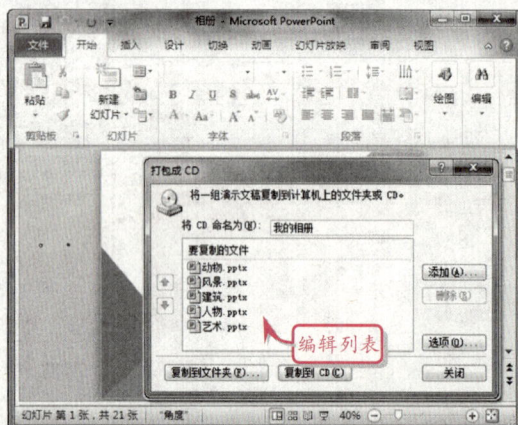

在单击【选项】按钮后，用户可在弹出的【选项】对话框中设置打包的一些属性。

在【选项】对话框中，用户可设置如下的各种属性。

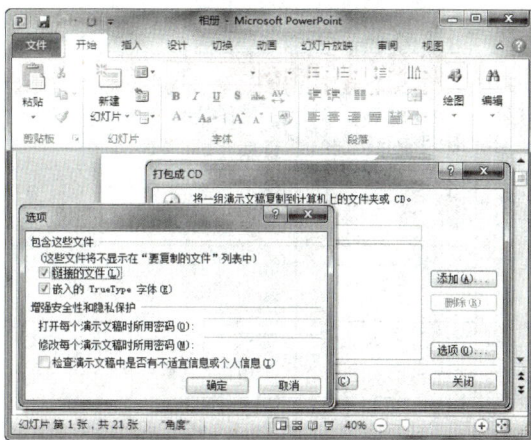

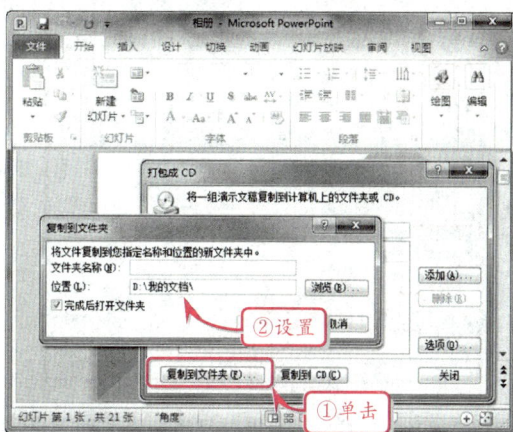

| 属　　　性 | | 作　　　用 |
|---|---|---|
| 包含这些文件 | 链接的文件 | 将相册所链接的文件也打包到光盘中 |
| | 嵌入的 TrueType 字体 | 将相册所使用的 TrueType 字体嵌入到演示文稿中 |
| 增强安全性和隐私保护 | 打开每个演示文稿时所用密码 | 为每个打包的演示文稿设置打开密码 |
| | 修改每个演示文稿时所用密码 | 为每个打包的演示文稿设置修改密码 |
| | 检查演示文稿中是否有不适宜信息或个人信息 | 清除演示文稿中包含的作者和审阅者信息 |

在完成以上选项设置后，用户即可单击【确定】按钮，返回【打包成 CD】对话框，然后单击【复制到文件夹】或【复制到 CD】按钮，将打包后的光盘存放到计算机磁盘或刻录到光盘中。

如单击【复制到文件夹】按钮，则 PowerPoint 将打开【复制到文件夹】对话框，允许用户在该对话框中设置文件夹的名称和存放的位置。启用【完成后打开文件夹】复选框，将在存放完成后直接打开该文件夹。

在单击【复制到 CD】按钮后，PowerPoint 将检查刻录机中的空白 CD。在插入正确的空白 CD 后，即可将打包的文件刻录到 CD 中。

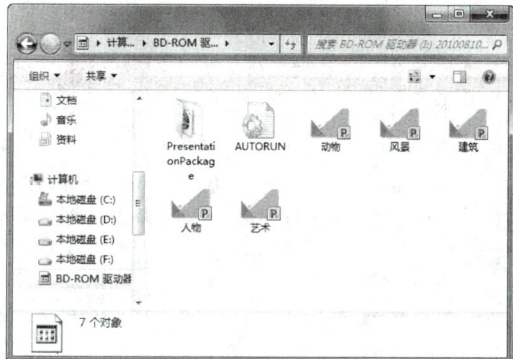

用户可以浏览光盘中的网页，查看打包后光盘自动播放的网页效果。

## 2. 创建视频

PowerPoint 还可以将演示文稿转换为视频内容，以供用户通过视频播放器播放。

在 PowerPoint 中选择【文件】选项卡，执行【保存并发送】|【创建视频】命令，然后，即可在右侧设置创建视频的一些属性。

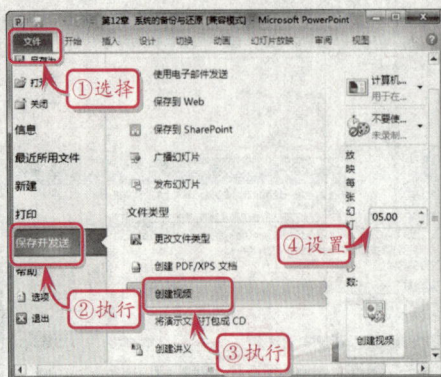

在以上窗口中，允许用户设置多种幻灯片的放映属性，如下。

| 属　　性 | | 作　　用 |
|---|---|---|
| 播放设备 | 计算机和 HD 显示 | 以 960px 720px 的分辨率录制高清晰视频 |
| | Internet 和 DVD | 以 640px 480px 的分辨率录制标准清晰度视频 |
| | 便携式设备 | 以 320px 240px 的分辨率录制压缩分辨率视频 |

续表

| 属　　性 | | 作　　用 |
|---|---|---|
| 计时旁白设置 | 不要使用录制的计时和旁白 | 直接根据设置的秒数录制视频 |
| | 使用录制的计时和旁白 | 使用预先录制的计时、旁白和绘制注释录制视频 |
| | 录制计时和旁白 | 制作计时、旁白和绘制注释 |
| | 预览计时和旁白 | 预览已制作的计时、旁白和绘制注释 |
| 放映每张幻灯片的秒数 | | 设置幻灯片切换的间隔时间，单位为秒 |

在设置放映属性后，即可单击【创建视频】按钮，在弹出的【另存为】对话框中设置保存视频的位置，此时，PowerPoint 自动将演示文稿转换为 Windows Media Video 格式的视频。

## 15.2　创建 PDF/XPS 文档与讲义

使用 PowerPoint，用户可以将演示文稿转换为可移植文档格式，也可以将其内容粘贴到 Word 文档中，制作演讲讲义。

### 1. 创建 PDF/XPS 文档

在 PowerPoint 中，选择【文件】选项卡，执行【保存并发送】|【创建 PDF/XPS 文档】命令，然后，即可在右侧单击【创建 PDF/XPS】按钮。

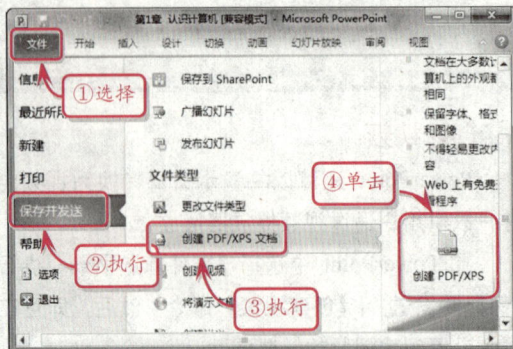

在弹出的【发布为 PDF 或 XPS】对话框中，用户可设置保存文档的路径，同时单击【选项】按钮。

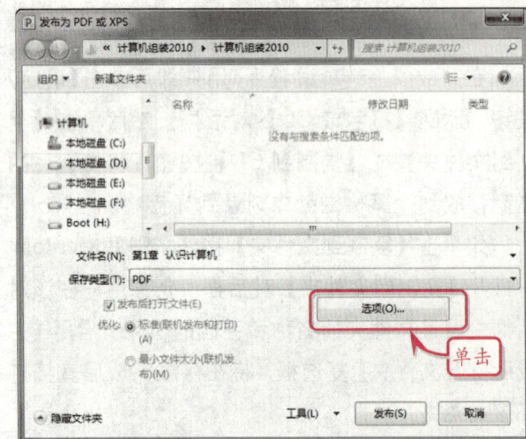

在单击【选项】按钮后，将弹出【选项】对话框，允许用户在其中设置进阶的 PDF 转换属性。

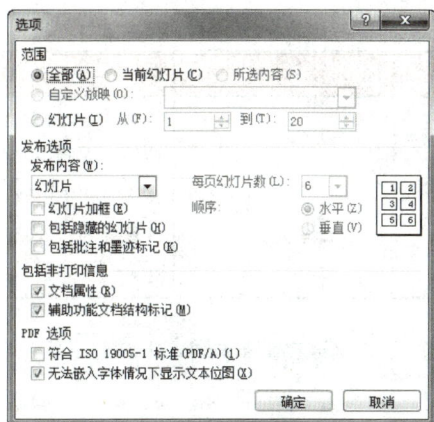

其中各进阶属性及作用如下。

| 属 性 | | | 作 用 |
|---|---|---|---|
| 范围 | 全部 | | 转换全部幻灯片 |
| | 当前幻灯片 | | 转换当前显示的某幅幻灯片 |
| | 所选内容 | | 转换选择的幻灯片 |
| | 自定义放映 | | 转换自定义放映列表内的幻灯片 |
| | 幻灯片 | | 转换幻灯片序列 |
| 发布选项 | 发布内容 | 幻灯片 | 发布幻灯片内容 |
| | | 讲义 | 发布讲义母版内容 |
| | | 备注页 | 发布结合幻灯片的备注内容 |
| | | 大纲视图 | 发布幻灯片的大纲 |
| | 每页幻灯片数 | | 发布内容为讲义时,设置每页显示的幻灯片数量 |
| | 顺序 | | 设置讲义母版中幻灯片的水平或垂直顺序 |
| | 幻灯片加框 | | 为幻灯片添加边框 |
| | 包括隐藏的幻灯片 | | 发布的幻灯片内容中包含隐藏的幻灯片 |
| | 包括批注和墨迹标记 | | 发布的内容包括批注以及墨迹标记 |
| 包括非打印信息 | 文档属性 | | 转换的幻灯片中包含作者信息 |
| | 辅助功能文档结构标记 | | 转换的幻灯片中包含辅助功能的文档结构标记信息 |
| PDF选项 | 符 合 ISO 19005-1 标准 (PDF/A) | | 转换为 ISO 19005 1 标准格式的 PDF |
| | 无法嵌入字体情况下显示文本位图 | | 在无法嵌入字体的情况下,将文本内容转换为位图 |

在设置完成进阶属性后,用户即可单击【确定】按钮,返回【发布为 PDF 或 XPS】对话框,设置优化的属性,并单击【发布】按钮,将演示文稿发布为 PDF 文档或 XPS 文档。

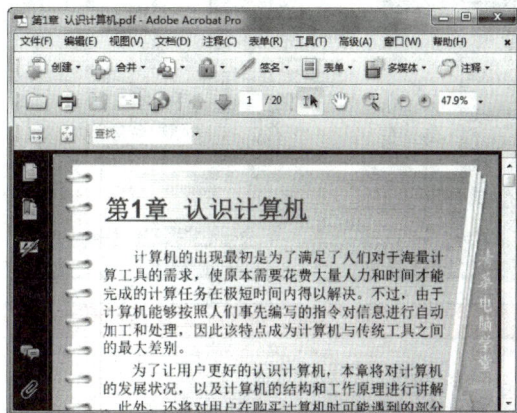

### 2. 创建讲义

讲义是辅助演讲者进行讲演、提示演讲内容的文稿。使用 PowerPoint,用户可以将演示文稿中的幻灯片粘贴到 Word 文档中。

在 PowerPoint 中选择【文件】选项卡,执行【保存并发送】|【创建讲义】命令,即可单击右侧的【创建讲义】按钮。

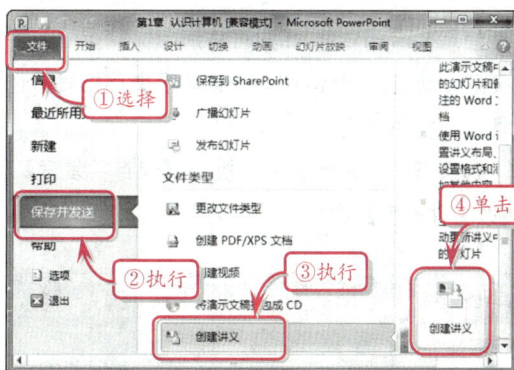

在弹出的【发送到 Microsoft Word】对话框中,用户可设置讲义的版式和粘贴的方式。

在【发送到 Microsoft Word】对话框中,提供了以下几种属性设置。

然后,即可查看转换的 Word 文档,阅读讲义内容。

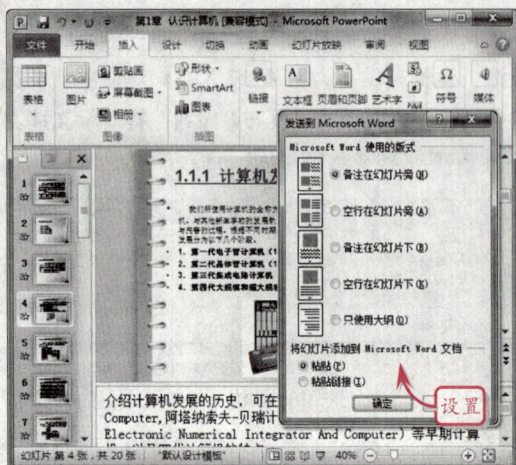

续表

| 属 性 | | 作 用 |
| --- | --- | --- |
| 将幻灯片添加到 Microsoft Word 文档 | 粘贴 | 将幻灯片内容全部粘贴到 Word 文档中 |
| | 粘贴链接 | 只为 Word 文档粘贴链接地址,不粘贴幻灯片 |

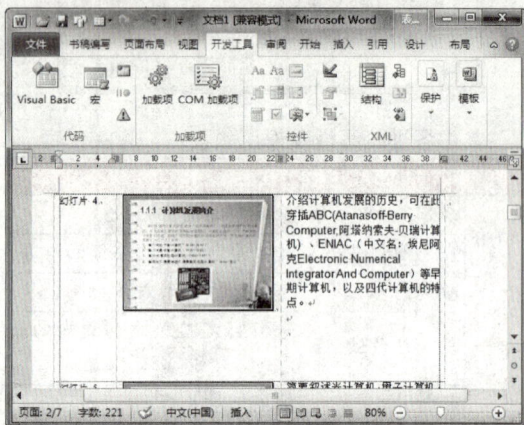

| 属 性 | | 作 用 |
| --- | --- | --- |
| Microsoft Word 使用的版式 | 备注在幻灯片旁 | 在幻灯片旁显示备注 |
| | 空行在幻灯片旁 | 在幻灯片旁留空 |
| | 备注在幻灯片下 | 在幻灯片下方显示备注 |
| | 空行在幻灯片下 | 在幻灯片下方留空 |
| | 只使用大纲 | 只为讲义添加大纲 |

## 15.3 更改文件类型

使用 PowerPoint,用户可将演示文稿存储为多种类型,既包括 PowerPoint 的演示文稿格式,也包括其他各种格式。

选择【文件】选项卡,执行【保存并发送】|【更改文件类型】命令。

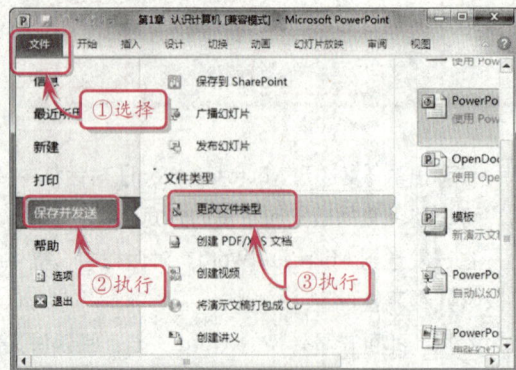

在右侧更新的窗口中,用户即可选择转换的文稿类型,并单击【另存为】按钮,进行更改。

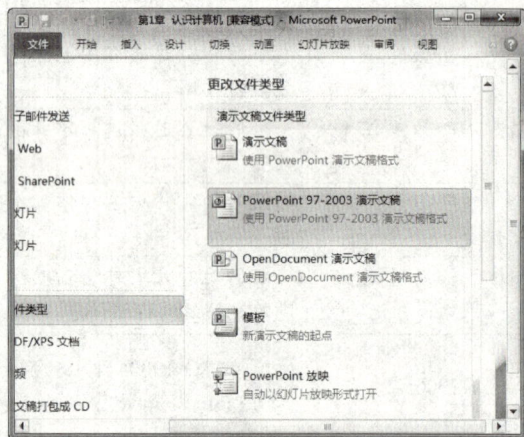

PowerPoint 可将演示文稿转换为如下几种格式。

| 文件类型 | 作　　用 |
|---|---|
| 演示文稿 | PowerPoint 2007～PowerPoint 2010 专用格式的演示文稿，扩展名为 pptx |
| PowerPoint 97-2003 演示文稿 | PowerPoint 97～PowerPoint 2003 专用格式的演示文稿，扩展名为 ppt |
| OpenDocument 演示文稿 | OpenOffice 演示程序的演示文稿格式，扩展名为 odp |
| 模板 | PowerPoint 2007～PowerPoint 2010 专用格式的演示文稿模板，扩展名为 potx |
| PowerPoint 放映 | PowerPoint 2007～PowerPoint 2010 专用格式的放映文稿，扩展名为 ppsx |
| PowerPoint 图片演示文稿 | 将所有演示文稿中的幻灯片转换为图片，然后另外保存的演示文稿 |
| PNG 可移植网络图形格式 | 将所有演示文稿中的幻灯片转换为 PNG 图片并保存 |
| JPEG 文件交换格式 | 将所有演示文稿中的幻灯片转换为 JPEG 图片并保存 |

# PowerPoint 15.4 使用电子邮件发送

PowerPoint 可以与微软 Microsoft Outlook 软件结合，通过电子邮件发送演示文稿。

在 PowerPoint 中，选择【文件】选项卡，然后执行【保存并发送】|【使用电子邮件发送】命令。

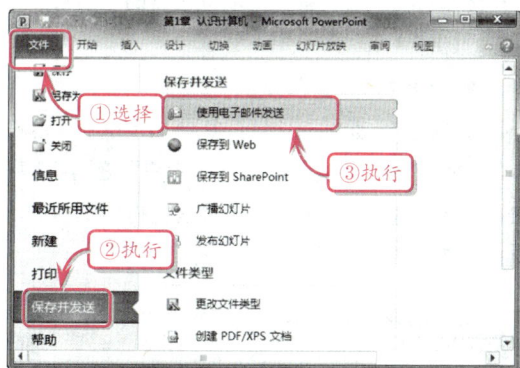

然后，即可在更新的选项卡右侧选择发送的邮件附件格式，主要包括以下 5 种。

## 1. 作为附件发送

选中该选项，PowerPoint 会直接打开 Microsoft Outlook 窗口，将完成的演示文稿直接作为电子邮件的附件进行发送。

在该窗口中，用户可输入收件人、抄送等属性，并输入电子邮件的正文。单击【发送】按钮，即可将电子邮件发送到指定的收件人邮箱中。

## 2. 发送链接

如用户将演示文稿上传至微软的 MSN Live 共享空间，则可通过【发送链接】按钮，将演示文稿的网页 URL 地址发送到其他用户的电子邮箱中。

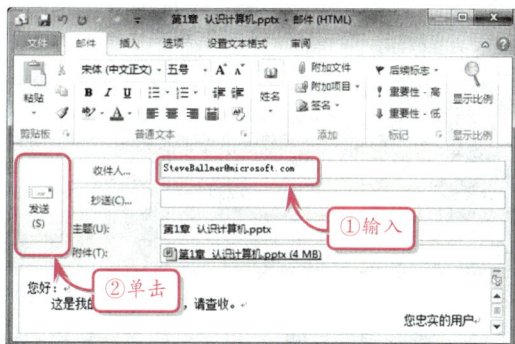

## 3. 以 PDF 形式发送

选中该选项，则 PowerPoint 将把演示文稿转换为 PDF 文档，并通过 Microsoft Outlook 发送到收件人的电子邮箱中。

## 4. 以 XPS 形式发送

选中该选项，则 PowerPoint 将把演示文稿转换为 XPS 文档，并通过 Microsoft Outlook 发送到收件人的电子邮箱中。

## 5. 以 Internet 传真形式发送

选中该选项，用户可在网页中传真服务的提供商处注册，通过网络向收件人的传真机发送传真，传送演示文稿的内容。

## 15.5 打印演示文稿

使用 PowerPoint，用户还可以设置打印预览以及各种相关的打印属性，以将演示文稿的内容打印到实体纸张上。

### 1．预览打印结果

在 PowerPoint 中选择【文件】选项卡，然后即可执行【打印】命令，切换到【打印】选项卡。

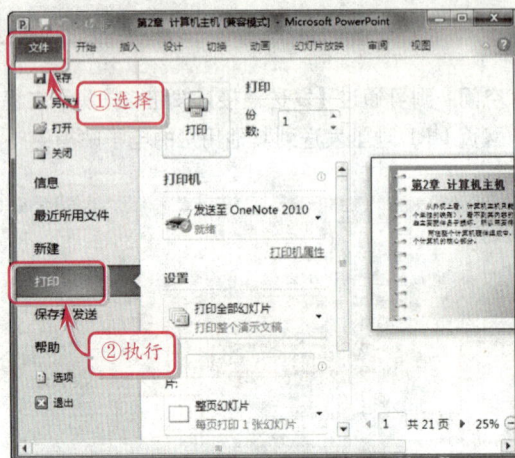

在该选项卡的右侧，提供了打印演示文稿的预览窗格。在该窗格中，用户可预览演示文稿中所有的幻灯片。

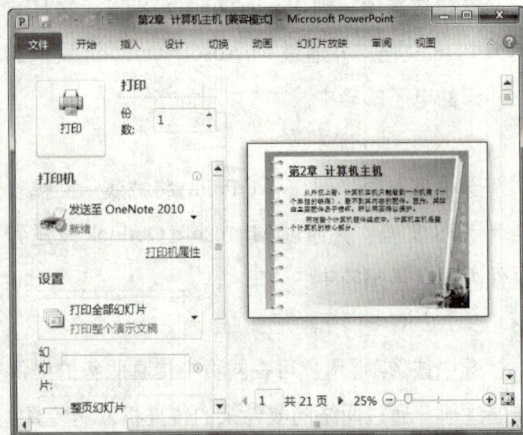

在预览幻灯片时，用户可在预览窗格下方设置预览的幻灯片页码，同时，还可单击百分比数值，

或拖动其右侧的滑块，改变预览窗格中内容的缩放比率。

> **提示**
>
> 拖动窗格右侧的滚动条，也可更改预览的幻灯片号码，查看其他相关的幻灯片。

### 2．设置打印

在预览确认打印结果之后，用户即可在左侧的打印窗格中设置打印的各种属性，并单击【打印】按钮进行打印。

● 设置打印份数

如需要将演示文稿打印多份，则用户可在【打印】按钮右侧的【份数】栏中输入打印的数量，再进行打印。

● 选择打印机

如本地计算机安装了多台打印机，则在 PowerPoint 中打印演示文稿时，用户可在【打印】按钮下方的【打印机】菜单中对这些打印机中做出选择，选择正确的打印机进行打印。

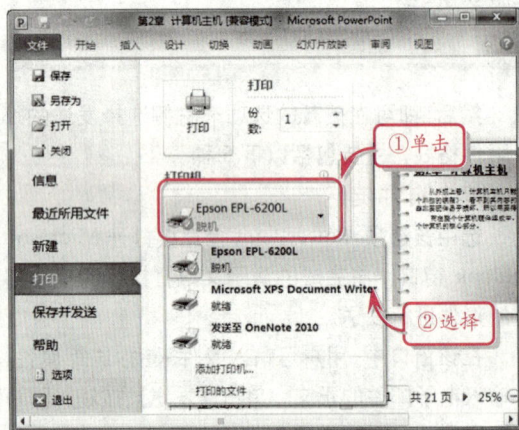

除此之外，用户还可执行【添加打印机】命令，为本地计算机添加一台新的打印机，再进行打印操作。

PowerPoint

## 15.6 练习：广西桂林风光介绍之三

桂林不仅是一个风景秀丽的城市，而且是一个多民族的城市，主要有壮、苗、侗、瑶等 20 多个少数民族，并保持着各自的民族风情、特有文化和丰富资源。下面将利用 PowerPoint 为桂林的主要饮食文化、丰富特产等制作展示幻灯片。

**练习要点**

- 插入图片
- 设置图片格式
- 设置动画
- 设置切换动画
- 设置页眉页脚

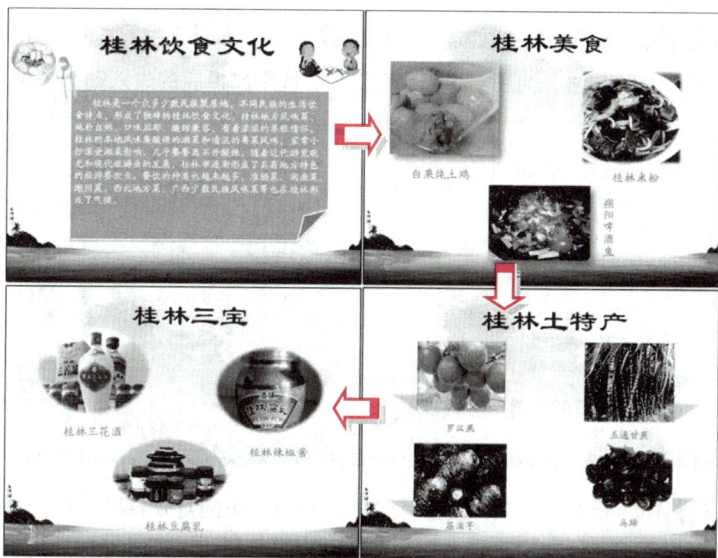

**提示**

单击【打印】按钮，设置打印选项。

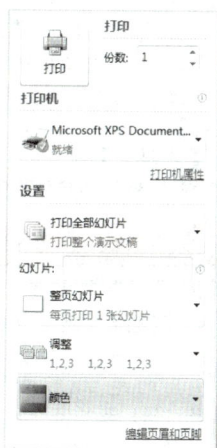

### 操作步骤 ▶▶▶▶

**STEP|01** 打开"广西桂林风光介绍.pptx"演示文稿。新建幻灯片，并设置背景格式。在标题占位符中输入文本"桂林饮食文化"，并设置文本格式。然后，在内容占位符中输入文本，并设置文本格式及段落格式。

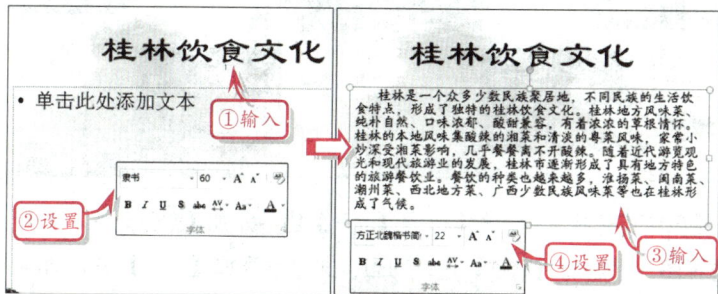

**提示**

设置"桂林饮食文化"幻灯片中的内容占位符的字体为"方正北魏楷书简体"；大小为 22；段落的【特殊格式】为"首行缩进"。

**STEP|02** 选择文本框，在【插入形状】组中，单击【编辑形状】下拉按钮，在【更改形状】级联菜单中选择"折角形"形状，并在【形状样式】组中应用"浅色 1-轮廓，彩色填充-水绿色，强调颜色 5"样式。然后，插入图片放在"折角形"形状的左右顶部两侧。

## 提示

选择"折角形"形状，右击执行【设置形状格式】命令，在弹出的对话框中选择【文本框】选项卡。在【内部边距】项中设置【左边距】为"0.4 厘米"；【上边距】为"0.5 厘米"。

## 提示

编号为 2 的进入动画为【随机线条】；编号为 3 的进入动画为【翻转式由远及近】；编号为 4 的进入动画分别为【翻转式由远及近】和【挥鞭式】(其中文本框的进入动画为【翻转式由远及近】，文本的进入动画为【挥鞭式】)。

## 提示

其中，"白果炖土鸡"图片和"朔阳啤酒鱼"图片，在【图片样式】组中应用的是"矩形投影"样式；"桂林米粉"图片应用的是"柔化边缘矩形"样式。

## 提示

设置"桂林米粉"、"朔阳啤酒鱼"图片添加【缩放】进入动画；设置"桂林米粉"、"朔阳啤酒鱼"文本框添加【飞入】进入动画，其中"朔阳啤酒鱼"文本框的【效果选项】为"自右侧"；其他文本框的【效果选项】为默认。

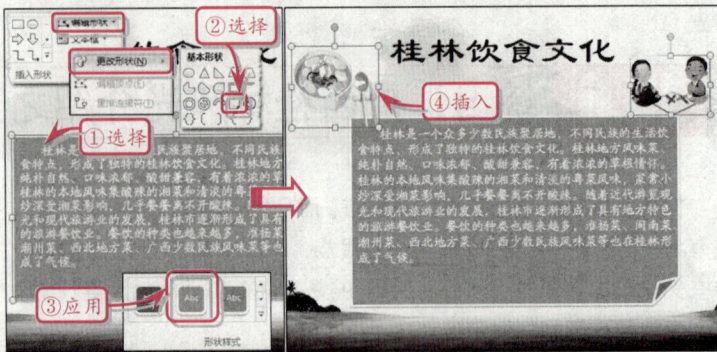

**STEP|03** 选择标题占位符，在【动画】组中添加【下拉】进入动画。按照相同的方法，为图片、"折角形"形状添加相应的进入动画。

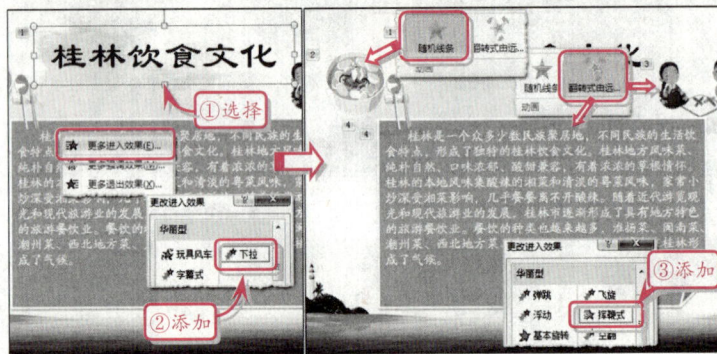

**STEP|04** 新建幻灯片，设置背景格式与上一张幻灯片相同。在标题占位符中输入文本"桂林美食"，并设置文本格式与上一张相同。然后通过输入文本，插入图片，并设置图片格式，创建"桂林美食"板块。

**STEP|05** 选择标题占位符，在【动画】组中添加【空翻】进入动画，选择图片，添加【缩放】进入动画，文本框添加【飞入】进入动画，并设置文本框动画【开始】为"上一动画之后"，按照相同的方法依次类推。

**STEP|06** 新建幻灯片，设置背景格式与上一张幻灯片相同。在标题占位符中输入文本"桂林土特产"，并设置文本格式与上一张相同。

然后通过输入文本，插入图片，并设置图片格式，创建"桂林土特产"
板块。

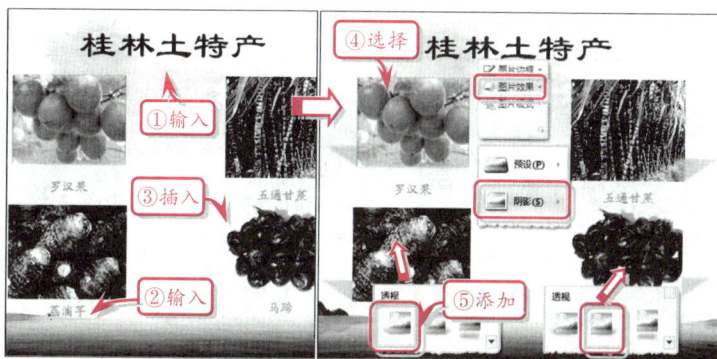

**STEP|07** 选择标题占位符，在【动画】组中添加【浮入】进入动画，
选择图片和文本框，添加【轮子】进入动画，并设置文本框动画【开
始】为"上一动画之后"，按照相同的方法依次为图片和文本框添加
相应动画。

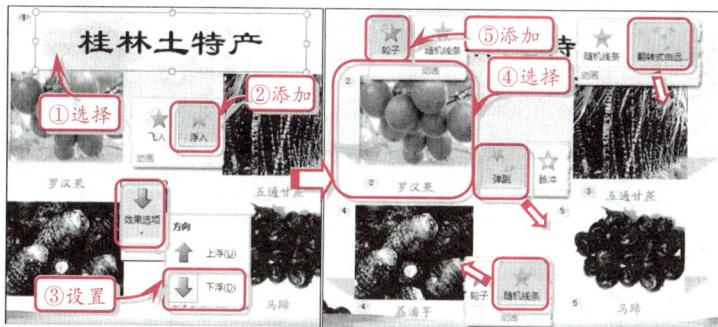

**STEP|08** 新建幻灯片，设置背景格式与上一张幻灯片相同。在标题
占位符中输入文本"桂林三宝"，并设置文本格式与上一张相同。然
后通过输入文本，插入图片，设置图片格式，创建"桂林三宝"板块，
并选择标题占位符，添加【缩放】进入动画。

**STEP|09** 选择"桂林三花酒"图片和文本框，在【动画】组中添加【淡出】进入动画；并在【高级动画】组中添加【圆形扩展】动作路径动画；设置【开始】为"上一动画之后"。然后，按照相同的方法分别为其他图片添加相应的动画。

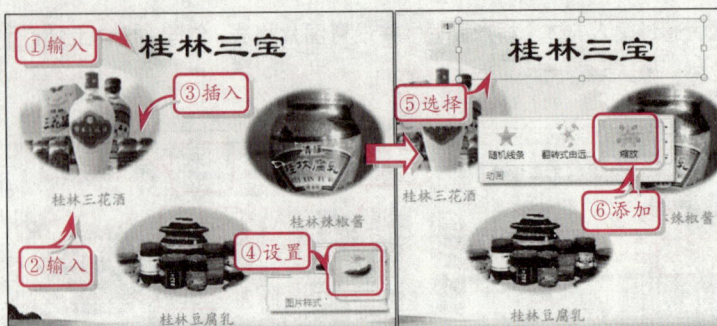

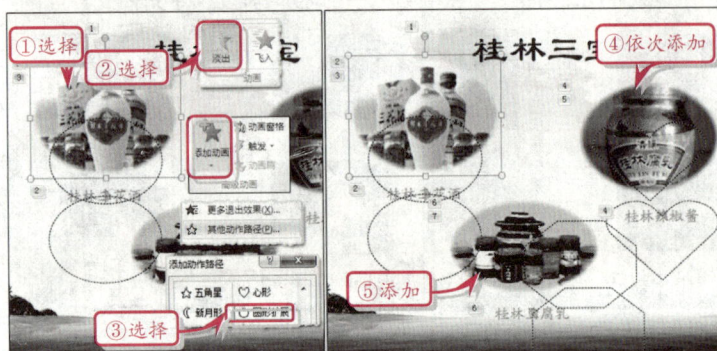

**STEP|10** 打开第 1 张幻灯片，在【切换】选项卡中的【切换到此幻灯片】组中添加【蜂巢】切换动画；第 2 张幻灯片添加【涟漪】切换动画；第 3 张添加【涡流】切换动画；按照相同的方法依次类推。

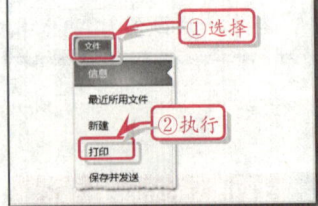

## 15.7 练习：打包演示文稿

在制作完成演示文稿后，需要将该演示文稿打包成 CD 或视频，用户可以浏览光盘中的网页，查看打包后光盘自动播放的网页效果。下面将学习如何输出演示文稿。

**操作步骤** ▶▶▶▶

**STEP|01** 启用 PowerPoint 组件。选择【文件】选项卡，执行【保存

并发送】|【将演示文稿打包成 CD】命令，在窗口右侧单击【打包成
CD】按钮，将弹出【打包成 CD】对话框。

**提示**

选择【打包成 CD】对话框中的"演示文稿1.pptx"，单击【删除】按钮。

**提示**

用户可以选择要复制的文件，单击"向上移"或"向下移"按钮，进行排序。

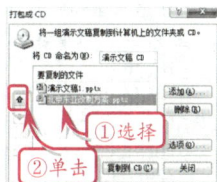

**STEP|02** 在【打包成 CD】对话框中，在【将 CD 命名为】栏中输入文件夹的名称为"打包输出"，并单击【添加】按钮，选择要复制的文件。然后，单击【复制到文本夹】按钮，在弹出的对话框中单击【浏览】按钮，选择位置。

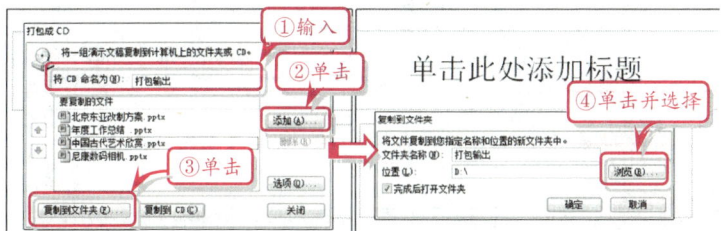

**STEP|03** 单击【确定】按钮后，将弹出提示信息"正在将文件复制到文件夹中"。复制完成后，单击【打包成 CD】对话框中的【关闭】按钮，在 D 盘中将会自动生成一个名为"打包输出"的文件夹。

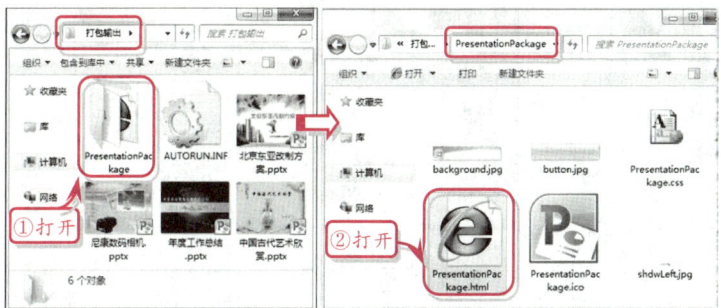

**提示**

打开名为"打包输出"的文件夹，可以看到这 6 个对象，打开其中名为 PresentationPackage 的文件夹，在该文件夹中有一个 Presentation Package.html 网页，用户可以浏览该网页，查看打包后光盘自动播放的网页效果。

## 15.8 高手答疑

### Q&A

**问题1：用其他方式可将演示文稿转换为 PDF 文档吗？**

**解答：** 如用户安装了 Adobe Acrobat Professional 软件，则不仅可通过 Microsoft PowerPoint 将演示文稿转换为 PDF 文档，还可以直接通过 Acrobat 的虚拟打印机，将演示文稿输出为 PDF 文档。

在 PowerPoint 2010 中选择【文件】选项卡，并执行【打印】命令，然后即可在【打印】窗格中设置【打印机】为 Adobe PDF，并单击下方的【打印机属性】链接文本。

在弹出的【Adobe PDF 文档 属性】对话框中，用户可对转换 PDF 的各种属性进行设置，然后即可单击【确定】按钮，返回 PowerPoint 中开始打印。

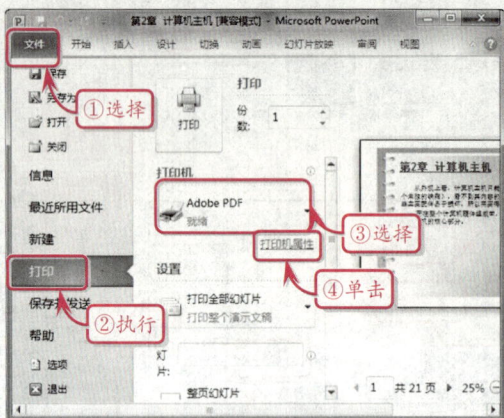

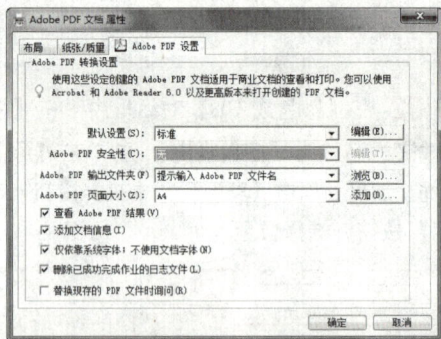

### Q&A

**问题2：如何选择打印演示文稿中幻灯片的范围？**

**解答：** 在 PowerPoint 中，允许用户选择幻灯片的范围，只打印某一些幻灯片。选择【文件】选项卡，执行【打印】命令，然后，即可在【打印】选项卡中单击【设置】栏下方的【打印全部幻灯片】按钮。

在弹出的【幻灯片】菜单中，提供了5种选项，如下。

● 打印全部幻灯片

将打印演示文稿中除隐藏幻灯片外的所有幻灯片。

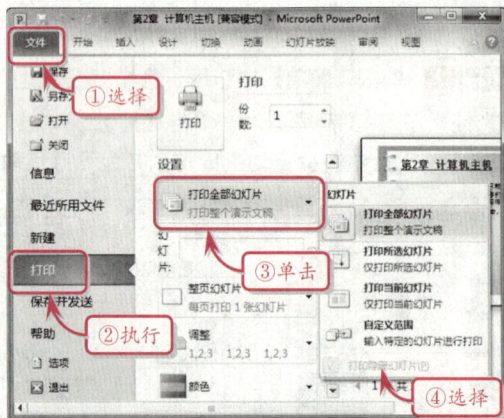

● 打印所选幻灯片

将打印用户在 PowerPoint 中选择的所有

幻灯片。

● 打印当前幻灯片

将打印当前用户在 PowerPoint 中显示的幻灯片。

● 自定义范围

在下方的【幻灯片】栏中输入打印的幻灯片序号，即可打印这些幻灯片。

● 打印隐藏幻灯片

连隐藏幻灯片一起打印，仅当演示文稿中包含隐藏幻灯片时可用。

选择【自定义范围】选项，然后即可在其下方的【幻灯片】输入文本域中输入幻灯片的编号范围。

# Q&A

**问题 3：如何在一张纸张上打印多张幻灯片？**

**解答：** 在默认状态下，PowerPoint 将为每一页纸张打印一幅幻灯片。

如用户需要在同一张纸张上打印多幅幻灯片，则可在【幻灯片】选项下方单击【整页幻灯片】按钮，在弹出的菜单中选择打印幻灯片所使用的版式。

在选择版式之后，即可在右侧的预览窗格中查看版式的打印效果。

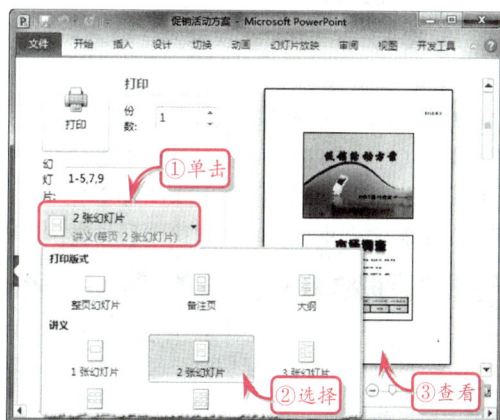

# Q&A

**问题 4：如何更改打印时的纸张方向？**

**解答：** 在 PowerPoint 中，允许用户用两种方向来打印文稿，即横向和纵向。其中，纵向为打印的默认值。

如需要改变纸张为横向，可直接单击【纵向】按钮，在弹出的菜单中选择横向即可。

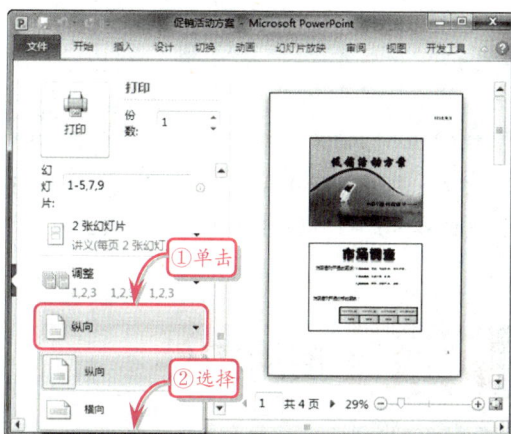

# 16

# PowerPoint 进阶应用

在之前的章节中，介绍了 PowerPoint 软件的各种基本操作。PowerPoint 除了制作各种演示文稿外，还可以与 Office 系列软件中的控件、VBA 脚本结合，制作出内容更丰富、交互性更强的多媒体应用程序。

## 16.1 启用开发工具

在默认状态下，PowerPoint 隐藏了【开发工具】选项卡，只提供最基本的演示文稿制作工具。如用户需要结合脚本和控件制作复杂的多媒体应用程序，可设置【开发工具】选项卡为显示，以辅助程序的设计。

在 PowerPoint 中选择【文件】选项卡，执行【选项】命令，在弹出的【PowerPoint 选项】对话框中，用户可在右侧的【自定义功能区】栏中启用【开发工具】复选框，并单击【确定】按钮。

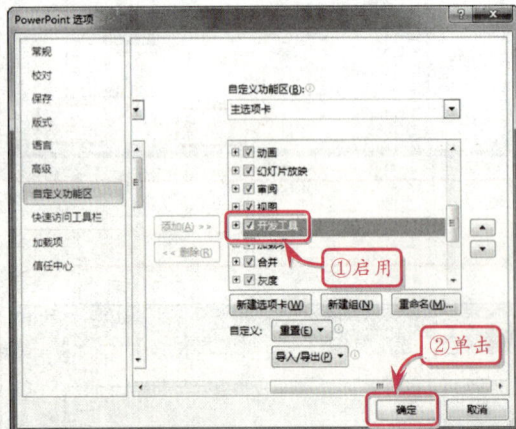

然后，即可返回 PowerPoint 窗口，此时，在【工具选项卡】栏中就会显示出【开发工具】选项卡。

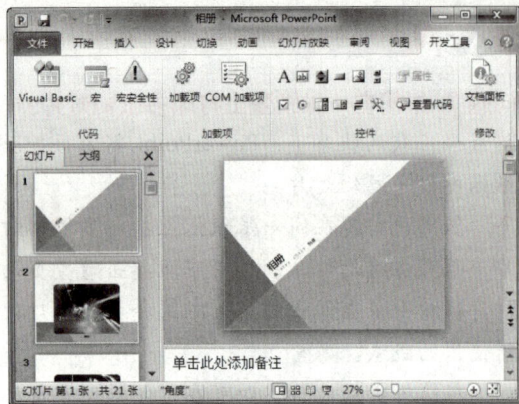

在【开发工具】选项卡中，提供了【代码】、【加载项】、【控件】和【修改】等多个功能组，允许用户对演示文稿进行各种进阶的编程操作。

> **提示**
>
> 其中，【代码】功能组主要提供编写宏和 VBA 脚本的各种功能；【加载项】功能组允许设置加载宏和.COM 组件；【控件】功能组提供插入各种控件的功能；【修改】功能组允许用户设置文档的外部属性信息。

## 16.2 使用控件

控件是 PowerPoint 中的一种交互性对象，其 作用类似网页中的表单，允许用户与演示文稿进行复杂的交互。

### 1．PowerPoint 控件类型

在 PowerPoint 的【开发工具】选项卡中，提供了多种控件，包括11种基础控件和其他Windows控件。

| 控件名称 | 说　明 |
|---|---|
| 【标签】控件 A | 插入标签控件 |
| 【文本框】控件 ▥ | 插入文本框控件 |
| 【数值调节钮】控件 ▤ | 插入数值调节钮控件 |
| 【命令按钮】控件 ▄ | 插入命令按钮控件 |
| 【图像】控件 ▣ | 插入图像控件 |
| 【滚动条】控件 ▤ | 插入滚动条控件 |
| 【复选框】控件 ☑ | 插入复选框控件 |
| 【单选按钮】控件 ◉ | 插入选项按钮控件 |
| 【组合框】控件 ▤ | 插入组合框控件 |
| 【列表框】控件 ▤ | 插入列表框控件 |
| 【切换按钮】控件 ▰ | 插入切换按钮控件 |
| 【其他】控件 ▨ | 插入此计算机提供的控件组中的控件 |

### 2．插入【标签】控件

标签的作用是显示内容较少的文本，并供脚本程序修改。在 PowerPoint 中选择【开发工具】选项卡，然后即可单击【控件】组中的【标签】按钮 Ａ，并在幻灯片中绘制标签。

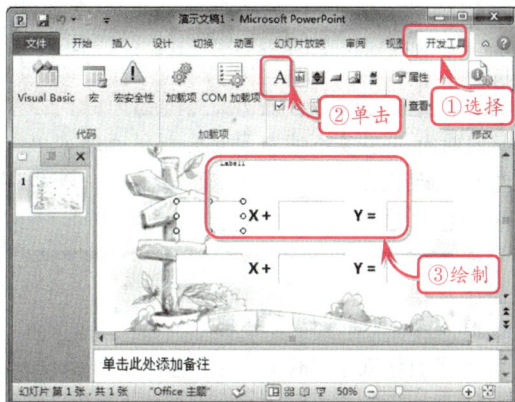

> **提示**
>
> 插入其他控件的方式与插入【标签】控件类似，在此不再赘述。

### 3．插入其他控件

PowerPoint 除了直接提供11种基本的控件外，还允许用户调用已安装到 Windows 操作系统中的其他控件，将这些控件添加到幻灯片中。

在 PowerPoint 中选择【开发工具】选项卡，单击【控件】组中的【其他】控件按钮 ▨，然后即可打开【其他控件】对话框。

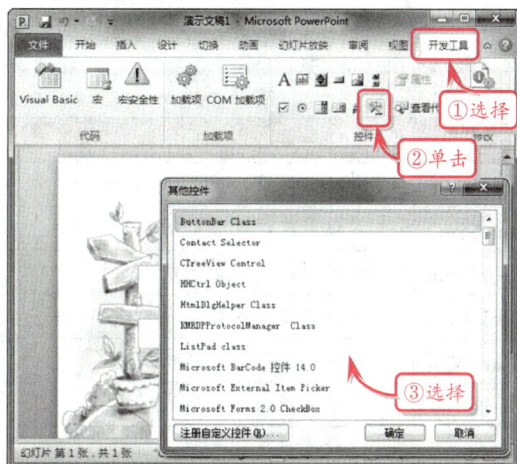

在【其他控件】对话框中，用户可选择已有的控件，或单击【注册自定义控件】按钮，在弹出的【注册自定义控件】对话框中选择控件的路径位置，将其添加到【其他控件】列表中，并单击【确定】按钮，将其插入到幻灯片中。

> **提示**
>
> Windows 系统的控件通常以 OCX 和 DLL 格式存放。

### 4．设置控件属性

在绘制控件后，用户可选中已插入的控件，再单击【开发工具】选项卡中【控件】组中的【属性】按钮，在弹出的【属性】面板中设置标签的属性。

【属性】面板中显示了控件的所有基本属性。用户可通过【属性】面板，对控件的样式和内容进行设置。

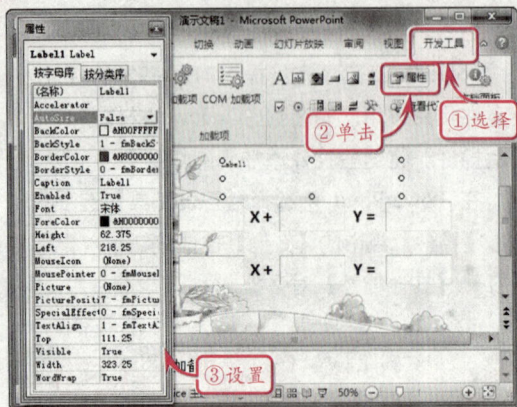

**提示**

用户可在【属性】面板的顶部单击【控件名称】后面的下拉按钮，从列表中选择当前已插入演示文稿的控件，并对这些控件进行编辑。

### 5. 查看控件代码

PowerPoint 中的控件是以代码的方式显示和控制的，因此，在插入控件后，用户还可以查看控件的源代码，以设置控件的属性或控制控件。

PowerPoint 允许用户通过两种方式查看控件的代码内容。

● **直接双击控件**

在 PowerPoint 中选择控件，然后用户即可直接双击该控件，打开 Microsoft Visual Basic for Applications 窗口，查看或编辑该控件的代码。

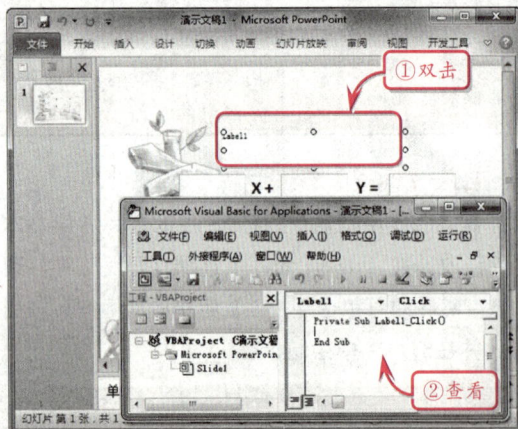

**提示**

如同时打开了多个演示文稿，则用户还可以在左侧的【工程资源管理器】窗格中选择其他的演示文稿，进行编辑操作。

| 属性名称 | 作用 |
| --- | --- |
| Accelerator | 定义切换到控件的快捷键 |
| AutoSize | 设置控件是否自动调节尺寸 |
| BackColor | 设置控件的背景颜色 |
| BackStyle | 设置控件的背景样式 |
| BorderColor | 设置控件的边框线颜色 |
| BorderStyle | 设置控件的边框线样式 |
| Caption | 设置控件的标题 |
| Enabled | 设置控件允许用户单击或编辑 |
| Font | 设置控件中字体的样式 |
| ForeColor | 设置鼠标单击控件后显示的颜色 |
| Height | 设置控件的高度 |
| Left | 设置控件距幻灯片左侧边框的距离 |
| MouseIcon | 设置鼠标滑过控件时指针的图像 |
| MousePointer | 设置鼠标滑过控件时指针的图标 |
| Picture | 设置控件的背景图像 |
| PicturePosition | 设置控件的背景图像定位方式 |
| SpecialEffect | 设置控件的特效 |
| TextAlign | 设置控件中文本内容的水平对齐方式 |
| Top | 设置控件距幻灯片顶部边框的距离 |
| Visible | 设置控件为可视或隐藏 |
| Width | 设置控件的宽度 |
| WordWrap | 设置控件中文本的换行处理方式 |

● **单击查看代码按钮**

除了直接双击控件外，用户也可在 PowerPoint 中选中控件，然后选择【开发工具】选项卡，单击【控件】组中的【查看代码】按钮，同样可以打开 Microsoft Visual Basic for Applications 窗口，查看或编辑该控件的代码。

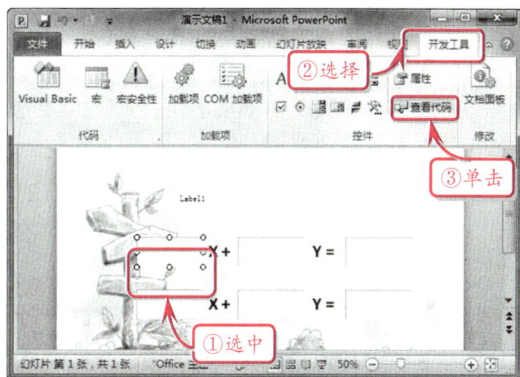

**注意**

在编辑控件的代码完成后，用户无需保存代码，直接关闭 Microsoft Visual Basic for Applications 窗口即可，PowerPoint 将自动保存用户修改的代码内容。

## 16.3 管理 PowerPoint 加载项

加载项是由微软或第三方编写的、辅助用户使用 PowerPoint 的插件。在 PowerPoint 中，用户可添加加载项，或对已应用的加载项进行分类管理。

### 1. 查看加载项

在 PowerPoint 中，用户可选择【文件】选项卡，执行【选项】命令。在弹出的【PowerPoint 选项】对话框中选择【加载项】，查看当前 PowerPoint 已加载的所有加载项。

在【加载项】列表中，加载项分成 4 类显示。

| 分　类 | 说　明 |
|---|---|
| 活动应用程序加载项 | 添加于鼠标右键菜单中的加载项，通常由第三方编写 |
| 非活动应用程序加载项 | Office 软件内置的加载项，通常由微软编写，在安装时直接添加到 PowerPoint 中 |

续表

| 分　类 | 说　明 |
|---|---|
| 文档相关加载项 | 添加到当前演示文稿中的加载项 |
| 禁用的应用程序加载项 | 用户禁止启用的各种加载项 |

### 2. 管理非活动应用程序加载项

非活动应用程序加载项又被称作 COM 加载项。在【PowerPoint 选项】对话框中设置【管理】右侧的菜单为"COM 加载项"，然后，即可单击【转到】按钮，打开【COM 加载项】对话框。

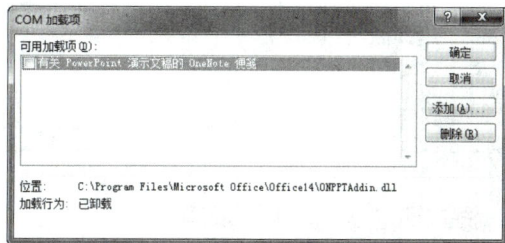

在该对话框中，用户可启用加载项前的复选框，并单击【删除】按钮，将其删除。也可单击【添加】按钮，选择新的加载项，将其添加到 PowerPoint 中。完成设置后即可单击【确定】按钮，保存【管理】操作。

用户也可在【开发工具】选项卡中的【加载项】组内单击【COM 加载项】按钮，同样可打开【COM 加载项】对话框，进行管理操作。

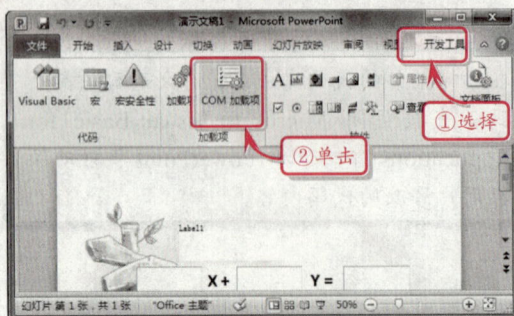

### 3．管理文档相关加载项

文档相关加载项又称 PowerPoint 加载项，是加载到 PowerPoint 中的宏脚本。用户可通过两种方式管理 PowerPoint 加载项。

在【PowerPoint 选项】对话框中设置【管理】右侧的菜单为"PowerPoint 加载项"，或在【开发工具】选项卡中单击【加载项】组中的【加载项】按钮，均可打开【加载宏】对话框，管理 PowerPoint 加载项。

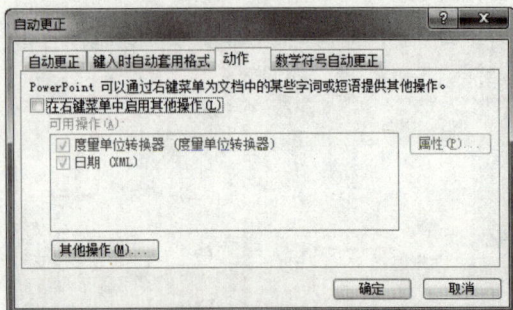

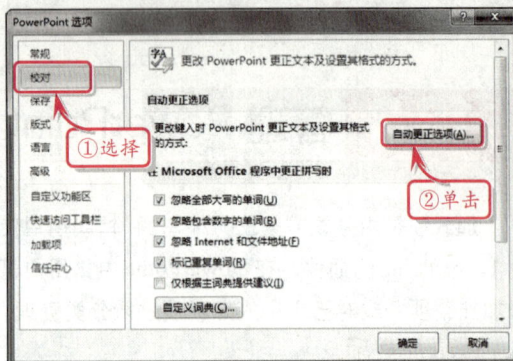

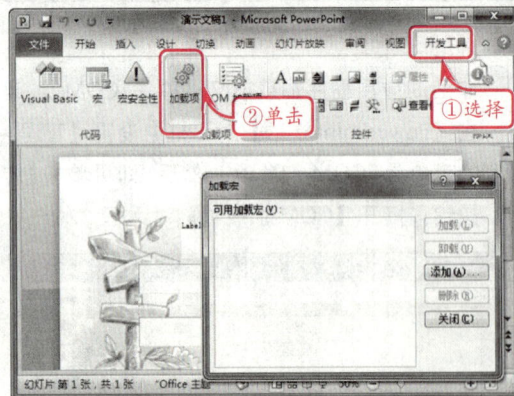

### 4．添加活动应用程序加载项

活动应用程序加载项又称动作或操作，用户可通过两种方式为 PowerPoint 添加该类加载项。

在【PowerPoint 选项】对话框中设置【管理】右侧的菜单为"操作"，然后，即可单击【转到】按钮，打开【自动更正】对话框。

除此之外，用户还可以在【PowerPoint 选项】对话框中选择【校对】选项卡，然后在更新的对话框中单击【自动更正选项】按钮，同样可打开【自动更正】对话框。

在该对话框中，默认禁止了活动应用程序加载项在鼠标右键菜单中的启用。用户可启用【在右键菜单中启用其他操作】复选框，将默认加载的两种动作激活。

单击【其他操作】按钮，可打开网页浏览器，从 Office.com 官方网站下载其他的第三方动作，将其添加到 PowerPoint 软件中。

用户可对部分动作的属性进行设置。选择动作，然后单击右侧的【属性】按钮，即可进行设置。

> **提示**
>
> 目前，微软公司尚未提供更多的活动应用程序加载项供用户下载，但未来微软公司会逐渐提供这部分内容，以增强 PowerPoint 的功能。

### 5．禁用与启用

在【PowerPoint 选项】对话框中选择【加载项】选项卡，设置【管理】右侧的菜单为"禁用项目"，然后，即可单击【转到】按钮，在弹出的【禁用项目】对话框中查看当前已禁用的加载项。

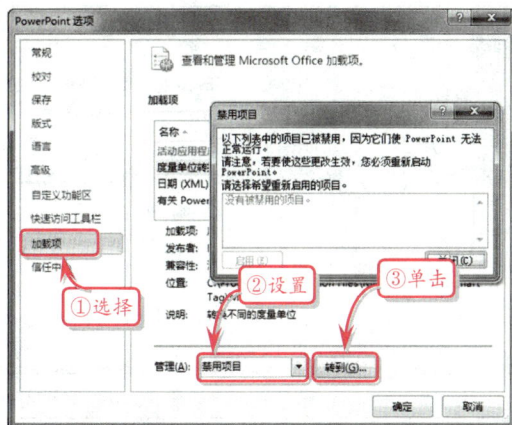

如已禁用了某些加载项，则用户可在【禁用项目】对话框的列表中选择加载项，单击下方的【启用】按钮，将其启用。

启用过多的加载项有可能降低 PowerPoint 的运行速度，因此，用户也可在【信任中心】中禁止所有的加载项，提高 PowerPoint 运行的效率。

## 16.4　应用 VBA 脚本

PowerPoint 允许用户使用 VBA 脚本语言控制 PowerPoint 演示文稿中的对象，以实现复杂的交互应用。

### 1．VBA 脚本简介

VBA 脚本全称为 Microsoft Visual Basic for Applications，是基于微软应用程序的可视化 Basic 脚本语言。

VBA 脚本语言与普通的 Visual Basic 语言最大的区别在于，Visual Basic 语言主要用于开发各种应用程序，而 VBA 脚本语言则主要用于已有的应用程序。

目前可应用 VBA 脚本语言控制的应用程序主要包括 Microsoft Office 系列软件、FoxPro 数据库系统、CorelDRAW 和 AutoCAD 等图形绘制软件。

### 2．为 PowerPoint 编写 VBA 脚本

在之前的小节中已介绍了通过双击控件或单击【开发工具】选项卡中的【控件】组中的【查看代码】按钮，查看控件的 VBA 脚本。

用户可以直接在 PowerPoint 中选择【开发工具】选项卡，在【代码】组中单击 Visual Basic 按钮，在弹出的 Microsoft Visual Basic for Applications 对话框中查看当前演示文稿中所有的脚本代码。

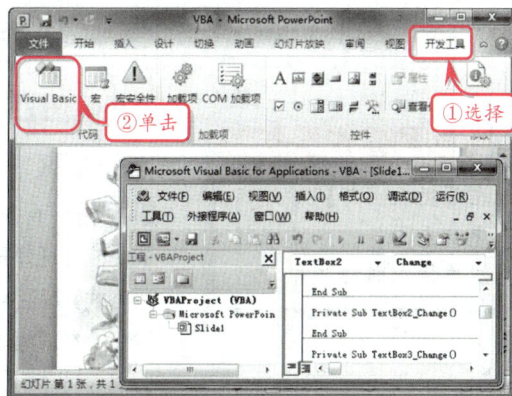

## 16.5　修改文档面板

文档面板即在指定 Microsoft Office 的兼容程序中，显示文档信息面板的模板类型。

在 PowerPoint 中选择【开发工具】选项卡，在【修改】组中单击【文档面板】按钮，即可打开【文档信息面板】对话框。

在该对话框中，用户可单击【浏览】按钮，选择已定义的文档信息面板，或在【默认显示】菜单中选择文档信息面板的设置类型。单击【确定】按钮，即可打开【文档属性】面板，对文档信息进行设置。

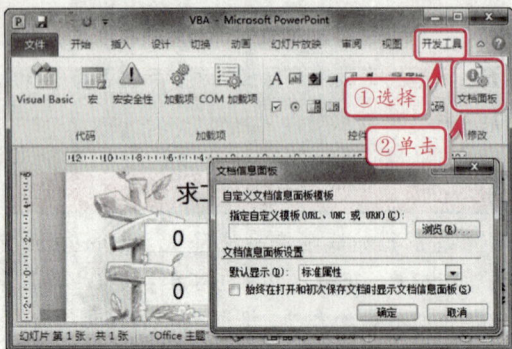

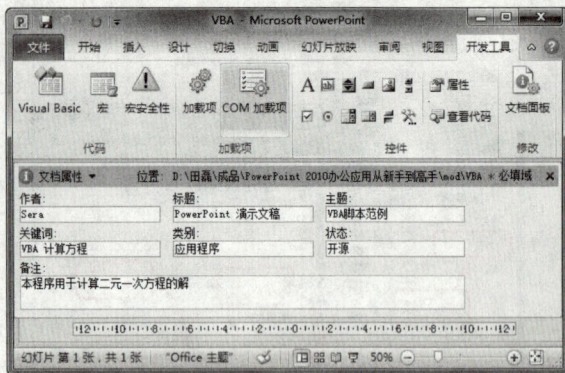

## 16.6 练习：制作比赛评分系统

比赛评分系统的作用是对比赛的选手进行打分，并通过打分来计算最终得到的平均分值。在设计比赛评分系统时，用户可先插入控件，设置控件的属性。然后，再通过 VBA 脚本的过程来获取控件的值，并进行平均运算。

**操作步骤** ⟫⟫⟫

**STEP|01** 在 Microsoft Office PowerPoint 2010 中，选择【设计】选项卡，单击【背景】组中的【设置背景格式】按钮，在弹出的【设置背景格式】对话框中，启用【图片或纹理填充】单选按钮，单击【文件】按钮，在【插入图片】对话框中选择图片，插入到幻灯片中。

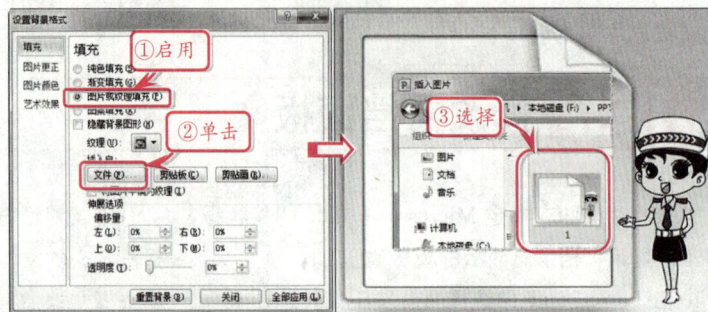

**STEP|02** 选择【插入】选项卡，单击【图片】按钮，在【插入图片】

对话框中选择图片插入到幻灯片中，调整图片大小，放到幻灯片的左上角。再单击【艺术字】按钮，选择"渐变填充-红色，强调文字颜色 1"艺术字。在文本框中输入文本，设置字体格式。

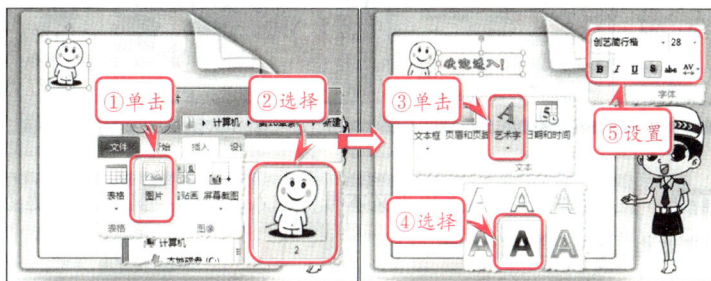

提示

选择【格式】选项卡，单击【文本填充】按钮，选择"黄色"，单击【文本轮廓】按钮，选择"红色"。

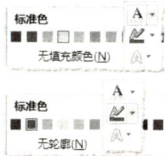

**STEP|03** 再插入一张图片，调整大小后放到合适的位置。插入"填充-红色，强调文字颜色 1，金属棱台，映像"艺术字文本框，输入文本，设置字体格式。

提示

也可以插入文本框，输入文本后，在【格式】选项卡中应用艺术字样式。

**STEP|04** 选择【开始】选项卡，单击【新建幻灯片】按钮，选择"空白"幻灯片，设置其背景格式。选择【插入】选项卡，单击【文本框】按钮，选择"垂直文本框"，在文本框中输入文字，设置字体格式。在【格式】选项卡中，应用"填充-红色，强调文字颜色 1，内部阴影-强调文字颜色 1"艺术字样式。

提示

单击【文本填充】按钮，设置文本填充为"黄色"

**STEP|05** 选择【开发工具】选项卡，在【控件】组中，单击【图像】控件，在幻灯片中绘制"图像"控件。选择绘制的"图像"控件，单击【属性】按钮，弹出【属性】面板，单击 Picture 项后面的【对话框启动器】按钮，弹出【加载图片】对话框，选择一张图片插入。然后运用相同的方法分别插入其他的"图像"控件。

置字体格式。

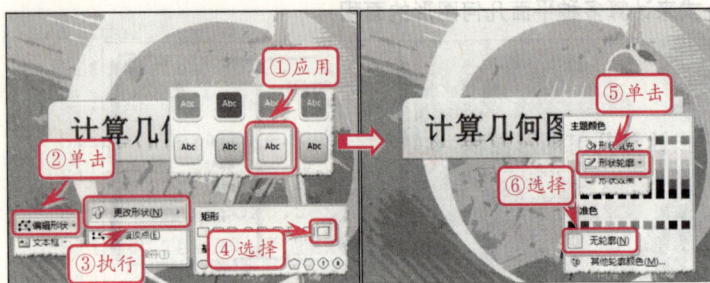

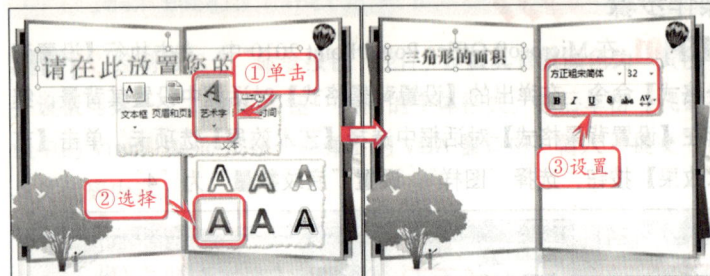

**STEP|05** 选择【开始】选项卡，单击【形状】按钮，选择"等腰三角形"形状，在幻灯片中拖动鼠标绘制形状。单击【形状填充】按钮，选择在弹出的菜单中选择"无填充颜色"，形成无填充的等腰三角形。

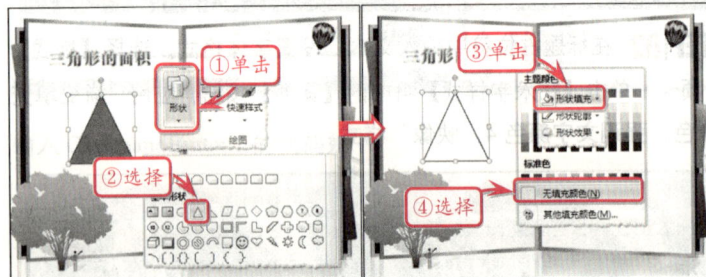

**STEP|06** 在形状菜单中选择"双箭头"，绘制形状。单击【形状轮廓】按钮，选择"红色"色块。再绘制一个"双箭头"形状放到三角形的下方，绘制两条竖直直线，形状轮廓均为"红色"。插入文本框，输入字母，颜色为"红色"。

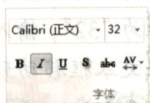

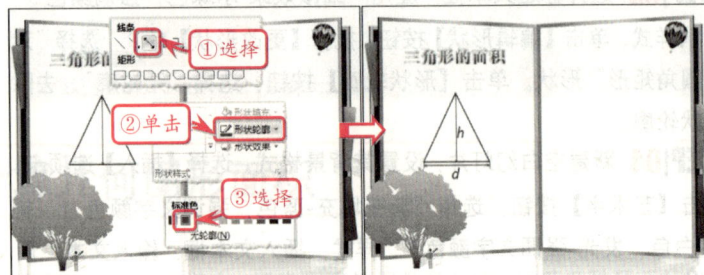

**STEP|07** 选择【插入】选项卡，单击【对象】按钮，在【插入对象】对话框中选择"Microsoft 公式 3.0"，打开【公式编辑器-公式】窗口。单击【分式和根模板】按钮，选择"分式"，输入三角形计算面积公式，关闭窗口，可将公式插入到幻灯片中，调整其大小。

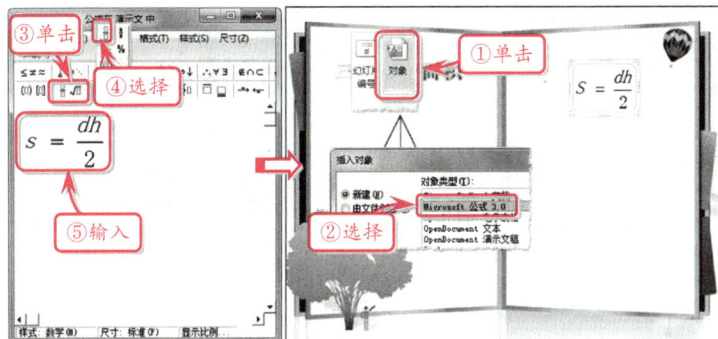

**提示**

右击公式，执行【公式对象】|【编辑】命令，可编辑公式。

**STEP|08** 选择【开发工具】选项卡，单击【控件】组中的【标签】控件按钮，在幻灯片上绘制标签控件。单击【属性】按钮，在【属性】对话框中的标签 Caption 的文本框中输入"底长：d"文本。设置 Front 为"微软雅黑"。并按照相同的方法绘制其他文本框控件，分别输入文本。

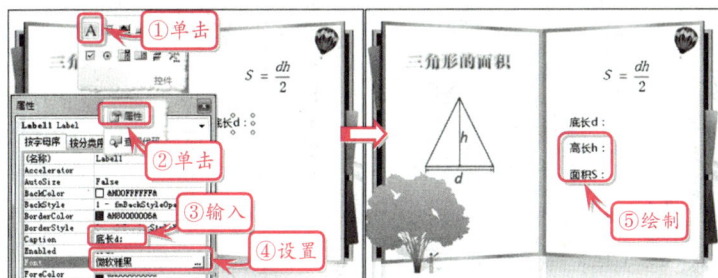

**提示**

单击 Front 后的下拉按钮，设置字体大小为"小二"。

**技巧**

选择文本框控件，右击执行【属性】命令，也可以打开【属性】对话框。

**STEP|09** 单击【控件】组中的【文本框】控件按钮，在幻灯片上绘制文本框控件。单击【属性】按钮，在【属性】对话框中输入控件名称为"dTriangle"，设置字体为"微软雅黑"。单击"TextAlign"后的下拉按钮，设置其对齐方式为"右对齐"。按照相同的方法绘制另外两个文本框控件。

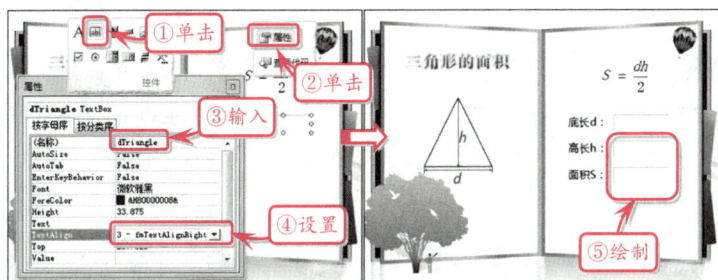

**提示**

另外两个文本框控件的名称分别为"hTriangle"和"sTriangle"，字体格式和对齐方式均和上一个相同。

**STEP|10** 单击【控件】组中的【命令按钮】控件按钮，在幻灯片上绘制命令按钮控件。在【属性】对话框中输入按钮名称，并在标签"Caption"的文本框中输入"计算"文字，单击"Front"后的下拉按钮，设置字体格式。

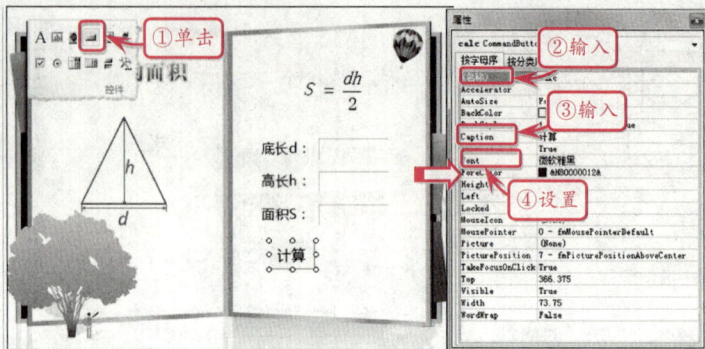

**STEP|11** 选择"清空"命令控件，单击【代码】组中的 Visual Basic 按钮，弹出 VBA 窗口，在该窗口中，输入"清空"的具体代码内容。

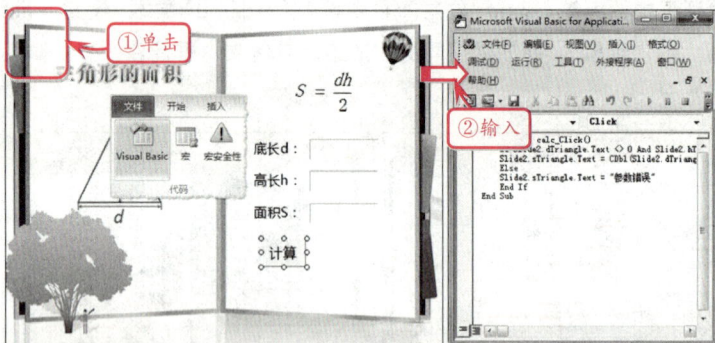

输入 calc_Click 的代码如下。

```
If Slide2.dTriangle.Text <> 0 And Slide2. hTria-
ngle.Text <> 0 Then
Slide2.sTriangle.Text = CDbl(Slide2.dTriangle.
Text) * CDbl(Slide2.hTriangle.Text) / 2
Else
Slide2.sTriangle.Text = "参数错误"
End If
```

**STEP|12** 再绘制一个命令控件按钮，在【属性】对话框中设置与第一个命令控件相同的属性。然后单击【代码】组中的 Visual Basic 按钮，在弹出的 VBA 窗口中，输入"提交"的具体代码内容。
输入 clean_Click 的代码如下。

```
Slide2.dTriangle.Text = 0
Slide2.hTriangle.Text = 0
Slide2.sTriangle.Text = 0
```

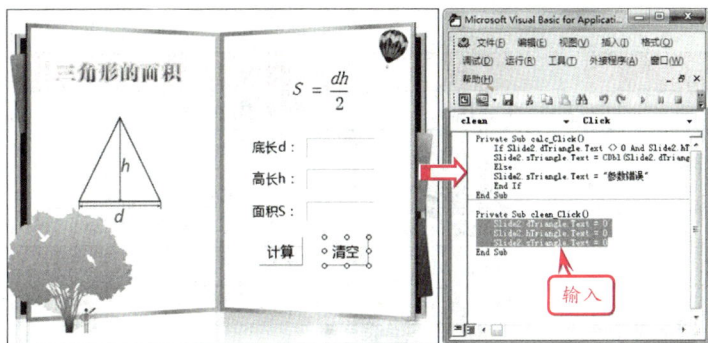

**STEP|13** 单击【文档面板】按钮，在【文档信息面板】中直接单击【确定】按钮，在【文档属性】面板中修改文档信息，完成"计算几何图形面积"幻灯片制作。

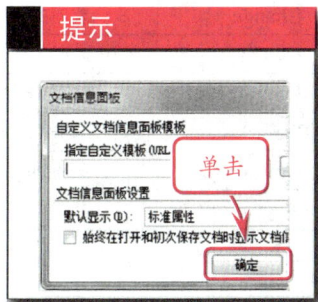

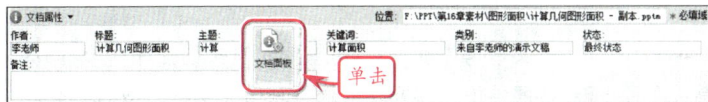

## 16.8 高手答疑

### Q&A

**问题1：如何为控件添加基于各种事件的动作？**

**解答：** 在 PowerPoint 中，允许用户根据多种事件类型，为控件添加执行动作，包括默认的鼠标单击等。

在幻灯片中选择控件，然后即可双击该控件，创建基于该控件的默认动作过程，并输入过程的代码实现控制。

在上图的操作中，默认创建的动作过程将在该文本框的内容发生更改时执行。用户可以创建新的动作过程，以根据其他的事件触发动作。

在 Microsoft Visual Basic for Applications 窗口中，用户可在【对象过程】栏中选择对象，并在对象的右侧选择过程的触发类型。

PowerPoint 允许用户为控件创建如下 14 种触发过程方式。

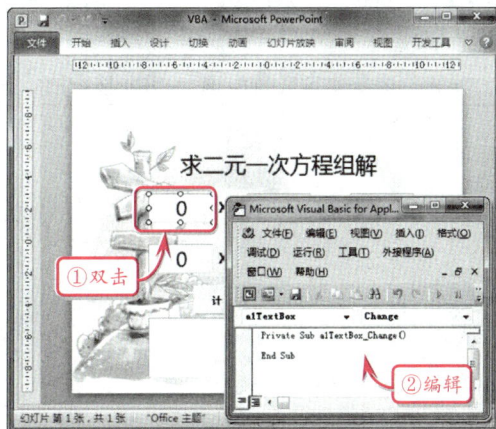

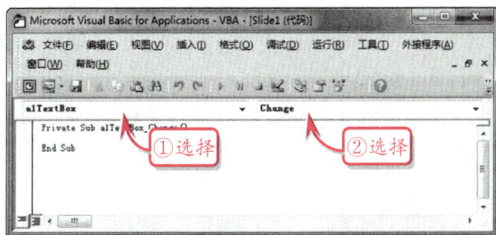

续表

| 触 发 方 式 | 作 用 |
| --- | --- |
| BeforeDragOver | 鼠标拖动 |
| BeforeDragOrPaste | 鼠标拖动放下 |
| Change | 文本框内容改变 |
| DblClick | 鼠标双击 |
| DropButtonClick | 放下按钮单击 |
| Error | 报错 |
| GotFocus | 获得焦点 |
| KeyDown | 敲击键盘键 |

| 触 发 方 式 | 作 用 |
| --- | --- |
| KeyPress | 按键盘键 |
| KeyUp | 弹起键盘键 |
| LostFocus | 失去焦点 |
| MouseDown | 鼠标单击 |
| MouseMove | 鼠标滑过 |
| MouseUp | 鼠标弹起 |

选择过程触发方式后，即可创建根据这些触发方式执行的动作过程。

## Q&A

**问题 2：如何通过代码控制控件的属性？**

**解答：** 使用 VBA 脚本，用户可以直接对控件的属性进行设置，定义控件的值、尺寸等，其需要在相应的事件过程中对控件的属性进行定义，其格式如下。

```
Component.Property = Value
```

在上面的格式代码中，Component 表示控件的名称，Property 表示相应的属性，而 Value 表示属性的值。

例如，需要重定义名为 accpetBtn 按钮的标签文本为"确定"，可直接定义按钮控件的 caption 属性值，需要注意的是其值为字符串型的变量，因此需要添加引号""""。

```
acceptBtn.Caption = "确定"
```

将以上代码添加到控件的事件过程中，然后，即可根据事件触发修改。

```
Private Sub acceptBtn_Click()
    acceptBtn.Caption = "确定"
End Sub
```

# 第 5 篇

## 幻灯片设计理论

# 17 幻灯片构图艺术

幻灯片设计作为平面设计的一个分支，其适用所有平面设计的规范和原理。在设计幻灯片时结合平面设计的各种手法，可以为幻灯片营造一个艺术氛围，提高幻灯片的艺术品位。在了解了 PowerPoint 软件使用后，本章将介绍平面设计的理论知识，辅助用户设计艺术化的幻灯片。

## 17.1 平面构图基础

平面构图是指在平面图形图像设计中，将各种基本的视觉元素组成一个完整的平面结构的过程，其是平面设计工作的一个重要组成部分。

在幻灯片设计中，平面构图就是将幻灯片内的文本、图形、图像、图标以及多媒体元素有机地排布到幻灯片画板上的操作。

几何形

在学习平面构图之前，首先应了解平面构图的各种元素。在设计中，以图形图像的形成方法可以将其分为三大类，即几何形、有机形和偶发形。

● 几何形

几何形是可以用数学方法定义的图形，亦即通常所说的矢量图形。

绝大多数图像设计软件都可以设计几何形的元素，例如，在 PowerPoint 中，用户绘制的各种形状、SmartArt 图形等均属于几何形。严格意义上讲，文本内容也是一种几何形。

有机形

● 有机形

有机形是指可以重复和再现的自由图像，包括各种照片，以及通过软件处理过的位图图像。

例如导入演示文稿的各种照片、像素素材等，其中绝大多数就属于有机形。

● 偶发形

偶发形是一种特殊的图像元素，其往往以随机的方式产生，很难重复其产生的过程或每次产生的结果都不一样，例如泼墨、喷溅颜料等操作，产生的图像就是偶发形。

偶发形

## 17.2　平面中的点

从视觉形状上分析平面构图元素，则可将其划分为点、线和面三大类。其中点是构成平面图形图像的最微小的元素，也是设计和绘画的基本要素和表现手段。

### 1．点可表现的元素

点在艺术设计中往往可以表现具有以下特点的元素。

● 表现体积

点可以表现体积微小的、分散的元素，例如沙粒、植物的种子、水珠、各种微小的缝隙等。

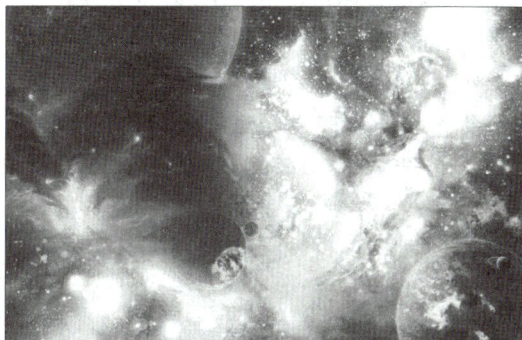

● 表现距离

点也可以表现远距离的物体，以及与大空间对比的物体等，如夜空中的星体、远处的灯火、地图上的城市、地点等。

● 表现交叉位置

在一些平面结构图设计中，点还可以表现各种线条的交叉位置，例如围棋棋盘、电路设计图的线路交点等。

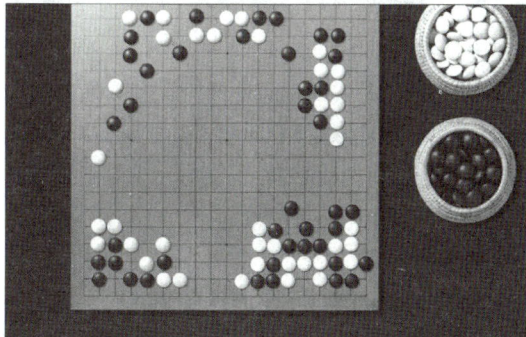

● 表现力度

在表现短小而有力的笔触与痕迹时，也可以

使用点元素，对笔触或痕迹进行修饰。通过与环境和背景的对比，可以着重体现这些元素。

## 2．点的特征与变化

在设计演示文稿时，用户可对点元素进行各种处理，以使元素表现得更加具体，使点元素符合演示文稿的需要。

● 点的形态

严格意义上讲，点只有位置，没有大小和形状。但是在生活中，点往往是由一些微小的图形构成的。形态不同的点，会给用户带来迥异的视觉体验。

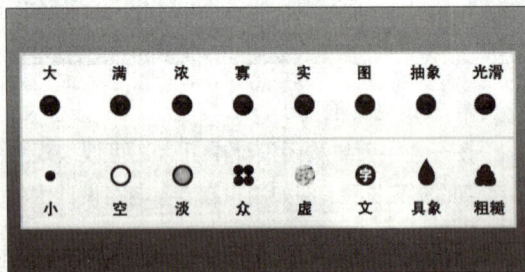

● 点的面积

在平面作品中，点给用户的视觉效果与其在平面作品中所占据的面积比例相关，但并非与面积呈正比或反比。过大或过小的面积比例都会影响甚至弱化用户对点的感受。

● 点与位置

点与平面设计作品中其他各元素的位置关系也会影响到用户的观感。在作品正中心的点会给用户以比较稳定的感觉，而在作品边缘的点则会给用户造成逃逸的倾向。

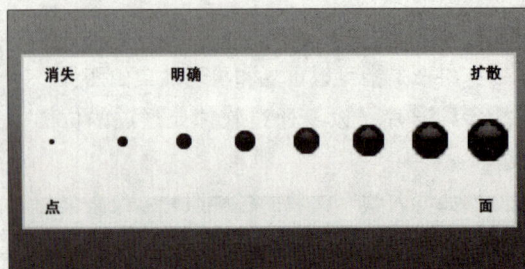

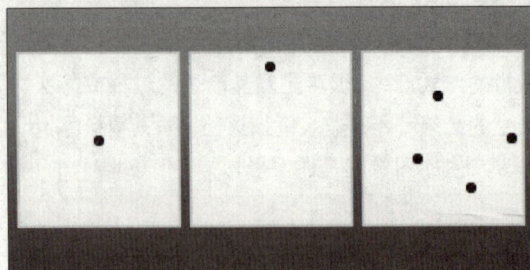

在上图中，左侧图形中的点位于图形正中央，因此给人以稳定、静止的感觉；中央图形中的点位于图形上方，会给人造成点在逃逸或下落的错觉；右侧图形中几个点的位置不同，则人的视线将在点与点之间跳跃，位于中心附近的点最容易获得人的关注，而位于边缘的点则往往容易被忽视。

● 点的数量

点的数量也是影响用户视觉效果的重要因素。通常点的数量越少，则越容易集中用户的注意力；点的数量越多，则越容易分散用户的注意力。

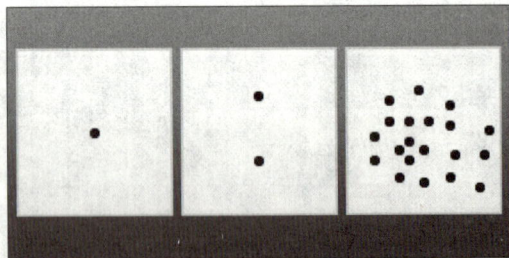

在上图中，左侧图形中只包含一个点，因此人在观察该图时，所有的注意力都会集中到该点上；中图内包含均匀分布的两个点，因此人在观察该图时，注意力会平均分配到这两个点上；而右侧图形中包含了随机分布的 20 个点，此时，点也就无法起到强调的作用了。

> **提示**
>
> 点的排列方式也会影响用户注意力。

## 17.3　平面中的线

　　线也是平面构图中的重要元素，是一种具有位置、方向和长度的几何图形，可以将其理解为点运动的轨迹。

### 1．线的分类

　　根据点的轨迹运动曲率，可以将平面线条划分为直线和曲线两大类。在直线和曲线这两类中，还可以根据线的样式，做进一步的划分。

　　● 直线

　　直线是曲率为 0 的线形。根据直线的样式、类型，可以将其分为以下几种。

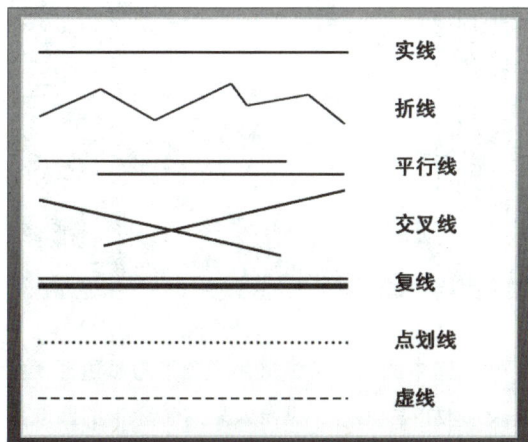

实线
折线
平行线
交叉线
复线
点划线
虚线

　　在绘制各种规划图、平面结构图时，经常需要使用到各种类型的直线。

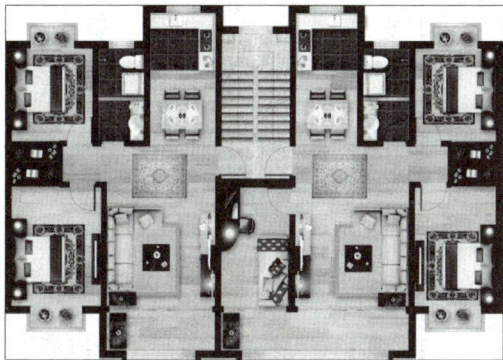

　　● 曲线

　　曲线是指曲率非 0 的线形，根据曲线的流动方向，可以将其分为以下几类。

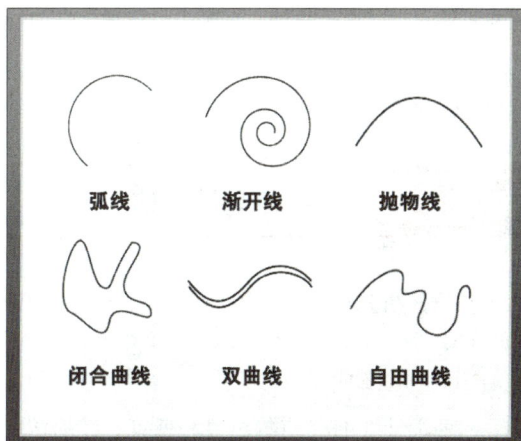

弧线　　渐开线　　抛物线

闭合曲线　　双曲线　　自由曲线

　　在设计平面图时，曲线的应用十分广泛，几乎所有的图形图像设置都需要应用各种曲线。

### 2．线的艺术表现

　　在实际生活中，绝对的线形往往并不存在，绝大多数艺术设计中的线都是对实际生活中物体的一种抽象和总结，图画、书法、文字都是线的抽象结果。

　　线还是一种重要的艺术表现方式，线的宽度、曲率、轨迹等变化，可以表现迥异的情绪。

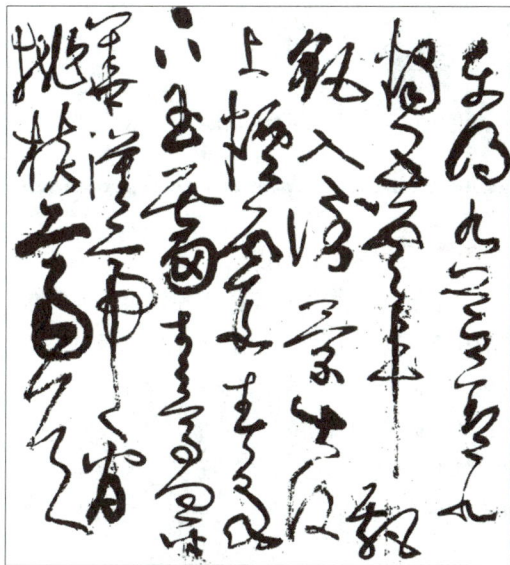

通常曲率变化较大、变化频率较高的线会为用户带来兴奋而激动的情绪。例如草圣张旭的草书《古诗四帖》，用变化莫测的笔法，使作者的激情跃然于笔下。

平滑而曲率变化幅度较小的线则往往会为用户带来平和、宁静的情绪。右图中的风景，其中绝大多数线条轮廓都由平缓的曲线构成，为用户带来一种轻松惬意的视觉享受。

## 17.4 平面中的面

按照解析几何学的解释，面是线的运动轨迹。在平面构成中，面是具有长度、宽度和形状的实体。

### 1. 面的分类和特征

在视觉上，任何点的扩大和聚集、线的宽度增加或围合都可以构成面。面是和"形状"最密切的形式。通常可以将面分为几何图形和不规则图形两类。

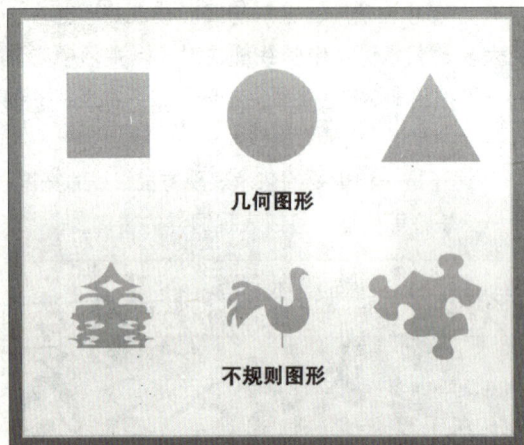

几何图形

不规则图形

### 2. 面在设计中的应用

相比点和线，面的组成更加复杂，通常包括笔触和填充两个部分。运用面的笔触以及填充各种变化，可以表现出多样化的内容和设计思想感情。

● 面的笔触轮廓

笔触决定了面的形状和面积，因此与线的艺术表现类似，面的轮廓平滑度将直接影响面所展示

的内容。

上图中的背景大量采用了圆形与多边形，组成未来城市的风格，机器人采用了夸张的四肢图形，突出强大的力量。

● 面的虚实变化

在单纯的背景上，主体形象突出的被视为实面，周围则视为虚面。将实面和虚面相结合，可以更突出这两面的冲突与对立。

# 17.5　基本平面构成

在实际的设计过程中，通常需要面对限定的空间和大量多种类型的元素，因此，了解一些常用的元素组织方式，可以使设计得心应手。

所谓基本平面构成，其原理是将点、线和面等基本构图元素按照一定的规律有机地组成一个整体，是平面构图最基本的方式。常见的基本平面构成方式主要包括重复、渐变、特异和发射 4 种。

## 1．构图元素的关系

在了解基本平面构成之前，首先应了解构图元素之间的关系，其比研究构图元素自身的特征更接近于设计和构成的本质。构图元素之间的关系主要包括以下几种。

中；在种植业、建筑业中，也经常大量种植同类植物或建造类似的建筑物。

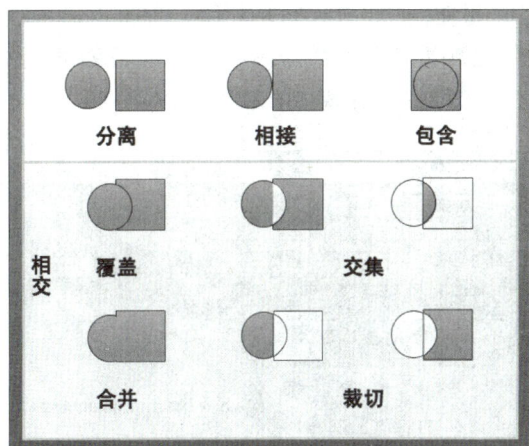

重复构成又可分为机械重复、骨骼变化、形体变化和近似构成 4 种类型。

- ● 机械重复

机械重复是最简单的重复构成，在这种构成下，元素自身不发生任何变化，其排列的方式也完全按照不变的机械规律进行。这种重复构成通常用于组织各种背景图案。

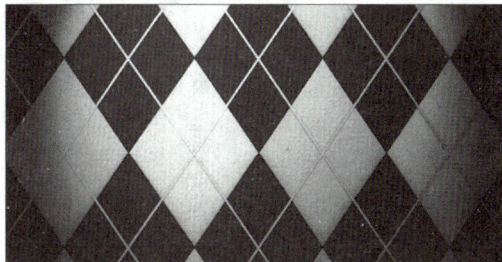

## 2．重复构成

重复构成是一种最常见的视觉元素组织形式，其特点在于，大量相同或非常相近的元素按照一定的规律组成一个整体。

重复构成是一种最基本的规律性构成，也是其他几种基本平面构成的基础。

在自然界中，很多物体都按照重复构成的方式组成，例如鱼的鳞片、海的波浪、由于风吹而形成的沙丘等。

在人造的各种物品中，重复的现象更是被标准化和统一化，以降低制造的成本。例如，在包装多个产品时，这些产品就以重复的方式出现在包装

- ● 骨骼变化

重复的骨骼变化是指被重复显示的元素并未发生形的变化，仅仅发生了元素之间间距的变化。

通常而言，密集的骨骼排列方式往往更容易

使用户注重发生的整体的黑白肌理效果，而忽视元素自身的特点。

粗疏的骨骼排列方式，则使人更注意重复后产生的黑白控件轮廓和变化，也更加注意到形态本身。

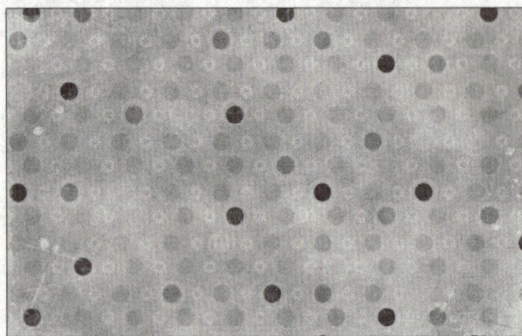

重复构成是设计的重要手段。在幻灯片的封面中应用重复的骨骼进行设计，可以起到强调的作用，加深在用户脑海中的印象。

### ● 形体变化

形体变化指重复的元素发生了方向或颜色的改变，但仍按照机械的规律排列。

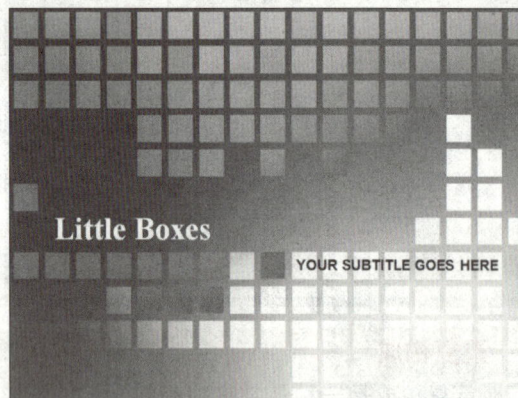

Little Boxes

YOUR SUBTITLE GOES HERE

同时重复也是构成各种商业标志的重要方法，其可以突出前后关联元素的特征，同时使形式整齐统一。

### ● 近似构成

在近似构成的重复方式下，重复的骨骼不变，元素的形状发生微小的改变。

多个样式类似的元素重复排列在一起，有时也被称作近似构成。

China unicom 中国联通

中国移动通信 CHINA MOBILE
移 动 信 息 专 家

密集的重复构成通常应用于幻灯片的背景中，既使背景内容更丰富，同时不致影响主体内容。

## 3．渐变构成

严格意义上讲，渐变构成、特异构成和发射构成不过是重复构成的一种特殊形式。

渐变构成是在重复构成的基础上，使元素的形态产生连续而有规律的变化。渐变构成更着重于演绎变化的过程，以优美的节奏和韵律，展示元素的渐进演化。

渐变构成是由形态变化和过渡形态共同构成的，其变化的基本形式主要包括以下几种。

● 形状渐变

形状渐变是指重复元素的大小、方向、色彩等方面有规律的变化。其属于形体变化的一个特例，这两者之间的区别在于，形体变化中元素发生的改变往往并无规律；而形状渐变的元素改变则有一定的规律。

● 骨骼渐变

骨骼渐变是指重复元素本身形状不发生改变，但其之间的间距按照一定的规律变化。其本身属于骨骼变化的一个特例，相比骨骼变化，骨骼渐变更容易为用户创造韵律化的美感。

● 复杂渐变

复杂渐变是指建立在骨骼渐变、形状渐变基础上，复合了以上两种形式而构成的渐变。

形状渐变往往可以依据近大远小的视觉成像规律，展示带有三维空间特点的内容，使平面产生空间的错觉感，因此是一种重要的图形创意方式。

## 4．特异构成

特异构成与重复构成和渐变构成有密切的关系，是建立在重复或渐变基础上的一种构成。

在特异构成中，绝大多数元素将按照重复构成和渐变构成的方式排列组合，同时，其中一个元素突破骨骼和形态的重复规律，以突变的方式融入到构图中，以突出该元素的显示。

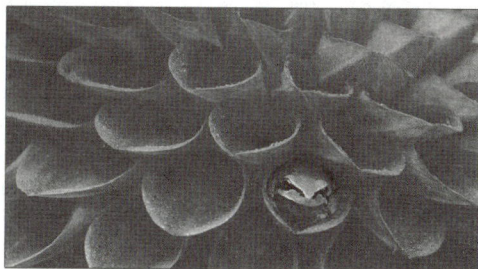

特异构成通常可以归纳为大小特异、方向特异、色彩特异和形态特异等几种。

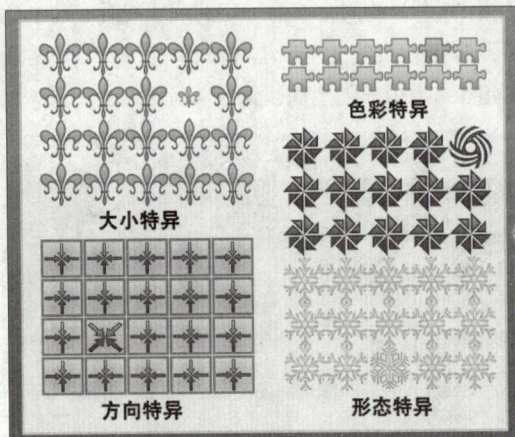

在设计幻灯片的标志时，经常会应用特异构成的方式进行构思，以实现特殊的视觉效果。在这种设计中，变化的部分会成为视觉的中心焦点。

### 5．发射构成

相比重复构成、渐变构成和特异构成，发射构成的内容更加复杂，其往往围绕一个指定的中心点或中心轴，向四周形态均匀地扩散，或由四周向中心收缩。

在自然界中，发射是一种非常常见的形式，来表现物质的发散或坍缩，例如恒星发出的光线、雨伞、花朵、海星、海胆等，均是典型的发射态。

### 提示

发射的形式包括基本的中心点发射形式、轴对称发射形式，以及根据中心点和中心轴的变化而衍生的其他各种发射形式。

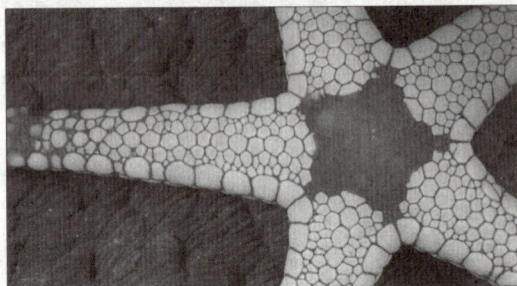

在设计中，发射态既可模拟以上这些自然物体的效果，也可表现出一种圆满而完整的结构。这种应用多用于建筑设计、平面封面设计和各种炫光花纹背景设计等。

## 17.6 复杂平面构成

在研究并掌握了基本平面构成的方法后，即可着手了解更复杂的平面设计方法，包括平面的材质与肌理、分割和构图。

### 1．材质

生活中纯粹的几何图形是不存在的，任何形态都必须依附于材料之上。材质是指材料的质地，是可以体现材料的触感和表面的具象。

在设计中，应用材质，可引起用户的视觉联想，唤起用户对这些材质的触觉感受，以使设计的作品更生动。材质可分为自然材质和人工材质两大类。

● 自然材质

大自然是一个取之不尽、用之不竭的宝库，各种植物、动物、矿物质，具有无数种具体形态。所有的自然物体，其质地都可以作为设计时的素材材质使用。

● 人工材质

人工材质是将自然界的各种材料进行加工和处理后，形成的人造物体的质地。

## 2．肌理

肌理是材质中的纹理表现，是一种抽象的概念。肌理可以体现出材质的变化，可以表现材质中附带的节奏与韵律。

在上图的照片中，以鹦鹉的彩色羽毛作为材质，同时以羽毛的方向和缝隙表现材质中的肌理，体现出整体摄影的效果。

肌理对材质的影响是十分重要的。在大面积的材质中，肌理可以影响到用户的视觉流动方向，因此，有效地掌握肌理与材质的应用，可以引导用户的注意力，使其向设计者所希望的方向流动。

在上图的照片中，就以绿色植物为整个照片的材质，并用迷宫的通道展示材质的肌理，用圆滑的弧线肌理引导用户的视觉流动到焦点的楼梯位置。

## 3．分割和构图

分割和构图是处理画面中各元素空间关系的重要手法，可以决定画面整体的意志与精神。

设计都是在一定画面空间中进行的，基于不同的设计目的和构思，对画面空间的处理方式也各不相同。

例如，在设计整体标志时，需要将画面中各元素更紧凑地结合在一起，以通过这些非常抽象的元素表现企业或商品的特点。

而在设计背景、封面等作品时，则往往需要各元素的摆布更具有艺术性，做到有中心，有重点，同时还要使留白与内容合理地搭配。

常见的构图方式包括中心构图、水平方向构图、垂直方向构图、斜线构图、边角构图、满构图和留白构图等几种。

- **中心构图**

中心构图可使设计作品中的核心元素突兀明确，内容直截了当，使作品的效果更加大气。

- **水平方向构图**

水平方向构图的效果比较平稳，同时可为用户的视觉提供类似地平线的伸展和张力。

- **垂直方向构图**

垂直方向的构图可以给用户一种积极向上的感触，提供奋发图强的进取精神意味，或造就一种

激昂慷慨的气氛，或造就幽默诙谐的气氛。

- **斜线构图**

斜线构图可以最大限度地突出作品中的动感元素，体现出作品内元素运动的趋势。其中，斜向上构图可体现元素的冲击力和起势的能量。

斜向下构图也是一种斜线构图，其特点是目标明确，体现出构图元素形成的威势。

- **边角构图**

边角构图可以拓展用户的视野和想象的空间，诱发用户在作品框架以外进行联想。

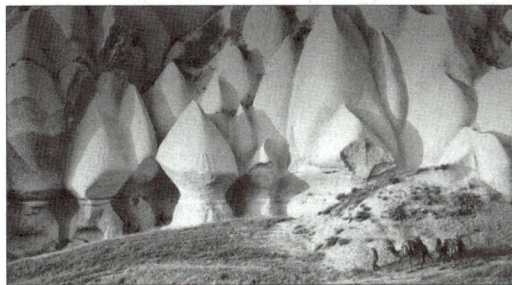

● 满构图

满构图的内容丰满匀称，信息量大，看似没有中心内容，实则错落有致，往往用于背景的设计中。

● 留白构图

留白构图的特点是对比强烈，更易突出设计作品中的主题，形成强烈的视觉反差。所谓的留白并不一定是白色，空白或内容较空的位置均为留白。

## 17.7  形式美的法则

设计是一种创造性的劳动，其目的就是创造出更富有艺术色彩的作品。在设计时，除了合理运用点、线、面、材质和肌理等构图元素外，还可以根据形式美的法则来处理设计作品的整体效果。

### 1. 变化和统一

变化和统一是形式美的总法则，也是所有艺术形式都需要遵循的法则。无论是在平面设计或立体设计中，都应体现这一特点。

之前介绍的重复、渐变、特异和发射等构图方式，事实上都是通过元素的变化和统一以构成整幅作品。

新和发展，使作品更加意味深长，更具有特色。同时，变化的内容往往为作品的中心，是设计师的追求和价值所在，艺术的发展就是不断地突破旧有模式，创造新的模式。

统一可以使作品中的元素更有序、更规则，防止作品中的元素杂乱无章。应用统一的元素，可使设计的风格更加纯熟和完善。

变化和统一又可以具体化为对称和均衡、对比和调和、节奏和韵律、夸张和简化 4 个方面。

### 2. 对称和均衡

对称和均衡是平衡艺术设计作品的手法，其可以使作品中的元素分布更加均匀，使整个作品的

在设计中，元素的变化可为整个作品提供创

力量互相牵制，达到平衡的视觉效果，带给用户和谐的感受。对称可分为轴对称和中心对称两种方式。

- **轴对称**

轴对称是以直线为对称的参考，将直线的两侧形态对称，以追求整体效果，作品表现出一种稳定的态势。

轴对称在生物和物理学上都是最完美的形态，其美是不言而喻的。轴对称也体现出庄严、严肃和保守的风格。

- **中心对称**

中心对称与轴对称的区别在于，其对称的参考物并非直线，而是一个抽象或具象的点。

相比轴对称，中心对称可以使整个作品的图形更加紧凑，更具有凝聚力、爆发力和张力。

对称是静止的形态，在自然界中，绝对对称的物体往往并不存在，在设计中，绝对对称的应用也并不太广泛。相比对称而言，均衡更容易实现，也有较多的应用，其可以将更多动态或变换的元素应用到作品中。

相比对称的内容，均衡的应用可使作品更活泼生动，也具有更多的变化形式。

### 3. 对比和调和

对比和调和是变化统一法则最直接和具体的体现。变化必然造成对比，而要将诸多对比的元素统一起来，则必然需要采用调和的手法。

- **对比**

对比可以拉开画面的反差，增强对用户视觉的刺激。对比的手法包括许多种，例如面积、形状、材质质感、虚实、色彩、图文、疏密等。

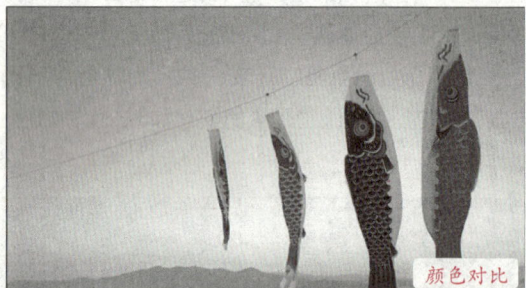

颜色对比

应用对比时，应根据表现设计意图的需要，选择一种主要的对比方式进行应用。同时应用的对比方式越多，则画面会越杂乱。

- **调和**

调和的作用是冲淡对比的形状，弱化对比的

力度,以降低作品的对比冲击度,改变设计的风格。

形状对比

调和的手法有许多种,例如,色彩对比强烈,可使用统一的色调进行调和;形态、大小对比强烈,通过疏密关系、共同的轮廓、材质和色彩调和;也可以通过多个形态的共同点,进行弱化对比,以使作品更加和谐。

大小不同,用材质调和

### 4.节奏和韵律

节奏和韵律是借用音乐的概念来描述的视觉感受。

● 节奏

在平面设计中,节奏是由各种设计元素之间相互的关系体现的。节奏有强弱、快慢,画面也可以通过疏密、大小和虚实等具象的方法来表现节奏。

密集的、具有动感的元素结合起来,可以给画面以快速而强烈的节奏。

上图中的浪花以及滑板等元素,都可以为用户造就激动、紧张的气氛,其紧密的结合,就造就了一种快速而强烈的节奏。

与此相反,平缓而稀疏的元素之间的结合,则往往造就一种静谧而轻柔的节奏。

上图中平稳的水波以及稀疏的小岛等元素,以及远处平淡的群山,都为用户提供了舒缓而轻松的感觉,维持静谧而轻柔的节奏。

● 韵律

韵律是指画面整体的气势和感觉,各种风景风物均有其各自的韵律,书法作品的行笔布局也讲究韵味。

在构图和设计中,轮廓和空间组织的起伏变化、引导用户视觉的流动路径等都是设计作品的韵律。

设计时可以通过多种方式来增强艺术作品的韵律感,包括有效地进行画面空间的分割,通过点、线、面的形态位置关系引导视觉流动,通过辅助的设计元素进行引导、强调以及通过色彩的深浅、明暗、色调等予以控制。

### 5.夸张和简化

夸张和简化是艺术创作中的常用手法。在平面设计中,适当运用夸张或简化的手法,可以突出所描述的物品特征,加深用户的视觉印象。

● 夸张

夸张的特点是将事物的特征强调和凸显出来，使之更加醒目而令人印象深刻。

常见的夸张方法包括形态和数量的夸张、色彩的夸张、细节的夸张、效果和作用的夸张等。

京剧脸谱就是一种典型的应用了夸张手法的艺术，其通过多种鲜明的色彩来凸显所刻画人物的性格等特征。

夸张的手法常用在各种产品和广告的设计中，突出产品的一些特征。例如，在食品广告中可借助粘稠的带有光泽的半流体，突出食品的美味。

● 简化

简化则以弱化物品的细节为主要目的，将物体的繁琐细节完全删除，以防止其对物体特点的凸显进行干扰。

简化的手法还在漫画、儿童画和动漫设计方面得到了广泛的应用。著名小游戏"植物大战僵尸"中的各种植物角色就大量使用了简化的手法。

夸张和简化这两种手法虽然方式不同，但最终目的是完全相同的，都是通过特殊的处理以突出物品的特点。

在艺术设计中，必须紧抓物品的特点，才能制作出特点突出，且符合用户欣赏的作品。

# 18

# 幻灯片色彩与应用设计

在之前的章节中，介绍了 PowerPoint 软件的操作知识和平面艺术设计的理论。在具体的应用中，用户还需要掌握色彩的使用，以及各种类型幻灯片的风格设计。本章就将通过介绍色彩基础理论、色彩搭配艺术、演示文稿设计的流程和幻灯片的布局结构、内容设计等知识，拓展用户的视野，帮助用户设计出艺术化的幻灯片。

## 18.1　色彩基础知识

在大自然中，凡是能够发光的物体都被称作光源。人类的肉眼在观察这些光源时，会根据光的波长对这些物体进行辨识。色彩就是人类根据光的波长而总结出的抽象概念。光的波长不同，在人类肉眼中形成的色彩也不同。

### 1. 光与原色的概念

光是可以混合和分解的。通过对光的分解，理论上可以将绝大多数的光分解为多种色光。例如，将白色光分解，往往可以分解为 3 种光，即红光、绿光和蓝光。

红光、绿光和蓝光是 3 种特殊的光，是无法被分解的光。因此，人们称这 3 种光为原色光，而红、绿和蓝这 3 种颜色，被称作三原色。

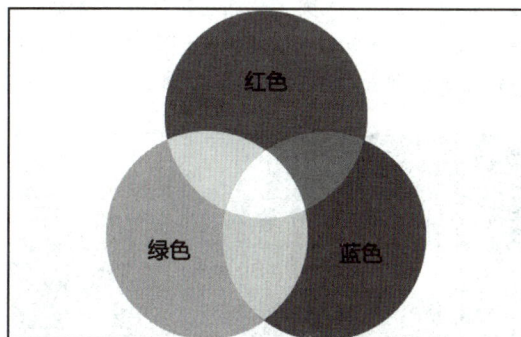

除三原色以外，所有的颜色都可由三原色混合而成。例如，当 3 种颜色以相同的比例混合时，则形成白色；而当 3 种颜色强度均为 0 时，则形成黑色。

### 2. 色彩的属性

任何一种色彩都会具备色相、饱和度和明度 3 种基本属性，这 3 种基本属性又被称作色彩的三要素。修改这 3 种属性中的任意一种，都会影响原色彩其他要素的变化。

● 色相

色相是由色彩的波长产生的属性，根据波长的长短，可以将可见光划分为 6 种基本色相，即红、橙、黄、绿、蓝和紫。根据这 6 种色相可以绘制一个色相环，表示 6 种颜色的变化规律。

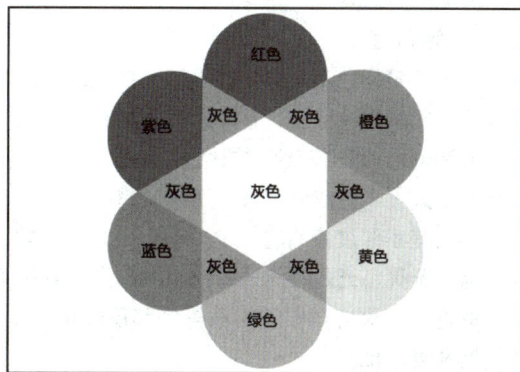

在 6 色色相环中，红、绿和蓝 3 种颜色为原色，橙、黄、紫为由三原色引申而来的颜色，被称作二级色。再对二级色进行进一步的拆分，可得出更多的三级色。

6 色色相环是最基本的色相环。如需要表现三级颜色的色彩循环结构，则需要使用到 24 色色相环。

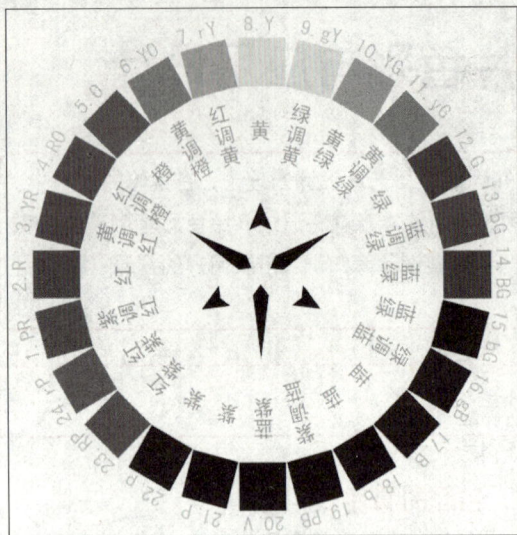

在 24 色色相环中，彼此相隔 12 个数位或者相距 180 度的两个色相，均是互补色关系。互补色结合的色组，是对比最强的色组，使人的视觉产生刺激性、不安定性。

不同的色彩能够产生一种相对冷暖的感觉，这种感觉被称为色性。冷暖感觉是基于人类长期生活积淀所产生的心理感受。例如，红黄搭配的幻灯片效果给人以热烈的感觉；蓝绿搭配的制作效果则给人以清凉的感觉。

● 饱和度

饱和度是指色彩的鲜艳程度，又称彩度、纯度，代表了色彩的纯净程度。饱和度取决于该色中，含色成分和消色成分（灰色）的比例。含色成分越大，饱和度越大；消色成分越大，饱和度越小。

纯色是饱和度最高的一级。光谱中红、橙、黄、绿、蓝、紫等色光是最纯的高饱和度的光。其中，红色的饱和度最高，橙、黄、紫等饱和度较高，蓝、绿则饱和度较低。

色彩的饱和度越高，则色相越明确，反之则越弱。饱和度取决于可见光波波长的单纯程度。

● 明度

明度是指色彩的明暗程度，也称光度、深浅度，来自于光波中振幅的大小。色彩的明度越高，则颜色越明亮，反之则越阴暗。明度通常用 0%（黑）～100%（白）来度量。

明度是全部色彩都具有的属性，明度关系是搭配色彩的基础。

明度在三要素中具有较强的独立性，其可以不带任何色相特征，仅通过黑白灰的关系单独呈现出来。在无彩色中，明度最高的颜色为白色，明度最低的颜色为黑色，中间存在着一个从亮到暗的灰色系列。

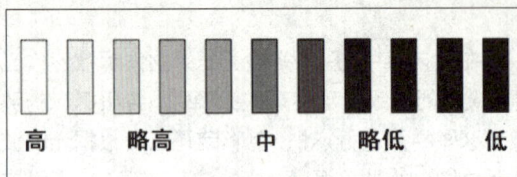

## 3. 色彩与人类视觉感受

人类本身并不能从色彩上得到什么视觉或心理的感受。所谓人对色彩的感觉，是人类自身在进行各种生产、生活活动时积累的各种与色彩相关的经验而造成的体验。

这些经验使人在观察到某种颜色或某种色彩搭配而引起的、与这种颜色有关的物体所带来的联想。

例如，当看到黄色和橘红色，通常会联想到火焰、太阳，因此，人类会从这两种颜色中感受到温暖、炽热。相反当看到深绿色和淡蓝色时，则会联想到深邃的湖水、冰川，从而感受到凉爽甚至冰冷。

色彩在引起联想具体印象的同时，还会引起与这些联想相关的抽象印象。

续表

| 色相 | 具 体 联 想 | 抽 象 联 想 |
|---|---|---|
| 红 | 太阳、火焰、血液等 | 喜庆、热忱、警告、革命、热情等 |
| 橙 | 橙子、芒果、麦子等 | 成熟、健康、愉快、温暖等 |
| 黄 | 灯光、月亮、向日葵等 | 辉煌、灿烂、轻快、光明、希望等 |
| 绿 | 草原、树叶等 | 生命、青春、活力、和平等 |
| 蓝 | 大海、天空等 | 平静、理智、深远、科技等 |

| 色相 | 具 体 联 想 | 抽 象 联 想 |
|---|---|---|
| 紫 | 丁香花、葡萄、紫罗兰等 | 优雅、神秘、高贵等 |
| 黑 | 夜晚、煤炭、墨汁等 | 严肃、刚毅、信仰、恐怖等 |
| 白 | 雪、白云、面粉等 | 纯净、神圣、安静等 |
| 灰 | 灰尘、水泥、乌云等 | 平凡、谦和、中庸等 |

在设计幻灯片而选择色彩时,不能过于依赖与其相关的情感含义,因为其间的联系并不是固定不变的,在不同的文化背景下,这种感情含义是可以变化的。

## 18.2　色彩搭配艺术

在平面设计中,色彩搭配的艺术是以灵活运用色彩为基础的,而色彩的运用不外乎两大原则,即色彩的调和与对比。

### 1. 色彩的调和

平面设计中,往往需要确立一个核心的主色调,以该色调为基础进行色彩的选择。

所谓调和就是通过对主色调进行各种变化,以求出与之相符的颜色,并将这些颜色应用到平面设计中,以追求色彩的和谐效果。

调和色彩的依据就是主色调,主色调越明显,则作品的协调感越强,而主色调越不明显,则作品的协调感就越弱。

色彩的调和依靠的是各种色彩因素的积累,以及色彩属性的相近。调和的方式主要包括以下几种。

● 色相近似调和

在平面作品中,除素描作品以外,通常至少包含两种以上的色相。在设计平面作品时,使用的色彩在色相环上越相近,则色相就越类似,甚至趋于同一种色相。这种取色方式,就是色相近似调和。

上图中的麦田怪圈照片,主色调为黄绿色,辅助的颜色为黄褐色、绿色以及棕黄色等,整体上色相就非常相近。

以色相近似的方式调和,通常需要借助色彩明度的差异化来形成画面层次感。

● 明度近似调和

在有些平面设计作品中,可能使用了多种色相的颜色。此时,可对这些色彩进行处理,使用近似的明度,以降低各种颜色的对比因素,使其调和。

在使用明度近似调和时,需注意各颜色的饱和度不可太高。各种高饱和度的色彩即使明度近似,如不使用其他调和色彩的话也会造成色相的对立,影响整体的调和效果。

● 低饱和度色彩调和

饱和度较低的颜色会给人以整体偏灰暗的感觉,因此,大量应用这类的色彩,在画面的色彩组合上就一定是调和的。

这种低纯度的色彩在视觉上并没有什么冲击力,趋向于中性,因此也就无法产生色彩的对立。

● 主色调比例悬殊调和

在平面设计中,如果主色调所占比例成分有绝对的优势,则通常这幅作品的整体色彩就是较为协调和统一的,其统一的程度与主色调和其他色调之间面积的比值成正比,即比值越大,则调和的程度越高;反之,则会由于色彩的激烈冲突而产生严重的对立。

这种基于色调比例理论的调和,就被称作主色调比例悬殊调和。

上图的照片在选景上就采用了大量紫色与蓝色色调做为主色调,通过主色调的展示来体现整体的色彩使用。

在了解了4种基本的调和方法后,即可根据这些调和色彩的原则,设计演示文稿中所采用的色调

以及搭配的色彩。

## 2. 色彩的对比

色彩的调和是决定平面设计作品稳定性的关键。而如果需要平面作品展示色彩的冲击力,赋予作品激情,丰富作品的内涵,则需要使用到对比的手法。

所谓对比,其手法与调和完全相反,需要通过差异较大的两种或更多鲜明的色彩来形成。对比的方式主要包括4种。

● 色相对比

色相是区别颜色的重要标志之一。多种色相对比强烈的颜色出现在同一设计作品中时,本身就会产生强烈的对比效果。两种色彩在色相环上的距离越远,则对比的感觉越强烈。

在进行中国传统风格设计时,有时会大量使用饱和度非常高的绿色与红色、黄色与红色,以突出民俗或喜庆的风格,此时就需要运用到色相对比的方式。

在摄影、绘画、计算机界面设计中,色相对比的手法应用非常广泛,使作品中色彩的运用更鲜明而突出。

● 饱和度对比

在采用同一色调或同一色相来描述设计作品

时，如需要体现出色彩的对比效果，则往往可使用
饱和度对比的手法。

在使用饱和度对比的手法时，主要侧重于将同
一种色相中不同饱和度的色彩进行比较，以形成强
烈的对照，使画面更富有空间感和层次感。

● **明度对比**

明度对比也是一种重要的色彩对比手法。在平
面色彩设计时，使用同一色相和饱和度的色彩，可
以用明度来区分色彩中的内容。

相比之前的两种对比方法，明度对比通常用于
凸显光照对物体的影响，或物体表面的质感等
特点。

● **色性对比**

色性也是色彩的一种重要属性，是人类根据颜
色形成的关于冷暖触觉的联想。在之前介绍的 24
色色相环中，位置越靠上的色彩就给人以更温暖的
感觉，而位置越靠下的色彩则给人以更寒冷的
感觉。

色性的对比是色相对比的一个分支，也是一种
冲击力较强的对比。通过两种色性的颜色塑造，可
以使平面作品的画面更具有空间感和立体感。处理
到位的冷暖色彩，将使得画面充满着色彩的活力和
生机。

在使用对比的手法处理色彩时，还应注意人的
肉眼在观察色彩时还会受到两种色彩之间距离因
素的影响。

当两种对比颜色距离较近时，受到的对比冲击
力会更强，而当两种对比颜色距离较远时，则受到
的对比冲击力会因距离的增加而逐渐减弱。

> **提示**
>
> 调和与对比两种手法是一种既对立又共存、
> 相辅相成的关系。单纯使用调和的手法，设
> 计出的作品趋于保守而无冲击力；单纯使用
> 对比的手法，则设计出的作品容易过于冲突
> 而造成用户的视觉疲劳。

## PowerPoint 18.3　演示文稿的设计流程

设计演示文稿是一个系统性的工程，包括前期
的准备工作、收集资料、策划布局方式与配色等
工序。

### 1. 确定演示文稿类型

在设计演示文稿之前，首先应确定演示文稿的
类型，然后才能确立整体的设计风格。通常演示文

稿包括演讲稿型、内容展示型和交互型 3 种。

● 演讲稿型

演讲稿型演示文稿的作用是作为演讲者的提纲和板书内容，可以为演讲者提供演讲内容的提示，同时辅助收听者更方便地进行收听和记录。常见的演讲稿型演示文稿包括各种课件、会议报告、工作总结等。

在设计演讲稿型演示文稿时，应多添加各种详实的演讲内容、数据资料等，充实演示文稿的内容，增强演示文稿的说服力。

因此，在设计这种演示文稿时，需要展示大量的文本资料，并通过绘制各种形状，制作流程图和结构图。必要时，可使用 SmartArt 图形以增强效果。

● 内容展示型

内容展示型演示文稿的作用仅是单纯的向用户展示各种图像或文本的内容。常见的内容展示型演示文稿包括产品简介、企业信息简介、个人简介等介绍性的多媒体演示程序。

在设计这种演示文稿时，除了附上展示的图像或文本信息外，还需要为幻灯片之间的切换添加各种特效，并设置幻灯片为自动播放功能，通过大量的特效吸引用户的注意力。

与演讲稿型不同，在设计内容展示型演示文稿时，需要将更多的精力放在演示文稿的界面设计中，须知设计美观、具有艺术性的演示文稿才能为用户提供一个良好的印象。

● 交互型

PowerPoint 不仅可以制作静态的演示文稿，还可以通过超链接、动作、VBA 脚本和宏等功能，为用户提供具有交互性的演示文稿。常见的交互型演示文稿包括各种学习资料、简单的应用程序等。

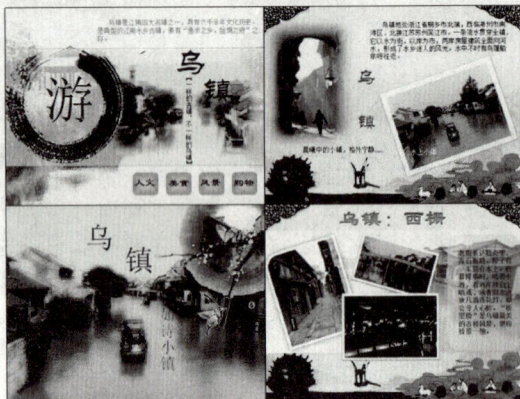

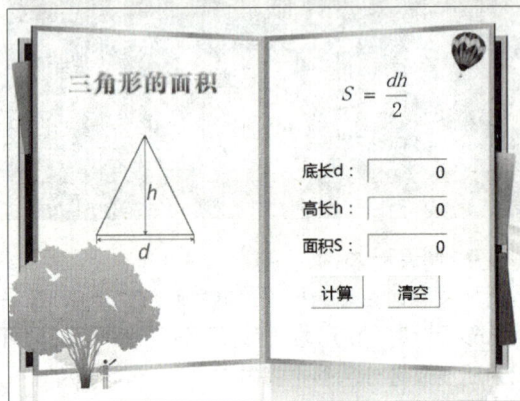

## 2. 收集演示文稿素材和内容

在确定了演示文稿的类型之后，即可着手为演示文稿收集素材内容，通常包括以下几种。

● 文本内容

文本内容是各种幻灯片中均包含的重要内容。收集文本内容的途径主要包括自行撰写和从他人的文章中摘录两种方式。

在自行撰写文本内容时，需要注意文本的逻辑结构关系，以及语法、用字等。从他人的文章中摘录内容，需要对内容进行二次加工，根据演示文稿的实际需要进行改写。

● 图像内容

图像也是演示文稿的重要组成部分，主要分为背景图像和内容图像两种。

演示文稿所使用的背景图像通常包括封面、内容和封底 3 种，在选取或制作这 3 种背景图像时，应保持其之间的色调一致。演示文稿的正文部分应尽量采用相同的背景图像，以保持整体风格更加和谐。

在选择内容图像时，应精心挑选符合演示文稿主题且美观大方，可以吸引用户注意力的图像。必要时，可以使用图像处理软件对图像进行美化处理。

● 逻辑关系内容

在展示演示文稿中的内容结构时，往往需要组织一些图形来清晰地展示其之间的关系。此时，可使用 Microsoft Visio 等软件绘制结构图或流程图。

在设计演示文稿时，既可以直接将这些图形粘贴到演示文稿中，也可以通过 SmartArt 技术对图形进行重绘，增强图形的表现能力。

● 多媒体内容

在使用 PowerPoint 制作演示文稿时，用户还

可以准备一些多媒体素材内容，包括各种声音、视频等。

声音可以在播放时吸引用户的注意力，应用到幻灯片的切换和播放背景中；视频可以更加生动的方式展示幻灯片所讲述的内容。

● 数据内容

数据内容也是演示文稿展示的一种重要内容。在 PowerPoint 中，用户可以插入 Microsoft Excel 和 Microsoft Access 等格式的数据，并根据这些数据，制作数据表格与图表等内容。

### 3. 制作演示文稿

制作演示文稿是演示文稿的设计与实施阶段。在该阶段，用户可先设计演示文稿的母版，应用背景图像，然后再根据母版创建各幻灯片，插入内容。除此之外，用户也可直接为每个幻灯片设置背景，分别选取版式并插入内容。

## 18.4 幻灯片的布局结构

在设计演示文稿的幻灯片时，用户可为其应用多种布局版式，以利于排布其中的内容。

### 1. 单一布局结构

单一布局结构是最简单的幻灯片布局结构，在该布局结构中，往往只单纯地应用一个占位符或内容。

这种布局结构通常应用于封面、封底或内容较单一的幻灯片中，通过单个内容展示富有个性的视觉效果。

构成单一布局结构幻灯片的内容往往是简单的文本内容，在设计单一布局结构的幻灯片时，应注意文本内容与整个背景图像的协调性，包括色彩的搭配以及位置的分布等。

### 2. 上下布局结构

上下布局结构是最常见的幻灯片布局结构。在该布局结构中，包含了两个部分，即标题部分和内容部分。在默认状态下创建的幻灯片大多数都是这种结构。

上下布局结构的适应性较强，既可以应用于封面、封底，也可以应用于绝大多数的幻灯片中。

在封面或封底中应用上下布局，可以显示演示文稿的标题、作者等信息。

而在其他幻灯片中应用上下布局，则可以同时显示标题以及幻灯片的内容部分，在上方插入标题，并在下方添加各种文本、表格、图表、图形或图像。

### 3. 左右布局结构

左右布局是一种较为个性化的幻灯片布局结构。在该布局中，各部分内容以左右分列的方式排列。

左右布局结构通常应用于一些中国古典风格的或突出艺术氛围的幻灯片中。在中国古典风格的左右布局幻灯片中，其内容通常以自右至左的方向显示。

而对于一些追求个性化效果的现代风格幻灯片而言，则通常以自左至右的方向显示内容。

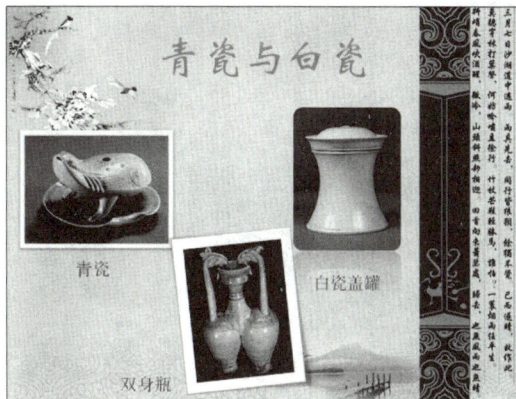

#### 4．混合布局结构

　　除了以上 3 种布局结构之外，在幻灯片的设计中，还可以混合使用上下布局结构和左右布局结构，用多元化的方式展示更丰富的内容。

　　上图中的幻灯片就采用了上下布局结合左右布局的混合结构模式，以期展示更多的图片内容。

　　除了混合多种排列方式外，在处理图文混排的内容时，还可以根据图像的尺寸，设置文本的流动方式，使图文结合地更加紧密。

## 18.5　幻灯片内容设计

　　在为幻灯片确立了布局版式后，即可着手为幻灯片添加内容，并设计内容的样式。

#### 1．标题的设计

　　标题是幻灯片的纲目，其通常由简短的文本组成，以体现幻灯片的主题、概括幻灯片的主要内容。

　　设计幻灯片的标题，可以为其添加前景、背景以及各种三维效果。具体到幻灯片设计中，主要包括以下几种。

　　● 文本格式

　　文本格式包括文本的字体、字号、加粗/倾斜/下划线/阴影/删除线等样式。幻灯片标题的文本格式需要与整体幻灯片相适应。

　　例如，在设计古典风格的幻灯片时，可使用篆书、楷书、仿宋、隶书或行书等风格的字体，适当地对其进行加粗处理，使得标题更具有古典意味。

　　在设计上图的幻灯片时，就采用了具有书法风格的华文隶书字体，并对标题文本进行了加粗处理，以使其更趋向于传统书法。

　　● 艺术字样式

　　艺术字也是一种重要的突出标题文本的手法，可为标题文本添加填充色、边框色并增加投影等特效。

在设计上图中的标题时，就采用了浅色的填充和深色的边框色，通过填充色和边框色的对比，突出标题的内容。

● 形状样式

形状样式的作用是为标题文本设置一个边框范围，并添加背景和各种特效。使用形状样式可以更直接的方式将标题文本与幻灯片的背景图像区分开来，对标题进行进一步的凸显处理。

上图中的标题本身色彩与背景颜色并未形成较大的对比，因此，只能通过标题的形状样式，为标题增加一个图形背景，以凸显标题内容。

### 2. 文本内容的设计

幻灯片中的文本内容通常包括两种，即段落文本和列表文本。

● 段落文本

段落文本用于显示大量的文本内容，以表达一个完整的意思或显示由多个句子组成的句群。

在排版的过程中，通常需要对段首进行差异化处理，通过段首缩进、段首突进和首字放大等手法，凸显段落的分界。上图中的幻灯片就采用了段首缩进的方式。

● 列表文本

列表文本主要用于显示多项并列的简短内容，通过项目符号对这些内容进行排序，多用于显示幻灯片的目录、项目等。

上图的幻灯片就是通过圆点"•"项目符号来显示幻灯片的目录内容的。除了圆点"•"外，用户还可使用方点"◆"、字母、数字等符号。

### 3．表格的设计

如需要显示大量有序的数据，则可使用表格工具。表格是由单元格组成的，其通常包括表头和内容两类单元格。

在设计表格时，用户既可以应用已有的主题样式，也可重新设计表格的边框、背景以及各单元格中字体的样式，通过这些属性，将表格的表头和普通单元格区分开来，使表格的数据更加清晰明了。

### 4．图表的设计

如需要显示表格数据的变化趋势，则还可以使用图表工具，通过图形来展示数据。在设计图表时，用户可根据数据的具体分类来选择图表所使用的主题颜色和图表的类型。

### 5．图形的设计

PowerPoint 幻灯片中的图形主要包括形状 SmartArt 图形。普通形状用于显示一些复杂的结构，或展示矢量图形信息。

SmartArt 是 PowerPoint 预置的形状，其可以展示一些简单的逻辑关系，并展示预置的色彩风格。

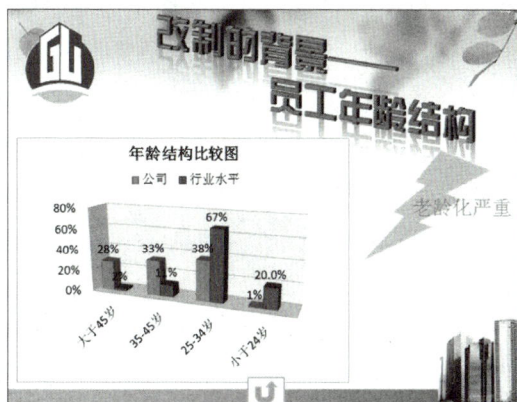

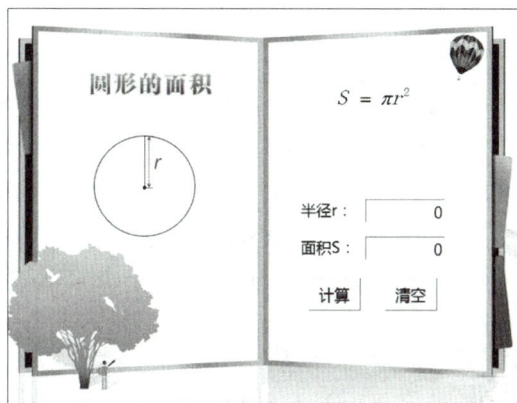

# 第 6 篇

# 演示文稿实例

# 19

# 制作产品宣传演示

使用 PowerPoint 制作产品演示可以提高产品的知名度，辅助产品的宣传工作，让人们了解产品的性能、特点、功能以及部件组成。本例将使用 PowerPoint 2010 制作"尼康数码相机宣传展示"的演示文稿，对尼康数码相机进行详细的介绍。

## 19.1 设计分析

在制作产品演示时，需要对产品演示程序的背景进行统一风格的设计，同时还需要应用差异化的布局效果，营造艺术化的氛围。

### 1. 页面构图

在制作产品宣传的演示文稿时，经常需要采用各种个性化的产品布局方式，因此，多数幻灯片均可采用"空白"版式。

例如，该演示文稿中的"附件配件"幻灯片，在左下角放置一张数码相机的图片，并在标题左侧绘制一个"圆角矩形"形状后，用连接符将两者相连，使观众的视线能够随连接符在两者之间移动。

另外，为配合配件图片的出现，在幻灯片中的 3 个"圆角矩形"形状中将出现相应配件的名称。这种独特的版面，将使观众得到更加强烈的新鲜感，加深对观众的印象。

### 2. 色彩分析

在"技术特性"幻灯片中，选用了蓝色的背景图片。蓝色表现出一种美丽、文静、理智、安静的氛围，给人以开阔的心情，具有理智、准确的意向，更能强调商品或企业形象。

在设计幻灯片的标题时，采用了与背景色相匹配的蓝色色调，以使标题和背景更加协调。幻灯片中的表格采用了与背景蓝色色相相近的水蓝色主题，整体用色趋于统一。

### 3. 图形设计

图形是 PowerPoint 演示文稿的重要组成部分。在设计幻灯片时，使用 PowerPoint 形状，可以丰富幻灯片的内容，增强幻灯片的表现力。

例如，在"主要特点"幻灯片中，就使用了 PowerPoint 的形状工具绘制了一个椭圆形形状，并为形状添加了边缘的柔化，以制造一种光晕的效果，凸显产品的形象。

除此之外，使用编辑形状功能，还可以改变文本内容的背景，增加背景颜色和边框线条。

在"相机功能特点"幻灯片中，同样使用了"矩形"和"L形"形状，绘制了一个照相机镜头的图形标志，模拟拍照的功能，凸显产品的特点。

### 4. 动画效果

单纯静态的图形图像内容往往难于提供更强的表现力，因此，在设计演示文稿时，还需要为各种对象和幻灯片的切换添加动画效果。

例如，在"产品构成"幻灯片中，就使用了PowerPoint的路径动画编辑功能，用路径控制手形的图标按照指定的顺序分别指示数码相机产品的各组成部分，同时还使用了"切入"类型的动画，在幻灯片左侧显示该组成部分的名称。

在"样照欣赏"幻灯片中，分别为相机和照片

添加了多种动画效果，控制数码相机和照片伴随声音成对同时显示，模仿相机拍摄的效果。

除了在主体内容的幻灯片中使用动画以外，在封底的幻灯片中，也使用了"字幕式"的文本动画，模仿影片拍摄完成后的字幕。

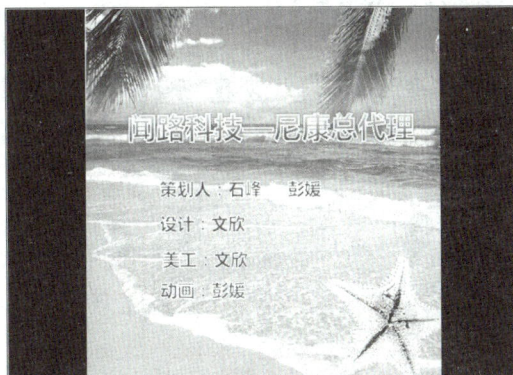

**PowerPoint**

## 19.2 制作产品概述幻灯片

在制作产品宣传演示时，首先应对产品的主要特点、产品构成和技术特性等产品的基本信息进行介绍。本例就将使用 PowerPoint 导入各种外部素材，并绘制图形，以对数码相机产品进行简单概述，帮助用户了解该款相机的性能及特性。

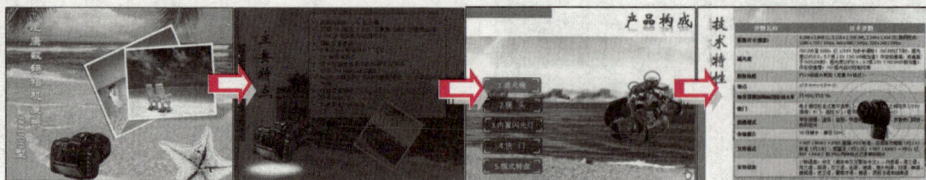

**操作步骤** ▶▶▶▶

### 1．制作封面幻灯片

**STEP|01** 新建空白幻灯片，并右击执行【设置背景格式】命令，在弹出的对话框中启用【图片或纹理填充】单选按钮，单击【文件】按钮。在弹出的【插入图片】对话框中，选择背景图像。

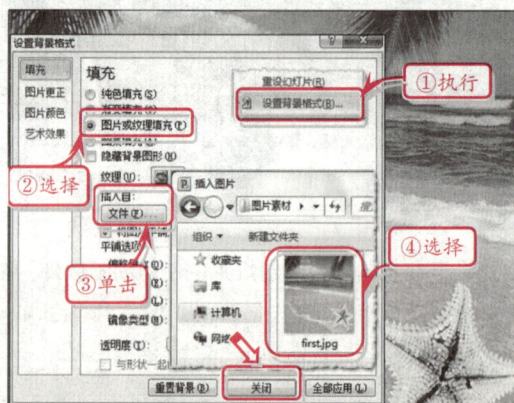

**STEP|02** 绘制一个【垂直文本框】，在该文本框中输入文本"尼康数码相机展示 D5000 型"并设置文本格式及样式。

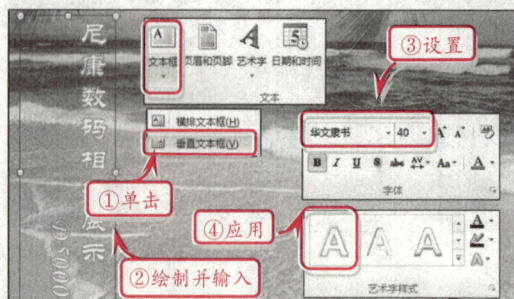

**STEP|03** 分别插入风景图像和产品图像，并为风景图像应用"简单框架，白色"样式。然后选择产品图像，在【排列】组中翻转图像并调整图像尺寸。

**STEP|04** 选择相机图像，在【动画】组中，添加【浮入】进入动画。然后，在【高级动画】组中，单击【自定义路径】按钮，并绘制路径。

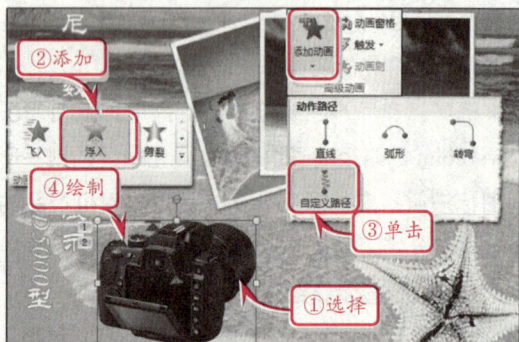

**STEP|05** 选择"风景图片 1"，在【动画】组中添加【淡出】进入动画效果，然后选择"相机"图片，

在【高级动画】组中，单击【自定义路径】按钮，并绘制路径。

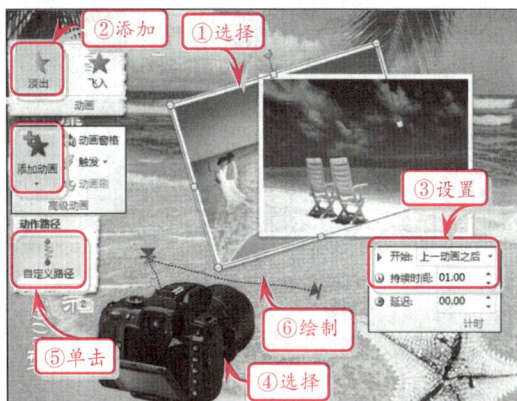

### 提示

其中，选择"风景图片 1"的动画，在【计时】组中，设置"风景图片 1"的【开始】为"上一动画之后"；【持续时间】为"1 秒"。然后，选择相机的动画，在【计时】组中，设置【开始】为"上一动画之后"。

**STEP|06** "风景图片 2"，在【动画】组中添加【淡出】进入动画效果，并在【计时】组中，设置【开始】为"上一动画之后"；【持续时间】为"1 秒"。然后，选择垂直文本框，在【动画】组中添加【切入】进入动画。

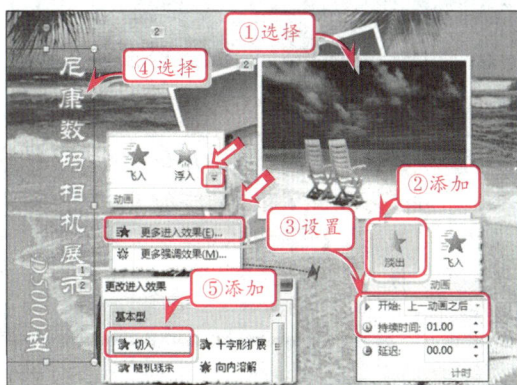

### 2. 制作主要特点幻灯片

**STEP|01** 新建空白幻灯片，插入"背景 2.png"图像，放置在幻灯片的右侧并设置图像尺寸。然后，再绘制一个"矩形"，放置在幻灯片的左侧中间位置，并设置该形状的形状填充和形状轮廓。

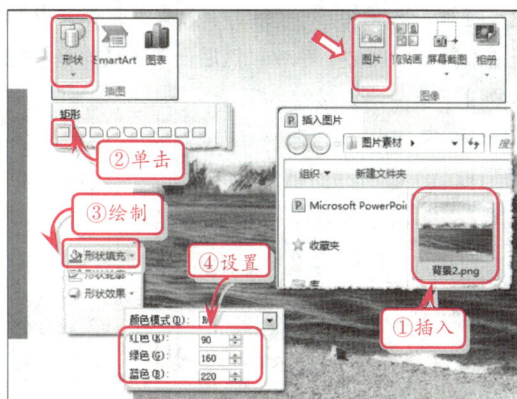

### 提示

选择"矩形"形状，执行【形状填充】|【其他填充颜色】命令，在弹出的【颜色】对话框中，选择【自定义】选项卡，设置颜色为"蓝色"，RGB 值为（90,160,220）。然后，执行【形状轮廓】|【无轮廓】命令。

**STEP|02** 插入一个"垂直文本框"，输入文本"主要特点"，并设置文本格式及样式。然后，按照相同的方法，插入一个"横排文本框"，输入文本，并设置文本格式。

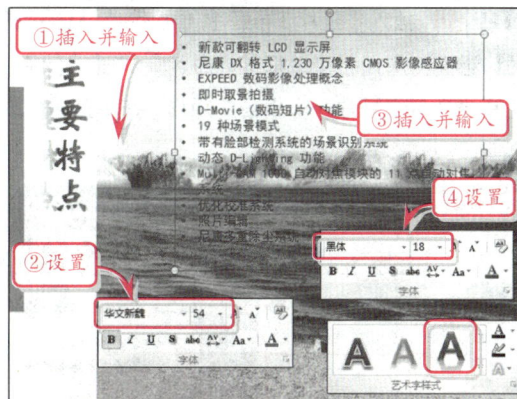

### 提示

其中，垂直文本框中的文本，字体为"华文新魏"；大小为 54；在【艺术字样式】组中，应用的是"填充-蓝色，强调文字颜色 1，金属棱台，映像"样式。横排文本框中的文本，字体为"黑体"；大小为 18；颜色为"深红"。

**STEP|03** 在【插图】组中，单击【形状】下拉按钮，选择"圆角矩形"，绘制一个圆角矩形，并执行【设置形状格式】命令。然后，单击【排列】组中的【下移一层】按钮。

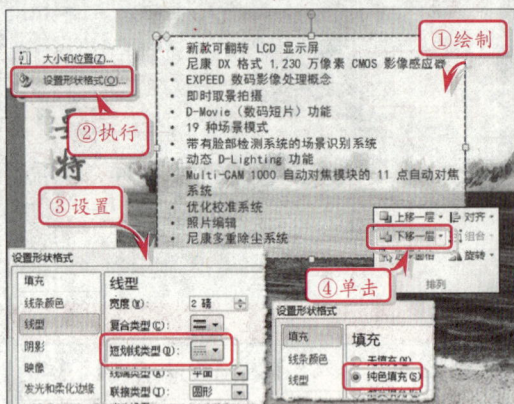

### 提示

绘制的矩形刚好可以覆盖文本框的大小即可。然后，在弹出的【设置形状格式】对话框中，选择填充为"纯色填充"，设置颜色为"白色，背景1"，透明度为"30%"；选择"线型"项中的短划线类型为"方点"；线条颜色为"蓝色，强调文字颜色1"。

**STEP|04** 插入"照片3.jpg"图像，并在【图片样式】组中，应用"简单框架，白色"样式。然后，绘制一个与幻灯片大小相同的矩形，并填充为"黑色"，透明度为"40%"。

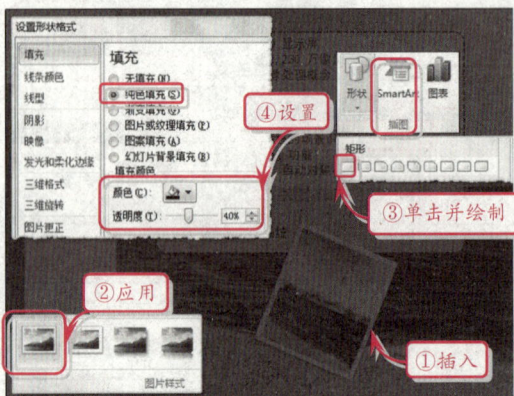

**STEP|05** 插入相机"D5000_LCD_2_i.png"图像，并调整图像尺寸和旋转方向。然后，绘制一个"椭

圆"形状，为其应用"白色，背景1"样式；选择填充效果为"25磅"，柔化边缘。

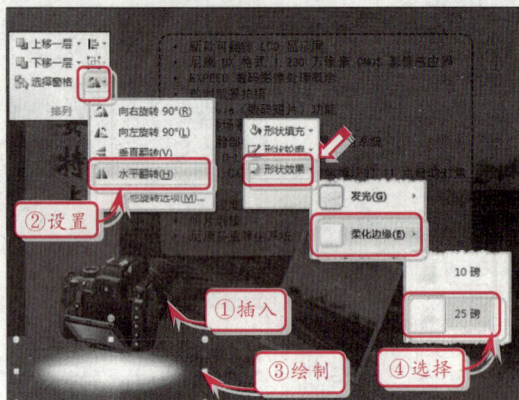

**STEP|06** 选择"椭圆"形状，在【动画】组中，添加【淡出】进入动画。然后，选择相机图像和"椭圆"形状，在【高级动画】组中，添加【心跳】动作路径，并设置【开始】为"与上一动画同时"。

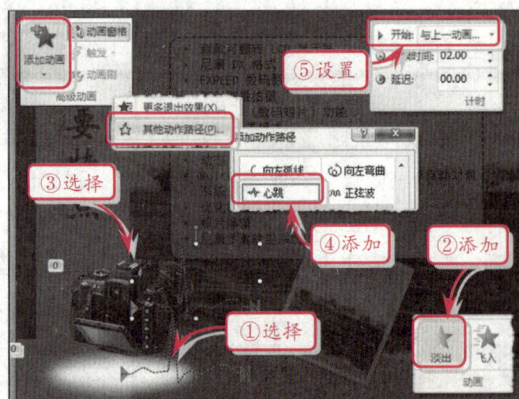

### 提示

按 Ctrl 快捷键，单击相机图片和"椭圆"形状，同时选择两项可以同时添加"心跳"路径动画效果，在【计时】组中，设置一个【开始】为"与上一动画同时"即可，这两个对象是同时开始的。

**STEP|07** 选择相机图像，在【高级动画】组中，添加【脉冲】强调动画效果，并设置【开始】为"与上一动画之后"。然后，分别选择矩形和椭圆形状，在【高级动画】组中，分别添加【向外溶解】和【消失】退出动画。

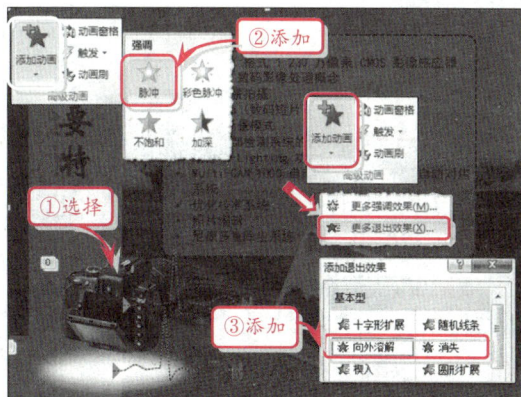

### 提示

其中，在【高级动画】组中，矩形添加的是【向外溶解】退出动画，并设置【开始】为"上一动画之后"，椭圆形状添加的是【消失】退出动画，并设置【开始】为"与上一动画同时"。

**STEP|08** 选择垂直文本框，在【动画】组中，添加"飞入"进入动画，并设置【效果选项】为"自右侧"。然后，选择"照片 3.jpg"图像，在【动画】组中，添加【淡出】进入动画，并设置【开始】为"上一动画之后"。

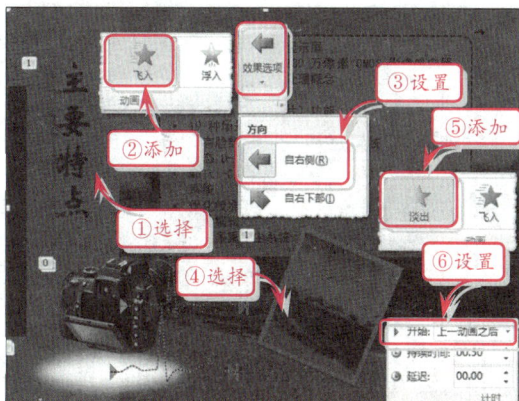

### 提示

在为垂直文本框、图片、横排文本框、圆角矩形添加动画时，可以先将矩形形状隐藏，然后，再添加动画效果，动画添加完成后，再将矩形形状显示出来。

**STEP|09** 选择圆角矩形和横排文本框，在【动画】

组中，添加【缩放】进入动画，并设置【开始】为"上一动画之后"。

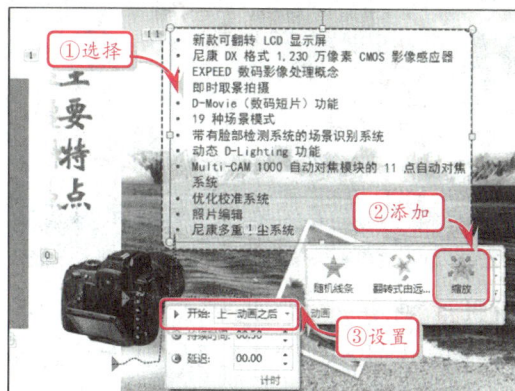

**STEP|10** 选择横排文本框，在【高级动画】组中，添加【对比色】强调动画，并设置【开始】为"上一动画之后"。然后单击【显示其他效果选项】按钮，在弹出的【对比色】对话框中，设置声音、动画播放后、动画文本的参数。

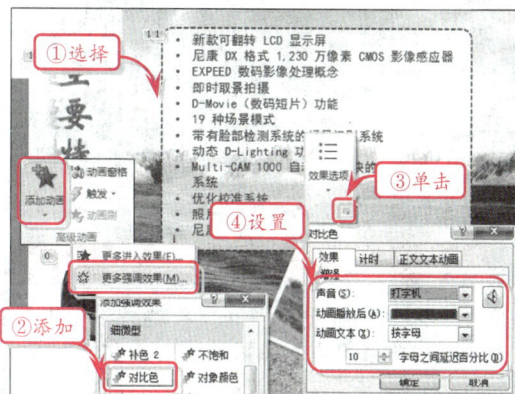

### 提示

在【对比色】对话框中，设置声音为"打字机"；动画播放后的颜色为"蓝色"，RGB值为（0,0,255）；动画文本为"按字母"；字母之间延迟百分比为10。在【计时】组中，设置【开始】为"上一动画之后"。

### 3. 制作产品构成幻灯片

**STEP|01** 新建空白幻灯片，添加背景图像，并在幻灯片的顶部绘制一个矩形，按照之前幻灯片的方式设置其样式。添加横排文本框，输入文本并设置文本格式，在【动画】组中，添加【浮入】进入

动画。

**STEP|02** 插入一个相机图像，在【动画】组中，添加【淡出】进入动画，设置【开始】为"上一动画之后"。然后，在【高级动画】组中，依次添加【脉冲】、【放大缩小】强调动画和【淡出】退出动画。

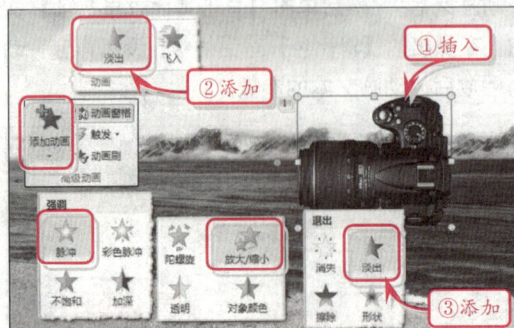

### 提示

在【计时】组中，设置【脉冲】、【放大缩小】强调动画和【淡出】退出动画的【开始】为"上一动画之后"。

**STEP|03** 单击【图片】按钮，在【插入图片】对话框中，选择相机部件的图像，插入到幻灯片中，并改变其大小和位置。然后，选择所有相机部件图片，为其添加【切入】动画，设置【开始】为"上一动画之后"。

**STEP|04** 插入一个"手"图片，为其添加【淡出】进入动画，并设置【开始】为"上一动画之后"。然后，在【高级动画】组中，单击【自定义路径】按钮，绘制一条路径，设置【开始】为"上一动画之后"。

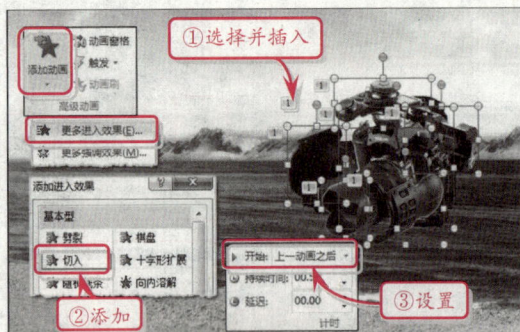

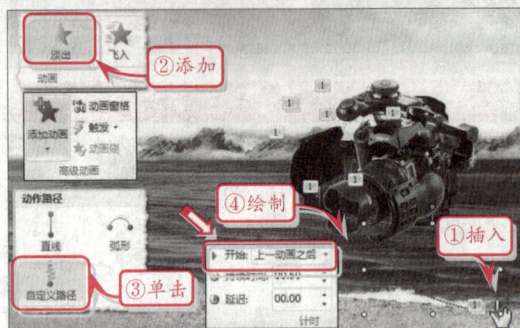

**STEP|05** 绘制一个"椭圆"形状，设置形状填充为"无填充"颜色，形状轮廓为"红色"。然后，改变椭圆的尺寸和位置，为其添加【淡出】进入动画、【脉冲】强调动画和【淡出】退出动画，并设置【开始】为"上一动画之后"。

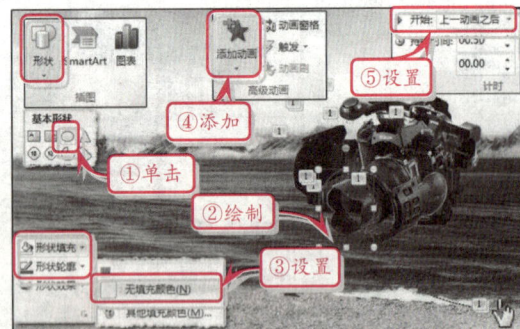

**STEP|06** 绘制一个"圆角矩形"形状，设置其填充颜色为"黑色"，线条颜色为"无线条"，透明度为"50%"。然后绘制一个"L形"形状，设置形状填充为"白色"，形状轮廓为"无轮廓"。再复制3个"L形"形状，旋转后将其组合。

**STEP|07** 选择"圆角矩形"形状，右击执行【编辑文字】命令，输入文本并设置文本格式。然后，为该组合添加【切入】进入动画，并设置【开始】

为"上一动画之后"。

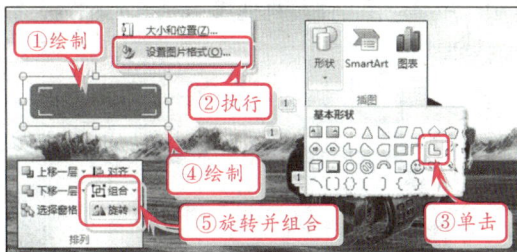

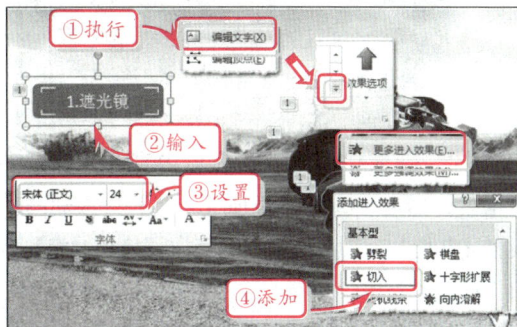

**STEP|08** 复制 4 个组合形状,并修改其中的文字。再为"手"图片添加动作路径,并绘制"椭圆"形状,然后添加动画,完成各个部件的解释。

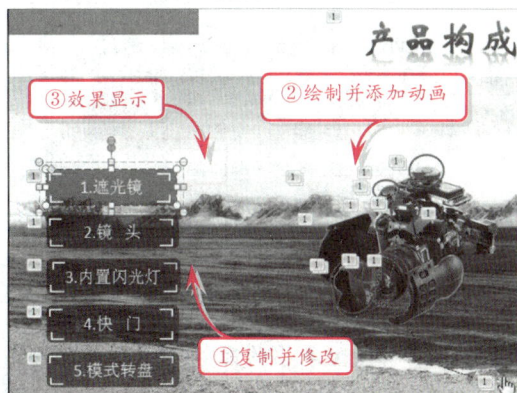

提示

为"椭圆"形状和组合形状添加的动画与前面设置相同,并在【计时】组中,依次设置【开始】为"上一动画之后"。

### 4.制作技术特性幻灯片

**STEP|01** 新建空白幻灯片,并为其添加背景图像,将图像放置在幻灯片的右侧。然后,绘制一个矩形,设置该形状格式与上一幻灯片相同。然后添加垂直文本框,输入文本并设置文本格式,在【动画】组

中,添加【空翻】进入动画。

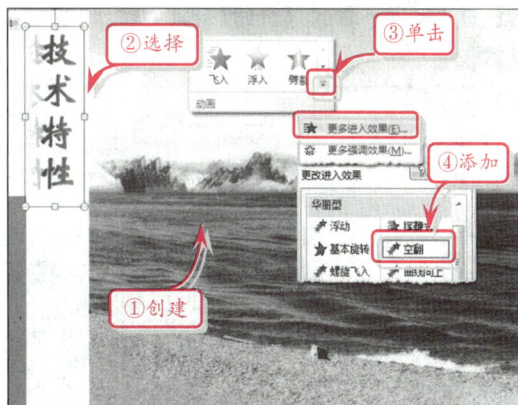

**STEP|02** 绘制一个"正圆"形状,并设置其填充颜色和轮廓颜色。然后,为"正圆"形状添加【放大/缩小】强调动画,并在【放大/缩小】对话框中,设置【重复】为"直到幻灯片末尾";再为其添加【淡出】退出动画。

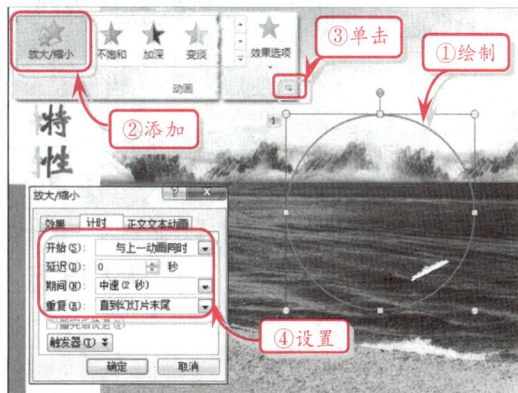

提示

选择"椭圆"形状,单击【形状填充】下拉按钮,选择"无填充";单击【形状轮廓】下拉按钮,选择"橙色,强调文字颜色 6,深色 25%"色块。并在【放大/缩小】对话框中,设置【开始】为"与上一动画同时";【期间】为"中速"。

**STEP|03** 复制一个椭圆,并缩小椭圆,为其添加【淡出】进入动画,设置【开始】为"与上一动画同时"。然后,在【动画窗格】面板中,单击两次【重复排序】左侧的"上箭头"按钮,并执行【从上一项之后开始】命令。

**STEP|04** 使用相同的方法,复制一个椭圆,并设

置其动画效果。插入一张相机图片，为其添加【淡出】进入动画，设置【开始】为"从上一项之后开始"。

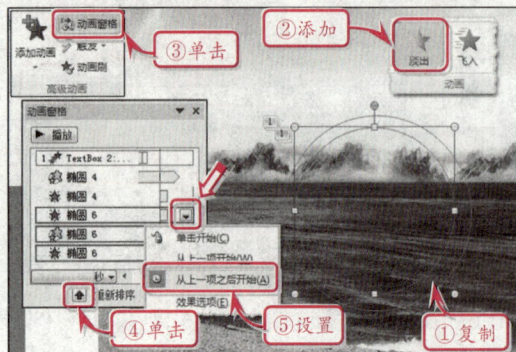

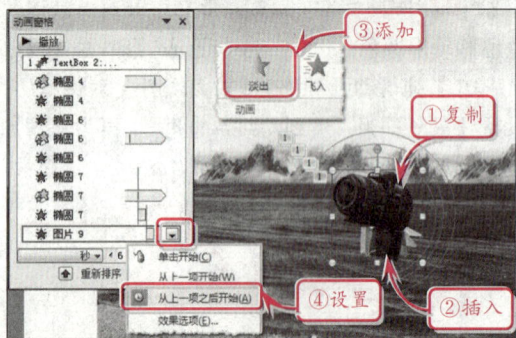

**STEP|05** 选择相机图像，在【高级动画】组中，添加【脉冲】强调动画，设置【开始】为"上一动画之后"，【期间】为"慢速"。再在【脉冲】对话框中设置【重复】为"直到幻灯片末尾"。

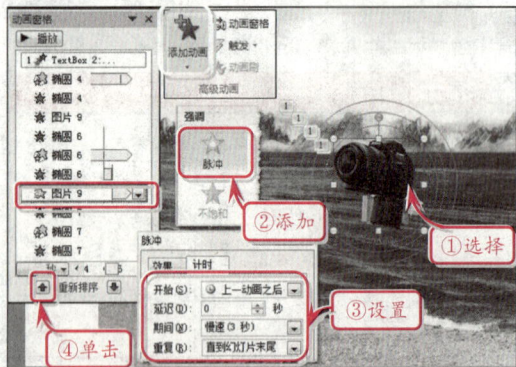

> **提示**
>
> 在【动画窗格】面板中，选择"图片9"的【淡出】动画效果和【脉冲】强调效果，然后单击【重新排序】左侧的"上箭头"按钮，分别单击8次和4次，放入相应的位置。

**STEP|06** 插入一个11行×2列的表格，在【设计】选项卡中，应用"主题样式1-强调5"表格样式。

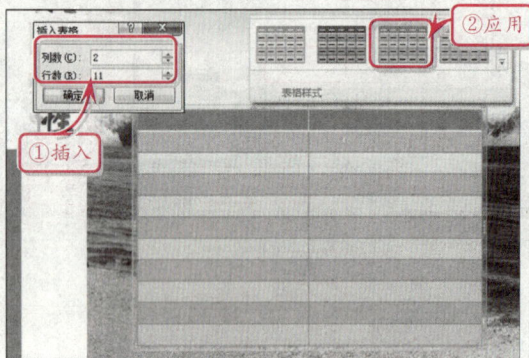

**STEP|07** 在表格中输入相应的内容，并设置字体格式。然后，为表格添加【升起】进入动画，设置【开始】为"上一动画之后"；【持续时间】为"3.5秒"。

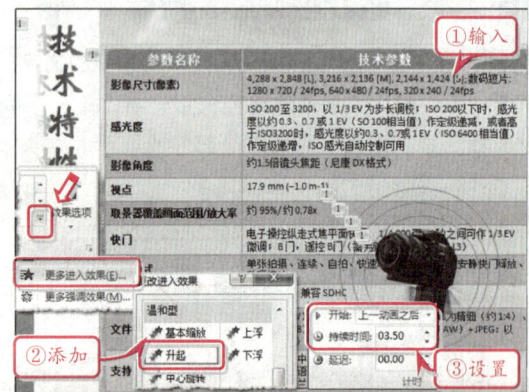

> **提示**
>
> 在表格中输入的文本，字体为"宋体"；大小为14；并设置表格的第1列文本字体加粗，设置文本对齐方式为"居中对齐"和"左对齐"。
>
> 选择表格，在【排列】组中，单击【下移一层】按钮，移动到"椭圆"形状和相机图片的底部。然后，在【动画窗格】面板中，单击两次【重新排序】左侧的"上箭头"按钮。

**19.3** 制作产品鉴赏幻灯片

在完成产品概述的幻灯片之后，用户即可对产品的信息进行进一步的介绍。本例就将在之前产品概述部分的基础上，运用艺术字、形状等技术，阐述相机的功能特点、展示附件配件，并通过动画来展示产品的性能。

**操作步骤** ▶▶▶▶

**1. 制作相机功能特点幻灯片**

**STEP|01** 新建空白幻灯片，右击执行【设置背景格式】命令，在弹出的【设置背景格式】对话框中，设置颜色为"黑色，文字 1"。然后，插入背景图像，并调整图片大小与幻灯片大小相同。

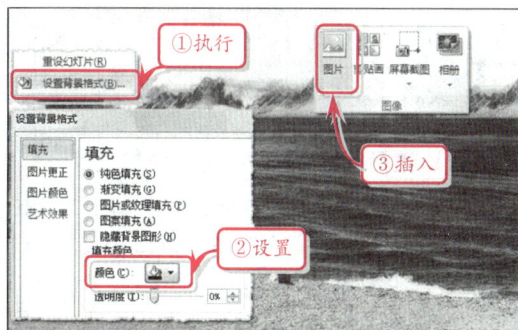

**STEP|02** 插入一个横排文本框，输入"相机功能特点"文本，设置字体格式，并在【艺术字样式】组中，应用"填充-蓝色，强调文字颜色 1，金属棱台，映像"样式。然后再绘制一个横排文本框，输入文本，并设置文本格式。

**提示**

在第 2 个横排文本框中输入的文本，设置字体为"微软雅黑"；大小为 20；文本颜色为"橙色，强调文字颜色 6，深色 50%"。

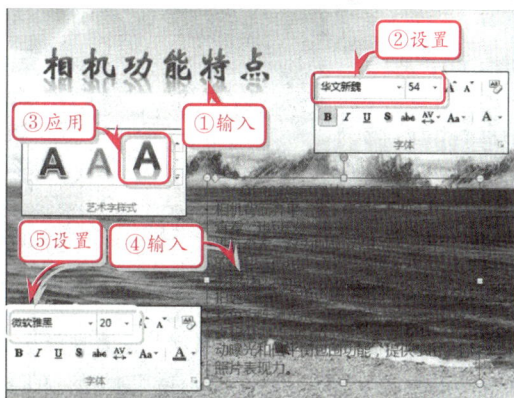

**STEP|03** 绘制圆角矩形，执行【设置形状格式】命令，为圆角矩形设置填充及线条属性。然后，单击【排列】组中的【下移一层】按钮，并输入文本。

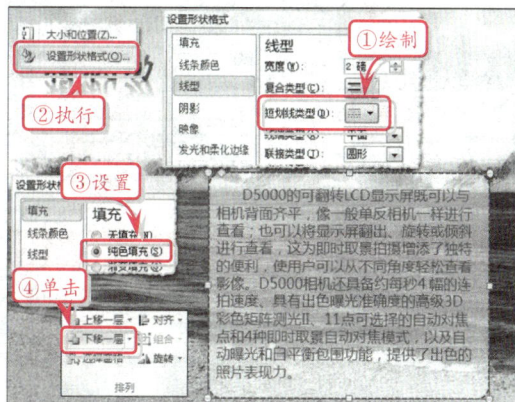

### 提示

绘制的矩形刚好可以覆盖文本框的大小即可。然后，在弹出的【设置形状格式】对话框中，选择填充为"纯色填充"，设置颜色为"白色，背景 1"，透明度为"30%"；选择"线型"项中的短划线类型为"方点"；线条颜色为"蓝色，强调文字颜色 1"。

**STEP|04** 绘制一个矩形，设置其形状填充为"白色，背景 1"；形状轮廓为"红色"。然后，再绘制一个矩形，并设置其形状填充为"无填充颜色"；形状轮廓为"红色"。

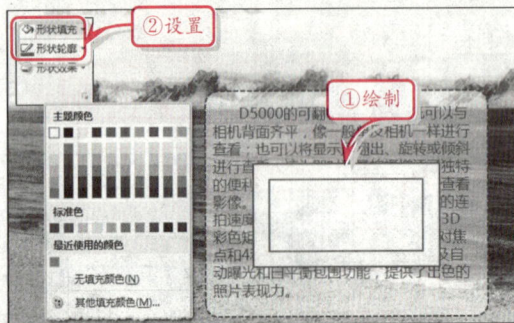

**STEP|05** 绘制一个"L 形"形状，设置其形状填充为"白色"；形状轮廓为"无轮廓"。再复制 3 个"L 形"形状，旋转后将其组合。

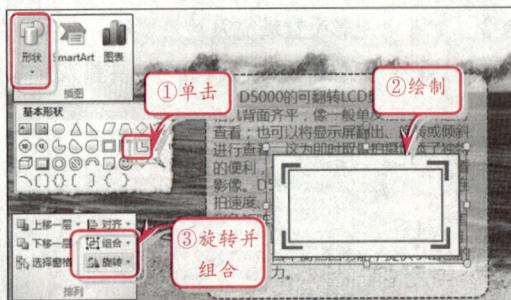

### 提示

选择"矩形"形状和"L 形"形状，右击执行【组合】|【组合】命令。

**STEP|06** 在幻灯片中插入相机图像，并进行旋

转。选择组合形状，并在幻灯片中为其绘制【十字形扩展】自由路径。然后，选择组合形状，为其添加【放大/缩小】强调动画，设置【开始】为"与上一动画同时"；【尺寸】为"600"。

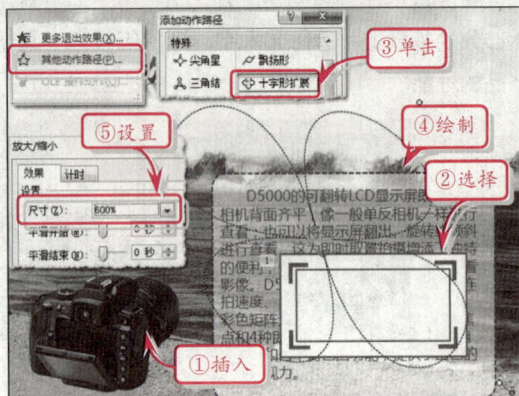

### 提示

选择组合图形，在【动画】组中，添加【十字形扩展】动作路径，然后在【高级动画】组中，添加【放大/缩小】强调动画。单击【显示其他效果选项】按钮，在【放大/缩小】对话框中，单击【尺寸】下拉按钮，选择【自定义】文本框，输入"600%"，按 Enter 键即可，并设置【持续时间】为"2.5 秒"；【延迟】为"1 秒"。

**STEP|07** 选择横排文本框，为其添加【淡出】进入动画，设置【开始】为"与上一动画同时"；【持续时间】为"0.5 秒"；【延迟】为"1 秒"。然后，选择组合形状，添加【淡出】退出动画。

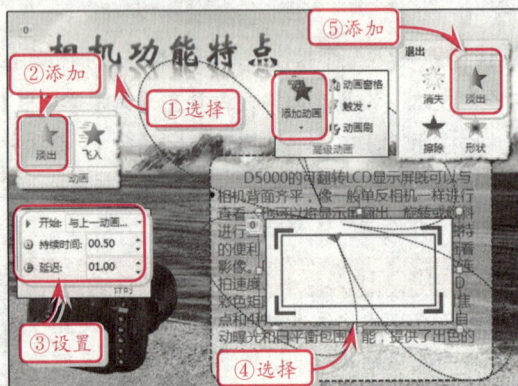

**STEP|08** 选择"背景 2.jpg"图像，为其添加【淡出】进入动画，并设置【开始】为"上一动画之后"；【持续时间】为"2 秒"。然后，选择圆角矩形和横排文本框，添加【浮入】进入动画。

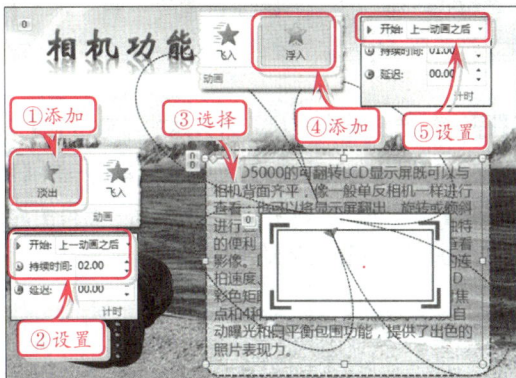

**STEP|09** 选择放置在圆角矩形上的横排文本框，添加【对比色】强调动画，并在【对比色】对话框中，设置声音、播放后文本颜色、动画文本的属性。然后，选择相机图片，添加【弹跳】进入动画。

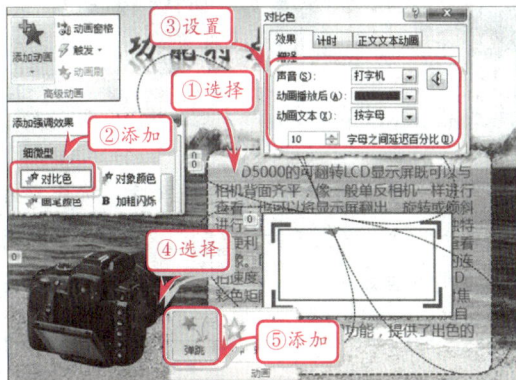

### 2．制作附件配件幻灯片

**STEP|01** 新建空白幻灯片，添加背景图像并将其放置在幻灯片的左侧；绘制一个矩形，设置该形状格式与上一幻灯片相同。然后，添加垂直文本框，输入文本并设置文本格式，在【动画】组中，添加【空翻】进入动画。

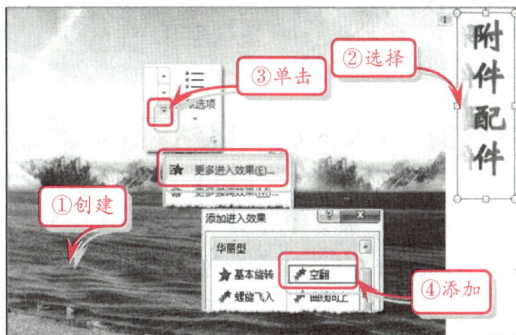

**STEP|02** 插入相机图像，将其放置在幻灯片的左下方。然后，绘制一个"肘形链接符"形状，应用"粗线，强调颜色 5"样式；再绘制"圆角矩形"形状，应用"细微效果-蓝色，强调颜色 1"样式。

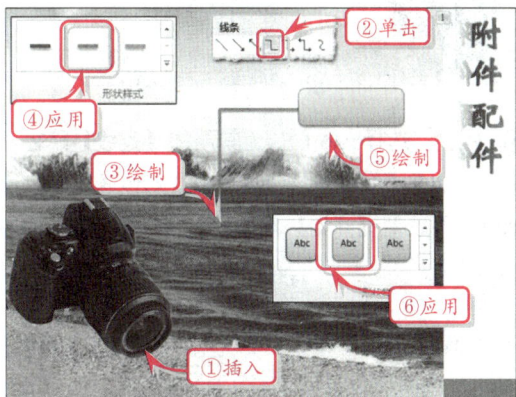

**STEP|03** 为相机图像添加【向内溶解】进入动画，并设置【开始】为"上一动画之后"。然后，为"肘形连接符"形状添加【展开】进入动画，设置【开始】为"上一动画之后"。再为"圆角矩形"形状添加动画效果。

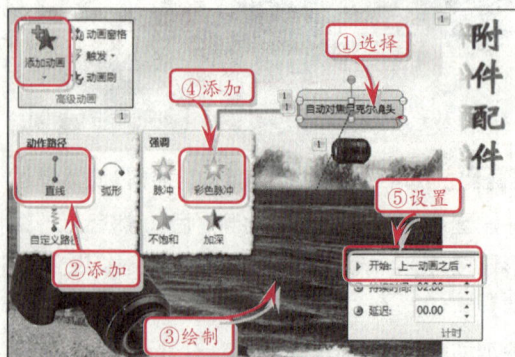

转并组合。

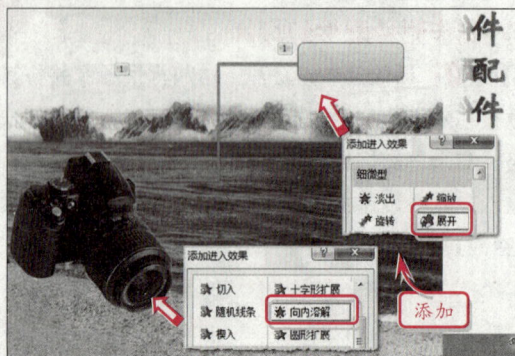

**STEP|04** 绘制横排文本框，输入"自动对焦尼克尔镜头"文本，并设置文本格式。为文本添加【展开】进入动画，设置【开始】为"上一动画之后"。然后插入图像，并添加【轮子】进入动画。

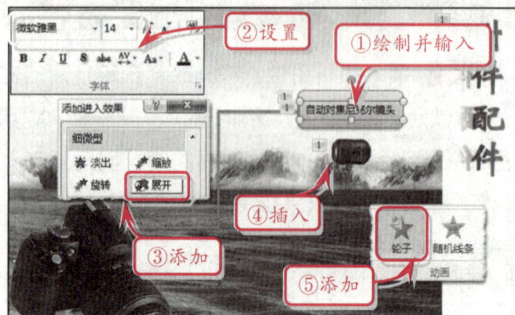

**STEP|05** 选择文本框，为其添加【直线】路径动画，并调整方向。然后，再添加【彩色脉冲】强调动画，并设置【开始】均为"上一动画之后"。

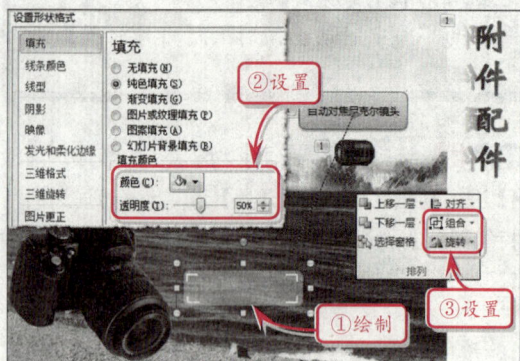

**STEP|06** 绘制圆角矩形，设置填充颜色为"白色"；透明度为"50%"；线条颜色为"无线条"。然后绘制一个"L形"形状，设置形状填充为"白色"；形状轮廓为"无轮廓"，并复制3个，将其旋

**STEP|07** 选择组合形状，为其添加【淡出】进入动画。然后，在【动画窗格】面板中，单击一次【重新排序】左侧的"上箭头"按钮。然后，选择图片，为其添加【直线】路径动画。

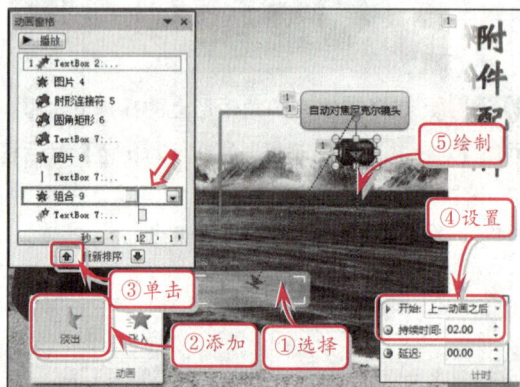

**STEP|08** 按照相同的方法，依次插入横排文本框、输入文本、插入图片、复制组合形状，为其添加相应的动画效果。

这 3 个横排文本框设置的文本格式相同，效果不同，其中，插入的"三角架"文本框，添加的是【插入】进入动画；插入的"锂电子电池"文本框，添加的是【翻转式由近及远】进入动画。在添加的所有动画中，设置的【开始】均为"上一动画之后"。

**STEP|09** 选择"肘形连接符"和"圆角矩形"形状，在【高级动画】组中添加【淡出】退出动画，并设置"肘形连接符"的【开始】为"上一动画之后"；"圆角矩形"的【开始】为"与上一动画同时"。

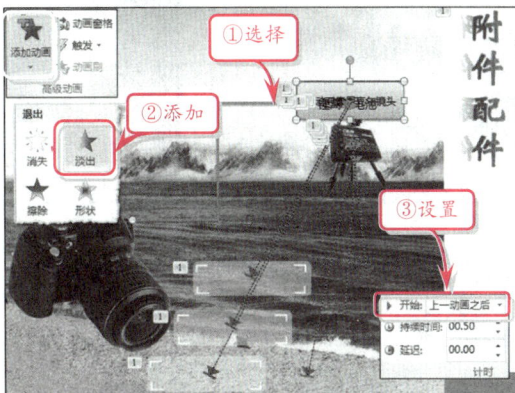

### 3．制作样照欣赏幻灯片

**STEP|01** 新建空白幻灯片，插入背景图像及横排文本框。在横排文本框中输入标题文本并设置文本格式。然后，选择横排文本框，添加【S 形曲线 2】路径动画，添加【字体颜色】强调动画及【淡出】退出动画，并设置【开始】为"上一动画之后"。

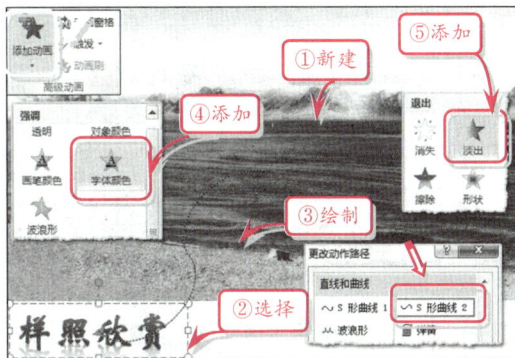

**STEP|02** 插入相机图像，为其添加【淡出】进入动画、【放大/缩小】强调动画及【淡出】退出动画。然后，插入"照片 4"图像，设置图片格式，并添

加【淡出】进入动画和【淡出】退出动画。

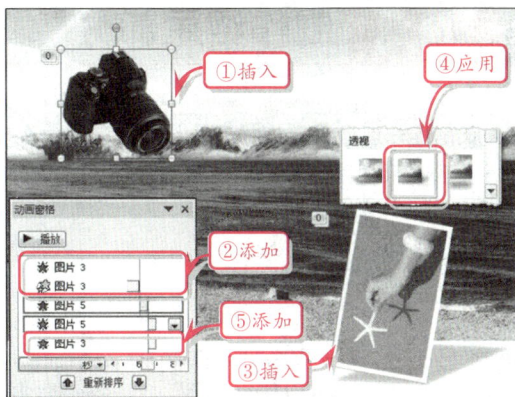

选择"照片 4"图像，执行【图片效果】|【阴影】|【右上对角透视】命令。然后，在添加的动画将其移动到相机图片的退出动画之前，设置照片图片的进入动画【开始】为"与上一动画同时"；退出动画为"上一动画之后"。相机的进入动画的声音为"照相机"，退出动画【开始】为"与上一动画同时"。

**STEP|03** 按照相同的方法，依次插入图片并设置图片格式，然后，添加相应的动画效果。

设置的动画效果与第一次插入的图片动画效果相同，但是，设置其他 3 个相机的进入动画【开始】为"单击时"，并且添加图片时要设置图片格式。

## 19.4 制作结尾部分

在制作完成产品概述和产品鉴赏两个演示文稿的主要模块之后，还可以将实体版的数码相机使用手册添加到演示文稿中供用户查阅。在演示文稿的结尾，可以附上演示文稿的策划人、设计师等作者的简介。

### 操作步骤 ▶▶▶▶

**STEP|01** 新建"仅标题"幻灯片，设置背景格式。在标题占位符中输入"数码相机使用手册"文字，应用"填充-蓝色，强调文字颜色 1，金属棱台，映像"艺术字样式。

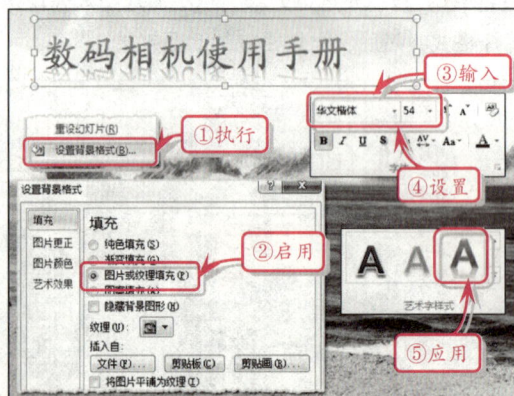

**STEP|02** 插入"手"图像，设置【重新着色】的颜色为"红色，强调文字颜色 2，深红"。插入横排文本框，输入文本并设置文本格式。然后选择图片和文本框，右击执行【组合】|【组合】命令。

**STEP|03** 选择标题占位符，添加【淡出】进入动画和【淡出】退出动画。然后，选择组合形状，为其添加【切入】进入动画、【脉冲】强调动画和【淡

出】退出动画，并设置为"上一动画之后"。

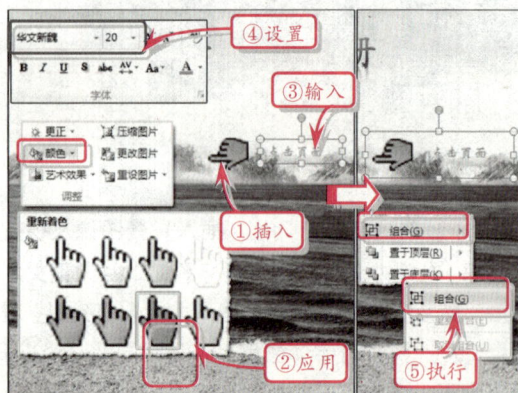

**STEP|04** 插入"使用手册"的全部图像，以倒序排列，然后，为每一张图片添加【放大/缩小】强调动画和【飞出】退出动画，依次类推。

选择添加的【放大/缩小】强调动画，在【效果选项】下拉菜单中，同时应用"两者"、"巨大"两项；选择添加的【飞出】退出动画，在【效果选项】下拉菜单中，依次选择不同的飞出方式应用。

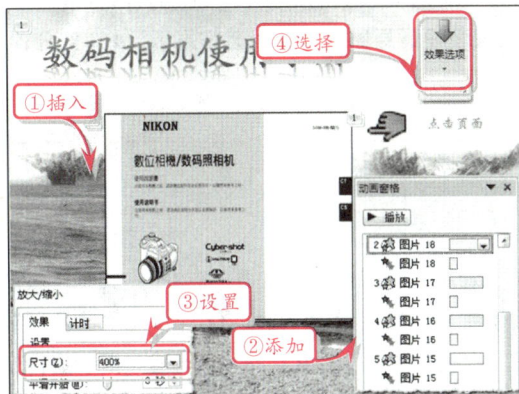

**STEP|05** 新建空白幻灯片，插入图像，插入横排文本框输入文本，设置文本格式及样式，然后为所有文本框添加【字幕式】进入动画。

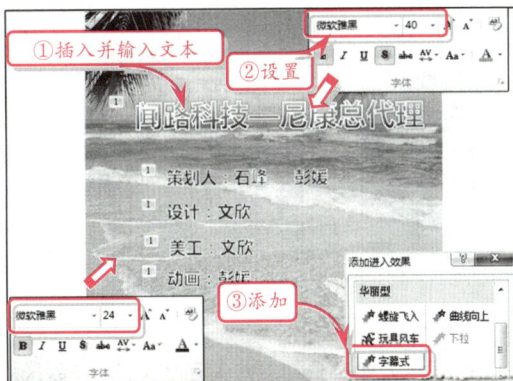

文本"闻路科技-尼康总代理"设置的文本渐变填充为"熊熊火焰"；文本轮廓为"白色"；其他文本的颜色为"黑色，文字1，淡色 25%"；文本轮廓为"白色"。设置文本框均为"与上一动画同时"。

**STEP|06** 插入文本框，输入文本"谢谢欣赏"，并设置文本格式及样式，添加【浮入】进入动画和【放大/缩小】强调动画。

设置"谢谢欣赏"文本框的文本渐变填充为"熊熊火焰"；应用的"右上对角透视"；进入动画为"上一动画之后"；退出动画为"与上一动画同时"。

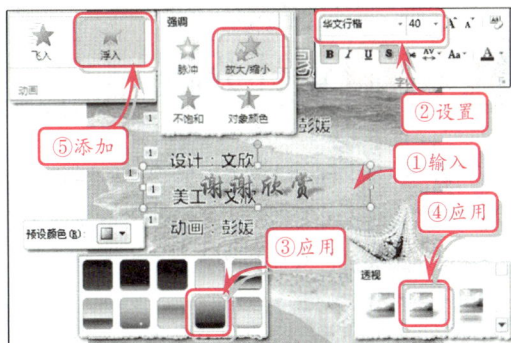

**STEP|07** 绘制两个"矩形"形状，设置填充颜色和轮廓颜色均为"黑色"，并分别放在图片的左右两侧。

打开第 1 张幻灯片，设置【切换】效果为"门"；按照相同的方法依次为其他幻灯片添加"库"、"切换"、"框"、"缩放"、"轨道"、"传送带"等切换效果。

# 家居装饰展示

家居装饰在现代生活中越来越占据重要的位置,营造一种良好的家庭生活环境,已经成为每个人的追求。家居装饰既要舒适实用,又要时尚、健康、安全,同时也要具有经济性,不能太过奢华。本实例分为"中国家装设计的风格"、"典型家居装饰"、"家装设计原则"、"家居装饰展示"4 个部分,设计和制作一个家居装饰展示的演示文稿。

## 20.1 设计分析

随着生活水平的提高,人们对居住环境越来越重视。在装修时,如果了解家装设计风格及基本原理,合理地添加自己喜欢的装饰元素,就能营造一个比较优美的生活环境。

本实例制作"家居装饰展示"幻灯片演示文稿,对不同的家装风格、家装流行趋势、房间的装饰原则及不同房间的家装展示进行介绍。通过该演示文稿,可以了解家装设计的走向和个性化装修,展示家装设计的审美艺术。

### 1. 封面设计

在该演示文稿中,标题采用粗体字,颜色和背景色区别较大,突出主题。在其右侧添加花纹,增加中国风的元素。

封面上通过应用图片样式来美化家装图片,突出主题。对图片进行不同方向的旋转,叠加放置,以动画的形式逐张出现,表现形式独特。

最后一张幻灯片与首页呼应,标题文字再次点明了主题思想。背景图片的优雅和应用"发光散射"、"柔化边缘"的家居图片结合在一起,显得幻灯片更加优雅、别致。

### 2. 页面构图

该演示文稿中各幻灯片的布局方式,多数采用简单布局方式,突出简约时尚的设计风格。

例如,在"家装流行趋势"幻灯片中,"饼形"和"泪滴形"的形状,以家居图片填充,并添加映像效果,使图片具有立体感。文字巧妙地和图片进行搭配放置,添加"箭头"形状做指示标志,使得整个幻灯片的设计更完整。

在"典型家居装饰"幻灯片中,展示的是中国古典风格的家居。客厅图片较大,采用了"锐化边缘"的效果,使其融合在背景中。右边两个"菱形"

形状，以古典风格的书房和卧室图片填充，布局简单，又能强调主题。

### 3．背景设计

　　幻灯片的背景如果与设计主题搭配合理，能起到美化幻灯片的作用，背景的运用非常关键。

　　在"厨房"演示文稿中，背景采用了带花盆的模糊效果的图片，在衬托"厨房"图片的同时，整体给人一种温馨、宁静、幸福的感受，带给人家的温暖。

### 4．添加效果

　　人们对生活质量的要求日益提高，安全、健康的生活环境成为生活中的重要部分。

　　在"卧室"幻灯片中，浅绿色的渐变背景及其上面的绿色树叶，突出环保、健康的特点。而幻灯片中的儿童房，以粉色调为主，地板上放着学习用品，白色带粉色花朵的床铺，突出了可爱的特点，其中的绿色元素和背景相呼应。

　　主卧中或窗外均有绿色植物，与背景相融合，更加体现安全、健康的设计原则，营造一个温馨舒适的家庭休息环境。

## 20.2　封面与设计风格

　　在设计家装设计的封面幻灯片时，可为幻灯片添加绚丽的背景，并展示大量的图像素材。在添加图像时，还可以为图像增添各种动画效果，以使幻灯片更具有动感。在制作"设计风格"的幻灯片时，则可以使用各种灵活的布局方式，包括图文混排以及图像裁切、浮动文本等技术，使得幻灯片为用户带来新颖的感觉。

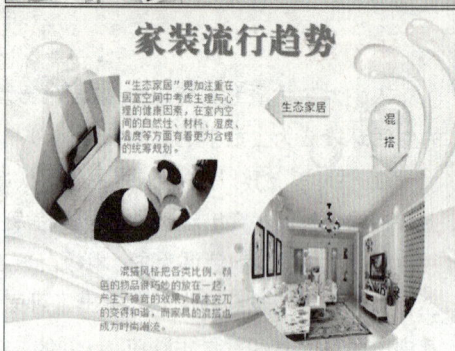

## 操作步骤 ▶▶▶▶

**STEP|01** 在 PowerPoint 中，选择【设计】选项卡，单击【背景】组中的【设置背景格式】按钮，在弹出的【设置背景格式】对话框中启用【图片或纹理填充】单选按钮，单击【文件】按钮，选择图片，插入到幻灯片中。

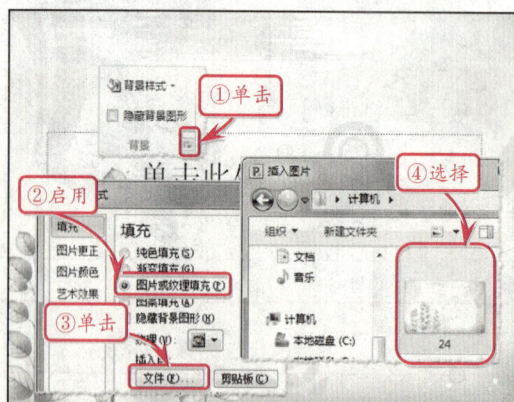

**STEP|02** 在主标题占位符中输入"中国家装设计"文字，设置其字体格式。选择【插入】选项卡，单击【图片】按钮，在【插入图片】对话框中选择图片，插入到幻灯片中。

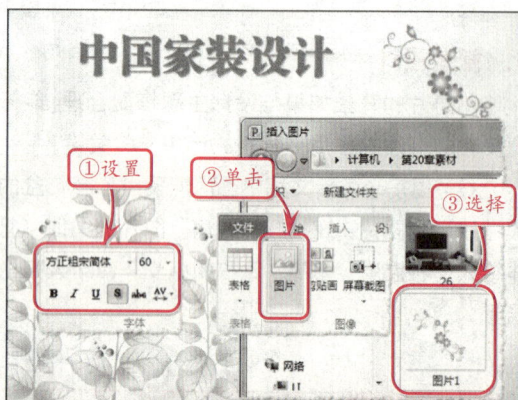

### 技巧

在幻灯片中右击执行【设置背景格式】命令，也可弹出【设置背景格式】对话框。

### 提示

"中国家装设计"，字体颜色为"橙色，强调文字颜色 6，深色 25%"。输入完成后，删除副标题占位符。

**STEP|03** 选择【插入】选项卡，单击【图片】按钮，在弹出的【插入图片】对话框中，选择图片插入到幻灯片中，并拖动图片上的控制节点，调整图片的大小。

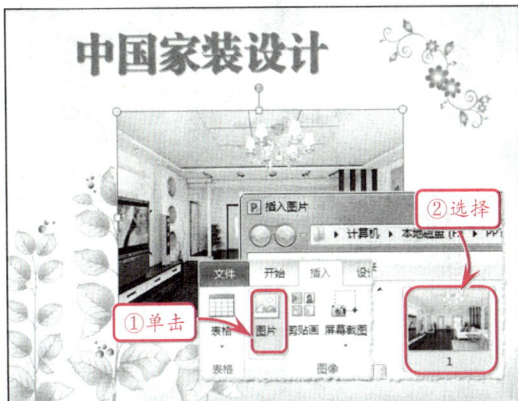

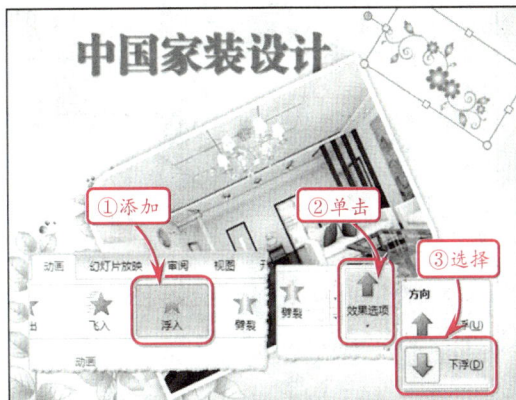

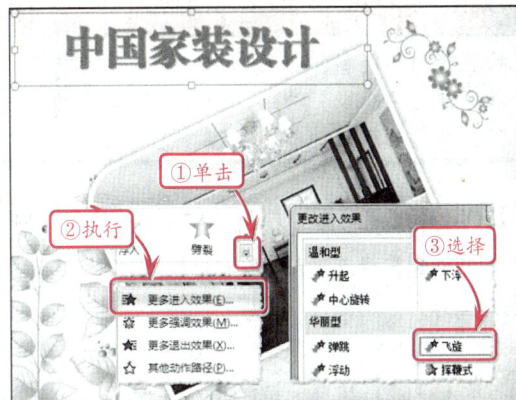

中国家装设计

①单击　②选择

**STEP|04** 选择该图片，选择【格式】选项卡，单击【图片样式】组中的【其他】按钮，应用"圆形对角，白色"图片样式。

中国家装设计

①单击　②应用

**提示**

选择图片上的绿色控制节点，逆时针旋转图片到合适角度。

**STEP|05** 选择【动画】选项卡，为"花纹"图片添加"浮入"进入动画。单击【效果选项】按钮，选择"下浮"。

**STEP|06** 选择标题文字，单击【动画】组中的【其他】按钮，执行【更多进入效果】命令，在【更改进入效果】对话框中，选择"飞旋"动画。

中国家装设计

①添加　②单击　③选择

中国家装设计

①单击　②执行　③选择

**STEP|07** 选择家装图片，在【动画】组中选择"淡出"动画。再次选择家装图片，单击【添加动画】按钮，在弹出的菜单中选择"放大/缩小"强调动画。

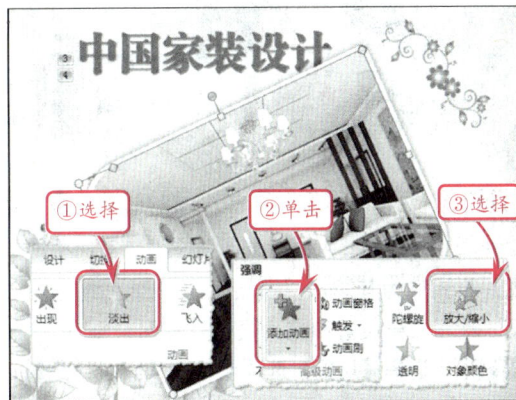

中国家装设计

①选择　②单击　③选择

**STEP|08** 单击【动画窗格】按钮，打开【动画窗格】面板。单击"放大/缩小"效果后的下拉按钮，选择【效果选项】，在【放大/缩小】对话框中单击【尺寸】后的下拉按钮，选择"较小"。设置【声音】为"照相机"。

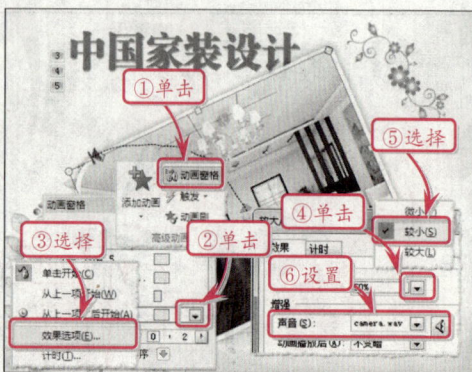

框】按钮，选择"横排文本框"，插入文本框，并输入文字。选择文本框，单击【项目符号】按钮，为文本框添加项目符号。

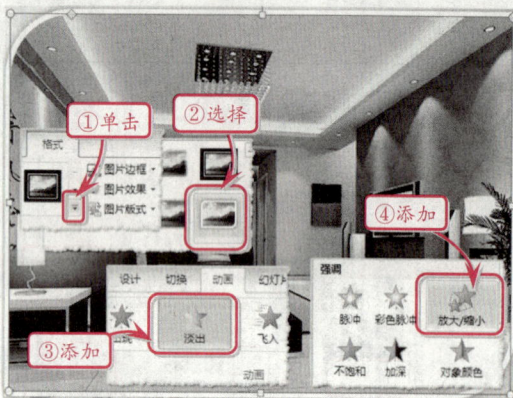

> **提示**
>
> 按照相同的添加动画的方法，为家装图片添加"自定义路径"动画，并为其绘制运动路径，其运动路径为曲线向左。

**STEP|09** 使用同样的方法插入第二张图片，并应用相同的图片样式，进行顺时针旋转，放在第一张图片上方。

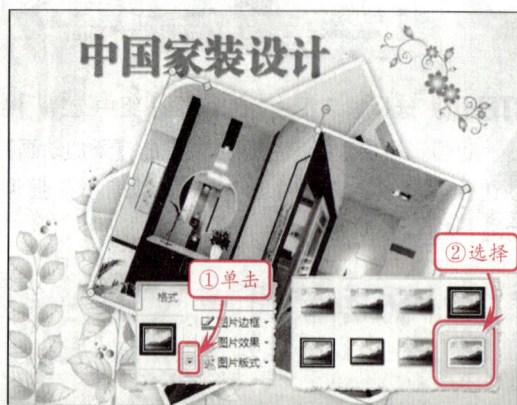

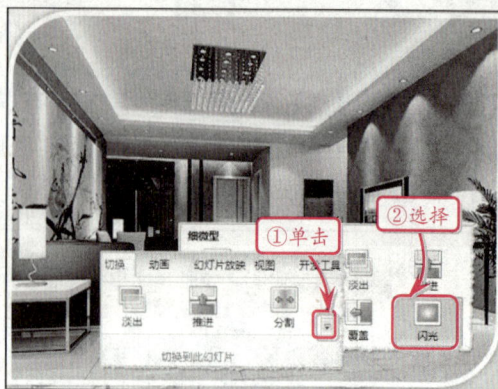

**STEP|10** 为第二张图片添加相同的动画效果，其运动路径为向右。再插入第三张图片，应用相同的图片样式。为其添加"淡出"和"放大/缩小"动画，动画效果设置和前两张图片相同。

**STEP|11** 选择【切换】选项卡，在【切换到此幻灯片】组中单击【其他】按钮，选择"闪光"。

**STEP|12** 选择【开始】选项卡，单击【新建幻灯片】按钮，在弹出的菜单中选择"仅标题"，设置其背景格式。

**STEP|13** 在主标题占位符中输入"目录"文字，设置字体格式。选择【插入】选项卡，单击【文本

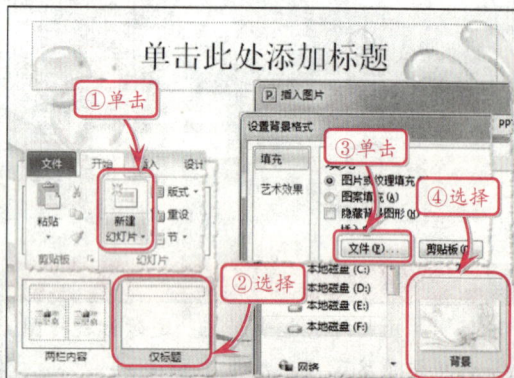

> **提示**
>
> 在标题两侧插入花纹图片。"目录"字体颜色为"橙色，强调文字颜色6"。4个文本框的字体为"宋体"，字号为"20"，字体颜色为"橙色，强调文字颜色6，深色50%"，并为文字加粗。

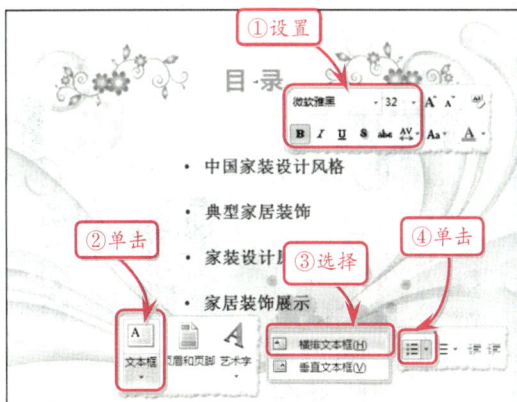

①设置

②单击

③选择

④单击

### 提示

既可以插入 4 个文本框，分别输入文字，也可以插入一个文本框，设置文字格式后复制 3 个，分别更改文字即可。

**STEP|14** 为两个花纹图片添加"淡出"进入动画，为标题添加"切入"动画，分别为 4 个文本框添加"浮入"进入动画。

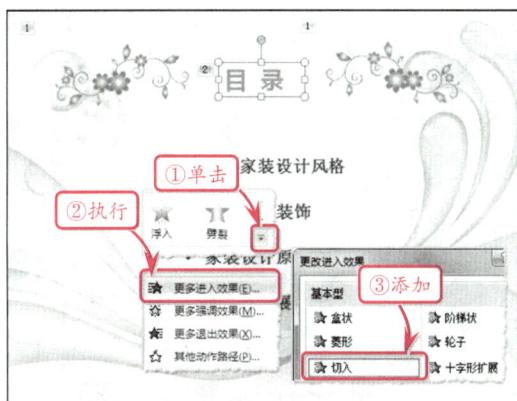

①单击

②执行

③添加

### 提示

选择"目录"文字，单击【效果选项】按钮，在弹出的菜单中选择"自顶部"，为该幻灯片添加"百叶窗"切换效果。

**STEP|15** 新建"仅标题"幻灯片，设置其背景格式，在主标题占位符中输入文字。选择【格式】选项卡，在【艺术字样式】组中单击【其他】按钮，应用"填充-橙色，强调文字颜色 6，轮廓-强调文

字颜色 6，发光-强调文字颜色 6"样式。

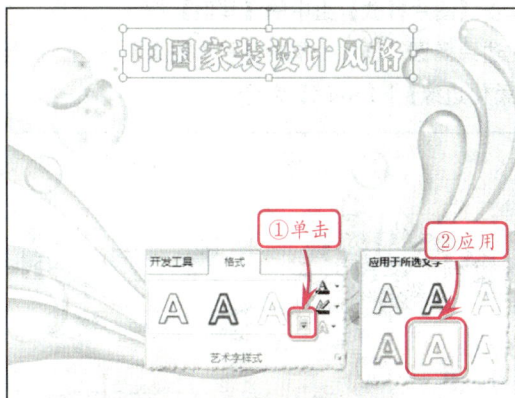

①单击

②应用

### 提示

"中国家装设计风格"字体为"汉仪粗宋简"，字号为"48"，并为文字加粗。

**STEP|16** 选择【开始】选项卡，单击【形状】按钮，选择"对角圆角矩形"，在幻灯片中绘制形状。单击【形状填充】按钮，执行【图片】命令，在【插入图片】对话框中，选择图片插入到形状中。

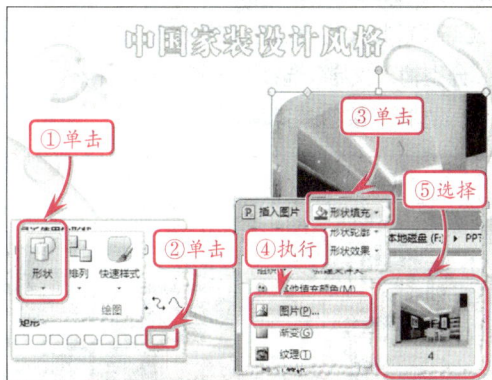

①单击

②单击

③单击

④执行

⑤选择

### 技巧

选择"对角圆角矩形"形状，右击执行【设置形状格式】命令，在【设置形状格式】对话框中，启用【图片或纹理填充】单选按钮，单击【文件】按钮，在弹出的【插入图片】对话框中，选择图片插入到幻灯片中，也可以设置图片填充。设置其轮廓为"白色"。

**STEP|17** 插入一张图片，选择【格式】选项卡，单击【图片样式】组中的【其他】按钮，选择"柔化边缘椭圆"样式。单击【图片效果】按钮，执行【柔化边缘】|【50 磅】命令。

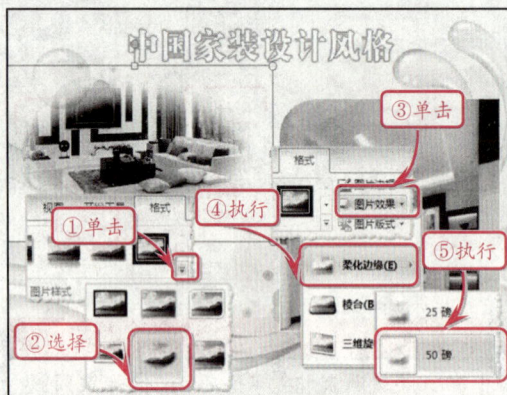

### 技巧

右击图片执行【设置图片格式】命令，在【设置图片格式】对话框中，选择【发光和柔化边缘】选项，然后设置其柔化边缘。

**STEP|18** 再插入一张图片，应用"柔化边缘矩形"样式，设置其柔化边缘为"25 磅"。插入 3 个文本框，分别输入文字。选择文本框，单击【形状填充】按钮，选择"茶色，背景 2"。

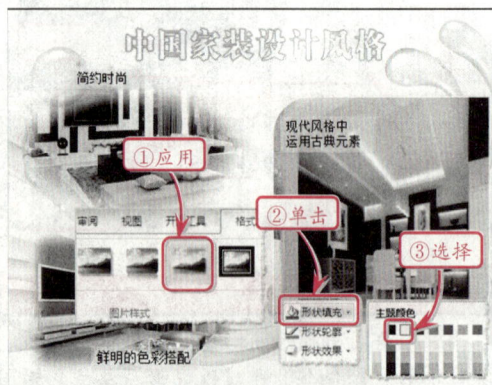

**STEP|19** 为标题文字添加"浮入"进入动画，为右侧的图片添加"阶梯状"进入动画。为第二张图片添加"缩放"进入动画，为第三张图片添加"淡出"进入动画。为其上的文本框添加"切入"进入动画。

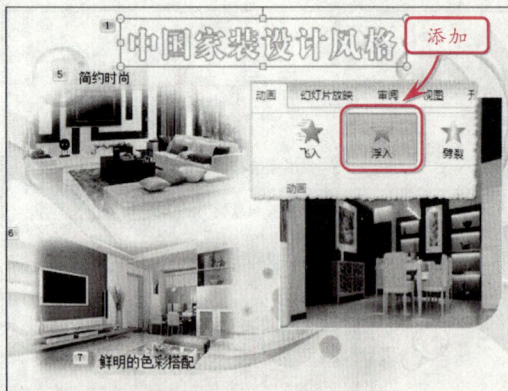

### 提示

动画效果的顺序按照插入图片的顺序添加，文本框的进入效果均在每张图片之后，"鲜明的色彩搭配"文本框"切入"效果为"自右侧"。添加"门"幻灯片切换特效。

**STEP|20** 新建"仅标题"幻灯片，应用相同的背景格式。选择"饼形"形状，在幻灯片上绘制形状，按照相同的方法设置形状填充。选择【格式】选项卡，单击【图片效果】按钮，执行【阴影】|【右上对角透视】命令。

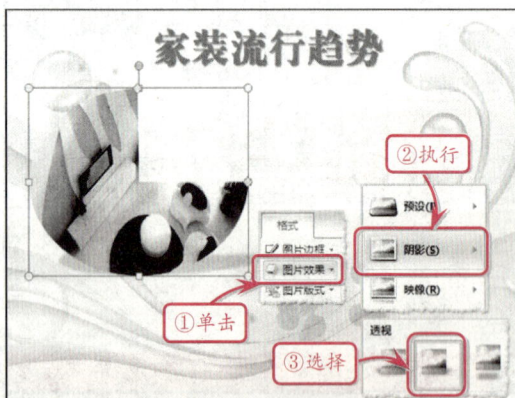

### 提示

在主标题占位符中输入"家装流行趋势"文字，设置字体格式，字体颜色为"橙色，强调文字颜色 6，深色 25%"。

**STEP|21** 在右下角绘制"泪滴形"形状，设置形状填充，应用"左上对角透视"图片效果。分别插入文本框，输入文字。

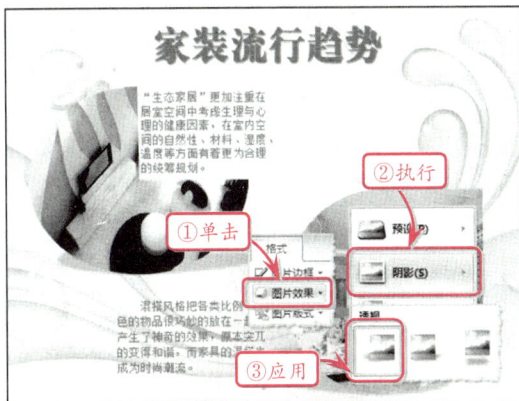

**提示**

文本框中字体为"宋体"，字号为"16"，字体颜色为"橙色，强调文字颜色6，深色25%"。

**STEP|22** 在幻灯片上绘制向左和向下的两个箭头形状，单击【形状轮廓】按钮，选择"无轮廓"。在其上插入文本框，输入文字。

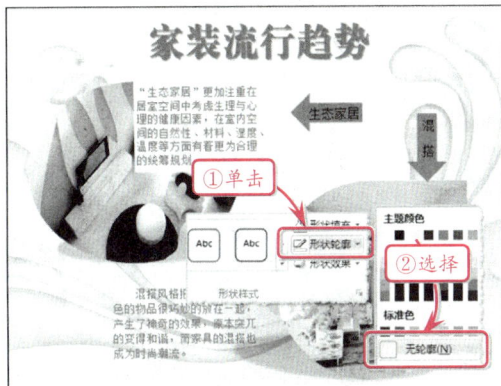

**STEP|23** 选择箭头形状，右击执行【设置形状格式】命令。在【设置形状格式】对话框中，启用【渐变填充】单选按钮，单击【预设颜色】按钮，选择"羊皮纸"。

**提示**

如果同时选择两个箭头，右击执行【设置形状格式】命令，打开【设置形状格式】对话框，为左箭头和下箭头添加"向下偏移"和"右下斜偏移"阴影效果。

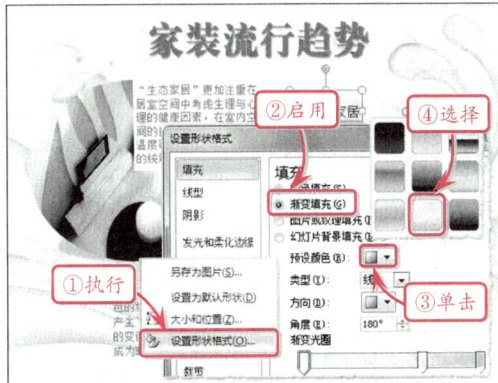

**STEP|24** 为主标题添加"挥鞭式"进入动画，为左箭头和文字添加"切入"进入动画，再为箭头添加"补色2"强调动画。为"饼形"形状添加"轮子"进入动画，为其右侧的文本框添加"挥鞭式"进入动画和"补色2"强调动画。

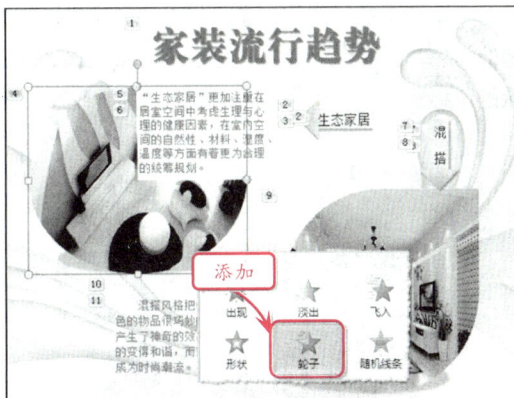

**提示**

为另外一个箭头和文本框添加相同的动画效果，为"泪滴形"形状添加"向内溶解"进入效果。

**STEP|25** 选择文本框，单击【动画窗格】按钮，在【动画窗格】面板中单击"补色2"效果后的下拉按钮，执行【效果选项】命令。在【补色2】对话框中设置"动画播放后"颜色为"橙色"。

**提示**

为该幻灯片添加"碎片"幻灯片切换效果。

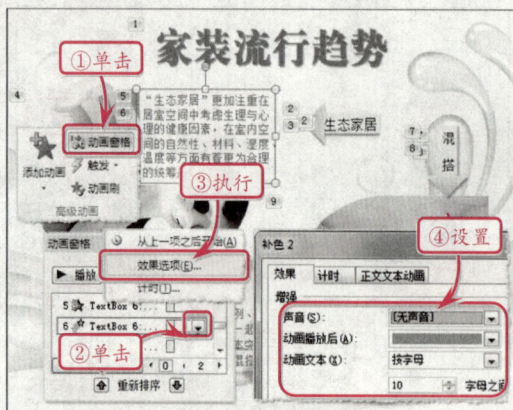

PowerPoint

## 20.3 典型家居装饰与家装设计原则

典型家居装饰和家装设计原则是中国家装设计的重要组成部分。在设计这两个幻灯片时，同样需要结合文本和图像等显示对象。在"典型家居装饰"幻灯片中，可采用各种形状迥异的照片，突出家居装饰的特色。而在设计以文本为主的"家装设计原则"幻灯片时，则可以大胆采用图形技术，制作云朵形状的小标题效果，以吸引用户的注意力。

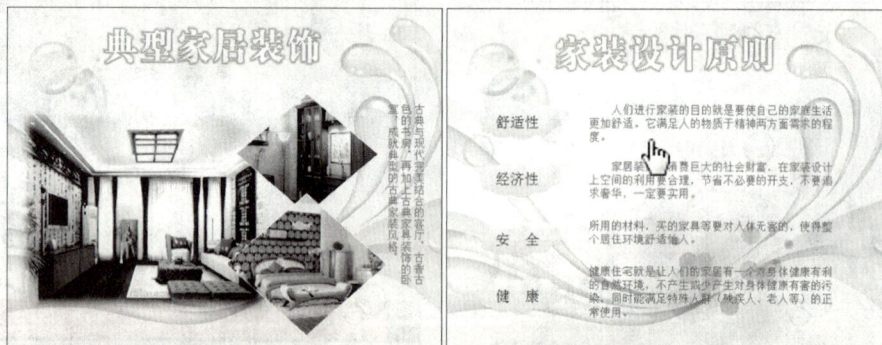

### 操作步骤 ▶▶▶▶

**STEP|01** 新建一个"仅标题"幻灯片，设置背景格式。在主标题占位符中输入文字，设置字体格式。插入一张图片，应用"柔化边缘"图片样式，设置其柔化边缘为"25磅"。

> **提示**
>
> "典型家居装饰"字体为"汉仪粗简宋"，字号为"60"，设置字体为粗体，应用"填充-橙色，强调文字颜色6，轮廓-强调文字颜色6，发光-强调文字颜色6"样式。

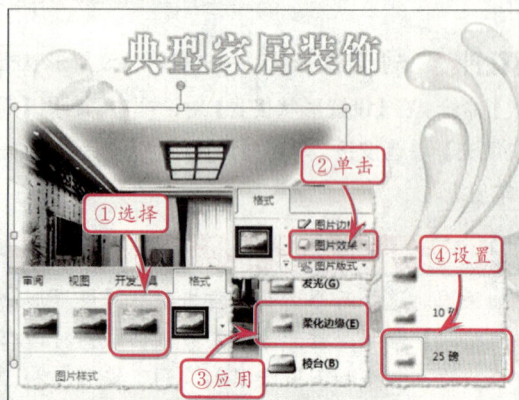

**STEP|02** 在幻灯片上绘制两个"菱形"形状，设

置其形状填充为家装图片，形状轮廓为"白色"。并在其右侧插入"垂直文本框"，输入文字，设置字体格式。

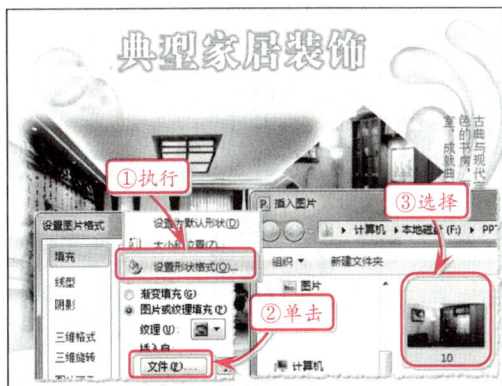

**STEP|03** 在【动画】选项组中，为标题添加"浮动"进入动画，为左侧图片添加"向内溶解"进入动画。为两个"菱形"形状添加"基本缩放"进入动画，为文本框添加"淡出"进入动画，再为其添加"对比色"强调动画。

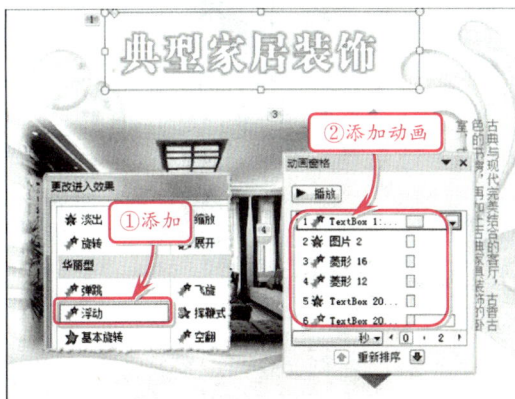

**STEP|04** 新建一个"仅标题"幻灯片，在主标题占位符中输入文字，设置字体格式。插入4个"横排文本框"，输入文字。

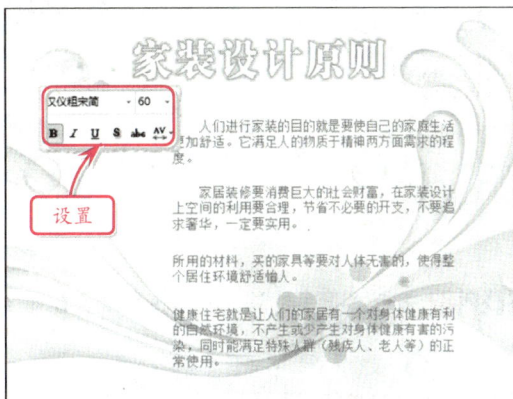

**STEP|05** 在文本框对应的左侧绘制"云形"形状，右击执行【编辑文字】命令，输入文字。并在【设置形状格式】对话框中设置其渐变填充样式。

**STEP|06** 为"云形"形状添加"浮入"进入动画。为"手"图片添加"浮入"进入动画，再为"手"添加"自定义路径"动画，绘制运动路径。为形状添加"彩色脉冲"强调动画，为右侧的文本框添加"淡出"进入动画。

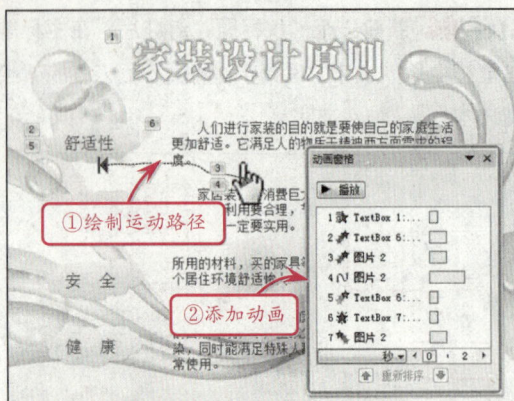

①绘制运动路径
②添加动画

加相同的动画效果。在【切换】选项组中，为幻灯片添加"翻转"切换效果。

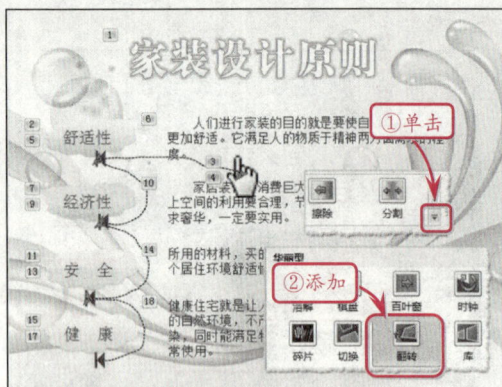

①单击
②添加

**STEP|07** 按照相同的方法为其他形状和文本框添

## 20.4 家居装饰展示

"家居装饰展示"幻灯片，其作用是以相册的方式展示客厅、卧室、卫浴和厨房等家居组成部分的各种效果，因此需要采用大量的照片资源。在使用照片时，可为照片添加形状各异的照片边框，以使布局内容更加丰富，更吸引用户的注意力。

## 操作步骤 ▶▶▶▶

**STEP|01** 新建一个"仅标题"幻灯片，在主标题占位符中输入文字，设置字体格式。插入一张图片，选择【格式】选项卡，在【图片样式】组中应用"旋转，白色"样式。

### 提示

"家居装饰展示"字体颜色为"浅绿"。

**STEP|02** 选择【插入】选项卡，单击【艺术字】

按钮，选择"填充-蓝色，强调文字颜色1，金属棱台，映像"文本框，输入文字。选择【格式】选项卡，单击【文字效果】按钮，执行【转换】|【上弯弧】命令。

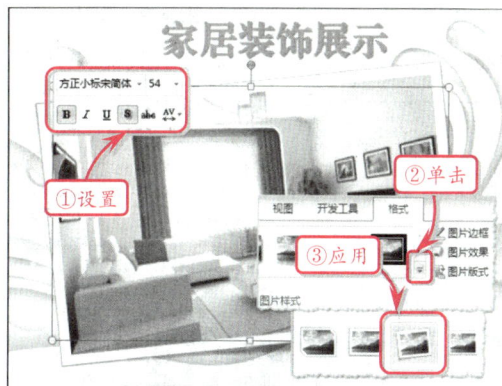

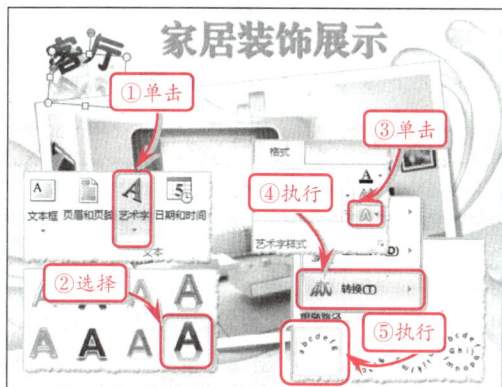

**提示**

"客厅"字体为"汉仪秀英体简"，拖动图片上的紫色控制节点，可调整字体的上弯弧度。

**STEP|03** 选择【动画】选项卡，为标题添加"下拉"进入动画，再添加"对比色"强调动画和"下拉"退出动画。为"客厅"文字添加"弹跳"进入动画，为图片添加"淡出"进入动画和"放大/缩小"强调动画。

**提示**

在【对比色】对话框中，设置"动画文本"为"按字母"。

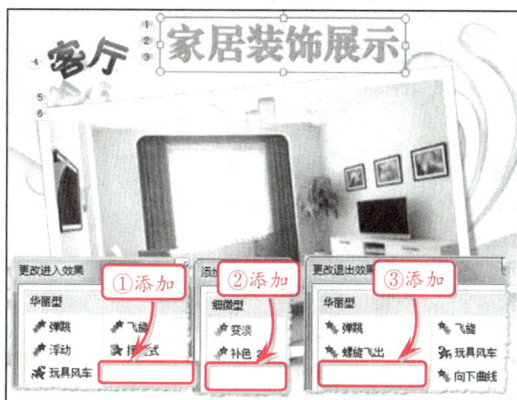

**STEP|04** 插入另外两张图片，应用相同的图片样式，并添加相同的动画效果。在【放大/缩小】对话框中设置3张图片的"尺寸"为"较小"。在左下角插入文本框，输入文字，设置字体格式。

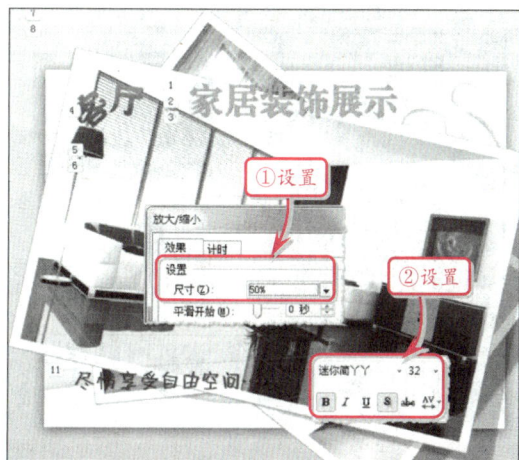

**提示**

"尽情享受自由空间……"字体颜色为"紫色"，为其添加"空翻"进入效果。为幻灯片添加"飞过"切换动画。

**STEP|05** 新建空白幻灯片，设置背景格式。在左上角插入文本框，输入"卧室"文字。应用"半映像，接触"和"下弯弧"文字效果。再插入一个文本框，输入文字，设置字体格式。

**提示**

"温馨家庭……"字体颜色为"橙色，强调文字颜色6，深色25%"。

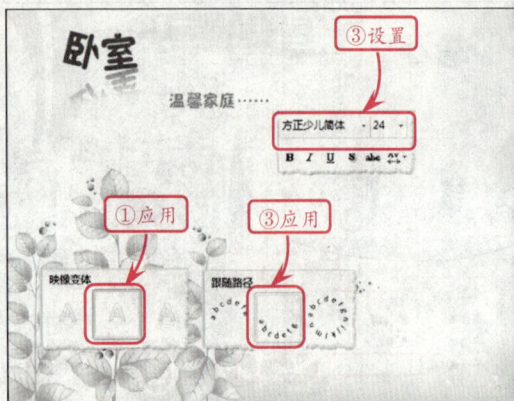

为该幻灯片添加"闪耀"切换效果。

**STEP|08** 新建空白幻灯片，设置其背景格式。插入文本框，输入文字，设置字体格式。再绘制 3 个"菱形"形状，分别设置其填充为家装图片填充。

"厨房"字体颜色为"浅蓝"。

**STEP|06** 在幻灯片中绘制"对角圆角矩形"和"运行"形状，分别设置其填充为家装图片填充，设置形状轮廓为"白色"。

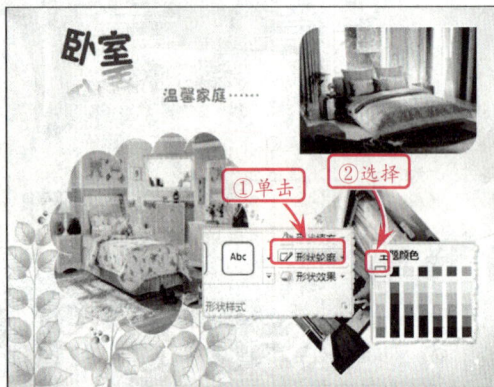

**STEP|09** 为"厨房"添加"下拉"进入动画，添加"自定义路径"动画，绘制运动路径。为左侧"菱形"形状添加"淡出"出现动画，为厨房添加水平向右的运动路径，再为"菱形"形状添加"放大/缩小"强调动画。

**STEP|07** 为"卧室"添加"基本旋转"进入动画，为右边"对角圆角矩形"添加"回旋"进入动画。为"云形"形状添加"螺旋飞入"进入动画，为"温馨家庭……"添加"下拉"进入动画。

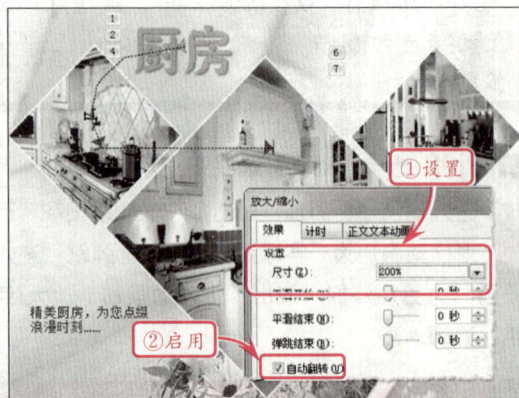

在【放大/缩小】对话框中，设置放大尺寸为"200%"，启用【自动翻转】复选框。

**STEP|10** 按照相同方法为另外两张图片添加字体划过、形状出现、字体滑走、形状放大后缩小的动画效果。再为文字添加"浮入"进入动画和"彩色延伸"强调动画，设置彩色延伸样式。

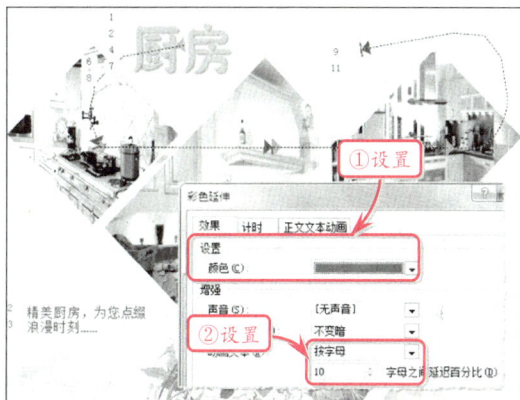

提示

为该幻灯片添加"百叶窗"切换特效。

**STEP|11** 新建一个空白幻灯片，设置背景格式。插入文本框，输入文字，设置字体格式。绘制"六边形"形状和"菱形"形状，设置填充为图片填充。

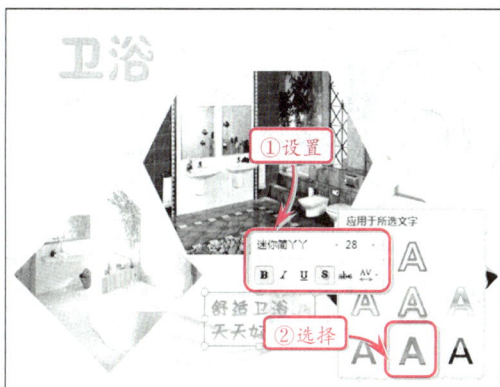

**STEP|12** 为两个"菱形"形状添加"回旋"进入动画，为"卫浴"添加"挥鞭式"进入动画和"补色2"强调动画。为"菱形"形状添加"翻转式由远及近"进入动画。

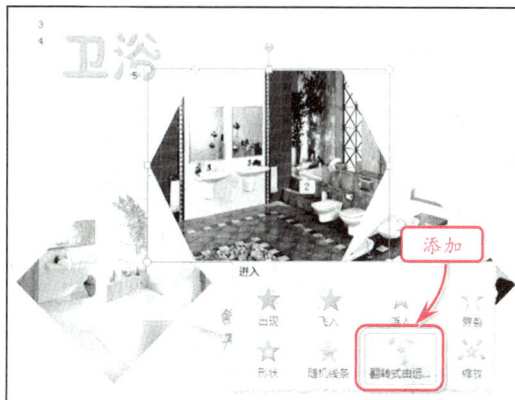

**STEP|13** 为"舒适卫浴，天天好心情！"添加"棋盘"进入动画和"闪现"强调动画。

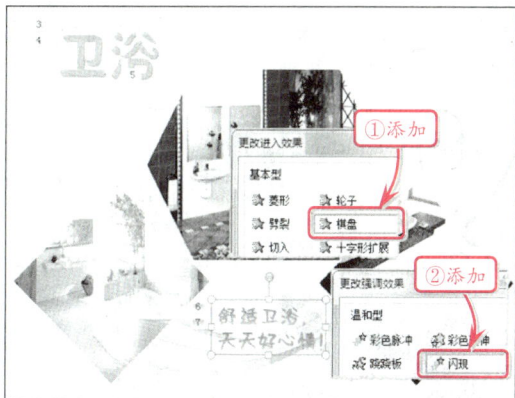

提示

为该幻灯片添加"溶解"切换特效。

## 20.5 封底

在完成主要幻灯片的制作之后，还需要为家居装饰展示的演示文稿制作一个结尾部分，通过具有梦幻效果的图像，为用户留下深刻的印象。在设计这幅幻灯片时，除了插入图像外，还可以为图像应用发光和柔化边缘特效，以使图像更具有朦胧感。

## 操作步骤 ►►►►

**STEP|01** 新建"仅标题"幻灯片，设置背景格式，在主标题占位符中输入文字，设置字体格式。插入一张图片，设置其柔化边缘为"25 磅"，右击执行【设置图片格式】命令，选择【艺术效果】选项卡，选择"发光散射"艺术效果。

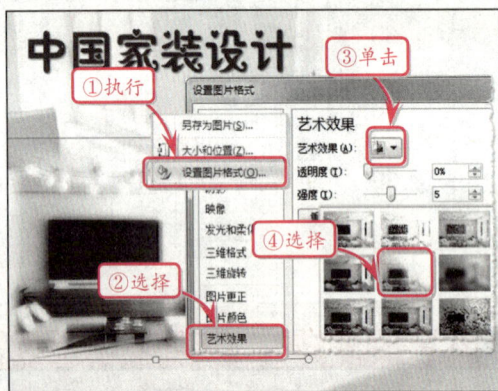

### 提示

"中国家装设计"字体颜色为"橙色，强调文字颜色 6，深色 50%"。并在右下角插入文本框，输入文字，字体颜色和标题相同。

**STEP|02** 为标题添加"空翻"进入动画，为图片添加"向内溶解"进入动画，为文本添加"挥鞭式"进入动画和"补色 2"强调动画。

**STEP|03** 为该幻灯片添加"闪光"切换特效。在

【计时】栏中启用【设置自动换片时间】复选框，设置换片时间为"10"秒，并为所有的幻灯片设置自动换片时间均为"10"秒。最后进行保存，完成"家居装饰展示"演示文稿的制作。

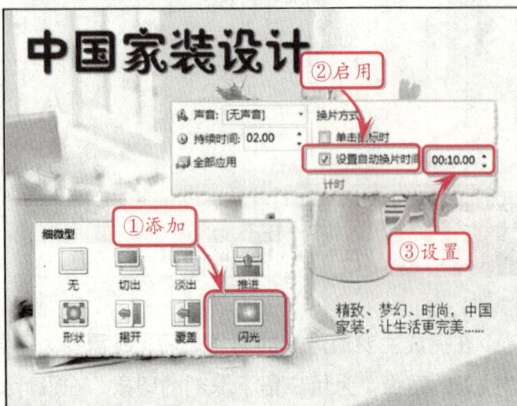

# 21 策划活动促销方案

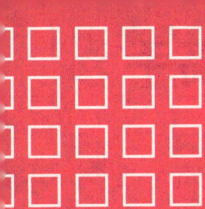

活动促销是商家销售产品时使用的一种常见方式，其往往通过降价、赠送礼品等，吸引用户前来购买。在本例中，将通过市场调查、促销方案等部分，使用 PowerPoint 中的形状、SmartArt 等技术，展示产品的性能，提高用户的兴趣。

## 21.1 设计分析

本章将通过 PowerPoint 制作一个 MP3 的"策划活动促销方案"幻灯片演示文稿。促销活动方案是促销活动中不可缺少的一部分，它指导着促销活动的开展。

本节将对幻灯片的整体设计、页面构图，色彩等进行分析，并介绍如何将图形的制作、美化与动画效果相结合。

### 1．整体设计

设计制作"活动促销方案"，要先明确制作的内容。可分为：活动前做市场调查，掌握市场需求；根据市场需求和消费者的购物心理，制定简单可行的促销活动方案；然后，展示促销的产品，要能吸引人的眼球；最后制作结尾部分。

### 2．页面构图

幻灯片的页面一般包括主标题占位符和副标题占位符等。在设计制作演示文稿时，也可以对占位符进行删除。为了设计灵活，采用"空白"版式，不受占位符的限制，更能充分发挥想象力与创造力。

例如，演示文稿中的"产品质量"幻灯片，在标题下绘制 3 个形状并设置形状样式，在形状中输入文字信息。在形状下方，插入"电池"和"内存卡"图片。使用【形状】工具，在形状和图片之间绘制连接线。

为配合形状的出现，连接线指向所对应的图片，这种独特的版面，能增加观众的新鲜感，从而使其印象更加深刻。

### 3．色彩分析

科技产品在设计制作幻灯片时，背景要绚丽，又要突出产品。在本章制作的幻灯片中，使用相同的背景，背景中含花纹、光晕等，色彩元素多。其上的一层毛玻璃效果，降低背景的亮度。

在"火爆促销中"幻灯片中，黄色的标题搭配浅墨绿色的背景，背景的花纹中也带有黄色元素，彼此呼应。黑色的产品图片，放在毛玻璃效果的背景上，增加产品立体感。产品信息文字采用白色，整体搭配柔和。而产品价格采用红色，用来强调促销产品，与背景形成鲜明的对比。

注意，幻灯片中需要重点突出的文字，采用和背景对比鲜明的颜色，整体的色调搭配要一致。

### 4．图形设计

在"市场调查"幻灯片中，插入"表格"，并设置表格样式，使产品调查的结果更加清晰。

更加生动、多样化。

### 5. 动画效果

在幻灯片演示文稿中，动画和幻灯片切换效果也可以为幻灯片增加亮点。

幻灯片放映时，幻灯片切换效果可以使幻灯片之间的过渡更加自然，而幻灯片中的动画效果可以使内容更加生动，渲染演示文稿的整体效果。

在"快来抢购吧"幻灯片中，主要展示促销产品。为图片添加动画效果，再为文字添加特殊的动画效果，使字体颜色逐字渐变。两种效果一次出现，吸引消费者的眼球，增加产品的亮点。

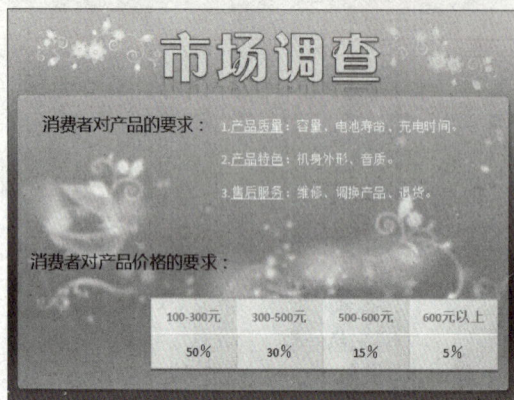

在"市场调查"幻灯片中设置 3 个链接，使演示文稿更加灵活，切换效果更加多样化。

以"产品特色"幻灯片为例，设置文本框的形状为"对角圆角矩形"，并调整其透明度，与背景相融合。

在幻灯片右下角绘制一个"矩形"形状，制作"返回"按钮。该按钮为深色渐变，轮廓为深蓝色，并添加强调效果，在背景中更加突出。

本幻灯片采用设置链接的方法切换幻灯片，单击"返回"按钮，即可返回到"市场调查"幻灯片中。精致的按钮，加上链接效果，使幻灯片的效果

## 21.2 促销活动市场调查

市场调查是企业制定营销策略的重要手段，其中，竞争对手的产品调查是市场调查的核心。通过对市场上同类产品的质量、性能和价格的比较，有助于企业指导自身的促销活动。在设计市场调查部分的幻灯片时，可使用 PowerPoint 艺术字技术来制作活动的标题，同时通过列表文本、数据表格、绘图形状

等技术，丰富幻灯片的内容。

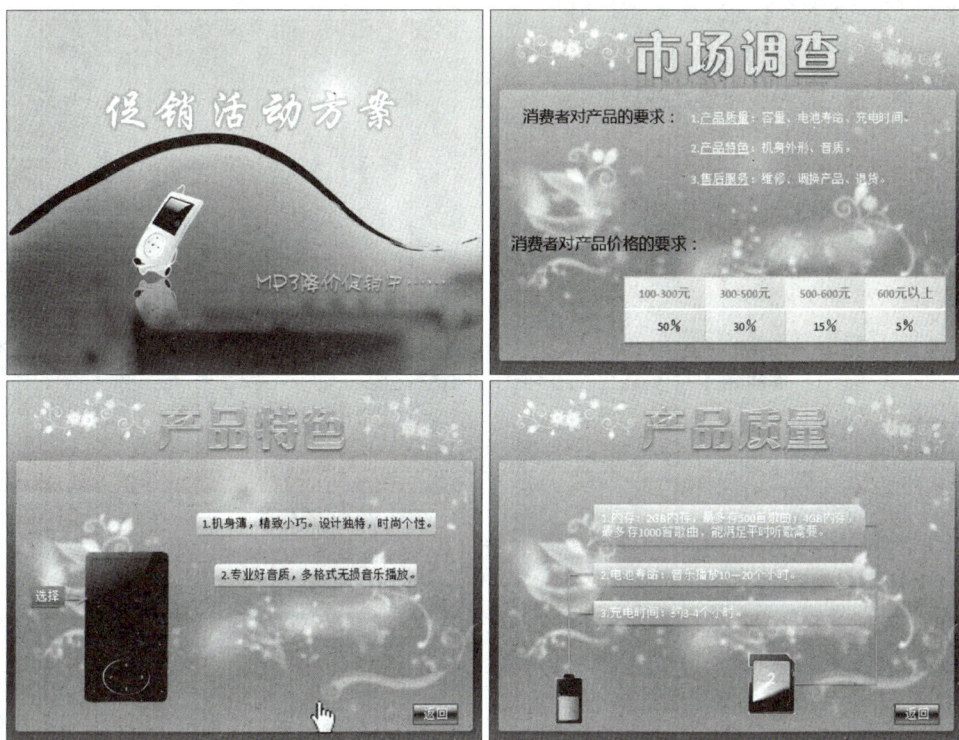

**操作步骤** ▶▶▶▶

**STEP|01** 在 Microsoft Office PowerPoint 2010 中，选择【设计】选项卡，单击【背景】组中的【设置背景格式】按钮。

**STEP|02** 在弹出的【设置背景格式】对话框中，启用【图片或纹理填充】单选按钮，单击【文件】按钮，在弹出的【插入图片】对话框中选择图片，插入到幻灯片中。

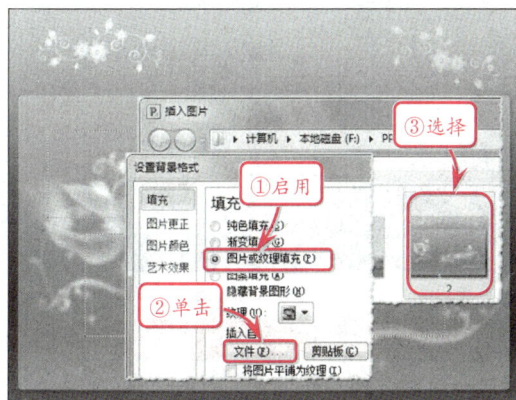

**技巧**

在幻灯片中右击，在弹出的菜单中执行【设置背景格式】命令，在弹出的【设置背景格式】对话框中设置幻灯片的背景。

**提示**

选择背景图片后，在【设置背景格式】对话框中单击【全部应用】按钮，即可将背景图片应用到所有的幻灯片中。

**STEP|03** 选择【插入】选项卡，单击【图片】按钮，在弹出的【插入图片】对话框中选择图片，插入到幻灯片中。选择【格式】选项卡，单击【排列】组中的【下移一层】按钮，将图片移至底层。

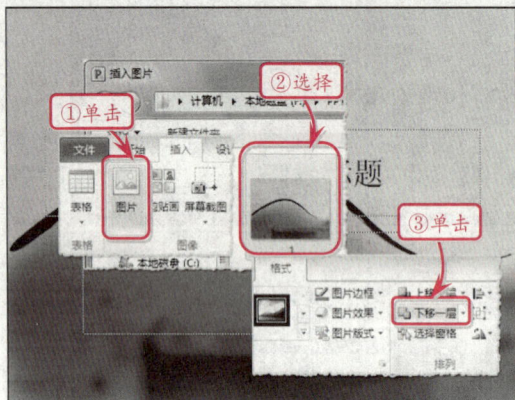

**STEP|04** 在主标题占位符中输入文字，设置字体格式。选择【格式】选项卡，在【艺术字样式】组中，单击【其他】按钮，应用"填充-橙色，强调文字颜色 6，轮廓-强调文字颜色 6，发光-强调文字颜色 6"样式。

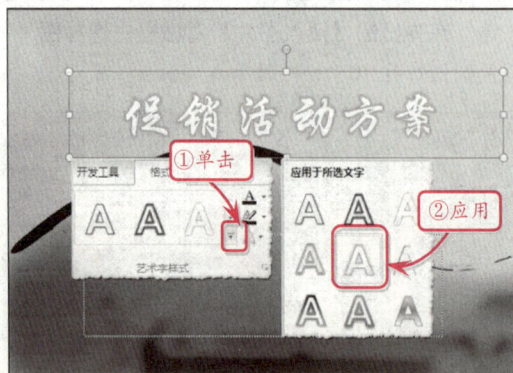

**提示**

"促销活动方案"字体为"行楷体"，字号为"72"，设置字体为"粗体"。

**STEP|05** 副标题占位符中输入文字，设置字体格式。在【艺术字样式】组中，单击【其他】按钮，应用"填充-橙色，强调文字颜色 6，暖色粗糙棱台"

样式。

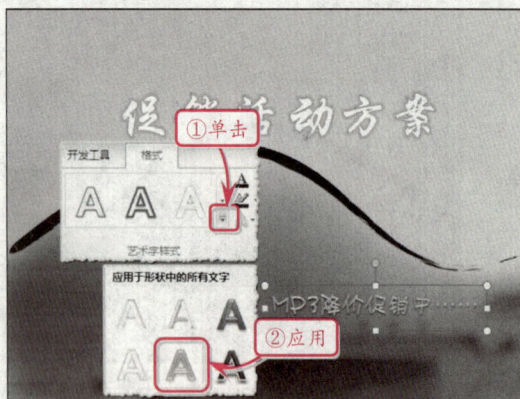

**提示**

"MP3 降价促销中……"字体为"迷你简丫丫"，字号为"32"。选择副标题占位符，拖动鼠标将其移动到幻灯片的右下角。

**STEP|06** 插入一张图片，选择【格式】选项卡。在【图片样式】组中，单击【图片效果】按钮，执行【映像】|【半映像，接触】命令，设置图片样式。

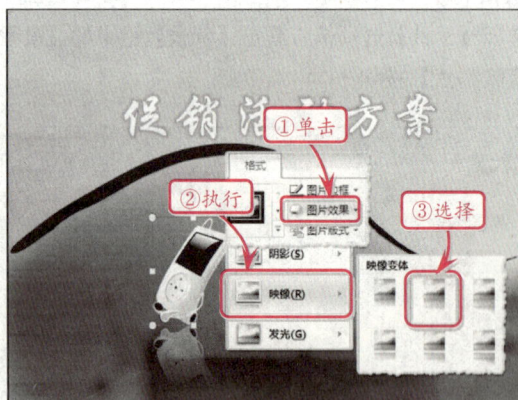

**提示**

拖动图片上的控制节点，可调整图片的大小，将其放到合适的位置。

**STEP|07** 选择"促销活动方案"文字，选择【动画】选项卡，在【动画】选项组中选择"淡出"出现动画。再选择该文字，单击【添加动画】按钮，

在弹出的菜单中选择"自定义路径"动画，在幻灯片中绘制运动路径。

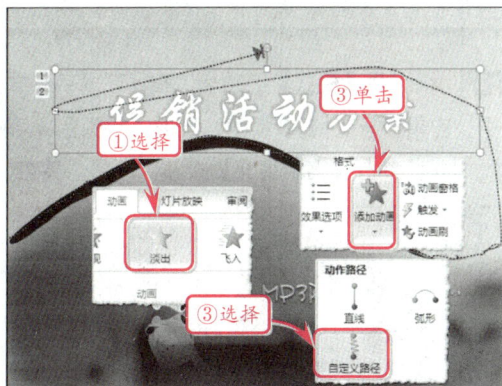

出"动画效果。在【动画窗格】中设置开始为"从上一项之后开始"。

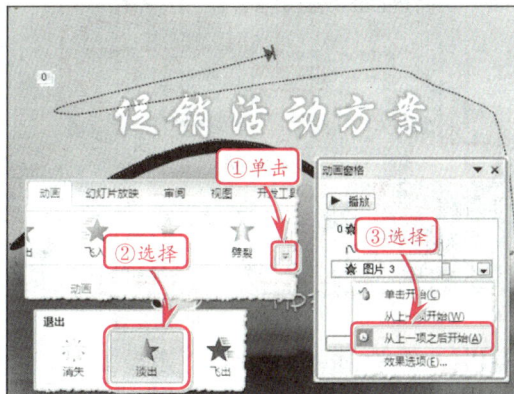

**STEP|08** 在【高级动画】选项组中，单击【动画窗格】按钮，弹出【动画窗格】面板。单击"标题3"后的下拉按钮，在弹出的菜单中选择"从上一项之后开始"，设置动画的播放。

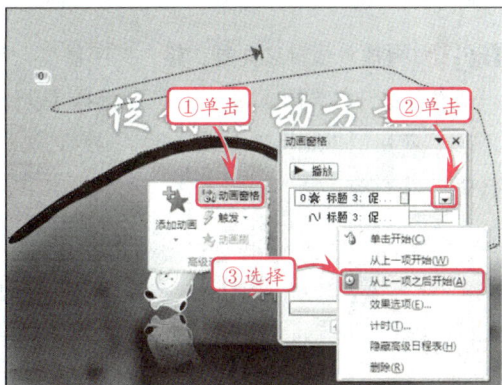

**STEP|09** 选择插入的背景图片，在【动画】选项组中单击【其他】按钮，在【退出】栏中选择"淡

**STEP|10** 选择 MP3 图片，在【动画】组中单击【其他】按钮，在弹出的菜单中执行【更多进入效果】命令。在【更改进入效果】对话框中，选择"展开"动画效果。

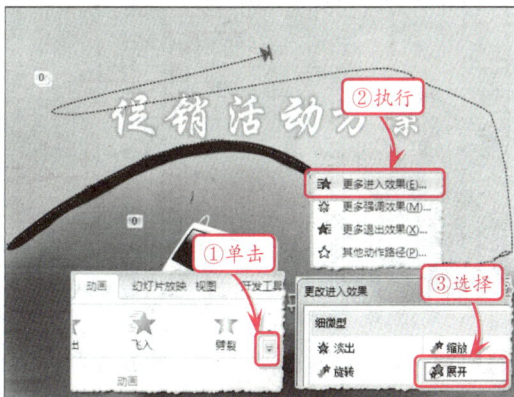

**STEP|11** 选择副标题占位符，在【更改进入效果】对话框中选择"下拉"进入效果。在【动画窗格】面板中单击"下拉"效果后的下拉按钮，执行【效果选项】命令。在【下拉】对话框中设置动画效果。

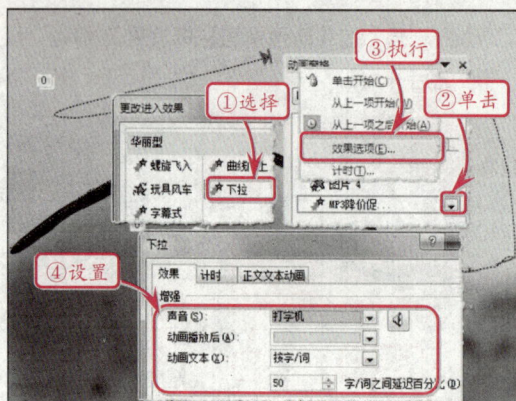

**STEP|12** 选择【切换】选项卡，单击【切换到此幻灯片】组中的【其他】按钮，选择"随机线条"切换效果。

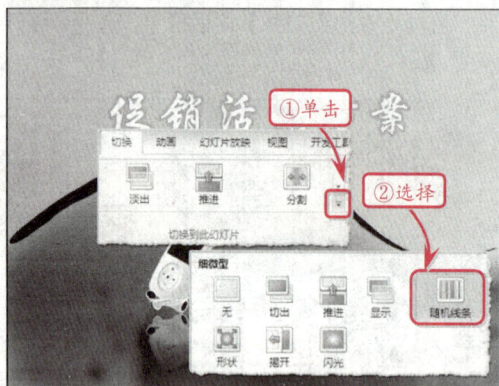

**STEP|13** 选择【开始】选项卡，单击【新建幻灯片】按钮，选择"空白"幻灯片。在【插入】选项卡中单击【文本框】按钮，选择"横排文本框"。插入文本框，输入文字，设置字体格式。

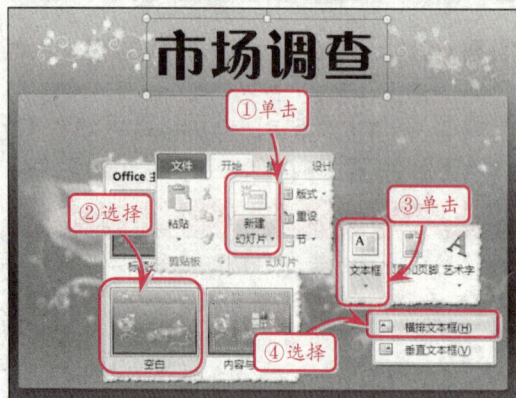

**STEP|14** 选择【格式】选项卡，在【艺术字样式】组中，应用"渐变填充-紫色，强调文字颜色4，映像"样式。单击【文本填充】按钮，选择"黄色"。

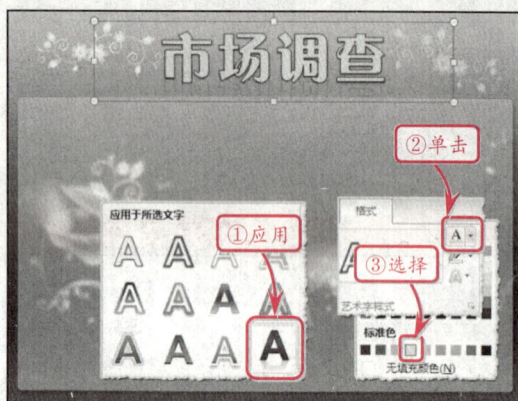

**STEP|15** 再插入横排文本框，输入文字信息。单击【表格】按钮，选择"2 行，4 列"。选择【设计】选项卡，应用"主题样式 1-强调 3"表格样式。

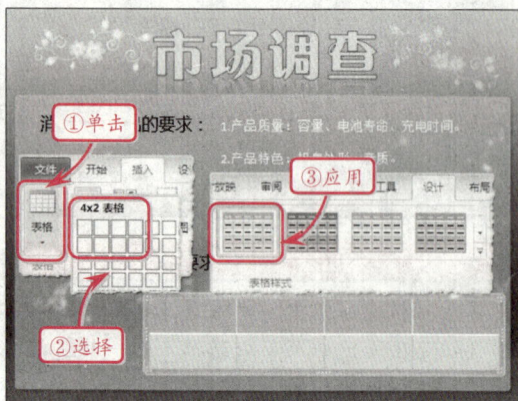

**STEP|16** 单击【底纹】按钮，执行【渐变】|【其他渐变】命令。在弹出的【设置形状格式】对话框

中，启用【渐变填充】单选按钮，单击【预设颜色】下拉按钮，选择"雨后初晴"渐变颜色，设置【类型】为"射线"。在表格中输入调查数字。

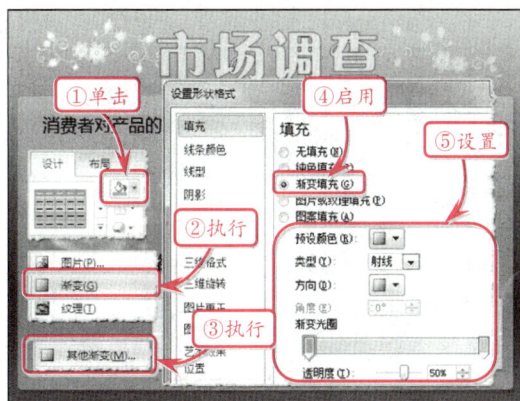

**提示**

选择右边的两个渐变滑块，向下拖动鼠标，可移去渐变滑块，将第二个渐变滑块移至右端。设置两端渐变滑块的透明度分别为"50%"和"60%"。第一行字体颜色为"蓝色"。

**STEP|17** 选择【动画】选项卡，为标题添加"飞旋"进入动画。为黑色文字添加"展开"动画，为"白色"文字添加"浮入"动画，为表格添加"飞入"动画。设置开始均为"在上一项开始之后"。

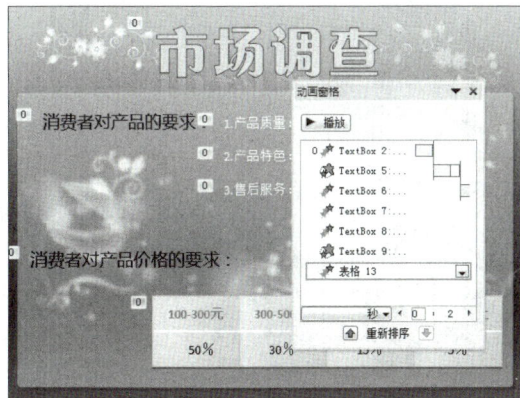

**提示**

为表格添加"飞入"效果后，单击【效果选项】按钮，选择"自右下部"。再为该幻灯片添加"碎片"切换特效，选择"粒子输出"效果选项。

**STEP|18** 新建一个"仅标题"幻灯片，在主标题占位符中输入文字，设置字体格式。应用"填充-橙色，强调文字颜色 6，暖色粗糙棱台"艺术字样式。

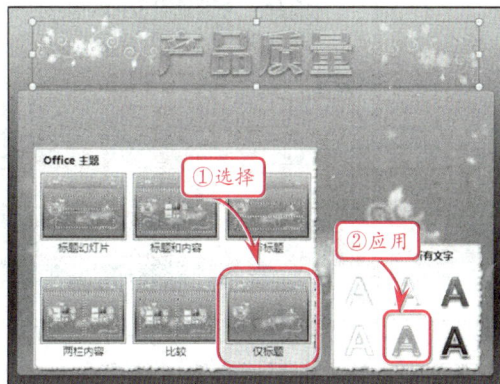

**提示**

"产品质量"字体为"方正粗活意简体"，字号为"72"。

**STEP|19** 插入文本框，输入文字。在【格式】选项组中，应用"细微效果-红色，强调颜色 2"样式。单击【编辑形状】按钮，执行【更改形状】|【对角圆角矩形】命令。

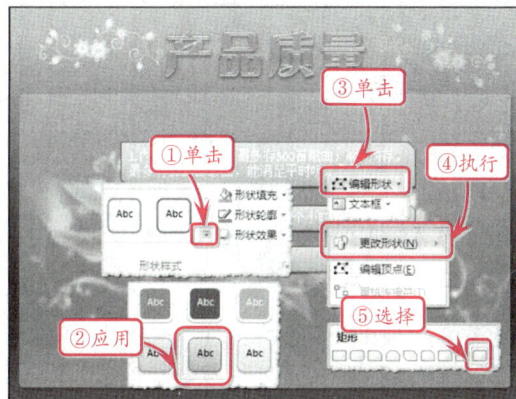

**提示**

单击【形状轮廓】按钮，选择"无轮廓"。

**STEP|20** 单击【形状填充】按钮，执行【渐变】|【其他渐变】命令。在【设置形状格式】对话框中，设置第一个和第二个渐变滑块的透明度均

为"50%"。

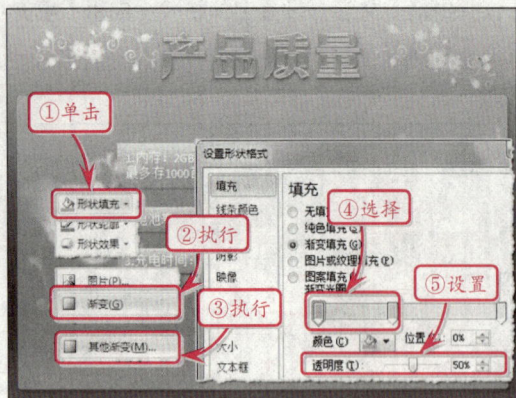

**STEP|21** 插入两张图片，调整图片大小。单击【形状】按钮，选择"直线"和"肘形连接符"，在形状与图片之间绘制连接线。选择连接线，在【格式】选项组中，应用"粗线-强调颜色6"样式。

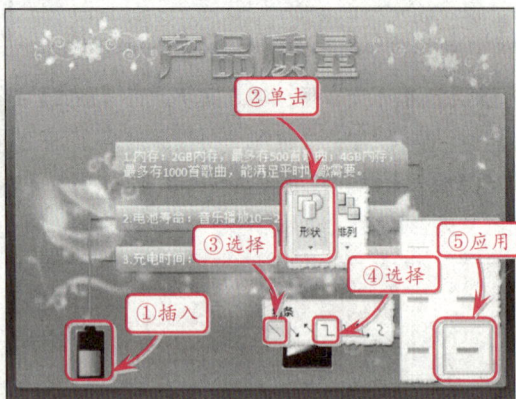

**STEP|22** 单击【形状】按钮，选择"矩形"绘制形状。在【格式】选项组中应用"彩色填充-蓝色，强调颜色1"样式。

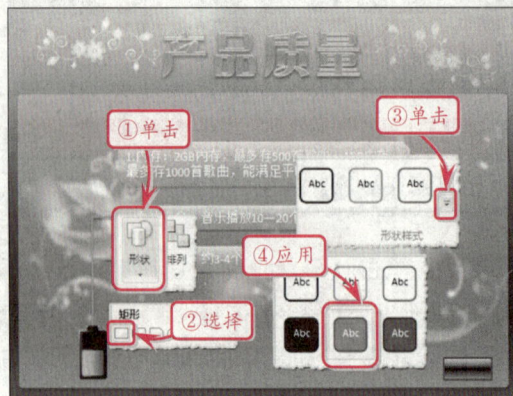

**STEP|23** 在【设置形状格式】对话框中设置渐变颜色。右击执行【编辑文字】命令，在形状上输入"返回"文字，创建"返回"按钮。

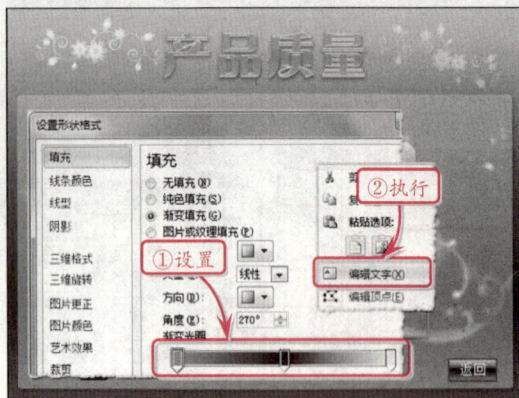

> **提示**
>
> 左侧渐变滑块的颜色为"深蓝，文字2，淡色40%"；中间渐变滑块的颜色为"深蓝，文字2，深色25%"；右侧渐变滑块的颜色为"深蓝，文字2，淡色80%"。

**STEP|24** 选择【动画】选项卡，为标题添加"向内溶解"动画。为3个"对角圆角矩形"形状添加"浮入"动画。再为第一个形状添加"彩色脉冲"强调动画，为其右侧的肘形连接符添加"展开"和"补色2"动画。为"内存卡"图片添加"浮入"和"脉冲"动画。

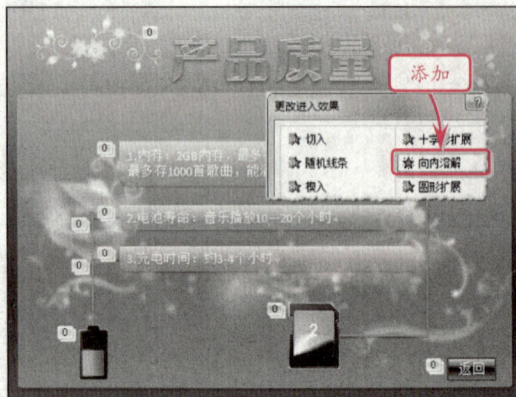

**STEP|25** 使用相同的方法，新建"产品特色"幻灯片。其"对角圆角矩形"形状样式为"细微效果-水绿色，强调颜色5"。在【设置形状格式】对话框中，设置渐变颜色。

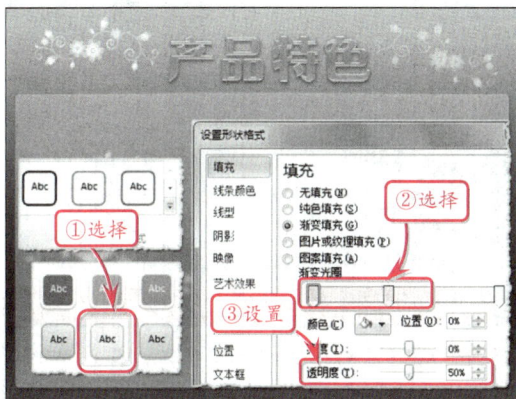

**STEP|26** 选择【插入】选项卡，单击【音频】按钮，选择【文件中的音频】，在【插入音频】对话框中选择音频插入到幻灯片中。

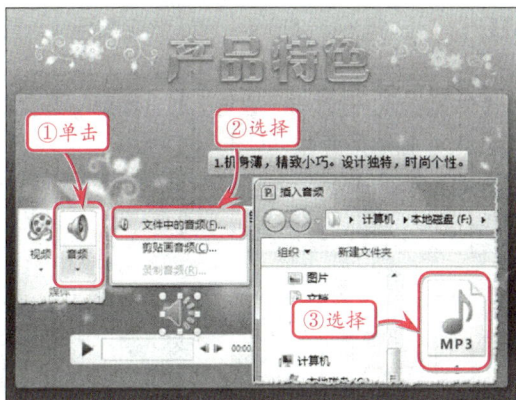

**STEP|27** 右击"喇叭"形状，执行【更改图片】命令，在弹出的【插入图片】对话框中选择图片，插入搭配幻灯片中。并调整图片的大小，将音频播放器移动到合适的位置。

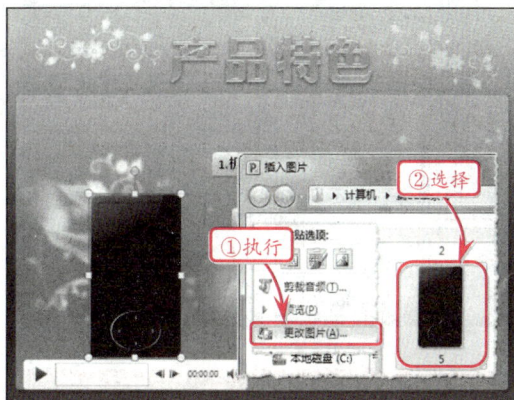

**STEP|28** 复制一个"返回"按钮，放在幻灯片的右下角。绘制一个"矩形"形状，应用"中等效果-蓝色，强调颜色1"样式，并输入文字。

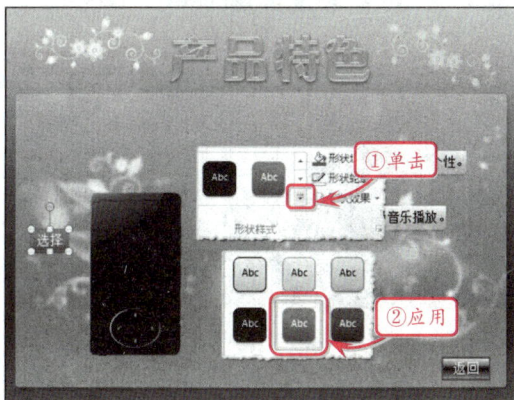

**STEP|29** 绘制一个"箭头"形状，应用"粗线-强调颜色6"形状样式。右击"箭头"形状，执行【设置形状格式】命令，在【设置形状格式】对话框中设置其宽为"4磅"。

**STEP|30** 为标题添加"缩放"出现动画，为"对角圆角矩形"形状添加"基本缩放"出现动画。为音频播放器添加"展开"出现动画，为左侧的"矩形"形状添加"淡出"和"彩色脉冲"动画。

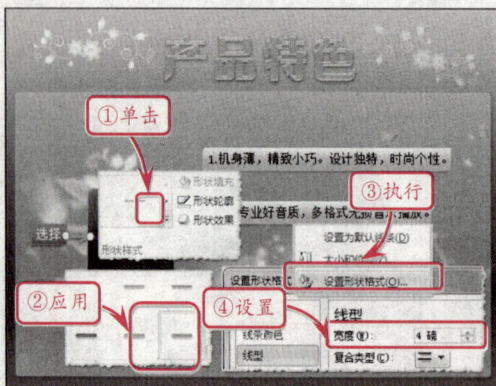

**提示**

再为"箭头"形状添加"淡出"和"闪烁"动画，设置重复为"3"。插入一张手形图片，为其添加"淡出"和"自定义路径"动画，绘制运动路径。复制的"返回"按钮带有动画效果，设置"开始"均为"从上一项开始之后"。为该幻灯片添加"闪光"切换特效。

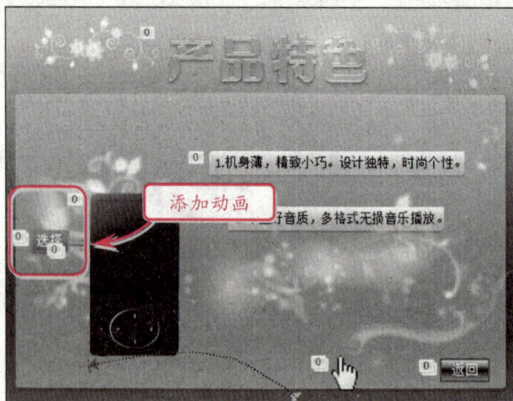

**STEP|31** 按照相同的方法新建"售后服务"幻灯片，其中形状的样式为"细微效果-紫色，强调颜色 4"。在【设置形状格式】对话框中设置其样式，再添加动画效果。

**STEP|32** 选择"市场调查"幻灯片，选择"产品质量"文字。在【插入】选项卡中单击【动作】按钮，在【动作设置】对话框中，选择【单击鼠标】选项卡，设置"超链接到"为"幻灯片 3"，播放声音为"风铃"。

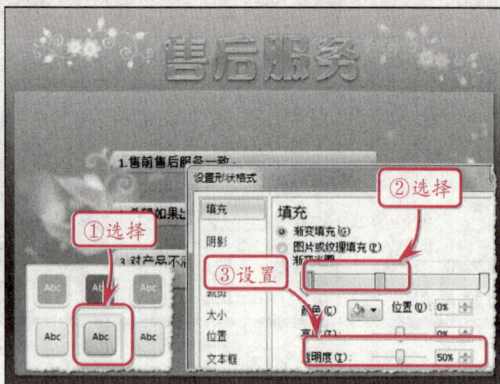

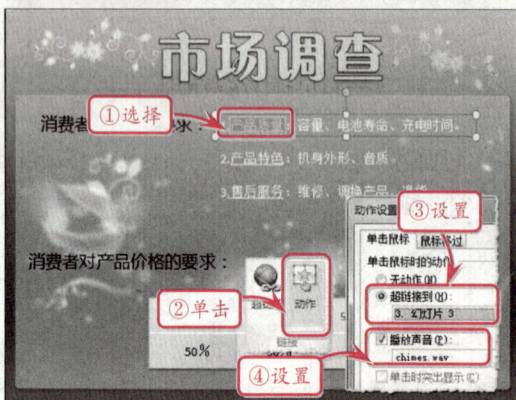

**技巧**

单击"超链接到"后的下拉按钮，在菜单中选择"幻灯片"，即可在弹出的【超链接到幻灯片】对话框中选择要链接的幻灯片。再选择"产品特色"和"售后服务"文字，链接到相对应的幻灯片。

**STEP|33** 选择"产品质量"和"产品特色"幻灯片中的"返回"按钮，在【动作设置】对话框中选择【单击鼠标】选项卡，设置"超链接到"为"市场调查"，播放声音为"单击"。

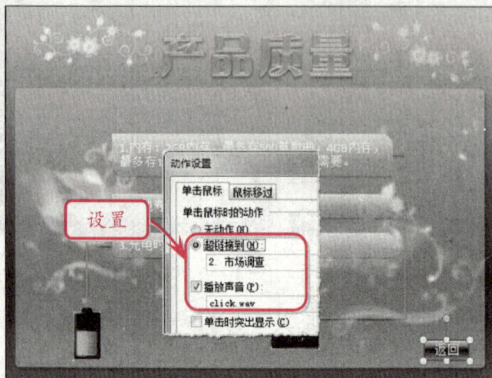

PowerPoint

## 21.3 促销活动的开展

在介绍完成促销活动的市场调查结果后，即可根据调查的结果，制定促销的策略，包括促销方案实施的步骤以及促销所使用的政策。在这部分内容中，需要用户合理地排布大量的文本内容，同时使用艺术字，突出文本中的重点字，吸引用户的注意力。

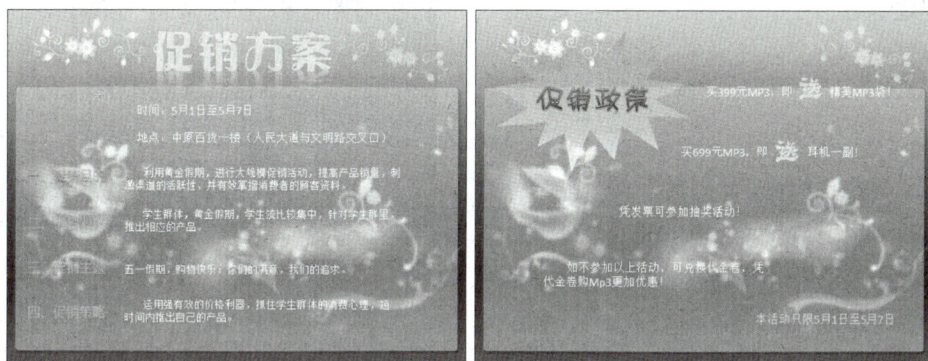

### 操作步骤 ►►►►

**STEP|01** 新建一个"标题"幻灯片，在主标题占位符中输入文字，设置字体格式。在【艺术字样式】组中，应用"渐变填充-紫色，强调文字颜色4，映像"样式，并设置其文本填充为"黄色"。

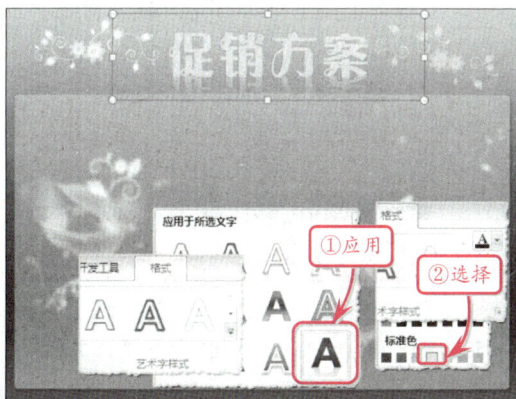

> **提示**
>
> "促销方案"字体为"方正粗活意简体"，字号为"72"。

**STEP|02** 选择【插入】选项卡，单击【文本框】按钮，选择"横排文本框"，在幻灯片上拖动鼠标绘制文本框。输入文字，并设置字体格式。

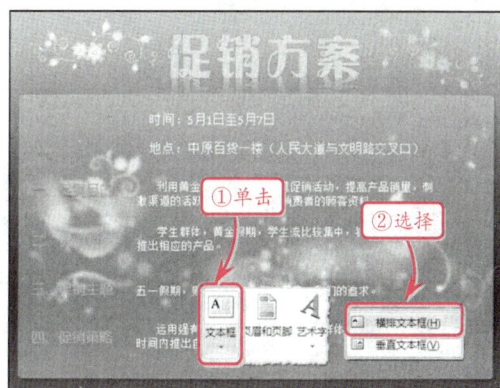

> **提示**
>
> 左侧小标题字体为"微软雅黑"，字号为"20"，字体颜色为"橙色"。右侧文本字体为"宋体"，字体颜色为"白色"。

**STEP|03** 选择【动画】选项卡，为标题添加"翻转式由远及近"动画。为时间和地点文字添加"切入"动画，为左侧小标题添加"淡出"动画，为右侧文字添加"切入"动画。

> **提示**
>
> 设置其播放均为"从上一项开始之后"。为该幻灯片添加"蜂巢"切换动画。

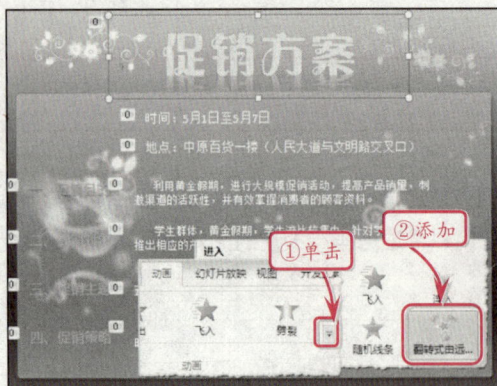

**STEP|04** 新建一张"空白"幻灯片。单击【形状】按钮，选择"爆炸形 1"，在幻灯片中绘制形状。在【设置形状格式】对话框中，单击【预设颜色】后的下拉按钮，选择"雨后初晴"。设置中间两个渐变滑块的透明度均为"50%"。

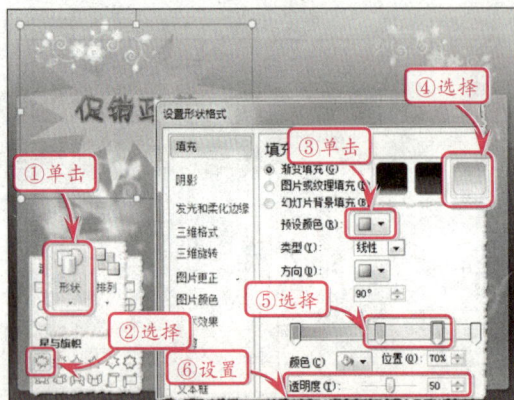

> **提示**
>
> 在形状上插入一个文本框，输入文字，设置字体格式。在【艺术字样式】组中应用"填充-红色，强调文字颜色 2，暖色粗糙棱台"样式。

**STEP|05** 插入文本框，输入其他文字。"送"字体为"汉仪雁翎体简"，字体颜色为"黄色"，其他字体为"宋体"。

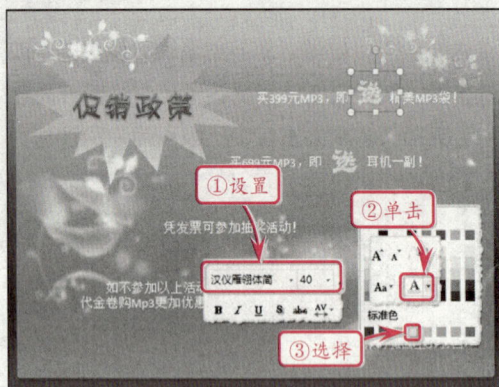

**STEP|06** 选择"爆炸形 1"形状和其上面的文字，单击右键，执行【组合】|【组合】命令。在【动画】组中选择"劈裂"动画。选择该组合，单击【添加动画】按钮，选择"脉冲"强调动画。

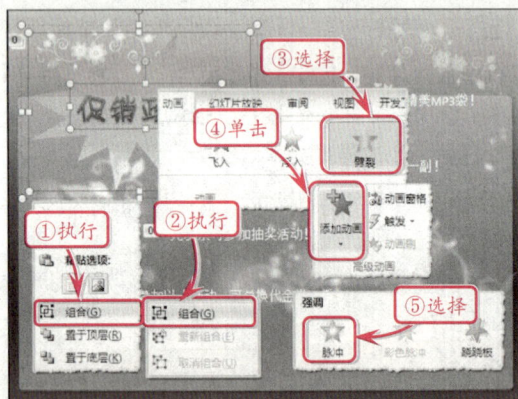

> **提示**
>
> 在【动画窗格】面板中，单击"脉冲"后的下拉按钮，在弹出的菜单中选择【计时】。打开"脉冲"对话框，设置参数。

## PowerPoint | 21.4　促销产品展示

在完成促销活动的具体实施办法后，即可着手展示本次促销活动所销售的各种商品，同时标明产品的价格和各种详细信息。在完成以上幻灯片后，还可以再制作一个幻灯片封底，使演示文稿更加完整。

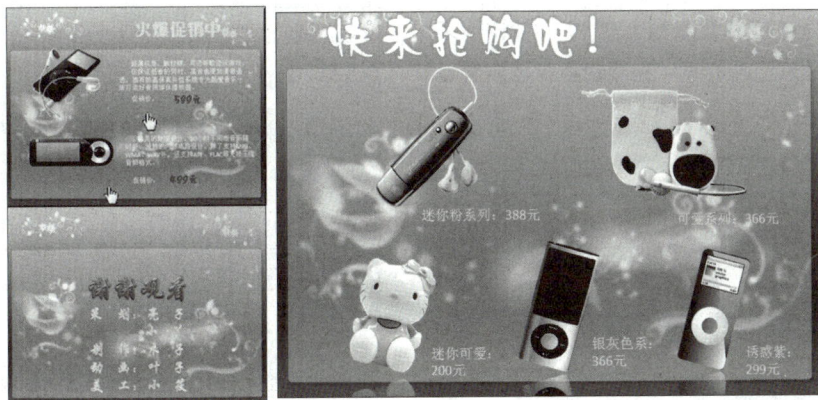

## 操作步骤 ▶▶▶▶

**STEP|01** 新建一个"标题"幻灯片，在主标题占位符中输入文字，设置字体格式。选择【插入】选项卡，单击【图片】按钮，在【插入图片】对话框中选择图片，插入到幻灯片中。

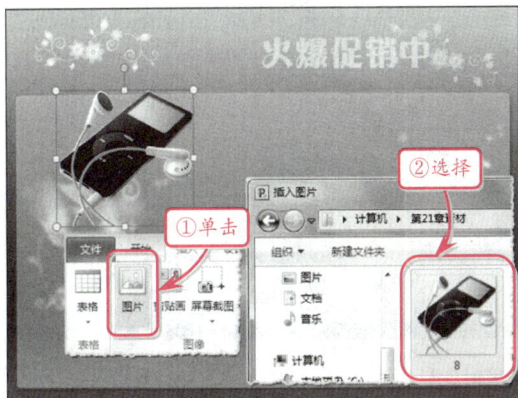

> **提示**
>
> "火爆促销中"字体为"方正粗活意简体î，字号为"48"，字体颜色为"黄色î。

**STEP|02** 在其右侧插入文本框，并输入文字。再插入一张"手"图片。为"火爆促销中"文字添加"弹跳"动画和"闪烁"强调动画。为"手"添加"向内溶解"和"自定义路径"效果。

> **提示**
>
> "599 元"字体为"文鼎中特广告体"，字号为"28"，字体颜色为"红色"。为了添加不同的动画效果，需要插入多个文本框输入文字。为图片添加"浮动"动画。

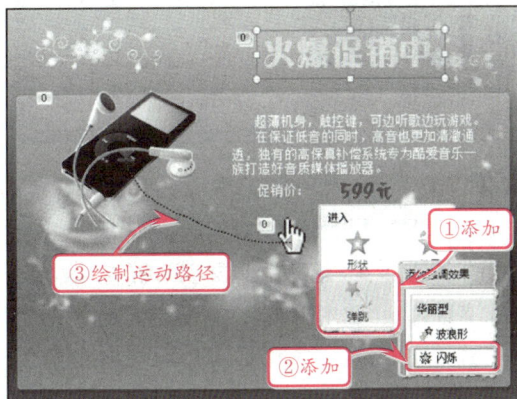

**STEP|03** 为介绍文字添加"向内溶解"动画，为"促销价："文字添加"旋转"动画。为"599 元"添加"下拉"动画和"补色"强调动画。在【补色】对话框中，设置"动画播放后"为"黄色"，"动画文本"为"按字母"。

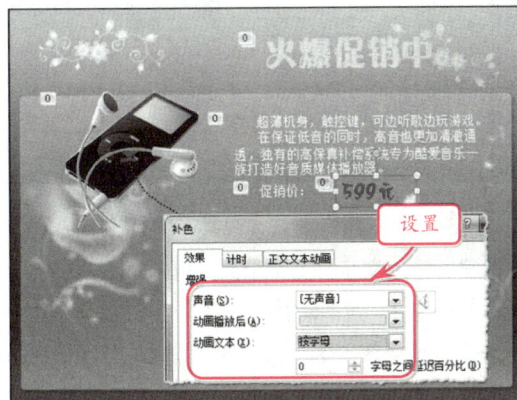

> **提示**
>
> 在【动画窗格】中单击"补色"后的下拉按钮，选择【效果选项】，即可打开【补色】对话框。

**STEP|04** 按照同样的方法插入另一张图片和文字，其动画效果和上步相同。在【动画窗格】面板中，设置播放均为"从上一项开始之后"。为该幻灯片添加"闪光"切换特效。

**STEP|05** 新建一张"空白"幻灯片，选择【插入】选项卡，单击【艺术字】按钮，选择"填充-橙色，强调文字颜色 6，轮廓-强调文字颜色 6，发光-强调文字颜色 6"艺术字文本框，输入文字，设置字体格式。

**STEP|06** 插入两张图片，在其右侧分别插入两个文本框，输入文字。为两个文本框添加"旋转"动画和"补色 2"强调动画。在【补色 2】对话框中，设置"动画播放"为"按字母"，输入"字母之间延迟百分比"为"10"。

> **提示**
>
> 为标题文字添加"下拉"动画，为两张图片添加"阶梯状"和"飞入"动画。

**STEP|07** 插入另外 3 张图片，顺时针旋转图片。同时选中这 3 张图片，选择【格式】选项卡，单击【图片效果】按钮，执行【映像】|【紧密映像，接触】命令。

**STEP|08** 在图片右下角插入文本框，输入文字，字体颜色为"黄色"。为图片添加"飞入"动画，方向均为"自左侧"。为文字添加"浮入"和"对比色"动画，在【对比色】对话框中设置动画效果。

**STEP|09** 在【动画窗格】面板中，设置播放均为"从上一项开始之后"。添加"涡流"切换特效。

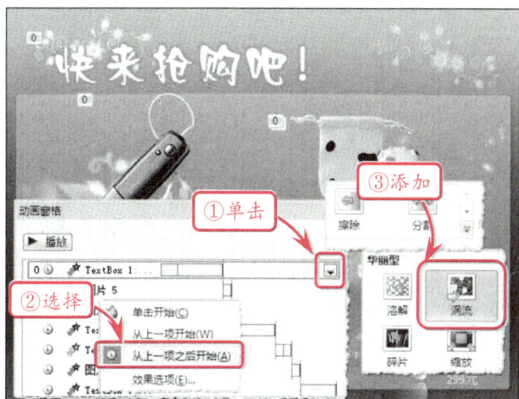

**STEP|10** 新建"标题"幻灯片，分别在占位符中输入文字，设置字体格式。主标题占位符应用"填充-红色，强调文字颜色 2，暖色粗糙棱台"样式，副标题占位符应用"填充-橄榄色，强调文字颜色 3，粉状棱台"样式。

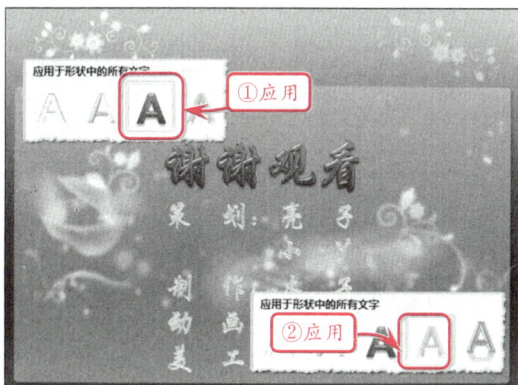

**STEP|11** 为文字添加"字幕式"动画效果，再添加"切换"切换特效。在【计时】组中，启用"设置自动换片时间"复选框，设置时间为"10"秒。为其他幻灯片设置自动换片时间均为"10"秒。

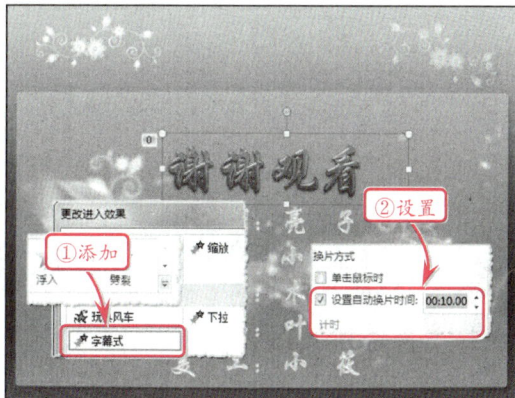

**提示**

第 2、3、4 张幻灯片有超链接效果，所以换片方式为"单击鼠标时"。其他幻灯片也可以根据内容适当调整自动换片时间。